哈尔滨工业大学数学教学丛书
复变函数与积分变换系列教材

复变函数与积分变换同步学习辅导

(第二版)

哈尔滨工业大学数学系　组编
包革军　邢宇明　陈明浩　李贯锋　盖云英　编

科学出版社
北京

内 容 简 介

本书是《复变函数与积分变换(第三版)》(哈尔滨工业大学数学教学丛书，科学出版社，2014)一书的教学辅导与学习参考书，可与该教材配套使用.

全书共分 8 章. 每章包括内容提要、典型例题剖析、测试题及其解答等四部分，而且每章的后一部分都对《复变函数与积分变换(第三版)》一书相应章节的习题作出了详细的解答.

本书不仅可供理工科师生使用，对于有兴趣自学复变函数与积分变换课程的读者也是一本较好的辅导书与参考书.

图书在版编目(CIP)数据

复变函数与积分变换同步学习辅导/哈尔滨工业大学数学系组编；包革军等编. —2 版. —北京：科学出版社，2014

哈尔滨工业大学数学教学丛书 · 复变函数与积分变换系列教材

ISBN 978-7-03-041218-8

Ⅰ. ①复… Ⅱ. ①哈… ②包… Ⅲ. ①复变函数-高等学校-教学参考资料 ②积分变换-高等学校-教学参考资料 Ⅳ. ①O174.5②O177.6

中国版本图书馆 CIP 数据核字 (2014) 第 126409 号

责任编辑：张中兴 周金权 / 责任校对：包志虹

责任印制：张 伟 / 封面设计：迷底书装

科学出版社 出版

北京东黄城根北街 16 号

邮政编码：100717

http://www.sciencep.com

北京天宇星印刷厂印刷

科学出版社发行 各地新华书店经销

*

2001 年 8 月第 一 版 开本：720 × 1000 1/16

2014 年 6 月第 二 版 印张：20 1/2

2026 年 1 月第十四次印刷

字数：431 000

定价：49.00 元

(如有印装质量问题，我社负责调换)

第二版前言

本书第一版自 2004 年 3 月出版以来已经历了九个春秋. 作者和哈尔滨工业大学复变函数教学团队的同事们在九届学生的复变函数与积分变换课程上将它作为辅助教材和参考书使用过, 得到广大师生的欢迎和肯定. 同事们和国内的一些同行对本书也指出了一些文字上的错误并提出了若干改进意见. 此前由于我们一直忙于教学和科研, 少有时间和机会对本书不尽人意的地方进行修改, 值此再版之际, 我们根据大家的宝贵意见对教材进行修订, 也决心在今后教材重印时不断改进和提高, 以使本教材尽快臻于完善. 这次修改主要有下述两个方面:

(1) 修订和改正一些错别字和印刷错误, 对某些文字叙述不够准确的地方进行润色, 并使书中所用的符号统一化和规范化.

(2) 考虑到当前理工科院校对复变函数与积分变换课程的教学课时数略有减少, 基于减轻学生学习负担的考虑, 本系列的主教材《复变函数与积分变换 (第三版)》一书的各章后的习题略有减少, 难度有所降低且不再分为 A、B 两类, 这本辅导教材的习题解答部分也作了相应的调整和改进, 与主教材同步.

最后对同学们及大力支持本书出版的科学出版社表示由衷的感谢.

编　者

2013 年 12 月

第一版前言

《复变函数与积分变换》是理工科院校, 特别是电类及与电类有关专业学生的一门重要的数学基础课. 它的理论和方法在自然科学和工程技术中有广泛的应用, 是工程技术人员常用的分析问题、解决问题的基本方法. 尤其当前信息产业迅猛发展, 越来越多的人需要这方面的基础知识. 因此帮助读者深刻理解并领会它的理论, 熟悉并掌握它的基本方法, 十分必要.

本书是与我校编写的、由科学出版社出版的《复变函数与积分变换》教材相配套的教学辅导与学习参考书. 根据我们多年的教学经验, 当前本课程的学时十分有限, 而内容又很多. 它涉及的一些基本概念比较抽象, 同时课后习题比较难. 为了有效地帮助广大读者正确理解和掌握它的基本理论与方法, 增强分析问题与解决问题的能力, 我们编写了这本学习辅导参考书 (书中内容标题前打有“*”号处, 为超出大纲的内容, 与教材相应).

全书共分 8 章, 有如下特点:

1. 每章备有内容提要, 集中提炼了全章内容, 使读者阅读本书时, 不必到别处查找定理和公式; 每章备有典型题剖析, 我们选择比较基本的但解题易错的题型进行分析且详细给以解答, 使读者能够举一反三; 每章还有测试题, 读者可以通过自己独立解答, 了解自己对课程内容掌握的情况. 测试题后有详细解答供读者对照、参考.

2. 在每章的最后, 都对科学出版社出版的《复变函数与积分变换》教材中的所有习题做了详细的解答.

参加本书编写的有盖云英 (第 1 章前半部分, 第 7 章, 第 8 章)、包革军 (第 1 章后半部分, 第 2 章)、陈明浩 (第 3 章、第 4 章)、邢宇明 (第 5 章, 第 6 章), 最后, 由盖云英教授完成了对全书的统稿.

在编写过程中得到科学出版社的大力支持, 编者表示感谢!

由于编者的水平有限, 书中的缺点和疏漏在所难免, 恳请各位专家、同行以及广大读者批评指正!

编　者
于哈尔滨工业大学

目　　录

第 1 章 复数与复变函数

1.1 内容提要

1.1.1 复数的概念、运算及其几何表示

1. 复数的概念

设 x, y 是两个实数, 称

$$z = x + \mathrm{i}y \quad (\mathrm{i}^2 = -1) \tag{1.1}$$

为复数. 复数的全体称为复数域, 记作 $\mathbb{C}$. 这里 x 称为复数 z 的实部, y 称为复数 z 的虚部, 记作

$$x = \mathrm{Re}z, \quad y = \mathrm{Im}z \tag{1.2}$$

i 称为虚单位. 特例: 当 $y = 0$ 时, $z = x$ 为实数; 当 $x = 0, y \neq 0$ 时, $z = \mathrm{i}y$ 称为纯虚数.

两复数 $z_1 = x_1 + \mathrm{i}y_1$ 与 $z_2 = x_2 + \mathrm{i}y_2$ 相等, 即

$$z_1 = z_2 \Leftrightarrow x_1 = x_2, \quad y_1 = y_2 \tag{1.3}$$

$$z = 0 \Leftrightarrow x = 0, \quad y = 0 \tag{1.4}$$

2. 复数的四则运算

(1) 加法 $z_1 + z_2 = (x_1 + \mathrm{i}y_1) + (x_2 + \mathrm{i}y_2) = (x_1 + x_2) + \mathrm{i}(y_1 + y_2)$ (1.5)

(2) 减法 $z_1 - z_2 = (x_1 + \mathrm{i}y_1) - (x_2 + \mathrm{i}y_2) = (x_1 - x_2) + \mathrm{i}(y_1 - y_2)$ (1.6)

(3) 乘法 $z_1 z_2 = (x_1 + \mathrm{i}y_1)(x_2 + \mathrm{i}y_2) = (x_1x_2 - y_1y_2) + \mathrm{i}(x_1y_2 + x_2y_1)$ (1.7)

(4) 除法 若 $z_2 \neq 0$, 则由 $z_2 z = z_1$ 得

$$z=\frac{z_1}{z_2}=\frac{x_1+\mathrm{i}y_1}{x_2+\mathrm{i}y_2}=\frac{(x_1+\mathrm{i}y_1)(x_2-\mathrm{i}y_2)}{x_2^2+y_2^2}$$
$$=\frac{x_1x_2+y_1y_2}{x_2^2+y_2^2}+\mathrm{i}\frac{y_1x_2-x_1y_2}{x_2^2+y_2^2} \tag{1.8}$$

两复数相乘, 可按多项式法则相乘并注意 $\mathrm{i}^2=-1$ 即可. 如上定义的加法、乘法, 其运算满足交换律、结合律和乘法对加法的分配律.

(1) 加法的结合律:

$$z_1+(z_2+z_3)=(z_1+z_2)+z_3 \tag{1.9}$$

(2) 乘法的结合律:

$$(z_1z_2)z_3=z_1(z_2z_3) \tag{1.10}$$

(3) 乘法对加法的分配律:

$$z_1(z_2+z_3)=z_1z_2+z_1z_3 \tag{1.11}$$

3. 复数的几何表示

(1) 在一个建立了直角坐标系的 xOy 平面上, 每个具有坐标 (x,y) 的点便与复数 $z=x+\mathrm{i}y$ 的实部、虚部 x,y 形成一一对应. 这种用来表示复数的平面称为复平面 (或 Gauss 平面), 记作 $\mathbb{C}$. 横轴称为实轴, 纵轴称为虚轴.

复数 $x-\mathrm{i}y$ 称为 $z=x+\mathrm{i}y$ 的共轭复数, 记作 $\bar{z}$, 即

$$\bar{z}=x-\mathrm{i}y \tag{1.12}$$

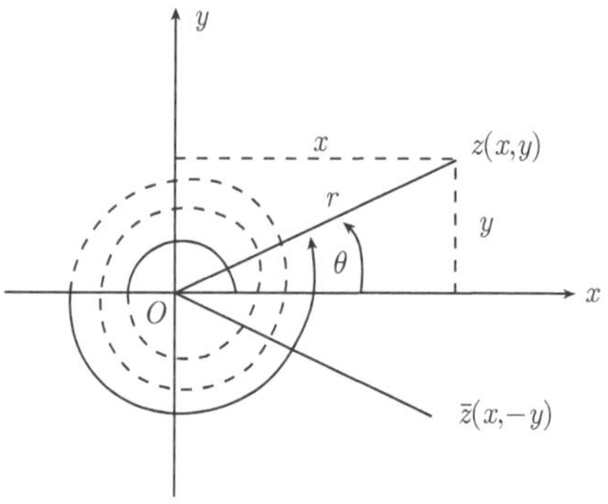

图 1.1

从图 1.1 可看出 $\bar{z}$ 与 z 是关于实轴对称的两点.

我们有

$$\overline{z_1\pm z_2}=\bar{z}_1\pm\bar{z}_2 \tag{1.13}$$

$$\overline{z_1\cdot z_2}=\bar{z}_1\cdot\bar{z}_2 \tag{1.14}$$

$$\overline{\left(\frac{z_1}{z_2}\right)}=\frac{\bar{z}_1}{\bar{z}_2} \tag{1.15}$$

$$x=\frac{z+\bar{z}}{2},\quad y=\frac{z-\bar{z}}{2\mathrm{i}} \tag{1.16}$$

(2) 注意到平面上的每一点又都对应着一个完全确定的向量, 因此可用在实轴和虚轴上的投影分别为 x 和 y 的向量表示复数 $z=x+\mathrm{i}y$. 对应于复数 z 的向量长度 r 称为复数 z 的模, 记作 $r=|z|$. 当 $z\neq 0$ 时, 实轴的正向与向量 z 之间的夹

角 θ 称为复数 z 的辐角, 记作 $\mathrm{Arg}z$. $\mathrm{Arg}z$ 有无穷多个值, 它们彼此相差 2π 的整数倍. 其中满足 $-\pi < \theta \leqslant \pi$ 的一个值称为辐角的主值, 记作 $\arg z$. 显然有

$$r = |z| = \sqrt{x^2 + y^2} = \sqrt{z\bar{z}} \tag{1.17}$$

$$\theta = \mathrm{Arg}z = \mathrm{Arctan}\frac{y}{x} \tag{1.18}$$

$$\mathrm{Arg}z = \arg z + 2k\pi \quad (k = 0, \pm 1, \pm 2, \cdots) \tag{1.19}$$

考虑到 $x = r\cos\theta$, $y = r\sin\theta$ 复数 z 可表为

$$z = x + \mathrm{i}y = r(\cos\theta + \mathrm{i}\sin\theta) \tag{1.20}$$

称为复数 z 的三角表示式.

应用欧拉公式 $\mathrm{e}^{\mathrm{i}\theta} = \cos\theta + \mathrm{i}\sin\theta$, 复数 z 还可进一步表为

$$z = r\mathrm{e}^{\mathrm{i}\theta} \tag{1.21}$$

称为复数 z 的指数表示式. $z = x + \mathrm{i}y$ 则称为代数表示式.

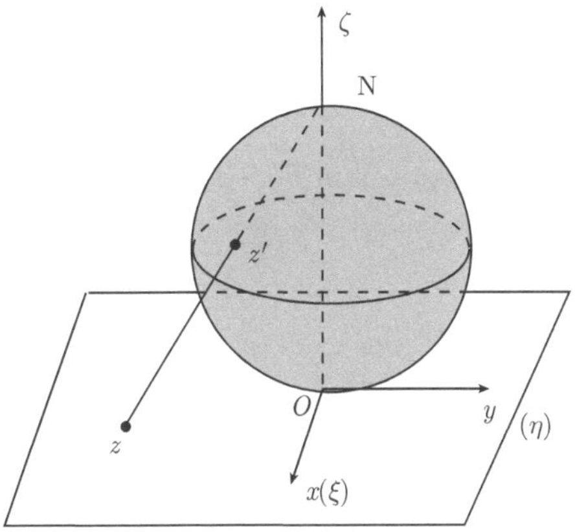

图 1.2

(3) 取一个直径为 1 的球面 Σ(图 1.2), 使其南极 S 与复平面原点 O 相切. 这样对于复平面上任意点通过与北极 N 连线, 在球面 Σ 上就得到一个对应点. 如此, 复平面 $\mathbb{C}$ 上所有的点都与除 N 点外的所有球面 Σ 上的点一一对应. 球面 Σ 称为复球面. 如果选取坐标系 $O\xi\eta\zeta$, 使 $O\xi$, $O\eta$ 分别重合于平面上的 Ox, Oy, 而 $O\zeta$ 则沿着 ON 方向. 那么

$$x = \frac{2\xi}{2-\zeta}, \quad y = \frac{2\eta}{2-\zeta} \tag{1.22}$$

或者

$$\xi = \frac{4x}{x^2 + y^2 + 4}$$

$$\eta=\frac{4y}{x^2+y^2+4}$$
$$\zeta=\frac{2(x^2+y^2)}{x^2+y^2+4} \tag{1.23}$$

假想复平面上与复球面上 N 点对应的点称为无穷远点, 记作 ∞. 无穷远点是一个新的复数, 为了区别, 原来的复数称为有限复数. 对所有有限复数 α

$$\alpha+\infty=\infty+\alpha=\infty \tag{1.24}$$

对所有 $\beta\in\mathbb{C}$, $\beta\neq 0$,

$$\beta\cdot\infty=\infty\cdot\beta=\infty,\quad \frac{\beta}{0}=\infty,\quad \frac{\beta}{\infty}=0 \tag{1.25}$$

复数域 $\mathbb{C}$ 加上 ∞, 构成扩充复平面, 记作 $\bar{\mathbb{C}}$, 即 $\bar{\mathbb{C}}=\mathbb{C}\cup\{\infty\}$.

4. 复数的乘幂与方根

利用复数的三角表示法或指数表示法来表示复数的乘法和除法

(1) 设 $z_1=r_1(\cos\theta_1+\mathrm{i}\sin\theta_1)$, $z_2=r_2(\cos\theta_2+\mathrm{i}\sin\theta_2)$, 则

$$z_1z_2=r_1r_2[\cos(\theta_1+\theta_2)+\mathrm{i}\sin(\theta_1+\theta_2)]=r_1r_2\mathrm{e}^{\mathrm{i}(\theta_1+\theta_2)} \tag{1.26}$$

$$\frac{z_1}{z_2}=\frac{r_1}{r_2}[\cos(\theta_1-\theta_2)+\mathrm{i}\sin(\theta_1-\theta_2)]=\frac{r_1}{r_2}\mathrm{e}^{\mathrm{i}(\theta_1-\theta_2)}(z_2\neq 0) \tag{1.27}$$

(2) 复数 z 的 n 次幂

$$z^n=r^n(\cos n\theta+\mathrm{i}\sin\theta)=r^n\mathrm{e}^{\mathrm{i}n\theta} \tag{1.28}$$

(3) 由 $w^n=z$, 得 $w=\sqrt[n]{z}$, 称为 z 的 n 次方根

$$\begin{aligned} w_k=\sqrt[n]{z}&=r^{\frac{1}{n}}\left(\cos\frac{\theta+2k\pi}{n}+\mathrm{i}\sin\frac{\theta+2k\pi}{n}\right)\\ &=r^{\frac{1}{n}}\mathrm{e}^{\mathrm{i}\frac{\theta+2k\pi}{n}}(k=0,1,\cdots,n-1) \end{aligned} \tag{1.29}$$

1.1.2 复变函数及其极限与连续

1. 复平面上的点集

(1) 对复平面上两点 $z_1=x_1+\mathrm{i}y_1$, $z_2=x_2+\mathrm{i}y_2$

$$|z_1-z_2|=\sqrt{(x_1-x_2)^2+(y_1-y_2)^2} \tag{1.30}$$

称为 z_1, z_2 两点的距离.

(2) 以 z_0 为心, $\delta>0$ 为半径的圆的内部, 即 $U_\delta(z_0)=\{z||z-z_0|<\delta\}$ 称为 z_0 点的 δ 邻域.

(3) 属于平面点集 E 的点 z_0, 若它的某个邻域 $U_\delta(z_0)\subset E$, 则称 z_0 点为 E 的内点.

(4) 若 z_0 点的任一邻域内都含有集 E 的无穷多个点, 则 z_0 称为集 E 的极限点 (或聚点).

(5) 若 z_0 点的任一邻域内既有属于 E 的点, 又有不属于 E 的点, 则 z_0 点称为集 E 的界点. E 的所有界点组成的集合称为 E 的边界, 记为 ∂E.

(6) 若集合 E 的每个点都是内点, 则称 E 为开集.

(7) 若对集 E 中任意两点总存在一条属于 E 的折线连接这两点, 则称集 E 是连通的.

(8) 若平面点集 D 是连通的开集, 则 D 称为区域. $D\cup\partial D=\bar{D}$, 称为闭区域.

(9) 设曲线 C 的参数方程

$$z=z(t)=x(t)+\mathrm{i}y(t)\quad(a\leqslant t\leqslant b)\tag{1.31}$$

若 $x(t)$, $y(t)$ 在 $a\leqslant t\leqslant b$ 上连续, 称 C 为连续曲线. 若当 $a<t_1\neq t_2<b$ 时, 有 $z(t_1)\neq z(t_2)$, 称 C 为简单曲线, 即曲线 C 无重点. 若 $z(a)=z(b)$, 则称 C 为简单闭曲线.

(10) 在曲线 C (1.31) 式中, 若 $x'(t)$, $y'(t)$ 连续且 $z'(t)=x'(t)+\mathrm{i}y'(t)\neq 0$ 则称 C 为光滑曲线, 若曲线 C 是由有限条光滑曲线组成, 则称 C 为按 (分) 段光滑曲线.

(11) 若区域 D 内任何一条简单闭曲线的内部的所有点仍属于 D, 则称 D 是单连通区域. 否则称 D 是多 (复) 连通区域.

2. 复变函数的定义

(1) 设 E 是一复数集合, 若有一个法则 f, 使得对每一复数 $z\in E$, 依照法则 f 有确定的复数 w 与之对应, 则称 f 为定义在 E 上的复变函数, 记为 $w=f(z)$.

(2) 设 $z=x+\mathrm{i}y$, $w=u+\mathrm{i}v$, 则从

$$w=u+\mathrm{i}v=f(z)=f(x+\mathrm{i}y)$$

可见, u, v 是关于 x, y 的二元实函数, 即

$$f(z)=u(x,\ y)+\mathrm{i}v(x,\ y)$$

(3) 从点的对应关系来看, 复变函数是两个复平面之间的映射, z 所变动平面称为 z 平面, w 所变动的平面称为 w 平面 (有时为方便, 也可设 z 平面与 w 平面重合). $w=f(z)$ 的定义域 E 在 z 平面上取, 值域 G 在 w 平面上取, 因此 $w=f(z)$

就是从平面点集 E 到平面点集 G 的一个映射 (或变换). 常称 E 为原像集, G 为像集.

3. 复变函数的极限与连续

(1) 设 z_0 是 $w=f(z)$ 的定义域 E 的一个极限点, $\forall\varepsilon>0$, $\exists\delta>0$, 使得当 $0<|z-z_0|<\delta$, $z\in E$ 时, 有 $|f(z)-A|<\varepsilon$, 称 $f(z)$ 在 E 上当 $z\to z_0$ 时, 以 A 为极限, 记作 $\lim\limits_{\substack{z\to z_0\\ z\in E}} f(z)=A$.

特别当 E 是区域时, $z\to z_0$ 的方式是任意的, 此时 $z\in E$ 可省略, 记为 $\lim\limits_{z\to z_0} f(z)=A$.

(2) 若 $\lim\limits_{z\to z_0} f(z)=A$, $\lim\limits_{z\to z_0} g(z)=B$, 则

$$\lim_{z\to z_0}[f(z)\pm g(z)]=A\pm B \tag{1.32}$$

$$\lim_{z\to z_0} f(z)\cdot g(z)=A\cdot B \tag{1.33}$$

$$\lim_{z\to z_0}\frac{f(z)}{g(z)}=\frac{A}{B}\quad (B\neq 0) \tag{1.34}$$

(3) 设 $f(z)=u(x,\ y)+\mathrm{i}v(x,\ y)$, $A=a+\mathrm{i}b$, $z_0=x_0+\mathrm{i}y_0$, 那么

$$\lim_{z\to z_0} f(z)=A\Leftrightarrow\begin{cases}\lim\limits_{\substack{x\to x_0\\ y\to y_0}} u(x,\ y)=a\\ \lim\limits_{\substack{x\to x_0\\ y\to y_0}} v(x,\ y)=b\end{cases} \tag{1.35}$$

(4) 关于含 ∞ 的极限有

$$\lim_{w\to 0} f\left(\frac{1}{w}\right)=A\ (\text{有限数})\ \Leftrightarrow\lim_{z\to\infty} f(z)=A \tag{1.36}$$

$$\lim_{z\to z_0}\frac{1}{f(z)}=0\Leftrightarrow\lim_{z\to z_0} f(z)=\infty \tag{1.37}$$

(5) 若 $\forall\varepsilon>0$, $\exists\delta>0$, 使得当 $|z-z_0|<\delta$ 时,

$$|f(z)-f(z_0)|<\varepsilon$$

则称 $f(z)$ 在 z_0 点连续.

(6) 若 $f(z)$ 和 $g(z)$ 在 z_0 点连续, 则它们的和、差、积、商 $(g(z_0)\neq 0)$ 也在 z_0 点连续. 且复合函数 $w=f[g(z)]$ 也在 z_0 点连续.

(7)

$$\lim_{z\to z_0} f(z)=f(z_0)\Leftrightarrow\begin{cases}\lim\limits_{\substack{x\to x_0\\ y\to y_0}} u(x,\ y)=u(x_0,\ y_0)\\ \lim\limits_{\substack{x\to x_0\\ y\to y_0}} v(x,\ y)=v(x_0,\ y_0)\end{cases} \tag{1.38}$$

1.2 典型例题剖析

例 1.1 试确定 $\dfrac{z+2}{z-1}$ 的实部和虚部.

分析 考虑 $z=x+\mathrm{i}y$, 将其代入原式. 先将分子、分母分别分成实部和虚部, 然后利用平方差公式将分母化为实数.

解

$$\begin{aligned}\frac{z+2}{z-1}&=\frac{(x+2)+\mathrm{i}y}{(x-1)+\mathrm{i}y}\\&=\frac{(x+2)+\mathrm{i}y}{(x-1)+\mathrm{i}y}\cdot\frac{(x-1)-\mathrm{i}y}{(x-1)-\mathrm{i}y}\\&=\frac{(x+2)(x-1)+y^2+\mathrm{i}[y(x-1)-y(x+2)]}{(x-1)^2+y^2}\end{aligned}$$

因此

$$\mathrm{Re}\left(\frac{z+2}{z-1}\right)=\frac{x^2+x-2+y^2}{(x-1)^2+y^2}$$

$$\mathrm{Im}\left(\frac{z+2}{z-1}\right)=\frac{-3y}{(x-1)^2+y^2}$$

例 1.2 解关于 z 的二次方程.

分析 这是关于复数 z 的复系数一元二次方程, 利用复数相等的概念 (1.3) 式, 将其化为关于 x, y 的二元二次方程组, 解这个具有两个方程的方程组, 得到 z 的实部和虚部.

解 设 $z=x+\mathrm{i}y$, 则

$$(1+\mathrm{i})z^2-2z+(1-\mathrm{i})=0$$

化为

$$(x^2-y^2-2xy-2x+1)+\mathrm{i}(x^2-y^2+2xy-2y-1)=0$$

比较实部、虚部, 得

$$\begin{cases}x^2-y^2-2xy-2x+1=0 & (1.39)\\x^2-y^2+2xy-2y-1=0 & (1.40)\end{cases}$$

式 (1.39) 加式 (1.40) 得

$$(x+y)(x-y-1)=0$$

解之得

$$x=-y,\ x=y+1$$

当 $x=-y$ 时, $2y^2+y+1=0$, $\varDelta=1-8<0$, 无实根, 舍去;

当 $x=y+1$ 时, $y(y+1)=0$, 解之得 $y=0$ 或 $y=-1$. 当 $y_1=0$ 时, $x_1=1$; 当 $y_2=-1$ 时, $x_2=0$.

因此, $z_1=1,\ z_2=-\mathrm{i}$ 是原方程的解.

例 1.3 设 $\alpha=a+\mathrm{i}b,\ \beta=c+\mathrm{i}d$ 为两个复数, 试证明:

(1) $|\alpha|=0\Leftrightarrow\alpha=0$;

(2) $|\alpha\beta|=|\alpha||\beta|$;

(3) $\left|\dfrac{\beta}{\alpha}\right|=\dfrac{|\beta|}{|\alpha|}\quad(\alpha\neq0)$;

(4) $|\alpha|-|\beta|\leqslant|\alpha+\beta|\leqslant|\alpha|+|\beta|$.

关系式 (4) 也称为三角不等式.

分析 本题要考虑利用复数模的概念 (1.18) 式及复数相等的概念 (1.3) 式及 (1.4) 式.

证 (1) $|\alpha|=\sqrt{a^2+b^2}$, 由 $|\alpha|=0\Rightarrow a^2+b^2=0$, 即必有 $a=0,\ b=0$, 因此有 $\alpha=0$. 反之若 $\alpha=0$, 则 $a=0,\ b=0$, 从而 $\alpha=a+\mathrm{i}b=0$.

(2) $\alpha\beta=(ac-bd)+\mathrm{i}(ad+bc)$, 因此有

$$\begin{aligned}|\alpha\beta|&=\sqrt{(ac-bd)^2+(ad+bc)^2}\\&=\sqrt{(a^2+b^2)(c^2+d^2)}\\&=\sqrt{a^2+b^2}\cdot\sqrt{c^2+d^2}\\&=|\alpha|\cdot|\beta|\end{aligned}$$

(3) 将分母化为实数, 我们有

$$\frac{\beta}{\alpha}=\frac{\beta\bar{\alpha}}{\alpha\bar{\alpha}}=\frac{\beta\bar{\alpha}}{a^2+b^2}$$

因此 $\left|\dfrac{\beta}{\alpha}\right|=\dfrac{|\beta\bar{\alpha}|}{a^2+b^2}$, 由 (2) 及 $|\alpha|=|\bar{\alpha}|$,

$$\frac{|\beta\bar{\alpha}|}{a^2+b^2}=\frac{|\beta||\bar{\alpha}|}{a^2+b^2}=\frac{|\beta||\alpha|}{a^2+b^2}$$

其中分母 $a^2+b^2=\alpha\bar{\alpha}$, 于是得

$$\left|\frac{\beta}{\alpha}\right|=\frac{|\beta||\alpha|}{|\alpha|^2}=\frac{|\beta|}{|\alpha|}$$

(4) 先证左边不等式, $|\alpha+\beta|\leqslant|\alpha|+|\beta|$, 若其中 α 或 β 为 0, 则显然等式成立. 再看一般情况, 由于

$$|\alpha+\beta|=\sqrt{(a+c)^2+(b+d)^2}$$

$$|\alpha|+|\beta|=\sqrt{a^2+b^2}+\sqrt{c^2+d^2}$$

设 $P=|\alpha|+|\beta|-|\alpha+\beta|$, 则

$$P=\sqrt{a^2+b^2}+\sqrt{c^2+d^2}-\sqrt{(a+c)^2+(b+d)^2}$$

为此, 只需证明 $P\geqslant 0$.

设 $Q=\sqrt{a^2+b^2}+\sqrt{c^2+d^2}+\sqrt{(a+c)^2+(b+d)^2}$, 显然 $Q\geqslant 0$, 我们有

$$P\cdot Q=2\sqrt{(a^2+b^2)(c^2+d^2)}-2(ac+bd)$$

下面讨论 $P\cdot Q$ 的符号.

若 $ac+bd<0$, 则 $P\cdot Q\geqslant 0$, 由 $Q\geqslant 0$ 推得 $P\geqslant 0$.

若 $ac+bd>0$, 设 $R=\sqrt{(a^2+b^2)(c^2+d^2)}+(ac+bd)$, 显然 $R\geqslant 0$, 且 $P\cdot Q\cdot R=2(ad-bc)^2\geqslant 0$(等号成立 α 是 β 的正实倍数). 因此有 $P\cdot Q\geqslant 0$, 推得 $P\geqslant 0$, 即有

$$|\alpha+\beta|\leqslant|\alpha|+|\beta|$$

下面再证 $|\alpha|-|\beta|\leqslant|\alpha+\beta|$, 由

$$|\alpha|=|(\alpha+\beta)-\beta|\leqslant|\alpha+\beta|+|-\beta|=|\alpha+\beta|+|\beta|$$

得

$$|\alpha|-|\beta|\leqslant|\alpha+\beta|$$

总之

$$|\alpha|-|\beta|\leqslant|\alpha+\beta|\leqslant|\alpha|+|\beta|.$$

例 1.4 (1) 证明以复数 α, β, γ 为系数的二次方程 $\alpha z^2+\beta z+\gamma=0$ 的解为

$$z=\frac{-\beta+(\beta^2-4\alpha\gamma)^{\frac{1}{2}}}{2\alpha}$$

(2) 利用 (1) 的公式解例 1.2 中的方程.

分析 复系数的复一元二次方程, 可以仿照实一元二次方程求解的方法, 推出求根公式, 并注意复数的方根求法. 例如, 复数 α, $\alpha^{\frac{1}{2}}=|\alpha|^{\frac{1}{2}}\mathrm{e}^{\frac{\arg z+2k\pi}{2}}(k=0,\ 1)$ 有两个, 即 $|\alpha|^{\frac{1}{2}}\mathrm{e}^{\frac{\arg z}{2}}$ 及 $|\alpha|^{\frac{1}{2}}\mathrm{e}^{\frac{\arg z+2\pi}{2}}=-|\alpha|^{\frac{1}{2}}\mathrm{e}^{\mathrm{i}\frac{\arg z}{2}}$.

解 (1)$\alpha z^2+\beta z+\gamma=0$, 配方得

$$\alpha\left(z+\frac{\beta}{2\alpha}\right)^2+\gamma-\frac{\beta^2}{4\alpha}=0$$

$$\left(z+\frac{\beta}{2\alpha}\right)^2=\frac{\beta^2-4\alpha\gamma}{4\alpha^2}$$

$$z+\frac{\beta}{2\alpha}=\sqrt{\frac{\beta^2-4\alpha\gamma}{4\alpha^2}}$$

得

$$z=\frac{-\beta+(\beta^2-4\alpha\gamma)^{\frac{1}{2}}}{2\alpha}$$

其中方根 $(\beta^2-4\alpha\gamma)^{\frac{1}{2}}$ 是两个值, 相差负号.

(2) 将方程

$$(1+\mathrm{i})z^2-2z+(1-\mathrm{i})=0$$

用 (1) 的求根公式来解. 此处, $\alpha=1+\mathrm{i},\ \beta=-2,\ \gamma=1-\mathrm{i}$, 代入

$$z=\frac{-\beta+(\beta^2-4\alpha\gamma)^{\frac{1}{2}}}{2\alpha}$$

此处 $\beta^2-4\alpha\gamma=-4$, 因此,

$$\begin{aligned}(\beta^2-4\alpha\gamma)^{\frac{1}{2}}&=(2^2\mathrm{e}^{\mathrm{i}\pi})^{\frac{1}{2}}\\&=2\left(\cos\frac{\pi+2k\pi}{2}+\mathrm{i}\sin\frac{\pi+2k\pi}{2}\right)\quad(k=0,\ 1)\end{aligned}$$

当 $k=0$ 时, $(\beta^2-4\alpha\gamma)^{\frac{1}{2}}=2\mathrm{i}$ 代入求根公式得

$$z_1=\frac{1+\mathrm{i}}{1+\mathrm{i}}=1$$

当 $k=1$ 时, $(\beta^2-4\alpha\gamma)^{\frac{1}{2}}=-2\mathrm{i}$ 代入求根公式得

$$z_2=\frac{1-\mathrm{i}}{1+\mathrm{i}}=-\mathrm{i}$$

与例 1.2 中的结果一致.

例 1.5　若 z_0 是 $z^n+a_1z^{n-1}+a_2z^{n-2}+\cdots+a_n$ 的零点, 试证明 $|z_0|$ 不大于 $z^n-|a_1|z^{n-1}-|a_2|z^{n-2}-\cdots-|a_n|$ 的正零点.

分析　应该考虑利用复数的三角不等式

$$||z_1|-|z_2||\leqslant|z_1\pm z_2|\leqslant|z_1|+|z_2|$$

并用确定方程 $z^n-|a_1|z^{n-1}-|a_2|z^{n-2}-\cdots-|a_n|=0$ 的正根存在.

证　考虑实函数

$$f(x)=1-\frac{|a_1|}{x}-\frac{|a_2|}{x^2}-\cdots-\frac{|a_n|}{x^n}$$

我们有

$$\lim_{x\to 0^+} f(x)=-\infty,\qquad \lim_{x\to+\infty} f(x)=1$$

在 $x\in(0,\ +\infty)$ 上 $f(x)$ 连续且严格单调上升, 由连续函数的介值定理, 必存在一点 $\xi\in(0,\ +\infty)$, 使 $f(\xi)=0$ 且当 $x>\xi$ 时, $f(x)>0$; 当 $x<\xi$ 时, $f(x)<0$. 但是

$$z^n-|a_1|z^{n-1}-|a_2|z^{n-2}-\cdots-|a_n|=z^nf(z)$$

这里 $f(z)$ 是 $f(x)$ 扩充到复平面所得到的. 由上述讨论

$$z^n-|a_1|z^{n-1}-|a_2|z^{n-2}-\cdots-|a_n|$$

有唯一的正零点 ξ, 并且当 $|z|\leqslant\xi$ 时,

$$|z|^n-|a_1||z|^{n-1}-|a_2||z|^{n-2}-\cdots-|a_n|\leqslant 0 \tag{1.41}$$

由于 z_0 是 $z^n+a_1z^{n-1}+a_2z^{n-2}+\cdots+a_n$ 的零点, 所以有

$$|z_0|^n=|-(a_1z_0^{n-1}+\cdots+a_n)|\leqslant|a_1||z_0|^{n-1}+\cdots+|a_n|$$

即

$$|z_0|^n-|a_1||z_0|^{n-1}-\cdots-|a_n|\leqslant 0$$

由 (1.41) 式, 上述不等式要成立, 必须 $|z_0|\leqslant\xi$.

例 1.6 证明: 若 $|z_1|=|z_2|=|z_3|=1$, $z_1+z_2+z_3=0$, 则 z_1, z_2, z_3 是内接于单位圆 $|z|=1$ 的一个正三角形的三顶点.

分析 由条件 $|z_1|=|z_2|=|z_3|=1$, 可知 z_1, z_2, z_3 在单位圆周 $|z|=1$ 上. 因此, 我们只需利用条件 $z_1+z_2+z_3=0$ 以及平面几何关于正三角形的知识来证明 $\triangle z_1z_2z_3$ 是正三角形. 例如, 可证三边相等, 三个圆心角相等, 三条中线 (或高) 相等. 此题解法很多, 以下介绍两种.

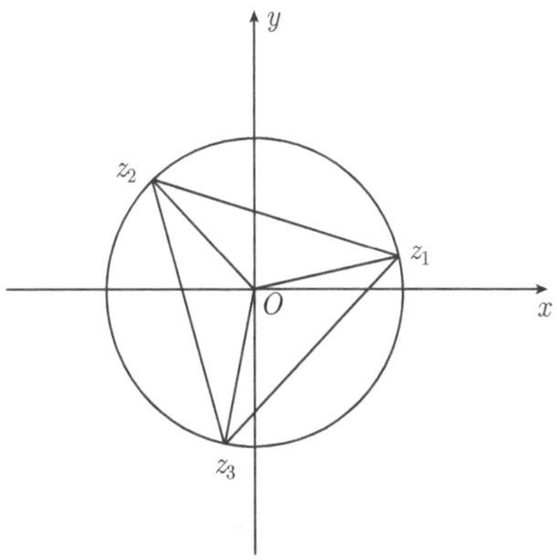

图 1.3

证法 1 如图 1.3, $\triangle z_1z_2z_3$ 的三边长分别为

$$|z_1-z_2|,\quad |z_2-z_3|,\quad |z_3-z_1|$$

由已知 $z_1+z_2+z_3=0$, 得 $z_1+z_2=-z_3$, 即

$$|z_1+z_2|=|-z_3|=|z_3|=1$$

即

$$|z_1+z_2|^2=1$$

$$(z_1+z_2)(\bar{z}_1+\bar{z}_2)=|z_1|^2+|z_2|^2+z_1\bar{z}_2+\bar{z}_1z_2=1$$

由 $|z_1|=|z_2|=1$, 得

$$z_1\bar{z}_2+\bar{z}_1z_2=-1$$

又

$$\begin{aligned}|z_1-z_2|^2&=(z_1-z_2)(\bar{z}_1-\bar{z}_2)\\&=z_1\bar{z}_1+z_2\bar{z}_2-z_1\bar{z}_2-\bar{z}_1z_2\\&=|z_1|^2+|z_2|^2-(z_1\bar{z}_2+\bar{z}_1z_2)\\&=2-(z_1\bar{z}_2+\bar{z}_1z_2)\\&=2-(-1)\\&=3\end{aligned}$$

即

$$|z_1-z_2|=\sqrt{3}$$

同理可得

$$|z_2-z_3|=|z_3-z_1|=\sqrt{3}$$

而由 $|z_1|=|z_2|=|z_3|=1$ 可知 z_1, z_2, z_3 在单位圆上, 故 z_1, z_2, z_3 是内接于单位圆上的一个等边三角形的顶点.

证法 2 因为

$$|z_1|=|z_2|=|z_3|=1$$

所以 z_1, z_2, z_3 位于单位圆上, $\triangle z_1z_2z_3$ 内接于单位圆, 如图 1.4 所示.

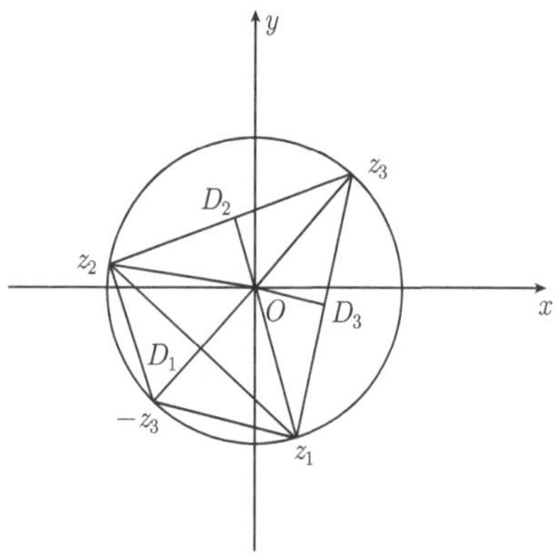

图 1.4

再由条件 $z_1+z_2+z_3=0$, 得 $z_1+z_2=-z_3$, 这就是说以向量 $z_1(\overline{Oz_1})$ 和向量 $z_2(\overline{Oz_2})$ 为邻边的对角线刚好是向量 $-z_3(\overline{Oz_3}$ 的反向向量). 又因为 $|z_1|=|z_2|=|z_3|=1$, 故此平行四边形是菱形, 对角线相互垂直且平分 (图 1.4).

若设 D_1 是 $\overline{z_1z_2}$ 边的中点则 $\overline{z_3D_1}$ 是 $\Delta z_1z_2z_3$ 中 $\overline{z_1z_2}$ 边上的中线 (高), 长为 $1\dfrac{1}{2}$.

同理可证, $\overline{z_2z_3}$, $\overline{z_3z_1}$ 边上的中线 (高)$\overline{z_1D_2}$, $\overline{z_2D_3}$ 的长也为 $1\dfrac{1}{2}$.

故 $\triangle z_1z_2z_3$ 为内接于单位圆的正三角形.

例 1.7 下列各式表示复平面上的哪些集合? 并作图.

(1) $|z-\alpha| \leqslant r$.

(2) $|z-\alpha|+|z+\bar{\alpha}| \leqslant |\alpha-\bar{\alpha}|$, 这里

$$|\alpha-\bar{\alpha}|>|\alpha+\bar{\alpha}|>0$$

(3) $\mathrm{Re}z^2 \leqslant 1$.

(4) $|\arg z|<\dfrac{\pi}{3}$.

分析 设 $z=x+\mathrm{i}y$, $\alpha=a+\mathrm{i}b$, 将各式化为关于 x, y 的二元函数, 再由平面解析几何即可知是何种集合.

解 (1)$|z-\alpha|=|(x-a)+\mathrm{i}(y-b)|=\sqrt{(x-a)^2+(y-b)^2} \leqslant r$.

即得

$$(x-a)^2+(y-b)^2 \leqslant r^2$$

这是以 $\alpha=a+\mathrm{i}b$ 为圆心, r 为半径的圆周及其内部, 如图 1.5 所示.

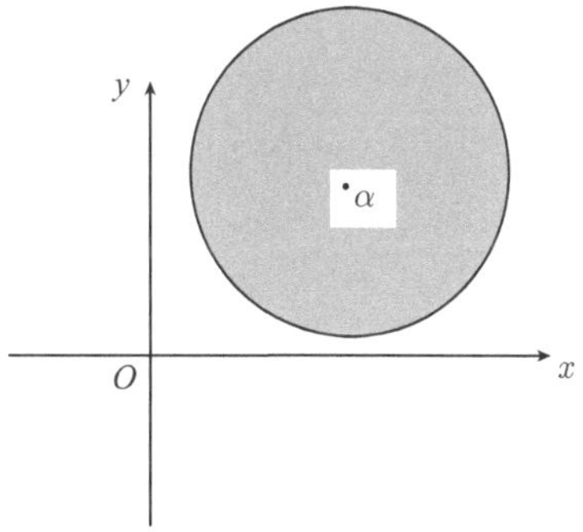

图 1.5

(2)
$$|z-\alpha|=\sqrt{(x-a)^2+(y-b)^2}$$

$$|z+\bar{\alpha}|=\sqrt{(x+a)^2+(y-b)^2}$$

$$|\alpha-\bar{\alpha}|=2|b|, \quad |\alpha+\bar{\alpha}|=2|a|$$

于是原不等式变为

$$\sqrt{(x-a)^2+(y-b)^2}+\sqrt{(x+a)^2+(y-b)^2} \leqslant 2|b|$$

整理得

$$(b^2-a^2)x^2+b^2(y-b)^2 \leqslant b^2(b^2-a^2)$$

注意到 $b>a>0$, 得

$$\frac{x^2}{b^2}+\frac{(y-b)^2}{b^2-a^2} \leqslant 1$$

这是以 α, $-\bar{\alpha}$ 为焦点的椭圆周及其内部 (图 1.6).

(3) $z^2=(x+\mathrm{i}y)^2=x^2-y^2+\mathrm{i}2xy$ 因此 $\mathrm{Re}z^2=x^2-y^2$, $\mathrm{Re}z^2 \leqslant 1$, 即

$$x^2-y^2 \leqslant 1$$

这是以 $x^2-y^2=1$ 为边界的, 两条双曲线之间的集合 (图 1.7).

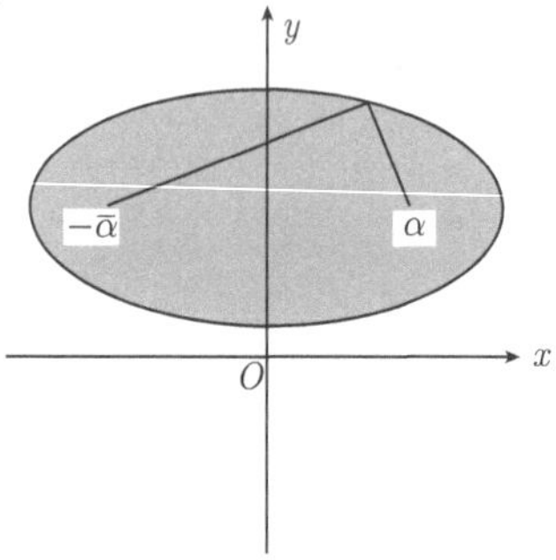

图 1.6

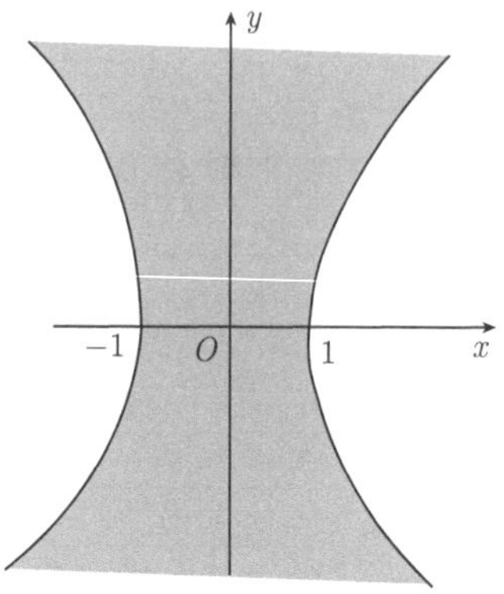

图 1.7

(4) 由 $|\arg z| < \dfrac{\pi}{3}$ 得

$$-\frac{\pi}{3} < \arg z < \frac{\pi}{3}$$

这是以原点为端点的与正实轴夹角分别为 $\pm\dfrac{\pi}{3}$ 的两条射线形成的角形区域 (图 1.8).

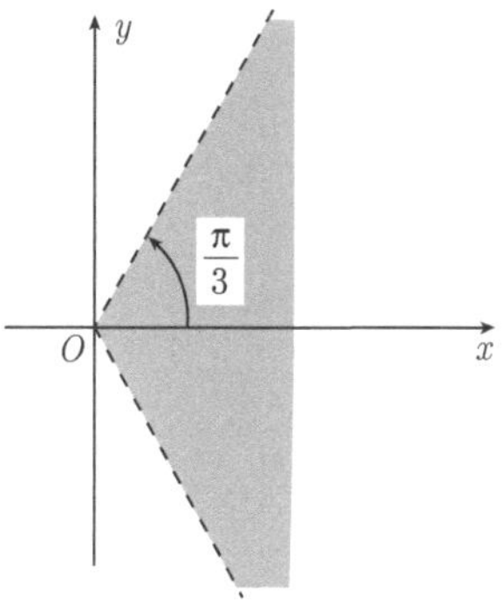

图 1.8

例 1.8 指出不等式 $0 < \arg\dfrac{z-\mathrm{i}}{z+\mathrm{i}} < \dfrac{\pi}{4}$ 中点 z 的轨迹所在范围, 并作图.

分析 此题可以如例 1.7 题, 将其化成关于 x, y 的二元不等式组, 再确定其图形, 见解法 1. 也可以从 $\arg\dfrac{z-\mathrm{i}}{z+\mathrm{i}} = \arg(z-\mathrm{i}) - \arg(z+\mathrm{i})$ 出发, 考虑满足 $0 < \arg(z-\mathrm{i}) - \arg(z+\mathrm{i}) < \dfrac{\pi}{4}$ 的 z 的轨迹.

解法 1 $\dfrac{z-\mathrm{i}}{z+\mathrm{i}} = \dfrac{x^2+y^2-1}{x^2+(y+1)^2} + \mathrm{i}\dfrac{-2x}{x^2+(y+1)^2}$

因为

$$0 < \arg\frac{z-\mathrm{i}}{z+\mathrm{i}} < \frac{\pi}{4}$$

所以

$$\frac{x^2+y^2-1}{x^2+(y+1)^2} > \frac{-2x}{x^2+(y+1)^2} > 0$$

于是有

$$\begin{cases} -2x > 0 \\ x^2+y^2-1 > 0 \\ -2x < x^2+y^2-1 \end{cases}$$

即

$$\begin{cases} x<0 \\ x^2+y^2>1 \\ (x+1)^2+y^2>2 \end{cases}$$

它表示在圆 $(x+1)^2+y^2=(\sqrt{2})^2$ 外且属于左半平面的所有点的集合 (图 1.9).

解法 2 $\arg(z-\mathrm{i})$ 是 i 到 z 的向量与正实轴的夹角, $\arg(z+\mathrm{i})$ 是 $-\mathrm{i}$ 到 z 的向量与正实轴的夹角. 分别将它们平移到原点 O, 从图 1.10 可以看出

$$\arg\frac{z-\mathrm{i}}{z+\mathrm{i}}=\arg(z-\mathrm{i})-\arg(z+\mathrm{i})=\frac{\pi}{4}$$

是到两定点 i, $-\mathrm{i}$ 张角等于 $\dfrac{\pi}{4}$ 的点的轨迹.

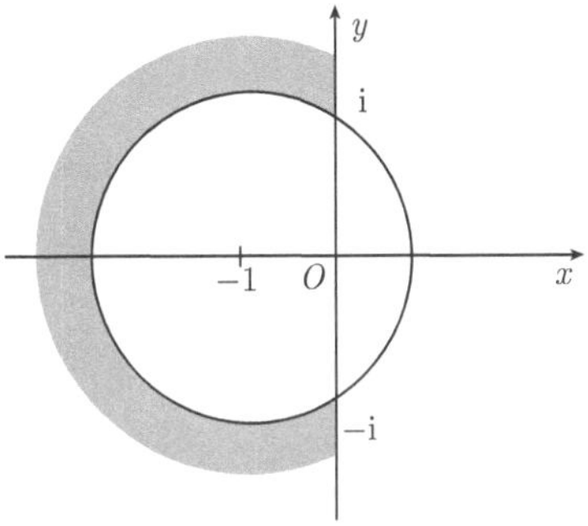

图 1.9

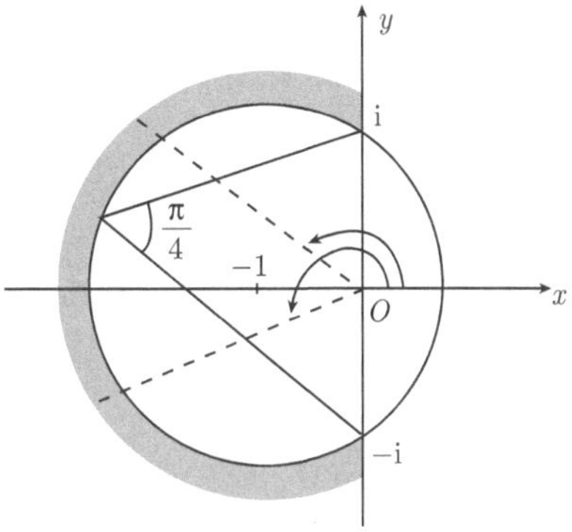

图 1.10

由平面几何知, 此时 z 在集合 $\{z||z+1|=2,\ \mathrm{Re}z<0\}$ 上.

当 $\arg\dfrac{z-\mathrm{i}}{z+\mathrm{i}}=\arg(z-\mathrm{i})-\arg(z+\mathrm{i})=0$ 时, z 在 $\{z|\mathrm{Im}z>1$ 或 $\mathrm{Im}z<-1\}$ 所表示的集合上.

因此, 当 $0<\arg\dfrac{z-\mathrm{i}}{z+\mathrm{i}}<\dfrac{\pi}{4}$ 时, z 的轨迹即为圆周 $|z+1|=2$ 的外部左半平面的部分.

例 1.9 证明复平面上的圆周可以写成

$$Az\bar{z}+\beta\bar{z}+\bar{\beta}z+C=0$$

其中 A, C 为实数, $A\neq 0, \beta$ 为复数且 $|\beta|^2>AC$.

分析 由平面解析几何知, xOy 平面上圆的一般方程为

$$A(x^2+y^2)+Bx+Dy+C=0$$

其中, $A \neq 0$, $B^2+D^2-4AC>0$, 因此只要能证明题给方程与圆的一般方程等价就行了.

证 $Az\bar{z}+\beta\bar{z}+\bar{\beta}z+C=0$, 将 $z\bar{z}=x^2+y^2$, $x=\dfrac{z+\bar{z}}{2}$, $y=\dfrac{z-\bar{z}}{2\mathrm{i}}$ 代入得

$$A(x^2+y^2)+\beta(x-\mathrm{i}y)+\bar{\beta}(x+\mathrm{i}y)+C=0$$

整理得

$$A(x^2+y^2)+(\beta+\bar{\beta})x+\mathrm{i}(\bar{\beta}-\beta)y+C=0$$

设 $\beta=a+\mathrm{i}b$, 则 $\beta+\bar{\beta}=2a$, 记为 B. $\mathrm{i}(\bar{\beta}-\beta)=2b$, 记为 D. 方程变为 $A(x^2+y^2)+Bx+Dy+C=0$. 并且由 $|\beta|^2>AC$, 得 $B^2+D^2-4AC>0$. 因此这是圆的一般方程.

反之, 在 xOy 平面上, 由圆的一般方程 $A(x^2+y^2)+Bx+Dy+C=0$ 且 $B^2+D^2>4AC$. 将 $z\bar{z}=x^2+y^2$, $x=\dfrac{z+\bar{z}}{2}$, $y=\dfrac{z-\bar{z}}{2\mathrm{i}}$ 代入得

$$Az\bar{z}+\frac{B}{2}(z+\bar{z})+\frac{D}{2\mathrm{i}}(z-\bar{z})+C=0$$

整理得

$$Az\bar{z}+\frac{1}{2}(B-\mathrm{i}D)z+\frac{1}{2}(B+\mathrm{i}D)\bar{z}+C=0$$

令 $\beta=\dfrac{B+D\mathrm{i}}{2}$, 则有

$$Az\bar{z}+\bar{\beta}z+\beta\bar{z}+C=0, |\beta|^2>AC$$

例 1.10 函数 $w=z^2+\alpha z$ 把下列 z 平面上的曲线映成 w 平面上的怎样的曲线?

(1) 过点 $z=\alpha$ 且平行于虚轴的直线 L_1;

(2) 过点 $z=\alpha$ 且平行于实轴的直线 L_2;

(3) 过原点的直线 $L_3: z=(1+\mathrm{i})t(-\infty<t<+\infty)$.

分析 设 $z=x+\mathrm{i}y$, $\alpha=a+\mathrm{i}b$. 将 $w=z^2+\alpha z$ 化为 $w=u(x, y)+\mathrm{i}v(x, y)$ 形式得

$$w=(x^2-y^2-ax-by)+\mathrm{i}(2xy+ay+bx)$$

即得

$$u=x^2-y^2+ax-by, \quad v=2xy+ay+bx$$

建立参数方程, 然后消去参数, 即得到 u 与 v 的关系, 便可知在 w 平面的对应曲线.

解 (1) L_1 的参数方程:

$$x = a, \quad y = b + t \quad (-\infty < t < +\infty)$$

代入 u, v 得

$$u = 2(a^2 - b^2 - 3bt - t^2), \quad v = 4ab + 3at$$

(2) L_2 的参数方程:

$$x = a + t, \quad y = b(-\infty < t < +\infty)$$

代入 u, v 得

$$u = 2(a^2 - b^2) + 3at + t^2, \quad v = 4ab + 3bt$$

(3) L_3 的参数方程:

$$x = t, \quad y = t \ (-\infty < t < +\infty)$$

代入 u, v 得

$$u = (a - b)t, \quad v = (a + b)t + 2t^2$$

消去参数 t, 根据 u, v 之间的关系, 即得到 L_1, L_2, L_3 在 w 平面上的像. (图 1.11).

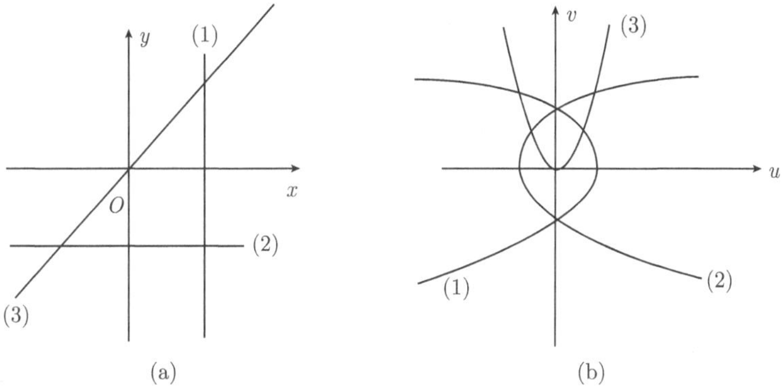

图 1.11

例 1.11 (1) 下列极限是否存在? 若存在试确定其极限值.

1° $\lim\limits_{z \to \alpha} \dfrac{z^2 - (\alpha + \beta)z + \alpha\beta}{z - \alpha}$.

2° $\lim\limits_{(x,\ y) \to (0,\ 0)} f(x,\ y) = \lim\limits_{(x,\ y) \to (0,\ 0)} \dfrac{x^2y + \mathrm{i}xy^2}{x^3 - \mathrm{i}y^3}$.

(2) 下列函数是否连续?

1° $f(z) = \dfrac{z^2 - (\alpha + \beta)z + \alpha\beta}{z - \alpha}$, $f(\alpha) = \alpha - \beta$.

2° $f(z) = f(x + \mathrm{i}y) = \dfrac{x^2y + \mathrm{i}xy^2}{x^3 - \mathrm{i}y^3}$.

分析 考虑复变函数的极限定义中, $z \to z_0$ 的方式是任意的, 以及若极限存在是唯一的.

解 (1) 1° 将分子 $z^2-(\alpha+\beta)z+\alpha\beta$ 因式分解得, $(z-\alpha)(z-\beta)$, 我们看到: 当 $z \neq \alpha$ 时, $f(z)=z-\beta$.

为求当 $z \to \alpha$ 时, $f(z)$ 的极限值, 设 $z=\alpha+r\mathrm{e}^{\mathrm{i}\theta}(r>0)$, 于是这等价于: 当 $r \to 0$ 时, 确定 $f(z)=\alpha-\beta+r\mathrm{e}^{\mathrm{i}\theta}$ 的极限值, 这时有 $\lim\limits_{r\to 0} f(\alpha+r\mathrm{e}^{\mathrm{i}\theta})=\alpha-\beta$, 此即

$$\lim_{z\to\alpha}\frac{z^2-(\alpha+\beta)z+\alpha\beta}{z-\alpha}=\alpha-\beta$$

2° 当 $x \to 0,\ y \to 0$ 时, $f(x,\ y)$ 的极限不存在, 为此设 $x=r\cos\theta,\ y=r\sin\theta$, 于是 $x \to,\ y \to 0$ 有 $r \to 0$.

$$\lim_{r\to 0}\frac{r^3\cos\theta\sin\theta(\cos\theta+\mathrm{i}\sin)\theta}{r^3(\cos^3\theta-\mathrm{i}\sin^3\theta)}=\frac{\cos\theta\sin\theta}{\cos^2\theta-\mathrm{i}\sin\theta\cos\theta-\sin^2\theta}$$

我们看到此极限值依赖于 θ, $x \to 0,\ y \to 0$ 以不同的方向, 得到的极限值不同. 因此 $f(x,\ y)$ 在原点无极限.

(2) 1° 当 $z \neq \alpha$ 时, $f(z)=z-\beta$ 是连续的. 当 $z=\alpha$ 时, 由 (1) $\lim\limits_{z\to\alpha} f(z)=\alpha-\beta=f(\alpha)$, 因此 $f(z)$ 在复平面上处处连续.

2° 当 $x \neq 0,\ y \neq 0$ 时, 即 $z \neq 0$ 时由 $f(z)$ 的分子、分母皆为连续函数, 故 $f(z)$ 为连续的.

当 $x=0,\ y=0$ 时, 由 (1) 的讨论 $\lim\limits_{z\to 0} f(z)$ 不存在, 因此在 $z=0$ 点不连续.

在除去原点的复平面上 $f(z)$ 连续.

1.3 测 试 题

1. 单项选择题.

(1) 已知 $z=\dfrac{\sqrt{2}}{2}(1-\mathrm{i})$, 则 $z^{100}+z^{50}+1$ 的值为 (　　).

A. $-\mathrm{i}$; B. i; C. 1; D. -1.

(2) 当 n 为 3 的倍数时, 复数 $z=\left[\dfrac{1}{2}(-1+\sqrt{3}\mathrm{i})\right]^n+\left[\dfrac{1}{2}(-1-\sqrt{3}\mathrm{i})\right]^n$ 的值为 (　　).

A. -1; B. 1; C. -2; D. 2.

(3) 设复数 z 满足 $\arg(z+2)=\dfrac{\pi}{3}$, $\arg(z-2)=\dfrac{5\pi}{6}$, 那么 $z=$(　　).

A. $-1+\sqrt{3}\mathrm{i}$;　　B. $-\sqrt{3}+\mathrm{i}$;　　C. $-\dfrac{1}{2}+\dfrac{\sqrt{3}}{2}\mathrm{i}$;　　D. $-\dfrac{\sqrt{3}}{2}+\dfrac{1}{2}\mathrm{i}$.

(4) 已知 $z=\left(\dfrac{1-\mathrm{i}}{1+\mathrm{i}}\right)^8$, 则 $z^{66}+2z^{33}-2$ 的值为 (　　).

A. $-\mathrm{i}$;　　B. 1;　　C. i;　　D. -1.

(5) 集合 $D=\{z|0<|z|<1\}$, 则 D 是 (　　).

A. 无界域;　　B. 多连域;　　C. 单连域;　　D. 闭区域.

(6) 方程 $\mathrm{Re}z^2=1$ 所代表的曲线是 (　　).

A. 圆周;　　B. 椭圆;　　C. 双曲线;　　D. 抛物线.

(7) 下列方程所表示的曲线中, (　　) 是椭圆.

A. $|z-2|+|z+2|=5$;　　B. $\left|\dfrac{z-1}{z+1}\right|=2$;

C. $|z|+\mathrm{Re}z=1$;　　D. $\mathrm{Re}z^2=2$.

(8) 下列函数中, 都有 $f(0)=0$. 则 (　　) 在原点不连续.

A. $f(z)=\dfrac{\mathrm{Re}z}{1+|z|}$;　　B. $f(z)=\dfrac{[\mathrm{Re}z]^2}{|z|}$;

C. $f(z)=\dfrac{\mathrm{Re}z^2}{|z|^2}$;　　D. $f(z)=\dfrac{[\mathrm{Re}z^2]^2}{|z|^2}$.

(9) $\lim\limits_{z\to z_0}\dfrac{\mathrm{Im}z-\mathrm{Im}z_0}{z-z_0}=$(　　).

A. i;　　B. $-\mathrm{i}$;　　C. 0;　　D. 不存在.

(10) 已知方程 $z^3-z^2+z-1=0$, (　　) 不是它的根.

A. i;　　B. -1;　　C. 1;　　D. $-\mathrm{i}$.

(11) 函数 $f(z)=u(x,\ y)+\mathrm{i}v(x,\ y)$ 在点 $z_0=x_0+\mathrm{i}y_0$ 处连续的充要条件是 (　　).

A. $u(x,\ y)$ 在 $(x_0,\ y_0)$ 处连续;

B. $v(x,\ y)$ 在 $(x_0,\ y_0)$ 处连续;

C. $u(x,\ y)$ 和 $v(x,\ y)$ 在 $(x_0,\ y_0)$ 处连续;

D. $u(x,\ y)+v(x,\ y)$ 在 $(x_0,\ y_0)$ 处连续.

(12) 已知方程 $(1+2\mathrm{i})\bar{z}=4+3\mathrm{i}$, 则 $z=$(　　).

A. $2+\mathrm{i}$;　　B. $-2+\mathrm{i}$;　　C. $2-\mathrm{i}$;　　D. $-2-\mathrm{i}$.

2. 填空题.

(1) 设 $z=\dfrac{(3+4\mathrm{i})(1+\mathrm{i})^{12}}{\mathrm{i}^5(2+4\mathrm{i})^2}$, 则 $|z|=$____.

(2) 设 $z=\dfrac{(1-\mathrm{i})^5-1}{(1+\mathrm{i})^5+1}$, 则其实部为____虚部为____.

(3) 已知方程 $(1+2\mathrm{i})x+(3-5\mathrm{i})y=1-3\mathrm{i}$, 则 $x=$____, $y=$____.

(4) 一复数对应的向量按逆时针方向旋转 $\dfrac{2\pi}{3}$ 时对应的复数为 $1+\mathrm{i}$, 则原复数是____.

(5) 已知 $z=\dfrac{-2}{1+\sqrt{3}\mathrm{i}}$, 则 z 的辐角主值是____.

(6) 设 $z_1=\dfrac{1+\mathrm{i}}{\sqrt{2}}$, $z_2=\sqrt{3}-\mathrm{i}$, 则 z_1z_2 的指数形式为____, $\dfrac{z_1}{z_2}$ 的指数形式为____.

(7) 满足不等式 $0<|z+1+\mathrm{i}|<2$ 的集合是____.

(8) $\lim\limits_{z\to 1}\dfrac{z\bar{z}+2z-\bar{z}-2}{z^2-1}=$____.

(9) 映射 $w=\dfrac{1+\mathrm{i}}{z}$ 将圆周 $x^2+y^2=4$ 映成 w 平面上____.

3. 设 a, b, c, d 为实数, 试求二次方程

$$x^2+(a+\mathrm{i}b)x+c+\mathrm{i}d=0$$

至少有一实根的条件.

4. 若 $z+z^{-1}=2\cos\theta$, 求证 $z^n+z^{-n}=2\cos n\theta$.

5. 试证以 z_1 与 z_2 为直径的两端点的圆周方程是 $\mathrm{Re}\left\{\dfrac{z_2-z_1}{z-z_1}\right\}=1(z\neq z_1)$, 且当点 z 在该圆周内时有 $\mathrm{Re}\left\{\dfrac{z_2-z_1}{z-z_1}\right\}>1$; 当点 z 在该圆周外时有

$$\mathrm{Re}\left\{\frac{z_2-z_1}{z-z_1}\right\}<1.$$

6. 图示满足下列条件的点的存在范围.

(1) $\mathrm{Im}z^2\leqslant 1$; (2) $|z+1||z-1|<1$;

(3) $\left|\dfrac{1}{z}\right|<3$; (4) $|z-1|+|z+1|<4$.

7. 证明方程 $\left|\dfrac{z-z_1}{z-z_2}\right|=k(0<k\neq 1,\ z_1\neq z_2)$ 表示 z 平面上一个圆周, 其圆心为 z_0, 半径为 ρ, 且

$$z_0=\frac{z_1-k^2z_2}{1+k^2},\quad \rho=\frac{k|z_1-z_2|}{|1-k^2|}$$

8. 设

$$f(z)=\begin{cases}\dfrac{\mathrm{Re}(z^2)}{|z|^2}, & z\neq 0\\ 0, & z=0\end{cases}$$

试证 $f(z)$ 在原点不连续.

9. 在映射 $w=z^2$ 下, z 平面上的双曲线 $x^2-y^2=\psi, xy=6$ 映射成 w 平面上的何种曲线?

1.4 测试题解答

1. 单项选择题.

(1) A. $z=\dfrac{\sqrt{2}}{2}(1-\mathrm{i}), z^2=-\mathrm{i}$. $z^{100}+z^{50}+1=(-\mathrm{i})^{50}+(-\mathrm{i})^{25}+1=-1-\mathrm{i}+1=-\mathrm{i}$.

(2) D. 因为 $\dfrac{1}{2}(-1+\sqrt{3}\mathrm{i})$ 和 $\dfrac{1}{2}(-1-\sqrt{3}\mathrm{i})$ 是 1 的 3 次方根, 所以 $z=\left[\dfrac{1}{2}(-1+\sqrt{3}\mathrm{i})\right]^n+\left[\dfrac{1}{2}(-1-\sqrt{3}\mathrm{i})\right]^n=2$.

(3) A. 如图 1.12 向量 $z-2$ 与向量 $z+2$ 夹角为 $\dfrac{5\pi}{6}-\dfrac{\pi}{3}=\dfrac{\pi}{2}$, 在复平面上, 代表复数 $z-2$, z, $z+2$ 的点在平行于 x 轴的直线上. 连接点 0, $z+2$, $z-2$ 的三角形为直角 △. 因此推出 $|z|=2$, $\arg z=\dfrac{2\pi}{3}$, 即 $z=-1+\sqrt{3}\mathrm{i}$.

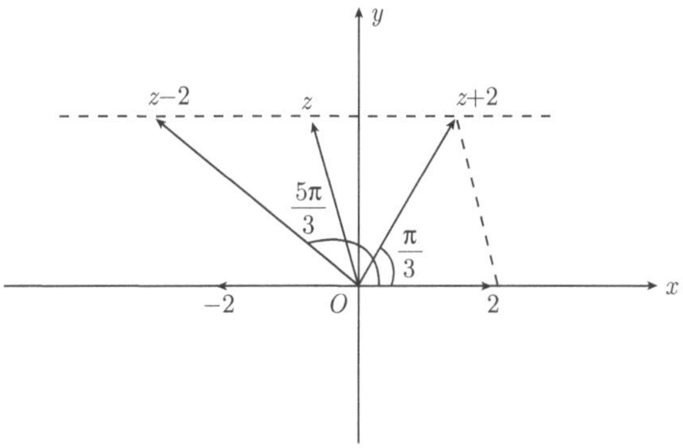

图 1.12

(4) B. 因为 $z=\left(\dfrac{1-\mathrm{i}}{1+\mathrm{i}}\right)^8=\left[\left(\dfrac{1-\mathrm{i}}{1+\mathrm{i}}\right)^2\right]^4=(-1)^4=1$, 则 $z^{66}+2z^{33}-2=1$.

(5) B. 是去心单位圆.

(6) C. $\mathrm{Re}z^2=1$, 即 $x^2-y^2=1$, 因此是双曲线.

(7) A. B 是圆周; C 是抛物线; D 是双曲线. 而 A, $|z-2|+|z+2|=5$ 可化 $\dfrac{x^2}{\left(\dfrac{5}{2}\right)^2}+\dfrac{y^2}{\left(\dfrac{3}{2}\right)^2}=1$ 为椭圆.

(8) C. 令 $z=x+\mathrm{i}y$, $f(z)=\dfrac{\mathrm{Re}z^2}{|z|^2}=\dfrac{x^2-y^2}{x^2+y^2}$, 当 z 沿正实轴趋向原点时的极限为 1, 但当 z 沿正虚轴趋向原点时的极限为 -1. 所以在原点不连续.

(9) D. $\lim\limits_{z\to z_0}\dfrac{\mathrm{Im}z-\mathrm{Im}z_0}{z-z_0}$. 令 $x=x_0$, $y\to y_0$ 时, $\lim\limits_{\substack{x\to x_0\\ y\to y_0}}\dfrac{\mathrm{Im}z-\mathrm{Im}z_0}{z-z_0}=1$, 令 $y=y_0$, $x\to x_0$ 时, $\lim\limits_{\substack{x\to x_0\\ y\to y_0}}\dfrac{\mathrm{Im}z-\mathrm{Im}z_0}{z-z_0}=0$. 因此极限不存在.

(10) B. 将 $z=-1$ 代入方程左边得 $(-1)^3-(-1)^2-1-1\neq 0$.

(11) C.

(12) A. $(1+2\mathrm{i})\bar{z}=4+3\mathrm{i}$, 得 $\bar{z}=\dfrac{4+3\mathrm{i}}{1+2\mathrm{i}}=2-\mathrm{i}$ 所以 $z=2+\mathrm{i}$.

2. 填空题.

(1) $\dfrac{1}{25}$. $z=\dfrac{(3+4\mathrm{i})(1+\mathrm{i})^{12}}{\mathrm{i}^5(2+4\mathrm{i})^6}, |z|=\dfrac{|3+4\mathrm{i}||1+\mathrm{i}|^{12}}{|\mathrm{i}|^5|2+4\mathrm{i}|^6}=\dfrac{5\times 2^6}{2^6\times 5^3}=\dfrac{1}{25}$.

(2) $-\dfrac{1}{25},-\dfrac{32}{25}$.
$$z=\frac{(1-\mathrm{i})^5-1}{(1+\mathrm{i})^5+1}=\frac{(1-\mathrm{i})^2(1-\mathrm{i})^2(1-\mathrm{i})-1}{(1+\mathrm{i})^2(1+\mathrm{i})^2(1+\mathrm{i})+1}=\frac{(-2\mathrm{i})(-2\mathrm{i})(1-\mathrm{i})-1}{(2\mathrm{i})(2\mathrm{i})(2\mathrm{i})+1}=\frac{-1-32\mathrm{i}}{25}.$$

(3) $x=-\dfrac{4}{11}$, $y=\dfrac{5}{11}$. 方程化为 $x+3y+\mathrm{i}(2x-5y)=1-3\mathrm{i}$ 比较实、虚部得 $\begin{cases}x+3y=1,\\ 2x-5y=-3,\end{cases}$ 解之即得.

(4) $\dfrac{-1+\sqrt{3}}{2}+\dfrac{-1-\sqrt{3}}{2}\mathrm{i}$. 由题意 $z\mathrm{e}^{\mathrm{i}\frac{2\pi}{3}}=1+\mathrm{i}$, $z=\mathrm{e}^{-\mathrm{i}\frac{2\pi}{3}}(1+\mathrm{i})=\left(-\dfrac{1}{2}-\mathrm{i}\dfrac{\sqrt{3}}{2}\right)(1+\mathrm{i})=-\dfrac{1}{2}+\dfrac{\sqrt{3}}{2}-\mathrm{i}\left(\dfrac{1}{2}+\dfrac{\sqrt{3}}{2}\right)$.

(5) $\dfrac{2\pi}{3}$. $z=\dfrac{-2}{1+\sqrt{3}\mathrm{i}}=\dfrac{-2(1-\sqrt{3}\mathrm{i})}{(1+\sqrt{3}\mathrm{i})(1-\sqrt{3}\mathrm{i})}=-\dfrac{1}{2}+\dfrac{\sqrt{3}}{2}\mathrm{i}$, 所以 $\arg z=\dfrac{2\pi}{3}$.

(6) $2\mathrm{e}^{\frac{\pi\mathrm{i}}{12}}$, $\dfrac{1}{2}\mathrm{e}^{\frac{5\pi\mathrm{i}}{12}}$, $z_1=\dfrac{1+\mathrm{i}}{\sqrt{2}}=\mathrm{e}^{\mathrm{i}\frac{\pi}{4}}$, $z_2=\sqrt{3}-\mathrm{i}=2\mathrm{e}^{-\mathrm{i}\frac{\pi}{6}}$, 所以 $z_1z_2=2\mathrm{e}^{\mathrm{i}\left(\frac{\pi}{4}-\frac{\pi}{6}\right)}=2\mathrm{e}^{\frac{\pi\mathrm{i}}{12}}, \dfrac{z_1}{z_2}=\dfrac{1}{2}\mathrm{e}^{\mathrm{i}\left(\frac{\pi}{4}+\frac{\pi}{6}\right)}=\dfrac{1}{2}\mathrm{e}^{\frac{5\pi\mathrm{i}}{12}}$.

(7) 以 $(-1,\ -\mathrm{i})$ 为圆心, 2 为半径的去心圆周内部. 将不等式 $0<|z+1+\mathrm{i}|<2$ 化为 $0<(x+1)^2+(y+1)^2<4$ 即看出.

(8) $\dfrac{3}{2}$. $\lim\limits_{z\to 1}\dfrac{z\bar{z}+2z-\bar{z}-2}{z^2-1}=\lim\limits_{z\to 1}\dfrac{(z-1)(\bar{z}+2)}{(z-1)(z+1)}=\lim\limits_{z\to 1}\dfrac{\bar{z}+2}{z+1}=\dfrac{3}{2}$.

(9) $u^2+v^2=\dfrac{1}{2}$. $w=\dfrac{1+\mathrm{i}}{z}=\dfrac{(1+\mathrm{i})\bar{z}}{z\bar{z}}=\dfrac{(1+\mathrm{i})(x-\mathrm{i}y)}{x^2+y^2}=\dfrac{x+y}{x^2+y^2}+\mathrm{i}\dfrac{x-y}{x^2+y^2}$.

即 $u(x,\ y)=\dfrac{x+y}{x^2+y^2}$, $v(x,\ y)=\dfrac{x-y}{x^2+y^2}$, $u^2+v^2=\dfrac{(x+y)^2+(x-y)^2}{(x^2+y^2)^2}=\dfrac{2}{x^2+y^2}$, 将 $x^2+y^2=4$ 代入即得.

3. **解** 设 x 为实数, 将原二次方程变为

$$x^2+ax+\mathrm{i}bx+c+\mathrm{i}d=0$$

比较实部、虚部得

$$\begin{cases} x^2+ax+c=0 & (1.42)\\ bx+d=0 & (1.43)\end{cases}$$

在方程 (1.43) 中, 若 $b\neq 0$, 有实根 $x=-\dfrac{d}{b}$, 代入方程 (1.42) 得 $d^2-adb+cb^2=0$. 在方程 (1.42) 中, 若 $\Delta=a^2-4c\geqslant 0$, 方程 (1.42) 有两个实根, 此时必须 $b=d=0$.

总之若 $b\neq 0,\ d^2-adb+cb^2=0$, 原方程有一实根; 若 $b=d=0,\ a^2-4c\geqslant 0$, 原方程有二实根.

4. **证** 设 $z=r(\cos\theta+\mathrm{i}\sin\theta)$, 则

$$\begin{aligned} z+z^{-1}&=r(\cos\theta+\mathrm{i}\sin\theta)+\frac{1}{r}[\cos(-\theta)+\mathrm{i}\sin(-\theta)]\\ &=\left(r+\frac{1}{r}\right)\cos\theta+\mathrm{i}\left(r-\frac{1}{r}\right)\sin\theta\end{aligned}$$

由已知 $z+z^{-1}=2\cos\theta$, 得

$$\begin{cases} r+\dfrac{1}{r}=2\\ r-\dfrac{1}{r}=0\end{cases}$$

解之得 $r=1$, 因此有

$$\begin{aligned} z^n+z^{-n}&=(\cos\theta+\mathrm{i}\sin\theta)^n+(\cos\theta+\mathrm{i}\sin\theta)^{-n}\\ &=\cos n\theta+\mathrm{i}\sin\theta+\cos n\theta-\mathrm{i}\sin\theta\\ &=2\cos n\theta\end{aligned}$$

5. **证** 设 $z_1=x_1+\mathrm{i}y_1,\ z_2=x_2+\mathrm{i}y_2$,

$$\begin{aligned}\frac{z_2-z_1}{z-z_1}&=\frac{(x_2-x_1)+\mathrm{i}(y_2-y_1)}{(x-x_1)+\mathrm{i}(y-y_1)}\\ &=\frac{[(x_2-x_1)+\mathrm{i}(y_2-y_1)][(x-x_1)-\mathrm{i}(y-y_1)]}{(x-x_1)^2+(y-y_1)^2}(z\neq z_1)\end{aligned}$$

因此

$$\mathrm{Re}\left\{\frac{z_2-z_1}{z-z_1}\right\}=1$$

等价于

$$\frac{(x_2-x_1)(x-x_1)+(y_2-y_1)(y-y_1)}{(x-x_1)^2+(y-y_1)^2}=1$$

即

$$(x_2-x_1)(x-x_1)+(y_2-y_1)(y-y_1)=(x-x_1)^2+(y-y_1)^2$$

整理得

$$\left(x-\frac{x_1+x_2}{2}\right)^2+\left(y-\frac{y_1+y_2}{2}\right)^2=\left(\frac{x_2-x_1}{2}\right)^2+\left(\frac{y_2-y_1}{2}\right)^2$$

此方程表示以 $\left(\frac{x_1+x_2}{2},\ \frac{y_1+y_2}{2}\right)$ 为圆心，以 $\sqrt{\left(\frac{x_2-x_1}{2}\right)^2+\left(\frac{y_2-y_1}{2}\right)^2}$ 为半径的圆周. 写成复数形式即为

$$\left|z-\frac{z_1+z_2}{2}\right|=\frac{|z_2-z_1|}{2}$$

当 z 在圆内时,

$$\left|z-\frac{z_1+z_2}{2}\right|<\frac{|z_1-z_2|}{2}$$

$$|(z-z_1)+(z-z_2)|<|(z-z_1)-(z-z_2)|$$

同除以 $|z-z_1|$ 得

$$\left|1+\frac{z-z_2}{z-z_1}\right|<\left|1-\frac{z-z_2}{z-z_1}\right|$$

令 $\zeta=\dfrac{z-z_2}{z-z_1}$, 代入得

$$|1+\zeta|<|1-\zeta|$$

两端平方

$$|1+\zeta|^2<|1-\zeta|^2$$

$$(1+\zeta)(1+\bar{\zeta})<(1-\zeta)(1-\bar{\zeta})$$

得

$$\zeta+\bar{\zeta}<0$$

即 $\mathrm{Re}\zeta<0$

$$\mathrm{Re}\frac{z-z_2}{z-z_1}<0$$

但

$$\frac{z-z_2}{z-z_1}=1-\frac{z_2-z_1}{z-z_1}$$

因此, 当 z 在圆内时有 $\mathrm{Re}\dfrac{z_2-z_1}{z-z_1}>1$, 同时得, 当 z 在圆外时, 有 $\mathrm{Re}\dfrac{z_2-z_1}{z-z_1}<1$.

6. (1) $z^2=x^2-y^2+\mathrm{i}2xy$

$$\mathrm{Im}z^2\leqslant 1$$

为

$$2xy\leqslant 1$$

即

$$xy\leqslant\frac{1}{2}$$

是以双曲线 $xy=\dfrac{1}{2}$ 为边界的外部区域位于第一、三象限如图 1.13.

(2) 设 $z=r(\cos\theta+\mathrm{i}\sin\theta)$, $|z+1||z-1|=1$, $|z^2-1|=1$, $|r^2(\cos 2\theta+\mathrm{i}\sin 2\theta)-1|^2=1$. 整理得

$$r^2(r^2-2\cos 2\theta)=0$$

这是双纽线 $r=0$, $r^2=2\cos 2\theta$. 因此 $|z+1||z-1|<1$ 是以双纽线 $r=0$, $r^2=2\cos 2\theta$ 为边界的内部区域如图 1.14 所示.

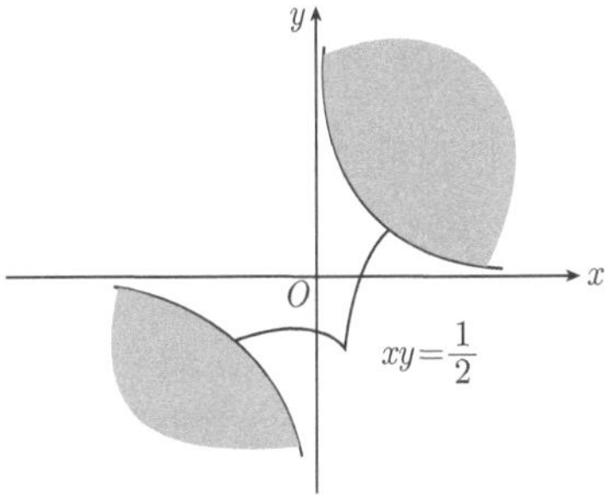

图 1.13

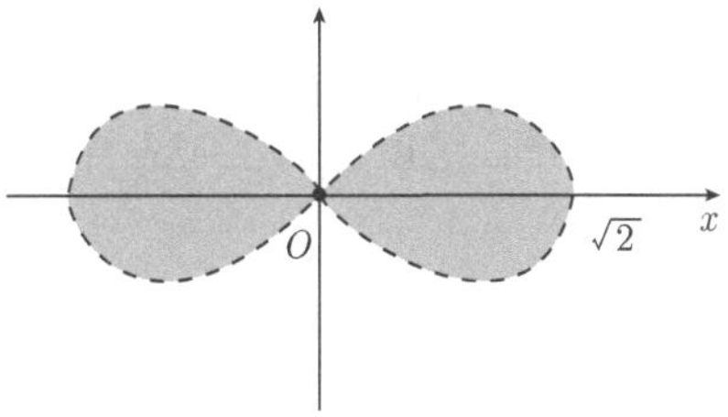

图 1.14

(3) $\left|\dfrac{1}{z}\right|<3$, $|z|>\dfrac{1}{3}$, 为圆周 $|z|=\dfrac{1}{3}$ 的外部 (图 1.15).

(4) 以 -1, 1 为焦点, 动点 $z(x, y)$ 到点 $(-1, 0)$ 及 $(1, 0)$ 距离和为 4 的椭圆周内部区域 (图 1.16).

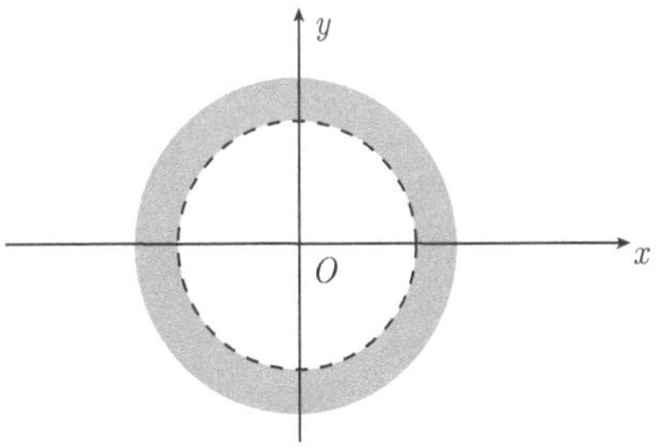

图 1.15

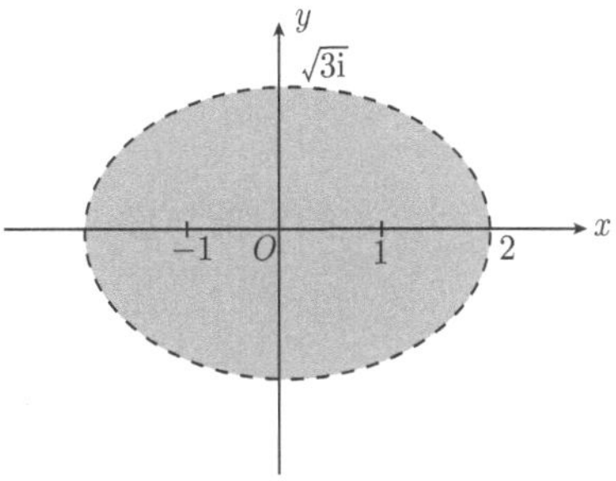

图 1.16

7. **证** $|z-z_1|=k|z-z_2|$, 经计算可得

$$|(z-z_1)-k^2(z-z_2)|=k|(z-z_1)-(z-z_2)|$$

即

$$|(1-k^2)z-(z_1-k^2z_2)|=k|z_1-z_2|$$

上式两边同除以 $|1-k^2|$, 得到

$$\left|z-\frac{z_1-k^2z_2}{1-k^2}\right|=\frac{k}{|1-k^2|}|z_1-z_2|$$

即

$$|z-z_0|=\rho$$

8. **证** $\dfrac{\mathrm{Re}(z^2)}{|z|^2}=\dfrac{x^2-y^2}{x^2+y^2}$, 设直线 $l:y=mx$, 则在直线 l 上

$$f(z)=\frac{x^2-m^2x^2}{x^2+m^2x^2}=\frac{1-m^2}{1+m^2}$$

因此当 z 沿 l 趋于原点时

$$f(z)\to\frac{1-m^2}{1+m^2}$$

当 m 变化时, $\dfrac{1-m^2}{1+m^2}$ 即随之变化, 所以当 z 沿不同的直线趋于原点时, $f(z)$ 的极限值就不同. 这就证明了 $\lim\limits_{z\to0}f(z)$ 不存在. 因而在点 $z=0$ 处, $f(z)$ 不连续.

9. **解**

$$w=f(z)=u(x,\ y)+\mathrm{i}v(x,\ y)=z^2=(x+\mathrm{i}y)^2=(x^2-y^2)+\mathrm{i}2xy$$

因此有

$$u(x,\ y)=x^2-y^2$$

$$v(x,\ y)=2xy$$

于是 z 平面上的双曲线 $x^2-y^2=4$ 映射成 w 平面上的平行于虚轴的直线 $u=4$; $xy=6$ 映射成 w 平面上的平行于实轴的直线 $v=12$.

1.5 教材习题 1 解答

1. 求下列复数的实部与虚部、共轭复数、模与辐角.

(1) $\dfrac{1}{3+2\mathrm{i}}$; (2) $\dfrac{1}{\mathrm{i}}-\dfrac{3\mathrm{i}}{1-\mathrm{i}}$; (3) $\dfrac{(3+4\mathrm{i})(2-5\mathrm{i})}{2\mathrm{i}}$; (4) $\mathrm{i}^8-4\mathrm{i}^{21}+\mathrm{i}$.

解 (1) $\dfrac{1}{3+2\mathrm{i}}=\dfrac{3-2\mathrm{i}}{(3+2\mathrm{i})(3-2\mathrm{i})}=\dfrac{1}{13}(3-2\mathrm{i})$.

所以

$$\mathrm{Re}\left\{\frac{1}{3+2\mathrm{i}}\right\}=\frac{3}{13},\quad \mathrm{Im}\left\{\frac{1}{3+2\mathrm{i}}\right\}=-\frac{2}{13}$$

$$\overline{\left(\frac{1}{3+2\mathrm{i}}\right)}=\frac{1}{13}(3+2\mathrm{i}),\quad \left|\frac{1}{3+2\mathrm{i}}\right|=\sqrt{\left(\frac{3}{13}\right)^2+\left(-\frac{2}{13}\right)^2}=\frac{\sqrt{13}}{13}$$

$$\begin{aligned}\mathrm{Arg}\left(\frac{1}{3+2\mathrm{i}}\right)&=\arg\left(\frac{1}{3+2\mathrm{i}}\right)+2k\pi\\&=-\arctan\frac{2}{3}+2k\pi,\quad k=0,\pm1,\pm2,\cdots\end{aligned}$$

(2) $\dfrac{1}{\mathrm{i}}-\dfrac{3\mathrm{i}}{1-\mathrm{i}}=\dfrac{-\mathrm{i}}{\mathrm{i}(-\mathrm{i})}-\dfrac{3\mathrm{i}(1+\mathrm{i})}{(1-\mathrm{i})(1+\mathrm{i})}=-\mathrm{i}-\dfrac{1}{2}(-3+3\mathrm{i})=\dfrac{3}{2}-\dfrac{5}{2}\mathrm{i}.$

所以

$$\mathrm{Re}\left\{\frac{1}{\mathrm{i}}-\frac{3\mathrm{i}}{1-\mathrm{i}}\right\}=\frac{3}{2},\quad \mathrm{Im}\left\{\frac{1}{\mathrm{i}}-\frac{3\mathrm{i}}{1-\mathrm{i}}\right\}=-\frac{5}{2}$$

$$\overline{\left(\frac{1}{\mathrm{i}}-\frac{3\mathrm{i}}{1-\mathrm{i}}\right)}=\frac{3}{2}+\frac{5}{2}\mathrm{i},\quad \left|\frac{1}{\mathrm{i}}-\frac{3\mathrm{i}}{1-\mathrm{i}}\right|=\sqrt{\left(\frac{3}{2}\right)^2+\left(-\frac{5}{2}\right)^2}=\frac{\sqrt{34}}{2}$$

$$\begin{aligned}\mathrm{Arg}\left(\frac{1}{\mathrm{i}}-\frac{3\mathrm{i}}{1-\mathrm{i}}\right)&=\arg\left(\frac{1}{\mathrm{i}}-\frac{3\mathrm{i}}{1-\mathrm{i}}\right)+2k\pi\\&=-\arctan\frac{5}{3}+2k\pi,\quad k=0,\pm1,\pm2,\cdots\end{aligned}$$

(3)
$$\begin{aligned}\frac{(3+4\mathrm{i})(2-5\mathrm{i})}{2\mathrm{i}}&=\frac{(3+4\mathrm{i})(2-5\mathrm{i})(-2\mathrm{i})}{(2\mathrm{i})(-2\mathrm{i})}=\frac{(26-7\mathrm{i})(-2\mathrm{i})}{4}\\&=\frac{-7-26\mathrm{i}}{2}=-\frac{7}{2}-13\mathrm{i}.\end{aligned}$$

所以

$$\mathrm{Re}\left\{\frac{(3+4\mathrm{i})(2-5\mathrm{i})}{2\mathrm{i}}\right\}=-\frac{7}{2}$$

$$\mathrm{Im}\left\{\frac{(3+4\mathrm{i})(2-5\mathrm{i})}{2\mathrm{i}}\right\}=-13,\quad \overline{\left[\frac{(3+4\mathrm{i})(2-5\mathrm{i})}{2\mathrm{i}}\right]}=-\frac{7}{2}+13\mathrm{i}$$

$$\left|\frac{(3+4\mathrm{i})(2-5\mathrm{i})}{2\mathrm{i}}\right|=\frac{5\sqrt{29}}{2}$$

$$\begin{aligned}\mathrm{Arg}\left[\frac{(3+4\mathrm{i})(2-5\mathrm{i})}{2\mathrm{i}}\right]&=\arg\left[\frac{(3+4\mathrm{i})(2-5\mathrm{i})}{2\mathrm{i}}\right]+2k\pi=\arctan\frac{26}{7}-\pi+2k\pi\\&=\arctan\frac{26}{7}+(2k-1)\pi,\quad k=0,\pm1,\pm2,\cdots\end{aligned}$$

(4) $\mathrm{i}^8-4\mathrm{i}^{21}+\mathrm{i}=(\mathrm{i}^2)^4-4(\mathrm{i}^2)^{10}\mathrm{i}+\mathrm{i}=(-1)^4-4(-1)^{10}\mathrm{i}+\mathrm{i}=1-4\mathrm{i}+\mathrm{i}=1-3\mathrm{i}.$

所以

$$\mathrm{Re}\{\mathrm{i}^8-4\mathrm{i}^{21}+\mathrm{i}\}=1,\quad \mathrm{Im}\{\mathrm{i}^8-4\mathrm{i}^{21}+\mathrm{i}\}=-3$$

$$\overline{(\mathrm{i}^8-4\mathrm{i}^{21}+\mathrm{i})}=1+3\mathrm{i},\quad |\mathrm{i}^8-4\mathrm{i}^{21}+\mathrm{i}|=\sqrt{10}$$

$$\begin{aligned}\mathrm{Arg}(\mathrm{i}^8-4\mathrm{i}^{21}+\mathrm{i})&=\arg(\mathrm{i}^8-4\mathrm{i}^{21}+\mathrm{i})+2k\pi=\arg(1-3\mathrm{i})+2k\pi\\&=-\arctan 3+2k\pi,\quad k=0,\pm1,\pm2,\cdots\end{aligned}$$

2. 如果等式 $\dfrac{x+1+\mathrm{i}(y-3)}{5+3\mathrm{i}}=1+\mathrm{i}$ 成立, 求实数 x, y 为何值.

解 由于

$$\begin{aligned}&\frac{x+1+\mathrm{i}(y-3)}{5+3\mathrm{i}}=\frac{[x+1+\mathrm{i}(y-3)](5-3\mathrm{i})}{(5+3\mathrm{i})(5-3\mathrm{i})}\\=&\frac{5(x+1)+3(y-3)+\mathrm{i}[-3(x+1)+5(y-3)]}{34}\\=&\frac{1}{34}[(5x+3y-4)+\mathrm{i}(-3x+5y-18)]=1+\mathrm{i}\end{aligned}$$

比较等式两端的实、虚部, 得

$$\begin{cases}5x+3y-4=34\\-3x+5y-18=34\end{cases}$$

或

$$\begin{cases}5x+3y=38\\-3x+5y=52\end{cases}$$

解得 $x=1$, $y=11$.

3. 求复数 $w=\dfrac{1+z}{1-z}$(复数 $z\neq1$) 的实部、虚部和模.

解 $w=\dfrac{1+z}{1-z}=\dfrac{(1+z)(1-\bar z)}{(1-z)(1-\bar z)}=\dfrac{1-z\bar z+z-\bar z}{|1-z|^2}=\dfrac{1-|z|^2}{|1-z|^2}+\mathrm{i}\dfrac{2\mathrm{Im}z}{|1-z|^2}$, 所以

$$\mathrm{Re}w=\frac{1-|z|^2}{|1-z|^2},\quad \mathrm{Im}w=\frac{2\mathrm{Im}z}{|1-z|^2}$$

$$|w|=\frac{|1+z|}{|1-z|}=\frac{\sqrt{(1+z)\overline{(1+z)}}}{|1-z|}=\frac{\sqrt{1+|z|^2+2\mathrm{Re}z}}{|1-z|}$$

4. (1) 若 $|a|<1$, $|b|<1$, 试证: $\left|\dfrac{a-b}{1-\bar ab}\right|<1$.

证 $\left|\dfrac{a-b}{1-\bar ab}\right|<1\Leftrightarrow|a-b|^2<|1-\bar ab|^2\Leftrightarrow|1-\bar ab|^2-|a-b|^2>0$, 然而

$$|1-\bar ab|^2-|a-b|^2=(1-\bar ab)(1-a\bar b)-(a-b)(\bar a-\bar b)$$

$$
\begin{aligned}
&= 1+|a|^2|b|^2 - a\bar{b} - \bar{a}b - |a|^2 + a\bar{b} + \bar{a}b - |b|^2 \\
&= 1-|a|^2+|b|^2(|a|^2-1) \\
&= (1-|a|^2)(1-|b|^2) > 0
\end{aligned}
$$

即

$$\left|\frac{a-b}{1-\bar{a}b}\right| < 1$$

(2) 若 $|a|=1$ 或者 $|b|=1$ 有一个成立, 则由 (1) 的证明过程可知必有 $|1-\bar{a}b|^2-|a-b|^2=0$, 从而

$$\left|\frac{a-b}{1-\bar{a}b}\right| = 1.$$

5. 将下列复数化成三角表示式和指数表示式.

(1) i;　(2) -1;　(3) $1+\mathrm{i}\sqrt{3}$;　(4) $1-\cos\varphi+\mathrm{i}\sin\varphi$ $(0\leqslant\varphi\leqslant\pi)$;

(5) $\dfrac{2\mathrm{i}}{-1+\mathrm{i}}$;　(6) $\dfrac{(\cos 5\varphi+\mathrm{i}\sin\varphi)^2}{(\cos 3\varphi-\mathrm{i}\sin 3\varphi)^3}$.

解　(1) $\mathrm{i}=\cos\dfrac{\pi}{2}+\mathrm{i}\sin=\mathrm{e}^{\mathrm{i}\frac{\pi}{2}}$;

(2) $-1=\cos\pi+\mathrm{i}\sin\pi=\mathrm{e}^{\mathrm{i}\pi}$;

(3) $1+\mathrm{i}\sqrt{3}=2\left(\dfrac{1}{2}+\mathrm{i}\dfrac{\sqrt{3}}{2}\right)=2\left(\cos\dfrac{\pi}{3}+\mathrm{i}\sin\dfrac{\pi}{3}\right)=2\mathrm{e}^{\mathrm{i}\frac{\pi}{3}}$;

(4) $1-\cos\varphi+\mathrm{i}\sin\varphi=2\sin^2\dfrac{\varphi}{2}+\mathrm{i}2\sin\dfrac{\varphi}{2}\cos\dfrac{\varphi}{2}=2\sin\dfrac{\varphi}{2}\left(\sin\dfrac{\varphi}{2}+\mathrm{i}\cos\dfrac{\varphi}{2}\right)$

$=2\sin\dfrac{\varphi}{2}\left(\cos\dfrac{\pi-\varphi}{2}+\mathrm{i}\sin\dfrac{\pi-\varphi}{2}\right)=2\sin\dfrac{\varphi}{2}\mathrm{e}^{\mathrm{i}\frac{\pi-\varphi}{2}}$　$(0\leqslant\varphi\leqslant\pi)$;

(5)
$$
\begin{aligned}
\frac{2\mathrm{i}}{-1+\mathrm{i}} &= \frac{1}{2}2\mathrm{i}(-1-\mathrm{i})=1-\mathrm{i}=\sqrt{2}\left(\frac{1}{\sqrt{2}}+\mathrm{i}\frac{1}{\sqrt{2}}\right) \\
&= \sqrt{2}\left(\cos\frac{\pi}{4}-\mathrm{i}\sin\frac{\pi}{4}\right) \\
&= \sqrt{2}\mathrm{e}^{-\mathrm{i}\frac{\pi}{4}}
\end{aligned}
$$

(6) $\dfrac{(\cos 5\varphi+\mathrm{i}\sin\varphi)^2}{(\cos 3\varphi-\mathrm{i}\sin 3\varphi)^3}=(\mathrm{e}^{\mathrm{i}5\varphi})^2/(\mathrm{e}^{-\mathrm{i}3\varphi})^3=\mathrm{e}^{\mathrm{i}10\varphi}/\mathrm{e}^{-\mathrm{i}9\varphi}=\mathrm{e}^{\mathrm{i}19\varphi}=\cos 19\varphi+\mathrm{i}\sin 19\varphi$.

6. 当 $|z|\leqslant 1$ 时, 求 $|z^n+a|$ 的最大值, 其中 n 为正整数, a 为复数.

解　由于 $|z^n+a|\leqslant|z|^n+|a|\leqslant 1+|a|$, 且当 $z=\mathrm{e}^{\mathrm{i}\frac{\arg a}{n}}$ 时, 有

$$|z^n+a|=\left|\left(\mathrm{e}^{\mathrm{i}\frac{\arg a}{n}}\right)^n+|a|\mathrm{e}^{\mathrm{i}\arg a}\right|=|(1+|a|)\mathrm{e}^{\mathrm{i}\arg a}|=1+|a|$$

故 $1+|a|$ 为所求.

7. 一个复数乘以 $-\mathrm{i}$, 它的模与辐角有何改变?

解 设复数 $z=|z|\mathrm{e}^{\mathrm{i}\mathrm{Arg}z}$, 则 $z(-\mathrm{i})=|z|\mathrm{e}^{\mathrm{i}\mathrm{Arg}z}\cdot\mathrm{e}^{-\mathrm{i}\frac{\pi}{2}}=|z|\mathrm{e}^{\mathrm{i}\left(\mathrm{Arg}z-\frac{\pi}{2}\right)}$, 可知复数的模不变, 辐角减少 $\dfrac{\pi}{2}$.

8. 如果多项式 $P(z)=a_0+a_1z+a_2z^2+\cdots+a_nz^n$ 的系数是实数, 证明: $P(\bar{z})=\overline{P(z)}$.

证 事实上,

$$\begin{aligned}P(\bar{z})&=a_0+a_1\bar{z}+a_2\bar{z}^2+\cdots+a_n\bar{z}^n=\bar{a}_0+\bar{a}_1\bar{z}+\bar{a}_2\bar{z}^2+\cdots+\bar{a}_n\bar{z}^n\\&=\overline{a_0+a_1z+a_2z^2+\cdots+a_nz^n}=\overline{P(z)}\end{aligned}$$

9. 已知两点 z_1 与 z_2 (或已知三点 z_1,z_2,z_3) 问下列各点位于何处?

(1) $z=\dfrac{1}{2}(z_1+z_2)$;

(2) $z=\lambda z_1+(1-\lambda)z_2$(其中 λ 为实数);

(3) $z=\dfrac{1}{3}(z_1+z_2+z_3)$.

解 令 $z_k=x_k+\mathrm{i}y_k, k=1,\ 2,\ 3$, 则:

(1) $z=\dfrac{x_1+x_2}{2}+\mathrm{i}\dfrac{y_1+y_2}{2}$, 知点 z 位于 z_1 与 z_2 连线的中点.

(2) $z=x_2-\lambda(x_2-x_1)+\mathrm{i}[y_2-\lambda(y_2-y_1)]$, 知点位于 z_1 与 z_2 连线上定比 $\lambda=\dfrac{|z-z_1|}{|z_2-z_1|}$ 处.

(3) $z=\dfrac{1}{3}(x_1+x_2+x_3)+\dfrac{\mathrm{i}}{3}(y_1+y_2+y_3)$, 由几何知识点 z 位于 $\triangle z_1z_2z_3$ 的重心处.

10. 试证: 复数 $z_1,\ z_2,\ z_3,\ z_4$ 在同一圆周上或同一直线上的条件是

$$\mathrm{Im}\left(\frac{z_1-z_4}{z_1-z_2}\cdot\frac{z_3-z_2}{z_3-z_4}\right)=0$$

证 设 $z_1,\ z_2,\ z_3,\ z_4$ 四点共圆或共线, 由图 1.17 可知, 若记

$$\arg\frac{z_1-z_4}{z_1-z_2}=\theta$$

$\arg\dfrac{z_3-z_4}{z_3-z_2}=\varPi-\theta$, 于是

$$\arg\left(\frac{z_1-z_4}{z_1-z_2}\cdot\frac{z_3-z_2}{z_3-z_4}\right)=\arg\left(\frac{z_1-z_4}{z_1-z_2}\cdot\frac{z_3-z_4}{z_3-z_2}\right)=\varPi$$

即 $\dfrac{z_1-z_4}{z_1-z_2}\cdot\dfrac{z_3-z_2}{z_3-z_4}=$ 实常数, 从而 $\mathrm{Im}\left(\dfrac{z_1-z_4}{z_1-z_2}\cdot\dfrac{z_3-z_2}{z_3-z_4}\right)=0$.

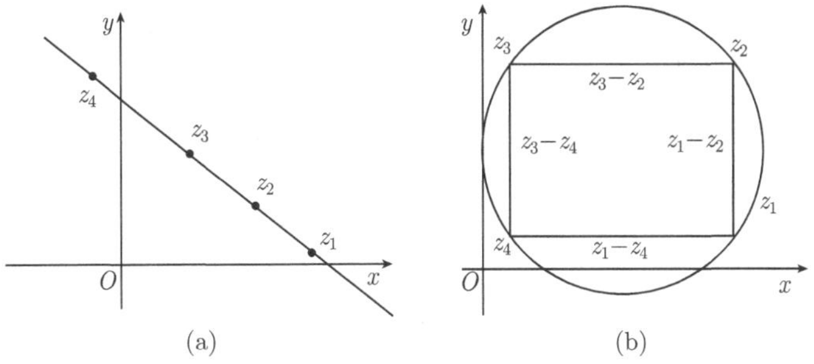

图 1.17

11. 如果复数 z_1, z_2, z_3 满足等式

$$\frac{z_2 - z_1}{z_3 - z_1} = \frac{z_1 - z_3}{z_2 - z_3}$$

证明 $|z_2 - z_1| = |z_3 - z_1| = |z_2 - z_3|$, 并说明这些等式的几何意义.

证 由等式得

$$\arg(z_2 - z_1) - \arg(z_3 - z_1) = \arg(z_1 - z_3) - \arg(z_2 - z_3)$$

即 $\angle z_2 z_1 z_3 = \angle z_1 z_3 z_2$. 又因为

$$\frac{z_2 - z_1}{z_3 - z_1} = \frac{(z_2 - z_1) + (z_1 - z_3)}{(z_3 - z_1) + (z_2 - z_3)} = \frac{z_2 - z_3}{z_2 - z_1}$$

又可得 $\angle z_2 z_1 z_3 = \angle z_3 z_2 z_1$. 所以知 $\triangle z_1 z_2 z_3$ 是正三角形. 从而

$$|z_2 - z_1| = |z_3 - z_1| = |z_2 - z_3|$$

12. 设 z_1, z_2, z_3 三点适合条件: $z_1 + z_2 + z_3 = 0$, $|z_1| = |z_2| = |z_3| = 1$. 证明 z_1, z_2, z_3 是内接于单位圆 $|z| = 1$ 的一个正三角形的顶点.

证 由于 $|z_1| = |z_2| = |z_3| = 1$, 知 $\triangle z_1 z_2 z_3$ 的三个顶点在单位圆上. 因为

$$\begin{aligned} 1 = |z_3|^3 &= z_3 \bar{z}_3 \\ &= [-(z_1 + z_2)][-(\bar{z}_1 + \bar{z}_2)] = z_1 \bar{z}_1 + z_2 \bar{z}_2 + z_1 \bar{z}_2 + \bar{z}_1 z_2 \\ &= 2 + z_1 \bar{z}_2 + \bar{z}_1 z_2 \end{aligned}$$

所以 $z_1 \bar{z}_2 + \bar{z}_1 z_2 = -1$. 又

$$\begin{aligned} |z_1 - z_2|^2 &= (z_1 - z_2)(\bar{z}_1 - \bar{z}_2) = z_1 \bar{z}_1 + z_2 \bar{z}_2 - (z_1 \bar{z}_2 + z_2 \bar{z}_1) \\ &= 2 - (z_1 \bar{z}_2 + \bar{z}_1 z_2) = 3 \end{aligned}$$

故 $|z_1-z_2|=\sqrt{3}$, 同理 $|z_1-z_3|=|z_2-z_3|=\sqrt{3}$. 知 $\triangle z_1z_2z_3$ 是内接于单位圆 $|z|=1$ 的一个正三角形.

13. 设 $z=x+\mathrm{i}y$, 试证

$$\frac{|x|+|y|}{\sqrt{2}}\leqslant|z|\leqslant|x|+|y|$$

证 由于 $|z|=\sqrt{x^2+y^2}\leqslant\sqrt{|x|^2+|y|^2+2|x||y|}=|x|+|y|$ 及

$$|z|=\sqrt{x^2+y^2}=\sqrt{\frac{2(x^2+y^2)}{2}}\geqslant\sqrt{\frac{x^2+y^2+2|x||y|}{2}}=\frac{|x|+|y|}{\sqrt{2}}$$

有

$$\frac{|x|+|y|}{\sqrt{2}}\leqslant|z|\leqslant|x|+|y|$$

14. 求下列各式的值.

(1) $(\sqrt{3}-\mathrm{i})^5$; (2) $(1+\mathrm{i})^6$; (3) $\sqrt[6]{-1}$; (4) $(1-\mathrm{i})^{\frac{1}{3}}$.

解 (1) $(\sqrt{3}-\mathrm{i})^5=\left[2\left(\frac{\sqrt{3}}{2}-\frac{\mathrm{i}}{2}\right)\right]^5=(2\mathrm{e}^{-\mathrm{i}\pi/6})^5=32\mathrm{e}^{-\mathrm{i}5\pi/6}$

$$=32\left[\cos\left(-\frac{5\pi}{6}\right)+\mathrm{i}\sin\left(-\frac{5\pi}{6}\right)\right]=-16\sqrt{3}-\mathrm{i}/6.$$

(2) $(1+\mathrm{i})^6=\left[\sqrt{2}\left(\frac{1}{\sqrt{2}}+\frac{\mathrm{i}}{\sqrt{2}}\right)\right]^6=(\sqrt{2}\mathrm{e}^{\mathrm{i}\pi/4})^6=8\mathrm{e}^{\mathrm{i}3\pi/2}=-8\mathrm{i}.$

(3) $\sqrt[6]{-1}=(\mathrm{e}^{\mathrm{i}\pi})^{\frac{1}{6}}=\mathrm{e}^{\mathrm{i}\pi(2k+1)/6}, k=0,\ 1,\ 2,\ 3,\ 4,\ 5$. 可知 $\sqrt[6]{-1}$ 的 6 个值分别是

$$\mathrm{e}^{\mathrm{i}\pi/6}=\frac{\sqrt{3}}{2}+\frac{\mathrm{i}}{2},\quad \mathrm{e}^{\mathrm{i}\pi/2}=\mathrm{i},\quad \mathrm{e}^{\mathrm{i}5\pi/6}=-\frac{\sqrt{3}}{2}+\frac{\mathrm{i}}{2}$$

$$\mathrm{e}^{\mathrm{i}7\pi/6}=-\frac{\sqrt{3}}{2}-\frac{\mathrm{i}}{2},\quad \mathrm{e}^{\mathrm{i}3\pi/2}=-\mathrm{i},\quad \mathrm{e}^{\mathrm{i}11\pi/5}=\frac{\sqrt{3}}{2}-\frac{\mathrm{i}}{2}$$

(4) $(1-\mathrm{i})^{\frac{1}{3}}=\left[\sqrt{2}\left(\frac{1}{\sqrt{2}}-\frac{\mathrm{i}}{\sqrt{2}}\right)\right]^{\frac{1}{3}}=(\sqrt{2}\mathrm{e}^{-\mathrm{i}\pi/4})^{\frac{1}{3}}=\sqrt[6]{2}\mathrm{e}^{\mathrm{i}\left(-\frac{\pi}{4}+2k\pi\right)/3}$, $k=0,\ 1,\ 2$. 可知 $(1-\mathrm{i})^{\frac{1}{3}}$ 的 3 个值分别是

$$\sqrt[6]{2}\mathrm{e}^{-\mathrm{i}\pi/2}=\sqrt[6]{2}\left(\cos\frac{\pi}{12}-\mathrm{i}\sin\frac{\pi}{12}\right),\quad \sqrt[6]{2}\mathrm{e}^{\mathrm{i}7\pi/12}=\sqrt[6]{2}\left(\cos\frac{7\pi}{12}+\mathrm{i}\sin\frac{7\pi}{12}\right),$$

$$\sqrt[6]{2}\mathrm{e}^{\mathrm{i}5\pi/4}=\sqrt[6]{2}\left(\cos\frac{5\pi}{4}+\mathrm{i}\sin\frac{5\pi}{4}\right)$$

15. 指出下列各题中点 z 的存在范围, 并作图.

(1) $|z-\mathrm{i}|=6$; (2) $|z+2\mathrm{i}|\geqslant 1$;

(3) $\mathrm{Re}z^2\leqslant 1$; (4) $\mathrm{Re}(\mathrm{i}\bar{z})=3$;

(5) $|z+\mathrm{i}|=|z-\mathrm{i}|$; (6) $|z+3|+|z+1|=4$;

(7) $\left|\dfrac{1}{z}\right|<3$; (8) $\left|\dfrac{z-3}{z-2}\right|\geqslant 1$;

(9) $|\arg z|\leqslant \pi/3$; (10) $\arg(z-\mathrm{i})=\dfrac{\pi}{4}$.

解 (1) 以点 $z_0=\mathrm{i}$ 为圆心, 半径为 6 的圆周 (图 1.18);

(2) 以点 $z_0=-2\mathrm{i}$ 为圆心, 半径为 1 的圆周及外部 (图 1.19);

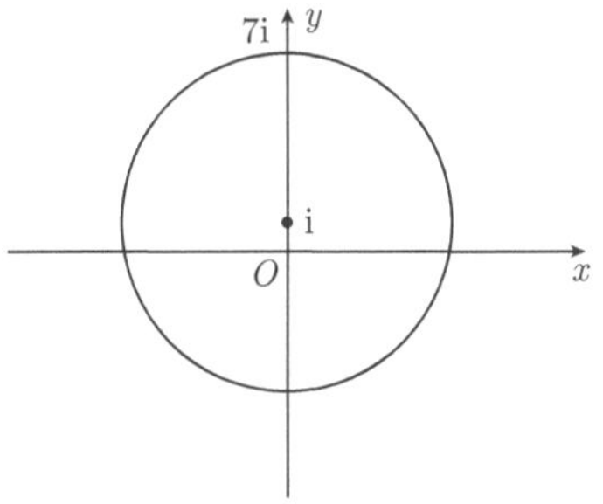

图 1.18

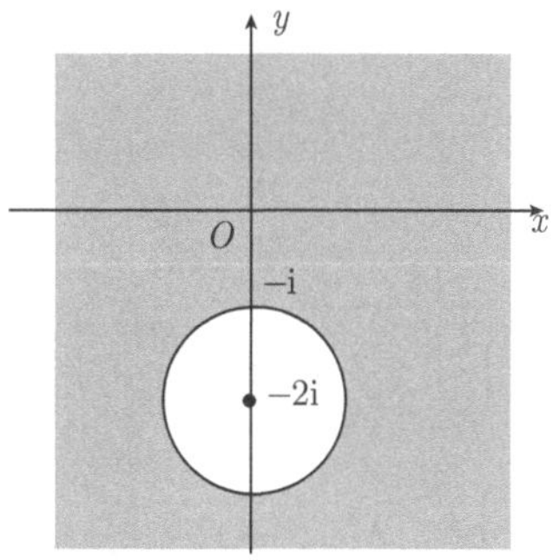

图 1.19

(3) 由于 $\mathrm{Re}z^2\leqslant 1\Leftrightarrow x^2-y^2\leqslant 1$. 知点 z 的范围是双曲线 $x^2-y^2=1$ 及内部 (图 1.20);

(4) $\mathrm{i}\bar{z}=\mathrm{i}(x-\mathrm{i}y)=y+\mathrm{i}x$, 故 $\mathrm{Re}(\mathrm{i}\bar{z})=3\Leftrightarrow y=3$. 知点 z 的范围是直线 $y=3$(图 1.21);

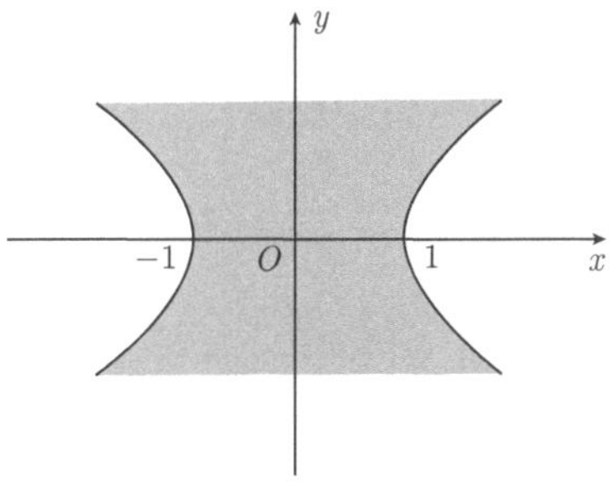

图 1.20

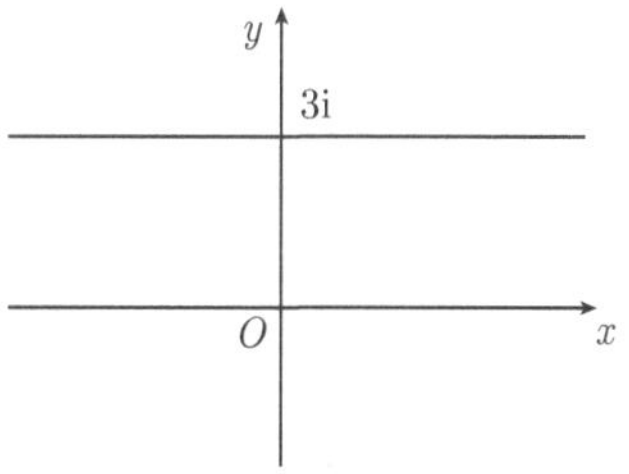

图 1.21

(5) $|z+\mathrm{i}|=|z-\mathrm{i}|\Leftrightarrow|z+\mathrm{i}|^2=|z-\mathrm{i}|^2\Leftrightarrow(z+\mathrm{i})(\bar{z}-\mathrm{i})=(z-\mathrm{i})(\bar{z}+\mathrm{i})\Leftrightarrow |z|^2-\mathrm{i}z+\mathrm{i}\bar{z}+1=|z|^2+\mathrm{i}z-\mathrm{i}\bar{z}+1\Leftrightarrow \mathrm{i}\bar{z}-\mathrm{i}z=0\Leftrightarrow 2\mathrm{Re}(\mathrm{i}\bar{z})=0\Leftrightarrow 2y=0\Rightarrow y=0$. 知点 z 的范围是实轴 (图 1.22);

(6) $|z+3|+|z+1|=4 \Leftrightarrow |z+3|^2=(4-|z+1|)^2 \Leftrightarrow x-2=-2|z+1| \Leftrightarrow (x-2)^2=4|z+1|^2 \Leftrightarrow 3x^2+12x+4y^2=0 \Leftrightarrow \dfrac{(x+2)^2}{4}+\dfrac{y^2}{3}=1$, 即点 z 的范围是以 $(-3,0)$ 和 $(-1,0)$ 为焦点, 长半轴为 2, 短半轴为 $\sqrt{3}$ 的一个椭圆 (图 1.23);

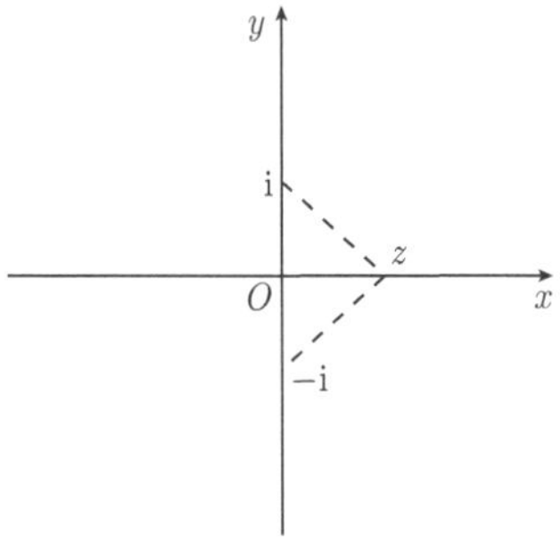

图 1.22

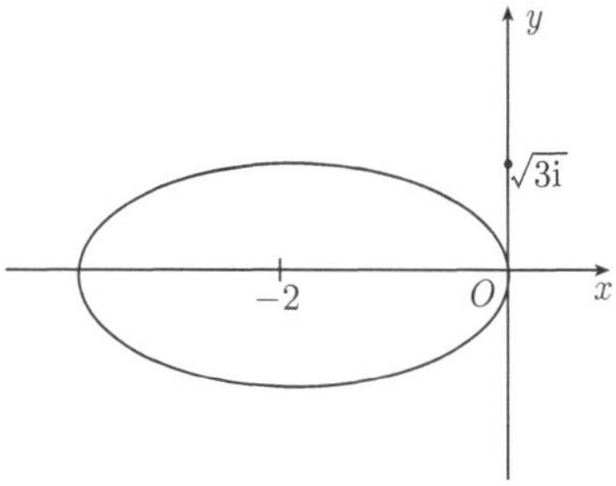

图 1.23

(7) $\left|\dfrac{1}{z}\right|<3 \Leftrightarrow |z|>\dfrac{1}{3}$, 即点 z 的范围是以原点为心, $\dfrac{1}{3}$ 为半径的圆的外部 (图 1.24);

(8) $\left|\dfrac{z-3}{z-2}\right| \geqslant 1 \Leftrightarrow |z-3|^2 \geqslant |z-2|^2 \Leftrightarrow (z-3)(\bar{z}-3) \geqslant (z-2)(\bar{z}-2) \Leftrightarrow |z|^2-3z-3\bar{z}+9 \geqslant |z|^2-2z-2\bar{z}+4 \Leftrightarrow z+\bar{z} \leqslant 5 \Leftrightarrow x \leqslant \dfrac{5}{2}$. 即点 z 的范围是直线 $x=\dfrac{5}{2}$ 及以 $x=\dfrac{5}{2}$ 为边界的左半平面 (图 1.25);

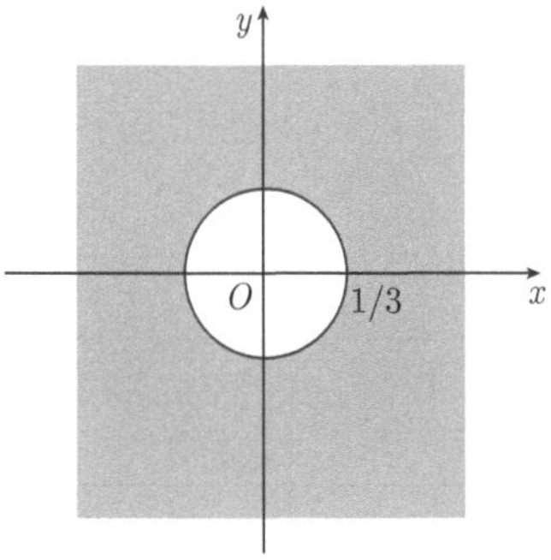

图 1.24

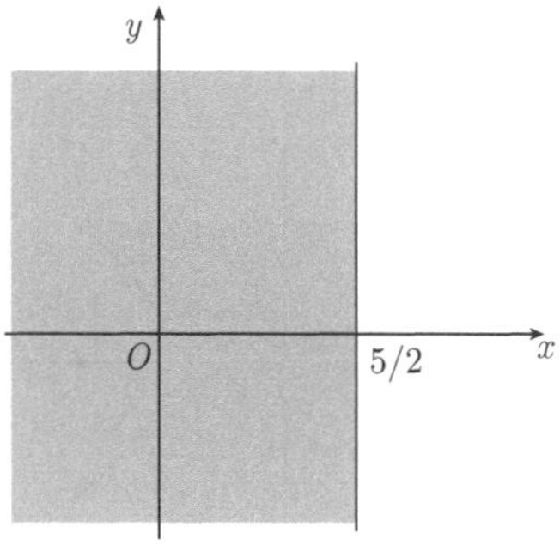

图 1.25

(9) 两条以原点为出发点的射线 $\arg z=\pm\dfrac{\pi}{3}$ 为边界所夹区域, 不含边界 (图 1.26);

(10) 是以 i 为起点的射线 $y=x+1,\ x>0$(图 1.27).

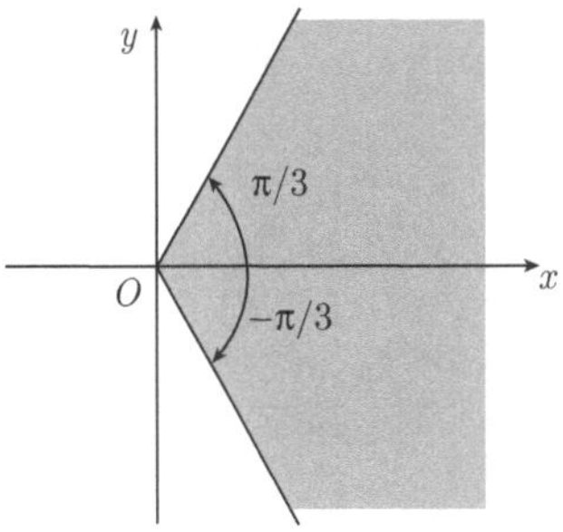

图 1.26

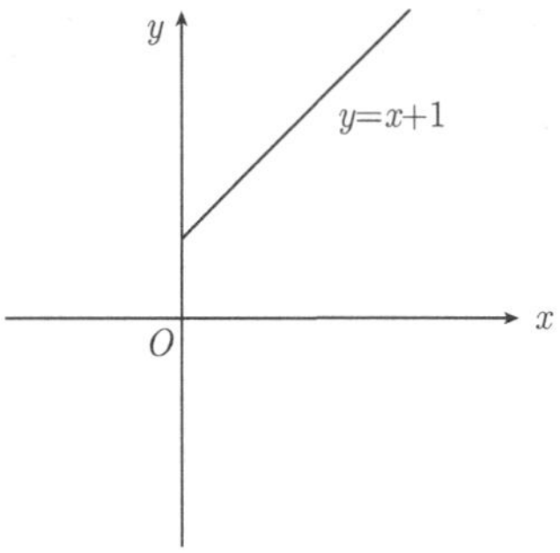

图 1.27

16. 描出下列不等式所确定的区域, 并指出是有界的还是无界的、闭的还是开的、单连的还是多连的.

(1) $\mathrm{Im}z > 0$;　　(2) $|z-1| > 4$;

(3) $0 < \mathrm{Re}z < 1$;　　(4) $1 < |z-3\mathrm{i}| < 2$;

(5) $|z-1| < |z+3|$;　　(6) $1 < \arg z < 1+\pi$;

(7) $|z-1| < 4|z+1|$;　　(8) $\dfrac{1}{2} \leqslant \left|z-\dfrac{1}{2}\right| \leqslant \dfrac{3}{2}$;

(9) $|z| + \mathrm{Re}z < 1$;　　(10) $z\bar{z} + (6+\mathrm{i})z + (6-\mathrm{i})\bar{z} \leqslant 4$.

解 (1) $\mathrm{Im}z > 0$.

不包含实轴的上半平面, 是无界的、开的单连通区域 (图 1.28).

(2) $|z-1| > 4$.

圆 $(x-1)^2 + y^2 = 16$ 的外部 (不包括圆周), 是无界的、开的多连通区域 (图 1.29).

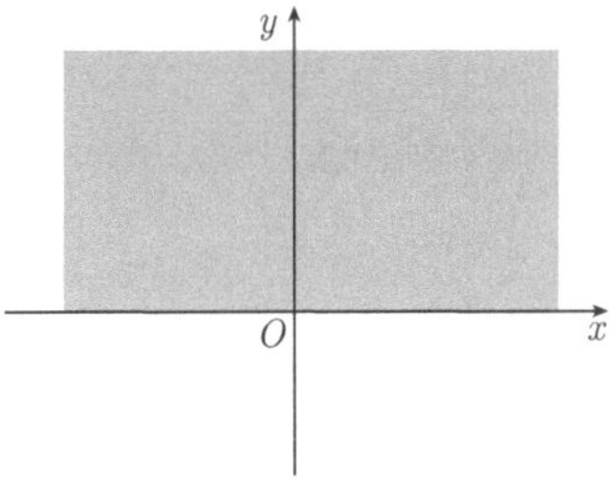

图 1.28

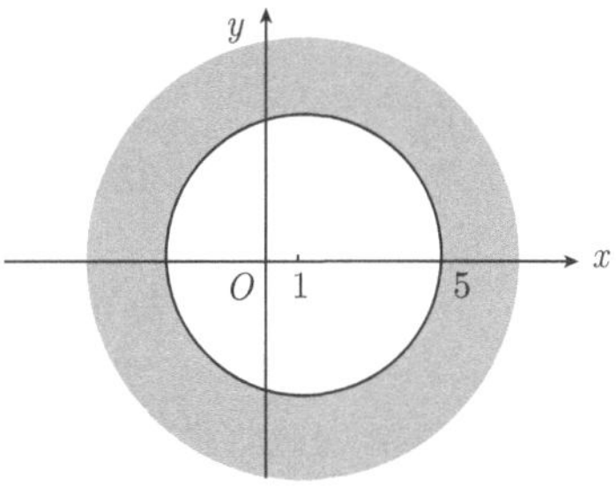

图 1.29

(3) $0 < \mathrm{Re}z < 1$.

由直线 $x=0$ 与 $x=1$ 所围成的带形区域, 不包括直线在内, 是无界的、开的单连通区域 (图 1.30).

(4) $1 < |z-3\mathrm{i}| < 2$.

以 3i 为中心, 1 与 2 分别为内、外半径的圆环域, 不包括圆周, 是有界的、开的多连通区域 (图 1.31).

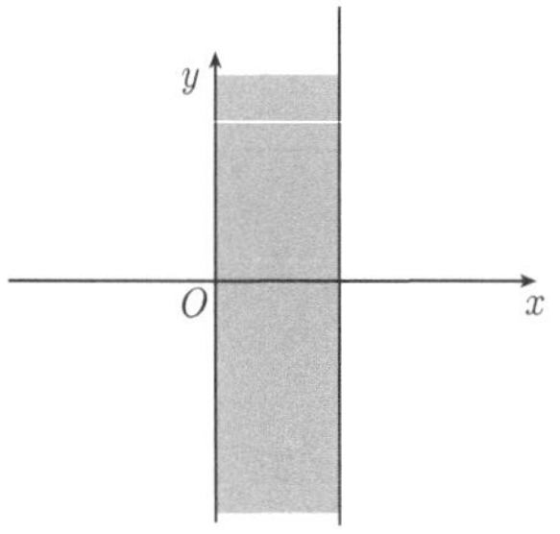

图 1.30

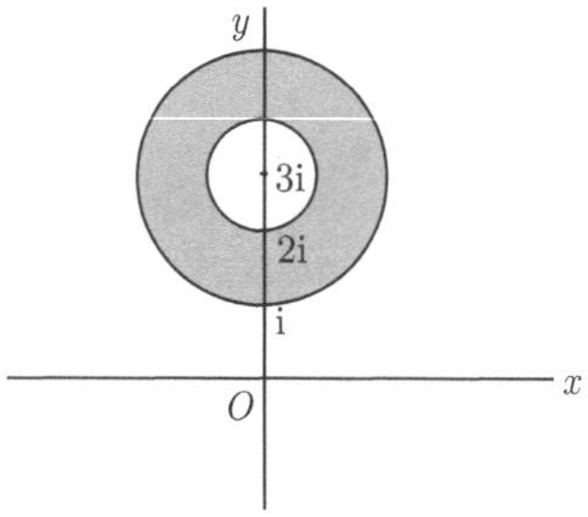

图 1.31

(5) $|z-1|<|z+3| \Leftrightarrow x>-1$.

直线 $x=-1$ 右边的平面区域, 不包括直线在内, 是无界的、开的单连通的区域 (图 1.32).

(6) $1<\arg z<1+\pi$.

由射线 $\theta=1$ 及 $\theta=1+\pi$ 构成的角形域, 不包括两射线在内, 即为一半平面, 是无界的、开的单连通区域 (图 1.33).

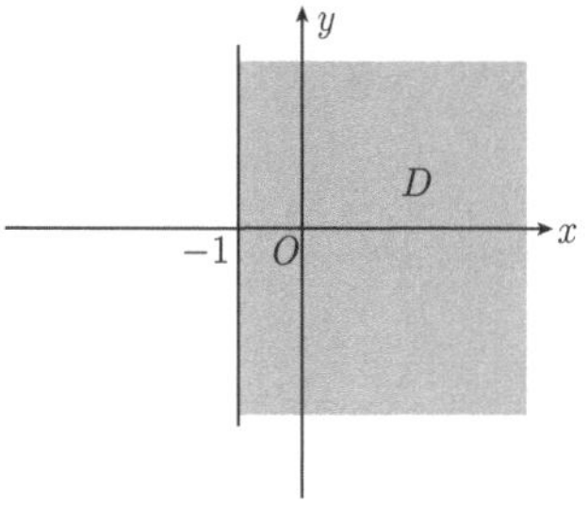

图 1.32

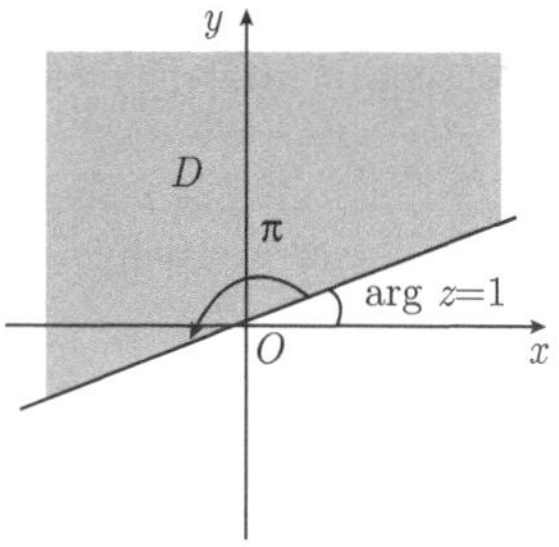

图 1.33

(7) $|z-1|<4|z+1| \quad \Leftrightarrow \left(x+\dfrac{17}{15}\right)^2+y^2=\left(\dfrac{8}{15}\right)^2$.

中心在点 $z=-\dfrac{17}{15}$, 半径为 $\dfrac{8}{15}$ 的圆周的外部区域 (不包括圆周本身在内), 是无界的、开的多连通区域 (图 1.34).

(8) $\dfrac{1}{2} \leqslant \left|z-\dfrac{1}{2}\right| \leqslant \dfrac{3}{2}$.

是以点 $z=\dfrac{1}{2}$ 为中心, $\dfrac{1}{2}$ 与 $\dfrac{3}{2}$ 分别为内、外半径的圆环所围的区域, 包括边界在内, 是有界的、闭的多连通区域 (图 1.35).

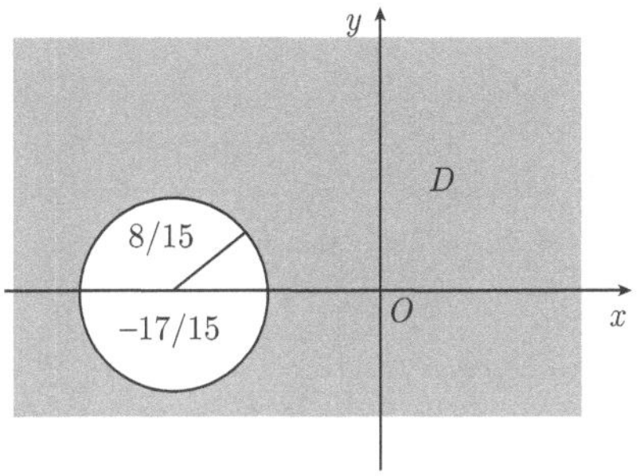

图 1.34

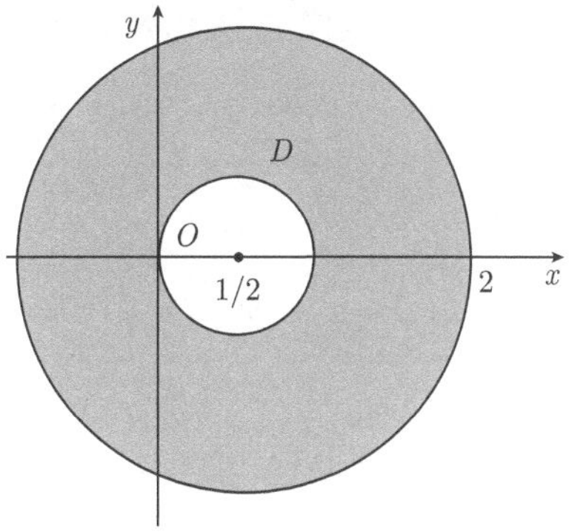

图 1.35

(9) $|z|+\mathrm{Re}z<1 \Leftrightarrow y^2<1-2x$.

是以抛物线 $y^2=1-2x$ 为边界的左方区域 (不含边界), 是无界的、开的单连通区域 (图 1.36).

(10) $z\bar{z}+(6+\mathrm{i})z+(6-\mathrm{i})\bar{z}\leqslant 4 \Leftrightarrow (x+6)^2+y^2\leqslant 40$.

是圆 $(x+6)^2+y^2=40$ 及其内部区域, 是有界的、闭的单连通区域 (图 1.37).

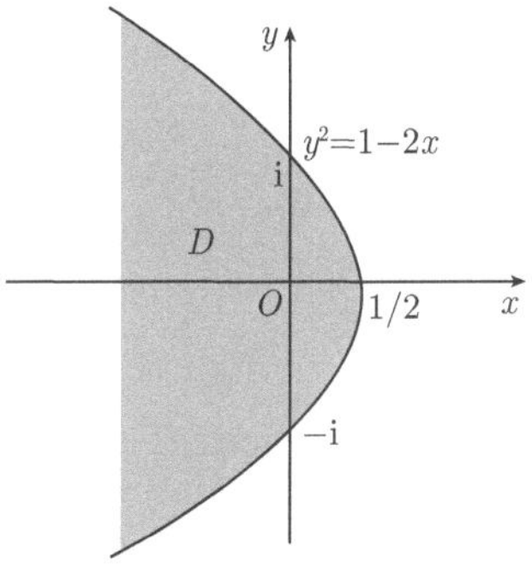

图 1.36

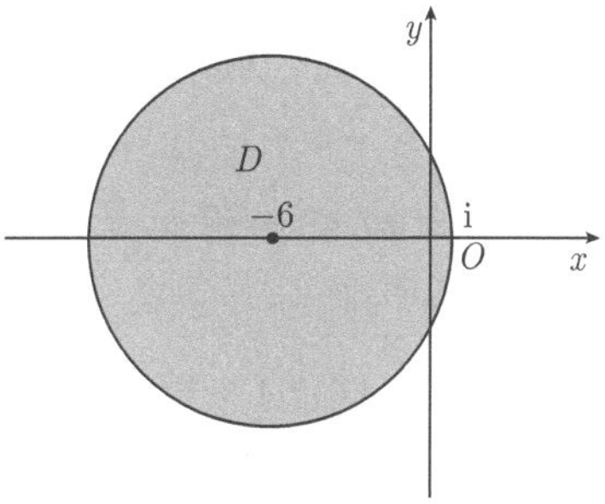

图 1.37

17. 证明: z 平面上的直线方程可以写成

$$a\bar{z}+\bar{a}z=C(a\ \text{是非零复常数},\ C\ \text{是实常数})$$

证 设直角坐标系的平面方程为 $Ax+By=C$, 将 $x=\mathrm{Re}z=\dfrac{1}{2}(z+\bar{z})$, $y=\mathrm{Im}z=\dfrac{1}{2\mathrm{i}}(z-\bar{z})$ 代入, 得

$$\frac{1}{2}(A-\mathrm{i}B)z+\frac{1}{2}(A+\mathrm{i}B)\bar{z}=C$$

令 $a=\dfrac{1}{2}(A+\mathrm{i}B)$, 则 $\bar{a}=\dfrac{1}{2}(A-\mathrm{i}B)$, 上式即为 $a\bar{z}+\bar{a}z=C$.

18. 求下列方程 (t 是实参数) 给出的曲线.

(1) $z=(1+\mathrm{i})t$; (2) $z=a\cos t+\mathrm{i}b\sin t$;

(3) $z=t+\dfrac{\mathrm{i}}{t}$; (4) $z=t^2+\dfrac{\mathrm{i}}{t^2}$.

解 (1) $z=x+\mathrm{i}y=(1+\mathrm{i})t\Leftrightarrow\begin{cases}x=t,\\ y=t,\end{cases}$ $-\infty<t<\infty$. 即直线 $y=x$.

(2) $z=x+\mathrm{i}y=a\cos t+\mathrm{i}b\sin t\Leftrightarrow\begin{cases}x=a\cos t,\\ y=b\sin t,\end{cases}$ $0\leqslant t\leqslant 2\pi$, 即为椭圆 $\dfrac{x^2}{a^2}+\dfrac{y^2}{b^2}=1$.

(3) $z=x+\mathrm{i}y=t+\dfrac{\mathrm{i}}{t}\Leftrightarrow\begin{cases}x=t,\\ y=\dfrac{1}{t},\end{cases}$ 即为双曲线 $xy=1$.

(4) $z=x+\mathrm{i}y=t^2+\dfrac{\mathrm{i}}{t^2}\Leftrightarrow\begin{cases}x=t^2,\\ y=\dfrac{1}{t^2},\end{cases}$ 即为双曲线 $xy=1$ 中位于第一象限中的一支.

19. 已知映射 $w=z^3$, 求:

(1) 点 $z_1=\mathrm{i}$, $z_2=1+\mathrm{i}$, $z_3=\sqrt{3}+\mathrm{i}$ 在 w 平面上的像;

(2) 区域 $0<\arg z<\dfrac{\pi}{3}$ 在 w 平面上的像.

解 设 $z=r\mathrm{e}^{\mathrm{i}\theta}$, 则 $w=z^3=r^3\mathrm{e}^{\mathrm{i}3\theta}$. 于是

(1) $z_1=\mathrm{i}=\mathrm{e}^{\mathrm{i}\frac{\pi}{2}}$, $z_2=1+\mathrm{i}=\sqrt{2}\left(\cos\dfrac{\pi}{4}+\mathrm{i}\sin\dfrac{\pi}{4}\right)=\sqrt{2}\mathrm{e}^{\mathrm{i}\frac{\pi}{4}}$

$$z_3=\sqrt{3}+\mathrm{i}=2\left(\frac{\sqrt{3}}{2}+\mathrm{i}\frac{1}{2}\right)=2\left(\cos\frac{\pi}{6}+\mathrm{i}\sin\frac{\pi}{6}\right)=2\mathrm{e}^{\mathrm{i}\frac{\pi}{6}}$$

经映射后在 w 平面上的像分别是 $w_1=\mathrm{e}^{\mathrm{i}3\pi/2}=-\mathrm{i}$, $w_2=2^{\frac{3}{2}}\mathrm{e}^{\mathrm{i}\frac{3\pi}{4}}=2\sqrt{2}\left(-\dfrac{1}{\sqrt{2}}+\mathrm{i}\dfrac{1}{\sqrt{2}}\right)=-2+\mathrm{i}2, w_3=2^3\mathrm{e}^{\mathrm{i}\frac{\pi}{2}}=8\mathrm{i}$.

(2) 因为以原点为顶点的角形域的顶角张大三倍, 所以为 $0<\arg w<\pi$.

20. 设 a, b, c 为常数, 且 c 为实数, 证明下式:

$$(a\bar{z}+\bar{a}z)^2=2(b\bar{z}+\bar{b}z)+c$$

为平面上的抛物线方程.

解 记 $a=a_x+\mathrm{i}a_y$, $b=b_x+\mathrm{i}b_y$, $z=x+\mathrm{i}y$, 则

$$(a\bar{z}+\bar{a}z)^2=2(b\bar{z}+\bar{b}z)+c\Leftrightarrow 4(a_xx-a_yy)^2=4(b_xx-b_yz)+c$$
$$\Leftrightarrow a_x^2x^2-2a_xa_yxy+a_y^2y^2-b_xx+b_yy-\frac{c}{4}=0$$

由于二次曲线的判别式 $ab-h^2=(a_x^2)(a_y^2)-(-a_xa_y)^2=0$, 知 $(a\bar{z}+\bar{a}z)^2=2(b\bar{z}+\bar{b}z)+c$ 表示一般的抛物线.

21. 试求:

(1) $\lim\limits_{z\to 1+\mathrm{i}}\dfrac{\bar{z}}{z}$;　　(2) $\lim\limits_{z\to 1}\dfrac{z\bar{z}+2z-\bar{z}-2}{z^2-1}$.

解 (1) $\lim\limits_{z\to 1+\mathrm{i}}\dfrac{\bar{z}}{z}=\dfrac{1-\mathrm{i}}{1+\mathrm{i}}=\dfrac{1}{2}(1-\mathrm{i})^2=\dfrac{-2\mathrm{i}}{2}=-\mathrm{i}$.

(2) 由于 $\dfrac{z\bar{z}+2z-\bar{z}-2}{z^2-1}=\dfrac{(\bar{z}+2)(z-1)}{(z+1)(z-1)}=\dfrac{\bar{z}+2}{z+1}$, 从而

$$\lim_{z\to 1}\frac{z\bar{z}+2z-\bar{z}-2}{z^2-1}=\lim_{z\to 1}\frac{\bar{z}+2}{z+1}=\frac{3}{2}$$

22. 试证 $\lim\limits_{z\to 0}\dfrac{\mathrm{Re}z}{z}$ 不存在.

证 设 $z=x+\mathrm{i}y$, 则 $\dfrac{\mathrm{Re}z}{z}=\dfrac{x}{x+\mathrm{i}y}$, 于是

$$\lim_{\substack{z\to 0\\ y=kx}}\frac{\mathrm{Re}z}{z}=\lim_{\substack{z\to 0\\ y=kx}}\frac{x}{x+\mathrm{i}kx}=\frac{1}{1+\mathrm{i}k}$$

显然, k 取不同值时, 值 $\dfrac{1}{1+\mathrm{i}k}$ 也不同, 故极限 $\lim\limits_{z\to 0}\dfrac{\mathrm{Re}z}{z}$ 不存在.

23. 设

$$f(z)=\begin{cases}\dfrac{[\mathrm{Re}(z^2)]^2}{|z|^2}, & z\neq 0\\ 0, & z=0\end{cases}$$

证明 $f(z)$ 在 $z=0$ 处连续.

证 由于当 $z\neq 0$ 时,

$$|f(z)|=\left|\frac{[\mathrm{Re}(z^2)]^2}{|z|^2}\right|=\frac{|\mathrm{Re}(z)^2|^2}{|z|^2}\leqslant\frac{|z|^4}{|z|^2}=|z|^2,$$

故

$$\lim_{z\to 0}|(z)| \leqslant \lim_{z\to 0}|z|^2 = 0.$$

从而可知 $\lim\limits_{z\to 0} f(z) = 0 = f(0)$, 即 $f(z)$ 在 $z=0$ 处连续.

24. 设

$$f(z) = \begin{cases} \dfrac{xy^3}{x^2+y^6}, & z \neq 0 \\ 0, & z = 0 \end{cases}$$

求证 $f(z)$ 在原点处不连续.

证 由于

$$\lim_{\substack{z\to 0\\ y=x}} f(z) = \lim_{x\to 0}\frac{x^4}{x^2+x^6} = \lim_{x\to 0}\frac{x^2}{1+x^4} = 0$$

$$\lim_{\substack{z\to 0\\ x=y^3}} f(z) = \lim_{y\to 0}\frac{y^6}{y^6+y_6} = \frac{1}{2}$$

可知极限 $\lim\limits_{z\to 0} f(z)$ 不存在, 故 $f(z)$ 在原点处不连续.

25. 设函数 $f(z)$ 在点 z_0 处连续, 且 $f(z_0) \neq 0$, 证明存在 z_0 的邻域使 $f(z) \neq 0$.

证 因为 $\lim\limits_{z\to z_0} f(z) = f(z_0)$, 且 $f(z_0) \neq 0$. 可取 $\varepsilon = \dfrac{|f(z_0)|}{2} > 0$, 则 $\exists \delta > 0$, 当 $|z-z_0| < \delta$ 时, 有

$$|f(z)-f(z_0)| < \varepsilon = \frac{|f(z_0)|}{2}$$

从而 $|f(z_0)| - \dfrac{|f(z_0)|}{2} < |f(z)|$. 即 $|f(z)| > \dfrac{|f(z_0)|}{2} > 0$, 即点 $z \in U(z_0,\ \delta)$ 时, 则 $f(z) \neq 0$.

26. 如果 $f(z)$ 在点 z_0 处连续, 证明 $\overline{f(z)}$, $|f(z)|$ 也在点 z_0 处连续.

证 设 $f(z) = u(x,\ y) + \mathrm{i}v(x,\ y)$, 由 $f(z)$ 在点 $z_0 = x_0 + \mathrm{i}y_0$ 处连续, 知 $u(x,\ y)$, $v(x,\ y)$ 在点 $(x_0,\ y_0)$ 处连续, 从而 $u(x,\ y)$, $-v(x,\ y)$ 在点 $(x_0,\ y_0)$ 处连续. 于是函数 $\overline{f(z)} = u(x,\ y) - \mathrm{i}v(x,\ y)$ 在点 $z_0 = x_0 + \mathrm{i}y_0$ 处连续.

又 $|f(z)| = \sqrt{u^2(x,\ y) + v^2(x,\ y)}$, 根据幂函数及复合函数的连续性, 知 $|f(z)|$ 在点 z_0 处是连续的.

27. 试证 $\arg z(-\pi < \arg z \leqslant \pi)$ 在负实轴上 (包括原点) 不连续, 除此而外在 z 平面上处处连续.

证 设 $f(z) = \arg z$, 因为 $f(0)$ 无定义, 所以 $f(z)$ 在原点 $z=0$ 处不连续.

当 z_0 为负实轴上的点时，即 $z_0 = x_0(x_0 < 0)$ 时，有

$$\lim_{\substack{z\to z_0\\ y\to 0}} \begin{cases} \lim\limits_{\substack{x\to x_0\\ y\to 0}} \left(\arctan\dfrac{y}{x} + \pi\right) \\ \lim\limits_{\substack{x\to x_0\\ y\to 0}} \left(\arctan\dfrac{y}{x} - \pi\right) \end{cases}$$

$$= \begin{cases} \pi \\ -\pi \end{cases}$$

所以 $\lim\limits_{z\to z_0} \arg z$ 不存在，即 $\arg z$ 在负实轴上不连续. 而 $\arg z$ 在 z 平面上的其他点处的连续性显然.

第2章 解析函数

函数解析性是复变函数理论最基本、最重要的概念之一, 而解析函数则是复变函数研究的主要对象. 对于初学者而言, 正确理解解析函数的概念、掌握函数解析的判别方法是十分重要的.

2.1 内容提要

2.1.1 解析函数的概念

1. 复变函数的导数

设函数 $w=f(z)$ 在区域 D 内有定义, $z_0\in D$, $z_0+\Delta z\in D$. 若极限

$$\lim_{\Delta z\to 0}\frac{f(z_0+\Delta z)-f(z_0)}{\Delta z}$$

存在, 称函数 $w=f(z)$ 在点 z_0 处可导, 称此极限值为函数 $w=f(z)$ 在点 z_0 处的导数, 记作

$$f'(z_0),\ \left.\frac{\mathrm{d}w}{\mathrm{d}z}\right|_{z=z_0},\quad \left.\frac{\mathrm{d}f}{\mathrm{d}z}\right|_{z=z_0}$$

用 “ε-δ” 语言可对上述定义刻画如下:

$\forall\varepsilon>0$, $\exists\delta>0$, 当 $z_0+\Delta z\in U(z_0,\ \delta)\cap D$ 时, 有

$$\left|\frac{f(z_0+\Delta z)-f(z_0)}{\Delta z}-f'(z_0)\right|<\varepsilon$$

成立, 称函数 $w=f(z)$ 在点 z_0 处可导, 常数 $f'(z_0)$ 为函数 $w=f(z)$ 在点 z_0 处的导数.

若函数 $w=f(z)$ 在区域 D 内每一点皆可导, 称 $f(z)$ 在 D 内是可导的.

2. 复变函数的求导法则

$$[f(z) \pm g(z)]' = f'(z) \pm g'(z)$$

$$[f(z) \cdot g(z)]' = f'(z)g(z) + f(z)g'(z)$$

$$\left[\frac{f(z)}{g(z)}\right]' = \frac{f'(z)g(z) - f(z)g'(z)}{[g(z)]^2} \quad (g(z) \neq 0)$$

$$\{f[g(z)]\}' = f'[g(z)]g'(z)$$

3. 复变函数的解析性

若函数 $w = f(z)$ 在点 z_0 的某个邻域 $U(z_0)$ 内处处可导, 则称 $f(z)$ 在点 z_0 处解析. 若函数 $w = f(z)$ 在区域 D 内每一点处皆解析, 称 $f(z)$ 在 D 内是解析的. 也称 $f(z)$ 是区域 D 内的一个解析 (全纯、正则) 函数.

函数 $w = f(z)$ 在区域 D 内解析等价于 $f(z)$ 在 D 内可导.

若函数 $w = f(z)$ 在点 z_0 处不解析, 且在点 z_0 的任一邻域 $U(z_0)$ 内均有 $f(z)$ 的解析的点, 则称点 z_0 为 $f(z)$ 的一个奇点.

若两个函数均在区域 D 内解析, 则它们的和、差、积、商 (除去分母为零的点) 仍在 D 内解析, 若函数 $w = f(u)$ 在 u 平面上的区域 G 内解析, 函数 $u = g(z)$ 在 z 平面上的区域 D 内解析, 且对于 $\forall z \in D$, 有 $u = g(z) \in G$, 则复合函数 $w = f(g(z))$ 在 D 内解析.

2.1.2 函数解析的充要条件

1. 函数解析性的判定

函数 $f(z) = u(x,\ y) + \mathrm{i}v(x,\ y)$ 在区域 D 内解析的充要条件是：二元函数 $u(x,\ y)$, $v(x,\ y)$ 在 D 内任一点 $(x,\ y)(z = x + \mathrm{i}y \in D)$ 处可微, 而且满足柯西–黎曼 (Gauchy-Riemann) 方程

$$\frac{\partial u}{\partial x} = \frac{\partial v}{\partial y}, \quad \frac{\partial u}{\partial y} = -\frac{\partial v}{\partial x}$$

2. 函数解析的一个充分条件

若函数 $f(z) = u(x,\ y) + \mathrm{i}v(x,\ y)$ 的实、虚部 $u(x,\ y)$, $v(x,\ y)$ 在区域 D 内的每一点处具有一阶连续的偏导数, 而且满足柯西–黎曼方程, 则 $f(z)$ 在区域 D 内解析.

3. 函数解析的一个必要条件

若函数 $w=u(x,\ y)+\mathrm{i}v(x,\ y)$ 是解析函数, 则

$$\frac{\partial w}{\partial \bar{z}}=0$$

即 w 一定可单独用 z 表示为 $f(z)$.

4. 复变函数的导数形式

若函数 $f(z)=u(x,\ y)+\mathrm{i}v(x,\ y)$ 可导, 则其导数

$$f'(z)=\frac{\partial u}{\partial x}+\mathrm{i}\frac{\partial v}{\partial x}=\frac{\partial v}{\partial y}+\mathrm{i}\frac{\partial v}{\partial x}=\frac{\partial v}{\partial y}-\mathrm{i}\frac{\partial u}{\partial y}=\frac{\partial u}{\partial x}-\mathrm{i}\frac{\partial u}{\partial y}$$

2.1.3 解析函数与调和函数

1. 调和函数

实二元函数 $u=u(x,\ y)$ 在区域 D 内有二阶连续偏导数, 且满足拉普拉斯 (Laplace) 方程

$$\frac{\partial^2 u}{\partial x^2}+\frac{\partial^2 u}{\partial y^2}=0$$

则称函数 $u=u(x,\ y)$ 为区域 D 内的调和函数.

2. 解析函数与调和函数的关系

任何在区域 D 内解析的函数, 其实部和虚部均为 D 内的调和函数.

3. 共轭调和函数

若函数 $f(z)=u(x,\ y)+\mathrm{i}v(x,\ y)$ 在区域 D 内解析, 则称 $f(z)$ 的虚部 $v(x,\ y)$ 为其实部 $u(x,\ y)$ 的共轭调和函数.

2.1.4 初等函数

1. 指数函数

$$\mathrm{e}^z=\exp z=\mathrm{e}^x(\cos y+\mathrm{i}\sin y)$$

指数函数 e^z 具有以下性质:

$|\mathrm{e}^z|=|\exp z|=\mathrm{e}^x$;

$\mathrm{Arg}(\mathrm{e}^z)=\mathrm{Arg}(\exp z)=y+2k\pi,\ k=0,\ \pm1,\ \pm2,\ \cdots$

$\mathrm{e}^{z_1+z_2}=\mathrm{e}^{z_1}\cdot\mathrm{e}^{z_2}$(即指数函数 e^z 满足加法定理);

$\mathrm{e}^{z+2k\pi\mathrm{i}}=\mathrm{e}^z$(即指数函数 e^z 以 $T=2k\pi\mathrm{i}$ 为周期);

当 $z=x$ 时, $\mathrm{e}^z=\mathrm{e}^x$, 即指数函数 $w=\mathrm{e}^z$ 是实变函数 $y=\mathrm{e}^x$ 的推广;

指数函数 e^z 在 z 平面内处处解析, 且 $(\mathrm{e}^z)'=\mathrm{e}^z$.

2. 对数函数

$\mathrm{Ln}z = \ln|z| + \mathrm{iArg}z = \ln z + \mathrm{i}2k\pi$, $k = 0$, ± 1, ± 2, $\cdots$. 它是指数函数的反函数, 是多值函数.

$\mathrm{Ln}z$ 的主值支 $\mathrm{Ln}z = \ln|z| + \mathrm{i}\arg z$ 在 除去原点与负实轴的复平面内的每一点处解析, 且 $(\ln z)' = \dfrac{1}{z}$. $\mathrm{Ln}z$ 的各个单值连续分支在上述区域内也解析, 且 $(\mathrm{Ln}z)' = (\ln z + \mathrm{i}2k\pi)' = \dfrac{1}{z}$.

$\mathrm{Ln}(z_1z_2) = \mathrm{Ln}z_1 + \mathrm{Ln}z_2, \mathrm{Ln}\dfrac{z_1}{z_2} = \mathrm{Ln}z_1 - \mathrm{Ln}z_2$.

3. 乘幂 a^b 与幂函数

乘幂:

$$a^b = \begin{cases} \mathrm{e}^{b\mathrm{Ln}a} = \mathrm{e}^{b(\ln a + \mathrm{i}2k\pi)}, & k \in \mathbb{Z}, a \neq 0 \\ 0, & a = 0 \end{cases} \quad (b\ 为任意复数).$$

当 $a = z$ 时, $w = z^b = \mathrm{e}^{b\mathrm{Ln}z}$ 为幂函数. 当 $b = n(\in \mathbb{Z})$ 时, $w = z^n$ 在复平面内单值解析, 且 $(z^n)' = nz^{n-1}$. 当 $b \in \mathbb{C}$, $b \notin \mathbb{Z}$ 时, $w = z^b = \mathrm{e}^{b(\ln z + \mathrm{i}2k\pi)}(k = 0, \pm 1, \pm 2, \cdots)$ 的各个单值连续分支在除去原点与负轴的复平面内的每一点处均解析, 且 $(z^b)' = bz^{b-1}$.

4. 三角函数

正弦函数 $\sin z = \dfrac{\mathrm{e}^{\mathrm{i}z} - \mathrm{e}^{-\mathrm{i}z}}{2\mathrm{i}}$, 余弦函数 $\cos z = \dfrac{\mathrm{e}^{\mathrm{i}z} + \mathrm{e}^{-\mathrm{i}z}}{2}$, 它们在 z 平面上处处解析, 且

$$(\sin z)' = \cos z, \quad (\cos z)' = -\sin z$$

其他复变三角函数, 有

$$\tan z = \frac{\sin z}{\cos z}, \quad \cot z = \frac{\cos z}{\sin z}, \quad \sec z = \frac{1}{\cos z}, \quad \csc z = \frac{1}{\sin z}$$

它们均在 z 平面上分母不为零的点处解析, 且

$$(\tan z)' = \sec^2 z, \quad (\cot z)' = -\csc^2 z$$

$$(\sec z)' = \sec z \tan z, \quad (\csc z)' = -\csc z \cot z$$

此外, 定义双曲函数如下

$$\mathrm{sh}z = \frac{\mathrm{e}^z - \mathrm{e}^{-z}}{2}, \quad \mathrm{ch}z = \frac{\mathrm{e}^z + \mathrm{e}^{-z}}{2}, \quad \mathrm{th}z = \frac{\mathrm{sh}z}{\mathrm{ch}z},$$

$$\mathrm{cth}z = \frac{\mathrm{ch}z}{\mathrm{th}z}, \quad \mathrm{sech}z = \frac{1}{\mathrm{ch}z}, \quad \mathrm{csch}z = \frac{1}{\mathrm{sh}z}$$

并分别称为 z 的双曲正弦、双曲余弦、双曲正切、双曲余切、双曲正割及双曲余割.

5. 反三角函数

反三角函数有如下表达式

$$\mathrm{Arcsin}z = -\mathrm{i}\mathrm{Ln}(\mathrm{i}z + \sqrt{1-z^2})$$

$$\mathrm{Arccos}z = -\mathrm{i}\mathrm{Ln}(z + \sqrt{z^2-1})$$

$$\mathrm{Arctan}z = -\frac{\mathrm{i}}{2}\mathrm{Ln}\frac{1+\mathrm{i}z}{1-\mathrm{i}z}$$

反双曲函数有如下表达式

$$\mathrm{Arsh}z = \mathrm{Ln}(z + \sqrt{z^2+1})$$

$$\mathrm{Arch}z = \mathrm{Ln}(z + \sqrt{z^2-1})$$

$$\mathrm{Arth}z = \frac{1}{2}\mathrm{Ln}\frac{1+z}{1-z}$$

分别称为反双曲正弦、反双曲余弦和反双曲正切.

2.1.5 解析函数的物理意义

1. 复变函数与平面向量场

平面向量场 $\boldsymbol{A} = X(x, y)\boldsymbol{i}+Y(x, y)\boldsymbol{j}$ 可以用复变函数 $f(z) = X(x, y)+\mathrm{i}Y(x, y)$ 来表示. 反之, 对于任一复变函数 $f(z) = u(x, y) + \mathrm{i}v(x, y)$ 也可以得到一个相应的平面向量场 $\boldsymbol{A} = u(x, y)\boldsymbol{i} + v(x, y)\boldsymbol{j}$.

2. 平面流速场的复势

不可压缩的流体的平面稳定流动的流速

$$V(z) = v_x(x, y) + \mathrm{i}v_y(x, y) = \overline{f'(z)}$$

这里函数 $f(z) = \varphi(x, y) = \mathrm{i}\psi(x, y)$ 称为平面流速场的复势函数, 简称复势, $\psi(x, y)$ 称为流函数, $\psi(x, y) = C_1$ 称为流线; $\varphi(x, y)$ 称为势函数, $\varphi(x, y) = C_2$ 称为等势线.

3. 静电场的复势

如果一个平面静电场

$$E = E_x(x, y) + \mathrm{i}E_y(x, y)$$

内没有带电物体, 则 E 可以表示为

$$E = -\mathrm{i}\overline{f'(z)}$$

则函数 $f(z)=\varphi(x,\ y)+\mathrm{i}\psi(x,\ y)$ 称为静电场的复势, $\varphi(x,\ y)$ 称为静电场 E 的力函数, $\varphi(x,\ y)=C_1$ 称为电力线; $\psi(x,\ y)$ 称为 E 的势函数, $\psi(x,\ y)=C_2$ 称为等势线.

4. 平面稳定温度场

如果 $T=T(x,\ y)$ 是平面稳定的温度场, 则

$$\frac{\partial^2 T}{\partial x^2}+\frac{\partial^2 T}{\partial y^2}=0$$

若以 $S=S(x,\ y)$ 表示 $T(x,\ y)$ 的共轭调和函数, 则解析函数

$$f(z)=T(x,\ y)+\mathrm{i}S(x,\ y)$$

称为温度场的复势.

2.2 典型例题剖析

例 2.1 根据定义, 讨论下列函数的可导性:

(1) $f(z)=\mathrm{Im}z$; (2) $f(z)=|z|^2$.

分析 依导数的定义, 当 $\Delta z\to 0$ 时, $\dfrac{\Delta w}{\Delta z}$ 的极限不存在或不是唯一的, 则函数在点 z_0 处不可导.

解 (1) 对于 $\forall z\in\mathbb{C}$, 则

$$\begin{aligned}\frac{\Delta w}{\Delta z}&=\frac{f(z+\Delta z)-f(z)}{\Delta z}=\frac{\mathrm{Im}(z+\Delta z)-\mathrm{Im}z}{\Delta z}\\&=\frac{\mathrm{Im}z+\mathrm{Im}\Delta z-\mathrm{Im}z}{\Delta z}=\frac{\mathrm{Im}\Delta z}{\Delta z}\\&=\frac{\mathrm{Im}(\Delta x+\mathrm{i}\Delta y)}{\Delta x+\mathrm{i}\Delta y}=\frac{\Delta y}{\Delta x+\mathrm{i}\Delta y}\end{aligned}$$

当点 $z+\Delta z$ 沿平行于实轴的方向趋向于 z 时, 即 $\Delta z\to 0(\Delta y=0)$ 时, 有

$$\lim_{\Delta z\to 0}\frac{\Delta w}{\Delta z}=\lim_{\Delta z\to 0}\frac{0}{\Delta x}=0$$

当点 $z+\Delta z$ 沿平行于虚轴的方向趋向于 z 时, 即 $\Delta z\to 0(\Delta x=0)$ 时, 有

$$\lim_{\Delta z\to 0}\frac{\Delta w}{\Delta z}=\lim_{\substack{\Delta y\to 0\\ \Delta x=0}}\frac{\Delta y}{\Delta y}=-\mathrm{i}$$

可知当点 $z+\Delta z$ 沿着不同方向而使 $\Delta z\to 0$ 时, $\dfrac{\Delta w}{\Delta z}$ 趋向于不同的数值, 所

以极限 $\lim\limits_{\Delta z\to 0}\dfrac{\Delta w}{\Delta z}$ 不存在, 故 $f(z)=\mathrm{Im}z$ 在点 z 处不可导. 再根据点 z 的任意性, 知 $f(z)=\mathrm{Im}z$ 在 z 平面上处处不可导. 但显然 $f(z)=\mathrm{Im}z=y$ 在 z 平面上是处处连续的.

(2) 对任意的 $z\in\mathbb{C}$, 有

$$\begin{aligned}\frac{\Delta w}{\Delta z}&=\frac{f(z+\Delta z)-f(z)}{\Delta z}=\frac{|z+\Delta z|^2-|z|^2}{\Delta z}\\&=\frac{(z+\Delta z)(\bar z+\Delta\bar z)-z\bar z}{\Delta z}=\frac{z\bar\Delta z+\bar z\Delta z+\Delta z\overline{\Delta z}}{\Delta z}\\&=\bar z+\overline{\Delta z}+\frac{\overline{\Delta z}}{\Delta z}\end{aligned}$$

当 $z\neq 0$ 时, 点 $z+\Delta z$ 沿不同方向的以点 z 为起点的射线趋向于点 z 时, 有

$$\lim_{\substack{\Delta z\to 0\\ \Delta y=k\Delta x}}\frac{\Delta w}{\Delta z}=\lim_{\Delta x\to 0}\left(\bar z+\overline{\Delta z}+z\frac{1-\mathrm{i}k}{1+\mathrm{i}k}\right)=\bar z+z\frac{1-\mathrm{i}k}{1+\mathrm{i}k}$$

由于 k 的任意性, 故极限 $\lim\limits_{\Delta z\to 0}\dfrac{\Delta w}{\Delta z}$ 不存在, 即 $f(z)=|z|^2$ 在点 $z(\neq 0)$ 处不可导.

当 $z=0$ 时, 则

$$\lim_{\Delta z\to 0}\frac{\Delta w}{\Delta z}=\lim_{\Delta z\to 0}\overline{\Delta z}=0$$

知 $f(z)=|z|^2$ 在点 $z=0$ 处可导, 且 $f'(0)=0$.

例 2.2 讨论函数

$$f(z)=\begin{cases}\dfrac{x(x^2+y^2)(y-\mathrm{i}x)}{x^2+y^4}, & z\neq 0\\ 0, & z=0\end{cases}$$

在原点 $z=0$ 处的可导性.

分析 分片定义的函数在分界点的解析性一定要用定义来考察.

解 当点 z 沿直线 $y=kx$ 趋向于原点 $z=0$ 时,

$$\begin{aligned}\lim_{\substack{z\to 0\\ y=kx}}\frac{f(z)-f(0)}{z-0}&=\lim_{\substack{z\to 0\\ y=kx}}\frac{f(z)}{z}\\&=\lim_{x\to 0}\frac{x(x^2+k^2x^2)(kx-\mathrm{i}x)}{(x^2+k^4x^4)(x+\mathrm{i}kx)}=\lim_{x\to 0}\frac{x^4(1+k^2)(k-\mathrm{i})}{x^3(1+k^4x^2)(1+\mathrm{i}k)}\\&=\lim_{x\to 0}x\frac{(1+k^2)(k-\mathrm{i})}{(1+k^4x^2)(1+\mathrm{i}k)}=0\end{aligned}$$

当点 z 沿曲线 $x=y^2$ 趋向于原点 $z=0$ 时, 有

$$\lim_{z\to 0}\frac{f(z)-f(0)}{z-0}=\lim_{z\to 0}\frac{f(z)}{z}=\lim_{y\to 0}\frac{y^2(y^4+y^2)(y-\mathrm{i}y^2)}{(y^4+y^4)(y^2+\mathrm{i}y)}$$

$$= \lim_{y \to 0} \frac{(y^2+1)(1-\mathrm{i}y)}{2(y+\mathrm{i})} = \frac{1}{2\mathrm{i}}$$

可见, 极限值不唯一, 即 $\lim\limits_{z \to 0} \dfrac{f(z)-f(0)}{z-0}$ 不存在. 从而知 $f(z)$ 在原点 $z=0$ 处不可导.

例 2.3 下列函数在何处可导? 何处解析?

(1) $f(z) = 2xy^2 + \mathrm{i}x^2y$;

(2) $f(z) = 2x^3 + \mathrm{i}3y^3$;

(3) $f(z) = \sin x \mathrm{ch} y + \mathrm{i} \cos x \mathrm{sh} y$.

分析 解此类问题除了利用函数解析的定义外, 也可利用函数可导与解析的充要条件, 并注意可导与解析之间的关系.

解 (1) 由于 $u(x, y) = xy^2$, $v(x, y) = x^2y$. 并且 $\dfrac{\partial u}{\partial x} = 2y^2$, $\dfrac{\partial u}{\partial y} = 4xy$, $\dfrac{\partial v}{\partial x} = 2xy$, $\dfrac{\partial v}{\partial y} = x^2$ 在 z 平面上处处连续. 使得 C-R 条件

$$\frac{\partial u}{\partial x} = 2y^2 = \frac{\partial v}{\partial y} = x^2, \quad \frac{\partial u}{\partial y} = 4xy = -\frac{\partial v}{\partial x} = -2xy$$

成立, 当且仅当 $z=0$, 故函数 $f(z)$ 仅在点 $z=0$ 处可导, 在 z 平面上处处不解析.

(2) 由于 $u(x, y) = 2x^3$, $v(x, y) = 3y^3$, 且

$$\frac{\partial u}{\partial x} = 6x^2, \quad \frac{\partial u}{\partial y} = 0, \quad \frac{\partial v}{\partial x} = 0, \quad \frac{\partial v}{\partial y} = 9y^2$$

在 z 平面上处处连续. 又注意到当且仅当 $6x^2 = 9y^2$ 或 $\sqrt{2}x \pm \sqrt{3}y = 0$ 时, C-R 条件 $\dfrac{\partial u}{\partial x} = \dfrac{\partial v}{\partial y}$, $\dfrac{\partial u}{\partial y} = -\dfrac{\partial v}{\partial x}$ 满足. 所以函数 $f(z) = 2x^3 + \mathrm{i}3y^3$ 在直线 $\sqrt{2}x \pm \sqrt{3}y = 0$ 上的每一点处可导, 但在 z 平面上处处不解析.

(3) 由于 $u(x, y) = \sin x \mathrm{ch} y$, $v(x, y) = \cos x \mathrm{sh} y$, 且

$$\frac{\partial u}{\partial x} = \cos x \mathrm{ch} y, \quad \frac{\partial u}{\partial y} = \sin x \mathrm{sh} y, \quad \frac{\partial v}{\partial x} = -\sin x \mathrm{sh} y, \quad \frac{\partial v}{\partial y} = \cos x \mathrm{ch} y$$

均为在 z 平面上处处连续的函数, 又

$$\frac{\partial u}{\partial x} = \frac{\partial v}{\partial y} = \cos \mathrm{ch} y, \quad \frac{\partial u}{\partial y} = -\frac{\partial v}{\partial x} = \sin x \mathrm{sh} y$$

在 z 平面上处处成立. 故函数 $f(z) = \sin x \mathrm{ch} y + \mathrm{i} \cos x \mathrm{sh} y$ 在 z 平面上处处可导, 处处解析.

例 2.4 设 $f(z) = my^3 + nx^2y + \mathrm{i}(lx^3 - 3xy^2)$ 为解析函数, 试确定 m, n, l 的值.

分析 利用函数解析的充要条件.

解 由于 $u(x,\ y)=my^3+nx^2y$, $v(x,\ y)=lx^3-3xy^2$, 且

$$\frac{\partial u}{\partial x}=2nxy,\quad \frac{\partial u}{\partial y}=3my^2+nx^2,\quad \frac{\partial v}{\partial x}=3lx^2-3y^2,\quad \frac{\partial v}{\partial y}=-6xy$$

在 z 平面上处处连续. 从而 $u(x,\ y)$, $v(x,\ y)$ 在 z 平面上处处可微. 若使 $\dfrac{\partial u}{\partial x}=\dfrac{\partial v}{\partial y}$, $\dfrac{\partial u}{\partial y}=-\dfrac{\partial v}{\partial x}$ 成立, 当且仅当

$$2nxy=-6xy,\quad 3my^2+nx^2=-3lx^2+3y^2$$

因此当 $n=-3$, $n=-3l$, $m=1$, 即 $m=1$, $n=-3$, $l=1$ 时, 函数 $f(z)=y^3-3x^2y+\mathrm{i}(x^3-3xy^2)=\mathrm{i}z^3$ 为 z 平面上的解析函数.

注 若函数 $w=u(x,\ y)+\mathrm{i}v(x,\ y)$ 为一个解析函数, 则它一定可表示为 $f(z)$. 例如, 本例中的函数 $w=y^3-3x^2y+\mathrm{i}(x^3-3xy^2)=\mathrm{i}z^3$. 一般地, 将形如 $w=u(x,\ y)+\mathrm{i}v(x,\ y)$ 的解析函数写成 z 的函数时, 只需令 $y=0$, $x=z$ 或令 $x=0$, $y=-\mathrm{i}z$ 即可. 例如, 本例函数 $w=y^3-3x^2+y+\mathrm{i}(x^3-3xy^2)$ 中令 $y=0$, $x=z$, 得 $w=f(z)=\mathrm{i}z^3$. 或令 $x=0$, $y=-\mathrm{i}z$, 得 $w=f(z)=(-\mathrm{i}z)^3=\mathrm{i}z^3$.

例 2.5 证明函数 $w=x^2-y^2-y+\mathrm{i}(2xy+x)$ 在 z 平面上解析, 并求其导函数.

分析 若已知函数 $w=u(x,\ y)+\mathrm{i}v(x,\ y)$ 解析, 求其导数, 注意到 w 对于 z 可导意味着沿任何方向所求导数均相等且为 $\dfrac{\mathrm{d}w}{\mathrm{d}z}$, 故只需求沿实轴方向的导数: $\dfrac{\mathrm{d}w}{\mathrm{d}z}=\dfrac{\partial u}{\partial x}+\mathrm{i}\dfrac{\partial v}{\partial x}$ 或沿虚轴方向的导数: $\dfrac{\mathrm{d}w}{\mathrm{d}z}=\dfrac{\partial v}{\partial y}-\mathrm{i}\dfrac{\partial u}{\partial y}$.

解 因为 $u(x,\ y)=x^2-y^2-y$, $v(x,\ y)=2xy+x$, 且

$$\frac{\partial u}{\partial x}=2x,\quad \frac{\partial u}{\partial y}=-2y-1,\quad \frac{\partial v}{\partial x}=2y+1,\quad \frac{\partial v}{\partial y}=2x$$

在 z 平面上处处解析, 所以 u, v 在 z 平面上处处可微, 又因为

$$\frac{\partial u}{\partial x}=\frac{\partial v}{\partial y}=2x,\quad \frac{\partial u}{\partial y}=-\frac{\partial v}{\partial x}=-2y-1$$

知 C-R 条件在 z 平面上处处成立, 因此函数 $w=u+\mathrm{i}v$ 在 z 平面上处处解析, 且

$$\frac{\mathrm{d}w}{\mathrm{d}z}=\frac{\partial u}{\partial x}+\mathrm{i}\frac{\partial v}{\partial x}=\frac{\partial v}{\partial y}-\mathrm{i}\frac{\partial u}{\partial y}=2x+\mathrm{i}(2y+1)$$

例 2.6 设二元实函数 $u=u(x,\ y)$ 有偏导数, 这一函数可写成 $z=x+\mathrm{i}y$ 及 $\bar{z}=x-\mathrm{i}y$ 的函数

$$u(x,\ y)=u\left(\frac{z+\bar{z}}{2},\ \frac{z-\bar{z}}{2\mathrm{i}}\right)$$

再把 z, $\bar{z}$ 看作彼此相互独立的变量, 证明:

$$\frac{\partial u}{\partial z}=\frac{1}{2}\left(\frac{\partial u}{\partial x}-\mathrm{i}\frac{\partial u}{\partial y}\right);\quad \frac{\partial u}{\partial \bar{z}}=\frac{1}{2}\left(\frac{\partial u}{\partial x}+\mathrm{i}\frac{\partial u}{\partial y}\right)$$

分析 利用复合函数求偏导的链式法则.

证 由于

$$x=\frac{z+\bar{z}}{2},\quad y=\frac{z-\bar{z}}{2\mathrm{i}}$$

根据复合函数求导数的链式法则, 有

$$\frac{\partial u}{\partial z}=\frac{\partial u}{\partial x}\frac{\partial x}{\partial z}+\frac{\partial u}{\partial y}\frac{\partial y}{\partial z}=\frac{\partial u}{\partial x}\frac{1}{2}+\frac{\partial u}{\partial y}\frac{1}{2\mathrm{i}}=\frac{1}{2}\left(\frac{\partial u}{\partial x}-\mathrm{i}\frac{\partial u}{\partial y}\right)$$

$$\frac{\partial u}{\partial \bar{z}}=\frac{\partial u}{\partial x}\frac{\partial x}{\partial \bar{z}}+\frac{\partial u}{\partial y}\frac{\partial y}{\partial \bar{z}}=\frac{\partial u}{\partial x}\frac{1}{2}+\frac{\partial u}{\partial y}\left(-\frac{1}{2\mathrm{i}}\right)=\frac{1}{2}\left(\frac{\partial u}{\partial x}+\mathrm{i}\frac{\partial u}{\partial y}\right)$$

例 2.7 若 $f(z)=u(x,\ y)+\mathrm{i}v(x,\ y)$, 试证明 $\mathrm{d}u+\mathrm{i}\mathrm{d}v$ 与 $\mathrm{d}x+\mathrm{i}\mathrm{d}y$ 成比例是 $f(z)$ 可导的充要条件.

证 由于 u, v 是可微的, 且

$$\begin{aligned}\mathrm{d}u+\mathrm{i}\mathrm{d}v&=\left(\frac{\partial u}{\partial x}\mathrm{d}x+\frac{\partial u}{\partial y}\mathrm{d}y\right)+\mathrm{i}\left(\frac{\partial v}{\partial x}\mathrm{d}x+\frac{\partial v}{\partial y}\mathrm{d}y\right)\\&=\left(\frac{\partial u}{\partial x}+\mathrm{i}\frac{\partial v}{\partial x}\right)\mathrm{d}x+\left(\frac{\partial v}{\partial y}-\mathrm{i}\frac{\partial u}{\partial y}\right)\mathrm{i}\mathrm{d}y\end{aligned}$$

若 $f(z)$ 可导, 则 $\dfrac{\partial u}{\partial x}=\dfrac{\partial v}{\partial y}$, $\dfrac{\partial v}{\partial x}=-\dfrac{\partial u}{\partial y}$, 从而由上式, 得

$$\mathrm{d}u+\mathrm{i}\mathrm{d}v=\left(\frac{\partial u}{\partial x}+\mathrm{i}\frac{\partial v}{\partial x}\right)(\mathrm{d}x+\mathrm{i}\mathrm{d}y)$$

可见 $\mathrm{d}u+\mathrm{i}\mathrm{d}v$ 与 $\mathrm{d}x+\mathrm{i}\mathrm{d}y$ 成比例. 反之, 若

$$\begin{aligned}\mathrm{d}u+\mathrm{i}\mathrm{d}v&=(k_1+\mathrm{i}k_2)(\mathrm{d}x+\mathrm{i}\mathrm{d}y)\\&=(k_1\mathrm{d}x-k_2\mathrm{d}y)+\mathrm{i}(k_1\mathrm{d}y+k_2\mathrm{d}x)(k_1,\ k_2\in\mathbb{R}).\end{aligned}$$

即

$$\mathrm{d}u=k_1\mathrm{d}x-k_2\mathrm{d}y=\mathrm{d}(k_1x-k_2y)$$

$$\mathrm{d}v=k_1\mathrm{d}y+k_2\mathrm{d}x=\mathrm{d}(k_2x+k_1y)$$

从而

$$\begin{aligned}u&=k_1x-k_2y+C_1\\v&=k_2x+k_1y+C_2\end{aligned}\qquad (C_1,\ C_2\in\mathbb{R})$$

而

$$\frac{\partial u}{\partial x}=k_1,\quad \frac{\partial u}{\partial y}=-k_2,\quad \frac{\partial v}{\partial x}=k_2,\quad \frac{\partial v}{\partial y}=k_1$$

于是有

$$\frac{\partial u}{\partial x}=\frac{\partial v}{\partial y},\quad \frac{\partial u}{\partial y}=-\frac{\partial v}{\partial x}$$

可见 $f(z)$ 的实、虚部又满足 C-R 条件, 故 $f(z)$ 可导.

例 2.8 设函数 $f(z)=a\ln(x^2+y^2)+\mathrm{i}\arctan\dfrac{y}{x}$ 在 $\mathrm{Re}z=x>0$ 时解析, 试确定 a 的值.

分析 利用函数解析的必要条件, 即 C-R 条件, 可求出 a 值.

解 因为 $u(x,\ y)=a\ln(x^2+y^2),\ v(x,\ y)=\mathrm{i}\arctan\dfrac{y}{x}$, 且

$$\frac{\partial u}{\partial x}=\frac{2ax}{x^2+y^2},\quad \frac{\partial u}{\partial y}=\frac{2ay}{x^2+y^2},$$

$$\frac{\partial v}{\partial x}=\frac{1}{\left[1+\left(\frac{y}{x}\right)^2\right]}\cdot\frac{-y}{x^2}=\frac{-y}{x^2+y^2},\quad \frac{\partial v}{\partial y}=\frac{1}{\left[1+\left(\frac{y}{x}\right)^2\right]}\frac{1}{x}=\frac{x}{x^2+y^2}$$

要满足 C-R 条件, 必须

$$\frac{2ax}{x^2+y^2}=\frac{x}{x^2+y^2},\quad \frac{2ay}{x^2+y^2}=\frac{y}{x^2+y^2}$$

知 $a=\dfrac{1}{2}$.

例 2.9 $w=u+\mathrm{i}v$ 为 z 的解析函数, 且 $u-v=(x-y)(x^2+4xy+y^2)$, 求出 u 及 v.

分析 本例可利用 $w=u+\mathrm{i}v$ 是 z 的解析函数, 从而 u 与 v 应满足 C-R 方程这一条件. 求出 u, v 满足的偏微分方程, 进一步求出 u 及 v.

解 将 u, v 分别对 x 及 y 求导, 得

$$\frac{\partial u}{\partial x}-\frac{\partial v}{\partial x}=x^2+4xy+y^2+(x-y)(2x+4y)$$

$$\frac{\partial u}{\partial y}-\frac{\partial v}{\partial y}=-(x^2+4xy+y^2)+(x-y)(4x+2y)$$

利用 C-R 条件并对上式右边化简得

$$\frac{\partial u}{\partial x}+\frac{\partial u}{\partial y}=3x^2+6xy-3y^2$$

$$\frac{\partial u}{\partial y}-\frac{\partial u}{\partial x}=3x^2-6xy-3y^2$$

于是得

$$\frac{\partial u}{\partial x}=6xy,\quad \frac{\partial u}{\partial y}=3x^2-3y^2$$

$$u=\int\frac{\partial u}{\partial x}\mathrm{d}x=3x^2y+C(y)$$

再对上式关于 y 求偏导并进行比较, 得

$$3x^2+C'(y)=\frac{\partial u}{\partial y}=3x^2-3y^2$$

$$C'(y)=-3y^2$$

于是

$$C(y)=-y^3+C$$

从而

$$\begin{aligned}u&=3x^2y-y^3+C\\v&=u-(x-y)(x^2+4xy+y^2)\\&=3x^2y-y^3+C-(x-y)(x^2+4xy+y^2)\\&=-x^3+3xy^2+C\end{aligned}$$

例 2.10 证明: 在某区域 D 内解析, 且实、虚部满足方程 $v=u^2$ 的函数 $f(z)=u+\mathrm{i}v$ 是一常数.

分析 由于函数 $f(z)=u+\mathrm{i}v$ 解析, 由题设条件 $v=u^2$ 出发, 应用 C-R 条件证明 u, v 均为常数.

证 由 C-R 条件, 得

$$\frac{\partial u}{\partial x}=\frac{\partial v}{\partial y}=2u\frac{\partial u}{\partial y},\quad \frac{\partial u}{\partial y}=-\frac{\partial v}{\partial x}=-2u\frac{\partial u}{\partial x}$$

从而

$$\frac{\partial u}{\partial x}=2u\frac{\partial u}{\partial y}=2u\left(-2u\frac{\partial u}{\partial x}\right)$$

即

$$(1+4u^2)\frac{\partial u}{\partial x}=0,\quad 1+4u^2>0$$

故

$$\frac{\partial u}{\partial x}=0,\quad \frac{\partial u}{\partial y}=-2u\frac{\partial u}{\partial x}=0$$

即 u 为常数, $v=u^2$ 也为常数, 从而 $f(z)=u+\mathrm{i}v$ 是一常数.

例 2.11 试利用极坐标形式的 C-R 方程, 证明

$$f'(z)=\frac{r}{z}\left(\frac{\partial u}{\partial r}+\mathrm{i}\frac{\partial v}{\partial r}\right)$$

分析 利用极坐标形式 C-R 方程

$$\frac{\partial u}{\partial r}=\frac{1}{r}\frac{\partial v}{\partial \theta},\quad \frac{\partial v}{\partial r}=-\frac{1}{r}\frac{\partial u}{\partial \theta} \tag{2.1}$$

及直角坐标与极坐标之间的关系.

证 由于 $x=r\cos\theta,\ y=r\sin\theta$ 及 (2.1) 式, 知

$$\frac{\partial u}{\partial x}=\cos\theta\frac{\partial u}{\partial r}-\frac{1}{r}\sin\theta\frac{\partial u}{\partial \theta}=\cos\theta\frac{\partial u}{\partial r}+\sin\theta\frac{\partial v}{\partial r}$$

$$\frac{\partial v}{\partial x}=\cos\theta\frac{\partial v}{\partial r}-\frac{1}{r}\sin\theta\frac{\partial v}{\partial \theta}=\cos\theta\frac{\partial v}{\partial r}-\sin\theta\frac{\partial u}{\partial r}$$

于是

$$\begin{aligned}f'(z)&=\frac{\partial u}{\partial x}+\mathrm{i}\frac{\partial v}{\partial x}=\left(\cos\theta\frac{\partial u}{\partial r}+\sin\theta\frac{\partial v}{\partial r}\right)+\mathrm{i}\left(\cos\theta\frac{\partial v}{\partial r}-\sin\theta\frac{\partial u}{\partial r}\right)\\&=(\cos\theta-\mathrm{i}\sin\theta)\frac{\partial u}{\partial r}+(\sin\theta+\mathrm{i}\cos\theta)\frac{\partial v}{\partial r}\\&=\mathrm{e}^{-\mathrm{i}\theta}\frac{\partial u}{\partial r}+\mathrm{i}\mathrm{e}^{-\mathrm{i}\theta}\frac{\partial v}{\partial r}=\frac{r}{r\mathrm{e}^{\mathrm{i}\theta}}\frac{\partial u}{\partial r}+\frac{r}{r\mathrm{e}^{\mathrm{i}\theta}}\mathrm{i}\frac{\partial v}{\partial r}\\&=\frac{r}{z}\frac{\partial u}{\partial r}+\frac{r}{z}\mathrm{i}\frac{\partial v}{\partial r}=\frac{r}{z}\left(\frac{\partial u}{\partial r}+\mathrm{i}\frac{\partial v}{\partial r}\right)\end{aligned}$$

(注意: $z=x+\mathrm{i}y=r(\cos\theta+\mathrm{i}\sin\theta)=r\mathrm{e}^{\mathrm{i}\theta}$).

例 2.12 设函数 $w=f(z)=R(\cos\Phi+\mathrm{i}\sin\Phi)$ 是 $z=x+\mathrm{i}y$ 的解析函数, 试证明 C-R 条件可写成

$$\frac{\partial R}{\partial x}=R\frac{\partial \Phi}{\partial y},\quad \frac{\partial R}{\partial y}=-R\frac{\partial \Phi}{\partial x}$$

且

$$f'(z)=f(z)\left(\frac{1}{R}\frac{\partial R}{\partial x}+\mathrm{i}\frac{\partial \Phi}{\partial x}\right)=f(z)\left(\frac{\partial \Phi}{\partial y}-\frac{\mathrm{i}}{R}\frac{\partial R}{\partial y}\right)$$

分析 这是 w 平面取极坐标系, z 平面取直角坐标系时的 C-R 条件. 若记 $w=f(z)=u(x,\ y)+\mathrm{i}v(x,\ y)$, 则 $u=u(x,\ y)=R\cos\Phi,\ v=v(x,\ y)=R\sin\Phi$, 且 R 与 Φ 都是 $x,\ y$ 的函数, 于是可利用函数 $w=f(z)$ 解析的充要条件及实二元函数的复合函数求导的链式法则便可得到题中结论.

解 由于 $R=\sqrt{u^2+v^2},\ \tan\Phi=\dfrac{v}{u}$, 而 $u,\ v$ 又是 $x,\ y$ 的函数, 再利用直角坐

标系中的 C-R 条件, 可得

$$\frac{\partial R}{\partial x}=\frac{\partial R}{\partial u}\frac{\partial u}{\partial x}+\frac{\partial R}{\partial v}\frac{\partial v}{\partial x}=\frac{1}{\sqrt{u^2+v^2}}\left(u\frac{\partial u}{\partial x}+v\frac{\partial v}{\partial x}\right)=\cos\Phi\frac{\partial u}{\partial x}+\sin\Phi\frac{\partial v}{\partial x} \tag{2.2}$$

$$\frac{\partial \Phi}{\partial x}=\frac{\partial \Phi}{\partial u}\frac{\partial u}{\partial x}+\frac{\partial \Phi}{\partial v}\frac{\partial v}{\partial x}=\frac{1}{u^2+v^2}\left(-v\frac{\partial u}{\partial x}+i\frac{\partial v}{\partial x}\right)=-\frac{\sin\Phi}{R}\frac{\partial u}{\partial x}+\frac{\cos\Phi}{R}\frac{\partial v}{\partial x} \tag{2.3}$$

$$\frac{\partial R}{\partial y}=\frac{\partial R}{\partial u}\frac{\partial u}{\partial y}+\frac{\partial R}{\partial v}\frac{\partial v}{\partial y}=\cos\Phi\frac{\partial u}{\partial y}+\sin\Phi\frac{\partial v}{\partial y}=\sin\Phi\frac{\partial u}{\partial x}-\cos\Phi\frac{\partial v}{\partial x} \tag{2.4}$$

$$\frac{\partial \Phi}{\partial y}=\frac{\partial \Phi}{\partial u}\frac{\partial u}{\partial y}+\frac{\partial \Phi}{\partial v}\frac{\partial v}{\partial y}=-\frac{\sin\Phi}{R}\frac{\partial u}{\partial y}+\frac{\cos\Phi}{R}\frac{\partial v}{\partial y}=\frac{\cos\Phi}{R}\frac{\partial u}{\partial x}+\frac{\sin\Phi}{R}\frac{\partial v}{\partial x} \tag{2.5}$$

由 (2.2) 式、(2.5) 式可知

$$\frac{\partial R}{\partial x}=R\frac{\partial \Phi}{\partial y}$$

由 (2.3) 式、(2.4) 式可知

$$\frac{\partial R}{\partial y}=-R\frac{\partial \Phi}{\partial x}$$

又

$$\begin{aligned}\frac{1}{R}\frac{\partial R}{\partial x}+\mathrm{i}\frac{\partial \Phi}{\partial x}&=\frac{1}{R}\left(\cos\Phi\frac{\partial u}{\partial x}+\sin\Phi\frac{\partial v}{\partial x}\right)+\mathrm{i}\left(-\frac{\sin\Phi}{R}\frac{\partial u}{\partial x}+\frac{\cos\Phi}{R}\frac{\partial v}{\partial x}\right)\\&=\frac{1}{R}\left[(\cos\Phi-\mathrm{i}\sin\Phi)\frac{\partial u}{\partial x}+(\sin\Phi+\mathrm{i}\cos\Phi)\frac{\partial v}{\partial x}\right]\\&=\frac{1}{R}(\cos\Phi-\mathrm{i}\sin\Phi)\left(\frac{\partial u}{\partial x}+\mathrm{i}\frac{\partial v}{\partial x}\right)\\&=\frac{1}{R(\cos\Phi+\mathrm{i}\sin\Phi)}\left(\frac{\partial u}{\partial x}+\mathrm{i}\frac{\partial v}{\partial x}\right)=\frac{1}{w}\frac{\mathrm{d}w}{\mathrm{d}z}.\end{aligned}$$

即

$$\begin{aligned}f'(z)=\frac{\mathrm{d}w}{\mathrm{d}z}&=w\left(\frac{1}{R}\frac{\partial R}{\partial x}+\mathrm{i}\frac{\partial \Phi}{\partial x}\right)=f(z)\left(\frac{1}{R}\frac{\partial R}{\partial x}+\mathrm{i}\frac{\partial \Phi}{\partial x}\right)\\&=f(z)\left(\frac{\partial \Phi}{\partial y}-\frac{\mathrm{i}}{R}\frac{\partial R}{\partial y}\right)\end{aligned}$$

例 2.13 验证函数 $u=\ln(x^2+y^2)+2x-y$ 是一个调和函数.

分析 只需验证二元实数 $u(x,\ y)$ 满足调和函数的定义, 即 $u(x,y)$ 具有二阶连续的偏导数, 且满足拉普拉斯方程.

解

$$\frac{\partial u}{\partial x}=\frac{2x}{x^2+y^2}+2,\quad \frac{\partial u}{\partial y}=\frac{2y}{x^2+y^2}-1$$

$$\frac{\partial^2 u}{\partial x^2}=\frac{2(x^2+y^2)-4x^2}{(x^2+y^2)^2}=\frac{2(y^2-x^2)}{(x^2+y^2)^2}$$

$$\frac{\partial^2 u}{\partial y^2}=\frac{2(x^2+y^2)-4y^2}{(x^2+y^2)^2}=\frac{2(x^2-y^2)}{(x^2+y^2)^2}$$

在除去原点的 z 平面上处处连续, 又

$$\frac{\partial^2 u}{\partial x^2}+\frac{\partial^2 u}{\partial y^2}=\frac{2(y^2-x^2)}{(x^2+y^2)^2}+\frac{2(x^2-y^2)}{(x^2+y^2)^2}=0$$

所以, $u=\ln(x^2+y^2)+2x-y$ 在除去原点的 z 平面上调和.

例 2.14 已知 $u(x,\ y)=-3xy^2+x^3$ 为调和函数, 求满足 $f(0)=C$ 的解析函数 $f(z)=u+\mathrm{i}v$.

分析 求调和函数的共轭调和函数的方法有三种.

(1) C-R 条件法. 若已知调和函数 $u(x,\ y)$, 则

$$v=\int\frac{\partial v}{\partial y}\mathrm{d}y=\int\frac{\partial u}{\partial x}\mathrm{d}y=\varphi(x,\ y)+C(x)$$

又

$$\frac{\partial v}{\partial x}=\varphi'_x(x,\ y)+C'(x)=-\frac{\partial u}{\partial y}$$

求出 $C'(x)$ 和 $C(x)$, 从而求得 $v(x,\ y)$. 已知调和函数 $v(x,\ y)$, 同理可求得 $u(x,\ y)$, 这里函数 $f(z)=u(x,\ y)+\mathrm{i}v(x,\ y)$ 为一解析函数.

(2) 曲线积分法. 若已知 $u(x,\ y)$ 在单连域 D 内调和, 则对于固定的点 $(x_0,\ y_0)\in D$, 及任意的点 $(x,\ y)\in D$, 有

$$v=\int_{(x_0,\ y_0)}^{(x,\ y)}-\frac{\partial u}{\partial y}\mathrm{d}x+\frac{\partial u}{\partial x}\mathrm{d}y+C$$

这里点 $(x_0,\ y_0)$ 及积分曲线的路径可视具体情形选择以达到简化积分计算的目的.

(3) 不定积分法将 $f(z)$ 的导数

$$f'(z)=\frac{\partial u}{\partial x}+\mathrm{i}\frac{\partial v}{\partial x}=\frac{\partial u}{\partial x}+\mathrm{i}\frac{\partial u}{\partial y}$$

或

$$f'(z)=\frac{\partial u}{\partial x}+\mathrm{i}\frac{\partial v}{\partial x}=\frac{\partial v}{\partial y}+\mathrm{i}\frac{\partial v}{\partial x}$$

还原成 z 的函数 $P(z)$ 或 $R(z)$, 则

$$f(z)=\int P(z)\mathrm{d}z+C=\int R(z)\mathrm{d}z+C$$

解法 1 (C-R 条件法) 由 C-R 条件, 知

$$\frac{\partial v}{\partial y}=\frac{\partial u}{\partial x}=-3y^2+3x^2$$

$$v=\int\frac{\partial v}{\partial y}\mathrm{d}y=\int(-3y^2+3x^2)\mathrm{d}y=-y^3+3x^2y+C(x)$$

$$\frac{\partial v}{\partial x}=6xy+C'(x)=-\frac{\partial u}{\partial y}=6xy$$

知 $C'(x)=0,\ C(x)=C_1$, 知

$$v=3x^2y-y^3+C_1$$

$$f(z)=u+\mathrm{i}v=-3xy^2+x^3+\mathrm{i}(3x^2y-y^3+C_1)$$

令 $y=0,\ x=z$, 得

$$f(z)=z^3+\mathrm{i}C_1=z^3+C$$

为解析函数, 故 $v=3x^2y-y^3+C_1$ 是 $u=-3xy^2+x^3$ 的共轭调和函数.

解法 2(曲线积分法)

$$\begin{aligned}v&=\int_{(0,\ 0)}^{(x,\ y)}-\frac{\partial u}{\partial y}\mathrm{d}x+\frac{\partial u}{\partial x}\mathrm{d}y+C=\int_0^x-\frac{\partial u}{\partial y}\Big|_{y=0}\mathrm{d}x+\int_0^y\frac{\partial u}{\partial x}\mathrm{d}y+C\\&=\int_0^x(6xy)|_{y=0}\,\mathrm{d}x+\int_0^y(-3y^2+3x^2)\mathrm{d}y+C\\&=-y^3+3x^2y+C\end{aligned}$$

解法 3(不定积分法) 由于

$$\begin{aligned}f'(z)&=\frac{\partial u}{\partial x}+\mathrm{i}\frac{\partial v}{\partial x}=\frac{\partial u}{\partial x}-\mathrm{i}\frac{\partial u}{\partial y}=3(x^2-y^2)-\mathrm{i}(-6xy)\\&=3[(x^2-y^2)+\mathrm{i}2xy]=3z^2\end{aligned}$$

故

$$f(z)=\int f'(z)\mathrm{d}z=\int 3z^2\mathrm{d}z=z^3+C$$

例 2.15 确定形如 $u=f\left(\dfrac{y}{x}\right)$ 的所有调和函数.

分析 利用调和函数的定义, 可求得 f 所满足的微分方程, 解此方程即得 f 的表达式.

解 令 $t=\dfrac{y}{x}$, 由

$$\frac{\partial u}{\partial x}=f'(t)\frac{-y}{x^2},\quad \frac{\partial^2 u}{\partial x^2}=f''(t)\frac{y^2}{x^4}+f'(t)\frac{2y}{x^3}$$

$$\frac{\partial u}{\partial y}=f'(t)\frac{1}{x},\quad \frac{\partial^2 u}{\partial y^2}=f''(t)\frac{1}{x^2}$$

由于 $\dfrac{\partial^2 u}{\partial x^2}+\dfrac{\partial^2 u}{\partial y^2}=0$, 得

$$f''(t)\left(\frac{1}{x^2}+\frac{y^2}{x^4}\right)+f'(t)\frac{2y}{x^3}=0$$

或

$$f''(t)(1+t^2)+2tf'(t)=0$$
$$\frac{f''(t)}{f'(t)}=-\frac{2t}{1+t^2}$$

积分得

$$\ln f'(t)=-\ln(1+t^2)+\ln C_1 \text{ 或 } f'(t)=\frac{C_1}{1+t^2}$$

再积分, 得

$$f(t)=C_1\arctan t+C_2$$

故形如 $u=f\left(\dfrac{y}{x}\right)$ 的调和函数的一般表达式为

$$u=f\left(\frac{y}{x}\right)=C_1\arctan\frac{y}{x}+C_2$$

这里 C_1, C_2 是任意常数.

例 2.16 设 $f(z)=u+\mathrm{i}v$ 在区域 D 内解析, 证明: uv 是 D 内的调和函数.

分析 只需验证 uv 满足拉普拉斯方程.

证 由于 $f(z)=u+\mathrm{i}v$ 在区域 D 内解析, 则 u, v 均为 D 内的调和函数, 且

$$\frac{\partial u}{\partial x}=\frac{\partial v}{\partial y},\quad \frac{\partial u}{\partial y}=-\frac{\partial v}{\partial x}$$

于是

$$\begin{aligned}\frac{\partial^2(uv)}{\partial x^2}&=\frac{\partial}{\partial x}\left(\frac{\partial u}{\partial x}\cdot v+u\frac{\partial v}{\partial x}\right)=\frac{\partial^2 u}{\partial x^2}\cdot v+\frac{\partial u}{\partial x}\frac{\partial v}{\partial x}+\frac{\partial u}{\partial x}\frac{\partial v}{\partial x}+u\frac{\partial^2 v}{\partial x^2}\\&=v\frac{\partial^2 u}{\partial x^2}+2\frac{\partial u}{\partial x}\frac{\partial v}{\partial x}+u\frac{\partial^2 v}{\partial x^2}\end{aligned}$$

同理

$$\frac{\partial^2(uv)}{\partial y^2}=v\frac{\partial^2 u}{\partial y^2}+2\frac{\partial u}{\partial y}\frac{\partial v}{\partial y}+u\frac{\partial^2 v}{\partial y^2}$$

于是

$$\begin{aligned}\frac{\partial^2(uv)}{\partial x^2}+\frac{\partial^2(uv)}{\partial y^2}&=v\left(\frac{\partial^2 u}{\partial x^2}+\frac{\partial^2 u}{\partial y^2}\right)+2\left(\frac{\partial u}{\partial x}\frac{\partial v}{\partial x}+\frac{\partial u}{\partial y}\frac{\partial v}{\partial y}\right)+u\left(\frac{\partial^2 v}{\partial x^2}+\frac{\partial^2 v}{\partial y^2}\right)\\&=2\left[\frac{\partial v}{\partial y}\left(-\frac{\partial u}{\partial y}\right)+\frac{\partial u}{\partial y}\frac{\partial v}{\partial y}\right]=0\end{aligned}$$

所以 uv 是调和函数.

例 2.17 计算下列函数值:

(1) $\exp\left\{\dfrac{2-\pi\mathrm{i}}{3}\right\}$; (2) $\left|\exp\left\{4-\mathrm{i}\dfrac{\pi}{2}\right\}\right|$; (3) $\mathrm{Re}(\mathrm{e}^{k\pi\mathrm{i}})$.

分析 由指数函数的定义, $e^z = e^{x+iy} = e^x(\cos y + i\sin y)$, 其模 $|e^z| = e^x$, 其实部 $\mathrm{Re}(e^z) = e^x \cos y$.

解 (1) $\exp\left\{\dfrac{2-\pi i}{3}\right\} = e^{\frac{2}{3}}\left[\cos\left(-\dfrac{\pi}{3}\right) + i\sin\left(-\dfrac{\pi}{3}\right)\right]$

$$= e^{\frac{2}{3}}\left(\cos\frac{\pi}{3} - i\sin\frac{\pi}{3}\right) = e^{\frac{2}{3}}\left(\frac{1}{2} - i\frac{\sqrt{3}}{2}\right) = \frac{e^{\frac{2}{3}}}{2}(1 - i\sqrt{3});$$

(2)
$$\left|\exp\left\{4 - i\frac{\pi}{2}\right\}\right| = e^4;$$

(3)
$$\mathrm{Re}(e^{k\pi i}) = \mathrm{Re}(\cos k\pi + i\sin k\pi)$$
$$= \cos k\pi = \begin{cases} 1, & k \text{ 为偶数}, \\ -1, & k \text{ 为奇数}, \end{cases} \quad k = 0,\ \pm1,\ \pm2,\ \cdots$$

例 2.18 求出下列复数的辐角主值:

(1) e^{2-i}; (2) e^{3+4i}; (3) $e^{i\alpha} - e^{i\beta}(0 \leqslant \beta < \alpha \leqslant 2\pi)$.

分析 指数函数 $e^z = e^{x+iy} = e^x(\cos y + i\sin y)$ 的辐角为 $\mathrm{Arg}e^z = y + 2k\pi$, $k = 0,\ \pm1,\ \pm2,\ \cdots$, 其主值 $\arg e^z$ 为 $\mathrm{Arg}e^z$ 落入区间 $(-\pi,\ \pi]$ 的一个值.

解 (1) $\mathrm{Arg}e^{2-i} = -1 + 2k\pi$, $\arg e^{2-i} = -1$.

(2) $\mathrm{Arg}e^{3+4i} = 4 + 2k\pi$, $\arg e^{3+4i} = 4 - 2\pi$.

(3) 由于

$$\begin{aligned} e^{i\alpha} - e^{i\beta} &= \cos\alpha + i\sin\alpha - (\cos\beta + i\sin\beta) = (\cos\alpha - \cos\beta) + i(\cos\alpha - \sin\beta) \\ &= -2\sin\frac{\alpha+\beta}{2}\sin\frac{\alpha-\beta}{2} + 2i\cos\frac{\alpha+\beta}{2}\sin\frac{\alpha-\beta}{2} \\ &= 2\sin\frac{\alpha-\beta}{2}\left(-\sin\frac{\alpha+\beta}{2} + i\cos\frac{\alpha+\beta}{2}\right) \\ &= 2\sin\frac{\alpha-\beta}{2}\left(\cos\frac{\pi+\alpha+\beta}{2} + i\sin\frac{\pi+\alpha+\beta}{2}\right) \end{aligned}$$

并且由题设 $0 \leqslant \beta < \alpha \leqslant 2\pi$, 知 $\sin\dfrac{\alpha-\beta}{2} \geqslant 0$, 从而

$$e^{i\alpha} - e^{i\beta} = 2\sin\frac{\alpha-\beta}{2}e^{i\frac{\pi+\alpha+\beta}{2}}$$

所以

$$\mathrm{Arg}(e^{i\alpha} - e^{i\beta}) = \frac{\pi+\alpha+\beta}{2} + 2k\pi$$

当 $\alpha + \beta \leqslant \pi$ 时,

$$\arg(e^{i\alpha} - e^{i\beta}) = \frac{\pi+\alpha+\beta}{2}$$

当 $\alpha+\beta>\pi$ 时,

$$\arg(\mathrm{e}^{\mathrm{i}\alpha}-\mathrm{e}^{\mathrm{i}\beta})=\frac{\pi+\alpha+\beta}{2}-2\pi=\frac{\alpha+\beta-3\pi}{2}$$

例 2.19 计算下列函数值:

(1) Lni; (2) $\mathrm{Ln}(2-\mathrm{i}\sqrt{2})$; (3) $\ln\left(-\frac{1}{2}-\mathrm{i}\frac{\sqrt{3}}{2}\right)$.

解 (1) $\mathrm{Lni}=\ln\mathrm{i}+\mathrm{i}2k\pi,\ k=0,\pm1,\ \pm2,\ \cdots$, 而 $\ln\mathrm{i}=\ln|\mathrm{i}|+\mathrm{i}\arg\mathrm{i}=\mathrm{i}\frac{\pi}{2}$, 故

$$\mathrm{Lni}=\mathrm{i}\left(\frac{\pi}{2}+2k\pi\right)=\mathrm{i}\pi\left(\frac{1}{2}+2k\right),\quad k=0,\pm1,\ \pm2,\ \cdots$$

$$\begin{aligned}(2)\ \mathrm{Ln}(2-\mathrm{i}\sqrt{2})&=\ln(2-\mathrm{i}\sqrt{2})+\mathrm{i}2k\pi\\&=\ln|2-\mathrm{i}\sqrt{2}|+\mathrm{i}\arg(2-\mathrm{i}\sqrt{2})+\mathrm{i}2k\pi=\ln\sqrt{6}+\mathrm{i}\left(-\frac{\pi}{4}+2k\pi\right)\\&=\frac{1}{2}\ln6+\mathrm{i}\pi\left(2k-\frac{1}{4}\right),\quad k=0,\pm1,\pm2,\cdots\end{aligned}$$

$$\begin{aligned}(3)\ \ln\left(-\frac{1}{2}-\mathrm{i}\frac{\sqrt{3}}{2}\right)&=\ln\left|-\frac{1}{2}-\mathrm{i}\frac{\sqrt{3}}{2}\right|+\mathrm{i}\arg\left(-\frac{1}{2}-\mathrm{i}\frac{\sqrt{3}}{2}\right)\\&\ln1+\mathrm{i}\left(\arctan\frac{-\frac{\sqrt{3}}{2}}{-\frac{1}{2}}-\pi\right)=\mathrm{i}(\arctan\sqrt{3}-\pi)\\&=\mathrm{i}\left(\frac{\pi}{3}-\pi\right)=-\mathrm{i}\frac{2\pi}{3}\end{aligned}$$

例 2.20 计算下列函数值:

(1) 3^{i}; (2) $(1+\mathrm{i})^{\mathrm{i}}$; (3) $(3+4\mathrm{i})^{1+\mathrm{i}}$; (4) $(-3)^{\sqrt{5}}$.

解 (1) $3^{\mathrm{i}}=\mathrm{e}^{\mathrm{iLn3}}$, 而 $\mathrm{Ln3}=\ln|3|+\mathrm{i}(\arg3+2k\pi)=\ln3+\mathrm{i}2k\pi$, 故

$$3^{\mathrm{i}}=\mathrm{e}^{\mathrm{i}(\ln3+\mathrm{i}2k\pi)}=\mathrm{e}^{-2k\pi}\mathrm{e}^{\mathrm{i}\ln3}=\mathrm{e}^{-2k\pi}(\cos\ln3+\mathrm{i}\sin\ln3),\quad k=0,\ \pm1,\ \pm2,\ \cdots$$

$$\begin{aligned}(2)\ (1+\mathrm{i})^{\mathrm{i}}=\mathrm{e}^{\mathrm{iLn}(1+\mathrm{i})}&=\mathrm{e}^{\mathrm{i}[\ln(1+\mathrm{i})+\mathrm{i}2k\pi]}\\&=\mathrm{e}^{\mathrm{i}[\ln|1+\mathrm{i}|+\mathrm{i}\arg(1+\mathrm{i})+\mathrm{i}2k\pi]}=\mathrm{e}^{-\left(\frac{\pi}{4}+2k\pi\right)}\mathrm{e}^{\mathrm{i}\frac{\ln2}{2}}\\&=\mathrm{e}^{-\left(\frac{\pi}{4}+2k\pi\right)}\left(\cos\frac{\ln2}{2}+\mathrm{i}\sin\frac{\ln2}{2}\right),\quad k=0,\pm1,\pm2,\cdots\end{aligned}$$

(3) $(3+4\mathrm{i})^{1+\mathrm{i}}=\mathrm{e}^{(1+\mathrm{i})\mathrm{Ln}(3+4\mathrm{i})}=\mathrm{e}^{(1+\mathrm{i})(\ln 5+\mathrm{i}\arctan\frac{4}{3}+\mathrm{i}2k\pi)}$

$$=\mathrm{e}^{\ln 5-\arctan\frac{4}{3}-2k\pi}\mathrm{e}^{\mathrm{i}(\ln 5+\arctan\frac{4}{3}+2k\pi)}$$

$$=5\mathrm{e}^{-\left(\arctan\frac{4}{3}+2k\pi\right)}\left[\cos\left(\ln 5+\arctan\frac{4}{3}+2k\pi\right)+\mathrm{i}\sin\left(\ln 5+\arctan\frac{4}{3}+2k\pi\right)\right]$$

$$k=0,\ \pm1,\ \pm2,\ \cdots$$

(4) $(-3)^{\sqrt{5}}=\mathrm{e}^{\sqrt{5}\mathrm{Ln}(-3)}=\mathrm{e}^{\sqrt{5}(\ln|-3|+\mathrm{i}\arg(-3)+\mathrm{i}2k\pi)}=\mathrm{e}^{\sqrt{5}\ln 3}\mathrm{e}^{\mathrm{i}\pi(1+2k)\sqrt{5}}$

$$=3^{\sqrt{5}}[\cos\pi(1+2k)\sqrt{5}+\mathrm{i}\sin\pi(1+2k)\sqrt{5}],\quad k=0,\ \pm1,\ \pm2,\ \cdots$$

例 2.21 计算下列函数值:

(1) $\cos(\pi+5\mathrm{i})$; (2) $|\sin(1+\mathrm{i})|^2$; (3) $\tan(3-\mathrm{i})$.

解 (1)

$$\cos(\pi+5\mathrm{i})=\frac{\mathrm{e}^{(\pi+5\mathrm{i})\mathrm{i}}+\mathrm{e}^{-(\pi+5\mathrm{i})\mathrm{i}}}{2}=\frac{1}{2}(\mathrm{e}^{\pi\mathrm{i}}\mathrm{e}^{-5}+\mathrm{e}^{-\pi\mathrm{i}}\mathrm{e}^{5})$$
$$=\frac{1}{2}[\mathrm{e}^{-5}(\cos\pi+\mathrm{i}\sin\pi)+\mathrm{e}^{5}(\cos\pi-\mathrm{i}\sin\pi)]$$
$$=-\frac{\mathrm{e}^{5}+\mathrm{e}^{-5}}{2}=-\mathrm{ch}5$$

(2)

$$\sin(1+\mathrm{i})=\frac{1}{2\mathrm{i}}\left[\mathrm{e}^{\mathrm{i}(1+\mathrm{i})}-\mathrm{e}^{-\mathrm{i}(1+\mathrm{i})}\right]=-\frac{\mathrm{i}}{2}(\mathrm{e}^{-1}\mathrm{e}^{\mathrm{i}}-\mathrm{e}\mathrm{e}^{-\mathrm{i}})$$
$$=\frac{-\mathrm{i}}{2}[\mathrm{e}^{-1}(\cos 1+\mathrm{i}\sin 1)-\mathrm{e}(\cos 1-\mathrm{i}\sin 1)]$$
$$=\sin 1\frac{\mathrm{e}+\mathrm{e}^{-1}}{2}+\mathrm{i}\cos 1\frac{\mathrm{e}-\mathrm{e}^{-1}}{2}=\sin 1\mathrm{ch}1+\mathrm{i}\cos 1\mathrm{sh}1,$$
$$|\sin(1+\mathrm{i})|^2=\sin^2 1\mathrm{ch}^2 1+\cos^2 1\mathrm{sh}^2 1$$
$$=\sin^2 1(\mathrm{ch}^2 1-\mathrm{sh}^2 1)+\mathrm{sh}^2 1(\cos^2 1+\sin^2 1)$$
$$=\sin^2 1+\mathrm{sh}^2 1$$

(3)
$$\tan(3-\mathrm{i})=\frac{\sin(3-\mathrm{i})}{\cos(3-\mathrm{i})}=\frac{\sin 3\cos\mathrm{i}-\cos 3\sin\mathrm{i}}{\cos 3\cos\mathrm{i}+\sin 3\sin\mathrm{i}}=\frac{\sin 3\mathrm{ch}1+\mathrm{i}\cos 3\mathrm{sh}1}{\cos 3\mathrm{ch}1-\mathrm{i}\sin 3\mathrm{sh}1}$$
$$=\frac{1}{2}\frac{\sin 6-\mathrm{i}\mathrm{sh}2x}{\cos^2 3\mathrm{ch}^2 1+\sin^2 3\mathrm{sh}^2 1}=\frac{1}{2}\frac{\sin 6-\mathrm{i}\mathrm{sh}2x}{\cos^2 3\mathrm{ch}^2 1+(1-\cos^2 3)\mathrm{sh}^2 1}$$
$$=\frac{1}{2}\frac{\sin 6-\mathrm{i}\mathrm{sh}2x}{\cos^2 3+\mathrm{sh}^2 1}=\frac{\sin 6}{2(\cos^2 3+\mathrm{sh}^2 1)}-\mathrm{i}\frac{\mathrm{sh}2x}{2(\cos^2 3+\mathrm{sh}^2 1)}$$

例 2.22 计算下列函数值:

(1) Arcsin3; (2) $\mathrm{Arctan}\frac{\mathrm{i}}{3}$; (3) Arthi.

解 (1) $\mathrm{Arcsin}3 = -\mathrm{i}\mathrm{Ln}(3\mathrm{i}+\sqrt{1-3^2}) = -\mathrm{i}\mathrm{Ln}[(3\pm 2\sqrt{2})\mathrm{i}]$

$$= -\mathrm{i}\left[\ln(3\pm 2\sqrt{2}) + \mathrm{i}\left(\frac{\pi}{2}+2k\pi\right)\right]$$

$$= \left(\frac{\pi}{2}+2k\pi\right) - \mathrm{i}\ln(3\pm 2\sqrt{2}), \quad k=0,\pm 1,\pm 2,\cdots$$

(2)
$$\mathrm{Arctan}\frac{\mathrm{i}}{3} = \frac{1}{2\mathrm{i}}\mathrm{Ln}\frac{1+\mathrm{i}\left(\frac{\mathrm{i}}{3}\right)}{1-\mathrm{i}\left(\frac{\mathrm{i}}{3}\right)} = \frac{1}{2\mathrm{i}}\mathrm{Ln}\frac{1-\frac{1}{3}}{1+\frac{1}{3}}$$

$$= \frac{1}{2\mathrm{i}}\mathrm{Ln}\frac{1}{2} = -\frac{\mathrm{i}}{2}\left(\ln\frac{1}{2}+\mathrm{i}2k\pi\right)$$

$$= k\pi + \frac{\mathrm{i}}{2}\ln 2, \quad k=0,\pm 1,\pm 2,\cdots$$

(3)
$$\mathrm{Arthi} = \frac{1}{2}\mathrm{Ln}\frac{1+\mathrm{i}}{1-\mathrm{i}} = \frac{1}{2}\mathrm{Lni} = \frac{1}{2}\mathrm{i}\left(\frac{\pi}{2}+2k\pi\right)$$

$$= \left(\frac{\pi}{4}+k\pi\right)\mathrm{i}, \quad k=0,\pm 1,\pm 2,\cdots$$

例 2.23 解方程:

(1) $1+\mathrm{e}^z=0$; (2) $\sin z-\cos z=2$; (3) $\mathrm{sh}z=\sqrt{2}\mathrm{i}$.

分析 解初等函数的方程, 首先是将方程进行恒等变形, 使之易于化为指数或对数形式; 其次是解方程的过程中, 常常要通过比较等式两端的实部、虚部, 建立一组关于变量 x,y 的新方程来求解. 在求解的过程中, 要特别注意解的多值性.

解 (1) 原方程等价于 $\mathrm{e}^z=-1$, 推出 $z=\mathrm{Ln}(-1)=\ln|-1|+\mathrm{i}[\arg(-1)+2k\pi]=\mathrm{i}(2k+1)\pi,\ k=0,\ \pm 1,\ \pm 2,\ \cdots$

(2) 由于

$$\sin z-\cos z=\sqrt{2}\left(\sin z\cos\frac{\pi}{4}-\cos z\sin\frac{\pi}{4}\right)=\sqrt{2}\sin\left(z-\frac{\pi}{4}\right)$$

所以原方程 $\sin z-\cos z=2$ 等价于

$$\sin\left(z-\frac{\pi}{4}\right)=\sqrt{2} \text{ 或 } z-\frac{\pi}{4}=\mathrm{Arcsin}\sqrt{2}$$

再由 $\mathrm{Arcsin}z=-\mathrm{i}\mathrm{Ln}(\mathrm{i}z+\sqrt{1-z^2})$, 可知

$$z=\frac{\pi}{4}+\mathrm{Arcsin}\sqrt{2}=\frac{\pi}{4}-\mathrm{i}\mathrm{Ln}(\sqrt{2}\mathrm{i}\pm\mathrm{i})$$

$$=\frac{\pi}{4}-\mathrm{i}\left[\ln|\sqrt{2}\mathrm{i}\pm\mathrm{i}|+\mathrm{i}\left(\frac{\pi}{2}+2k\pi\right)\right]$$

$$=\frac{3\pi}{4}+2k\pi-\mathrm{i}\ln(\sqrt{2}\pm 1), \quad k=0,\pm 1,\pm 2,\cdots$$

(3) 根据双曲函数与三角函数之间的关系

$$\mathrm{sh}z=\mathrm{sh}x\cos y+\mathrm{i}\,\mathrm{ch}x\sin y=\sqrt{2}\mathrm{i}$$

比较等式两端的实、虚部, 建立方程组

$$\begin{cases} \mathrm{sh}x\cos y = 0 & (2.6) \\ \mathrm{ch}x\sin y = \sqrt{2} & (2.7) \end{cases}$$

由方程 (2.6) 知 $\mathrm{sh}x = 0$ 或 $\cos y = 0$, 但由 $\mathrm{sh}x = 0$ 或 $x = 0$ 代入方程 (2.7), 得 $\sin y = \sqrt{2}$, 这是不可能的; 而当 $\cos y = 0$ 时 $y = k\pi + \dfrac{\pi}{2}$, $k = 0, \pm 1, \pm 2, \cdots$, 代入方程 (2.7) 得 $\mathrm{ch}x = (-1)^k\sqrt{2}$. 由于 $\mathrm{ch}x > 0$, k 只能取 $0, \pm 2, \pm 4, \cdots$. 即 $\mathrm{ch}x = \dfrac{\mathrm{e}^x + \mathrm{e}^{-x}}{2} = \sqrt{2}$, 于是可解得 $x = \ln(\sqrt{2} \pm 1)$, 故原方程 $\mathrm{sh}z = \sqrt{2}\mathrm{i}$ 的解为

$$z = \ln(\sqrt{2} \pm 1) + \mathrm{i}\left(k\pi + \frac{\pi}{2}\right), \quad k = 0, \pm 1, \pm 2, \cdots$$

例 2.24 证明:

(1) $\sin z = -\mathrm{i}\,\mathrm{shi}z$;

(2) $\cos z = \mathrm{chi}z$;

(3) $\tan z = -\mathrm{i}\,\mathrm{thi}z$;

(4) $\sin\mathrm{i}z = \mathrm{i}\,\mathrm{sh}z$;

(5) $\cos\mathrm{i}z = \mathrm{ch}z$;

(6) $\tan\mathrm{i}z = \mathrm{i}\,\mathrm{th}z$;

(7) $\mathrm{ch}^2 z - \mathrm{sh}^2 z = 1$;

(8) $\mathrm{sh}^2 z + \mathrm{ch}^2 z = \mathrm{ch}^2 z$;

(9) $\mathrm{sh}(z_1 + z_2) = \mathrm{sh}z_1\mathrm{ch}z_2 + \mathrm{ch}z_1\mathrm{sh}z_2$;

(10) $\mathrm{ch}(z_1 + z_2) = \mathrm{ch}z_1\mathrm{ch}z_2 + \mathrm{sh}z_1\mathrm{sh}z_2$.

证 (1) $\sin z = \dfrac{\mathrm{e}^{\mathrm{i}z} - \mathrm{e}^{-\mathrm{i}z}}{2\mathrm{i}} = -\mathrm{i}\dfrac{\mathrm{e}^{\mathrm{i}z} - \mathrm{e}^{-\mathrm{i}z}}{2} = -\mathrm{i}\,\mathrm{shi}z$;

(2) $\cos z = \dfrac{\mathrm{e}^{\mathrm{i}z} + \mathrm{e}^{-\mathrm{i}z}}{2} = \mathrm{chi}z$;

(3)
$$\begin{aligned}\tan z &= \frac{\sin z}{\cos z} = \frac{\mathrm{e}^{\mathrm{i}z} - \mathrm{e}^{-\mathrm{i}z}}{\mathrm{i}(\mathrm{e}^{\mathrm{i}z} + \mathrm{e}^{-\mathrm{i}z})} = -\mathrm{i}\left[\left(\frac{\mathrm{e}^{\mathrm{i}z} - \mathrm{e}^{-\mathrm{i}z}}{2}\right)\Big/\left(\frac{\mathrm{e}^{\mathrm{i}z} + \mathrm{e}^{-\mathrm{i}z}}{2}\right)\right] \\ &= -\mathrm{i}\frac{\mathrm{shi}z}{\mathrm{chi}z} = -\mathrm{i}\,\mathrm{thi}z;\end{aligned}$$

(4) $\sin\mathrm{i}z = \dfrac{\mathrm{e}^{\mathrm{i}\cdot\mathrm{i}z} - \mathrm{e}^{-\mathrm{i}\cdot\mathrm{i}z}}{2\mathrm{i}} = \mathrm{i}\dfrac{\mathrm{e}^{z} - \mathrm{e}^{-z}}{2} = \mathrm{i}\,\mathrm{sh}z$;

(5) $\cos\mathrm{i}z = \dfrac{\mathrm{e}^{\mathrm{i}\cdot\mathrm{i}z} + \mathrm{e}^{-\mathrm{i}\cdot\mathrm{i}z}}{2} = \dfrac{\mathrm{e}^{z} + \mathrm{e}^{-z}}{2} = \mathrm{ch}z$;

(6) $\tan\mathrm{i}z = \dfrac{\sin\mathrm{i}z}{\cos\mathrm{i}z} = \dfrac{\mathrm{i}\,\mathrm{sh}z}{\mathrm{ch}z} = \mathrm{i}\,\mathrm{th}z$;

(7)
$$\begin{aligned}\mathrm{ch}^2 z - \mathrm{sh}^2 z &= \left(\frac{\mathrm{e}^{z} + \mathrm{e}^{-z}}{2}\right)^2 - \left(\frac{\mathrm{e}^{z} - \mathrm{e}^{-z}}{2}\right)^2 \\ &= \frac{\mathrm{e}^{2z} + 2 + \mathrm{e}^{-2z}}{4} - \frac{\mathrm{e}^{2z} - 2 + \mathrm{e}^{-2z}}{4} = 1;\end{aligned}$$

(8)
$$\begin{aligned}\mathrm{sh}^2 z + \mathrm{ch}^2 z &= \left(\frac{\mathrm{e}^{z} - \mathrm{e}^{-z}}{2}\right)^2 + \left(\frac{\mathrm{e}^{z} + \mathrm{e}^{-z}}{2}\right) \\ &= \frac{\mathrm{e}^{2z} - 2 + \mathrm{e}^{-2z}}{4} + \frac{\mathrm{e}^{2z} + 2 + \mathrm{e}^{-2z}}{4} = \frac{\mathrm{e}^{2z} + \mathrm{e}^{-2z}}{2} = \mathrm{ch}^2 z;\end{aligned}$$

(9) $\mathrm{sh}z_1\mathrm{ch}z_2+\mathrm{ch}z_1\mathrm{sh}z_2=\dfrac{\mathrm{e}^{z_1}-\mathrm{e}^{-z_1}}{2}\dfrac{\mathrm{e}^{z_2}+\mathrm{e}^{-z_2}}{2}+\dfrac{\mathrm{e}^{z_1}+\mathrm{e}^{-z_1}}{2}\dfrac{\mathrm{e}^{z_2}-\mathrm{e}^{-z_2}}{2}$

$=\dfrac{1}{4}(\mathrm{e}^{z_1+z_2}+\mathrm{e}^{z_1-z_2}-\mathrm{e}^{-z_1+z_2}-\mathrm{e}^{-z_1-z_2}+\mathrm{e}^{z_1+z_2}-\mathrm{e}^{z_1-z_2}+\mathrm{e}^{-z_1+z_2}-\mathrm{e}^{-z_1-z_2})$

$=\dfrac{1}{4}[2\mathrm{e}^{z_1+z_2}-2\mathrm{e}^{-(z_1+z_2)}]=\dfrac{\mathrm{e}^{z_1+z_2}-\mathrm{e}^{-(z_1+z_2)}}{2}=\mathrm{sh}(z_1+z_2);$

(10) $\mathrm{ch}z_1\mathrm{ch}z_2+\mathrm{sh}z_1\mathrm{sh}z_2=\dfrac{\mathrm{e}^{z_1}+\mathrm{e}^{-z_1}}{2}\dfrac{\mathrm{e}^{z_2}+\mathrm{e}^{-z_2}}{2}+\dfrac{\mathrm{e}^{z_1}-\mathrm{e}^{-z_1}}{2}\dfrac{\mathrm{e}^{z_2}-\mathrm{e}^{-z_2}}{2}$

$=\dfrac{1}{4}(\mathrm{e}^{z_1+z_2}+\mathrm{e}^{z_1-z_2}+\mathrm{e}^{-z_1+z_2}+\mathrm{e}^{-z_1-z_2}+\mathrm{e}^{z_1+z_2}-\mathrm{e}^{z_1-z_2}-\mathrm{e}^{-z_1+z_2}+\mathrm{e}^{-z_1-z_2})$

$=\dfrac{1}{4}[2\mathrm{e}^{z_1+z_2}+2\mathrm{e}^{-(z_1+z_2)}]=\dfrac{\mathrm{e}^{z_1+z_2}+\mathrm{e}^{-(z_1+z_2)}}{2}=\mathrm{ch}(z_1+z_2).$

例 2.25 已知平面流速场的复势 $f(z)$ 为

(1) $\dfrac{1}{z^2}$; (2) $(z+\mathrm{i})^3$; (3) $m\ln z$.

求流动的速度及流线和等势线方程.

解 (1) $f(z)=\dfrac{1}{z^2}=\dfrac{1}{(x+\mathrm{i}y)^2}=\dfrac{1}{x^2-y^2+\mathrm{i}2xy}=\dfrac{x^2-y^2}{(x^2+y^2)^2}-\mathrm{i}\dfrac{2xy}{(x^2+y^2)^2}$

$$f'(z)=-\frac{2}{z^3}$$

故流速

$$v=\overline{f'(z)}=\overline{\left(-\frac{2}{z^3}\right)}=-\frac{2}{\bar{z}^3}$$

流函数为

$$\psi(x,\ y)=-\frac{2xy}{(x^2+y^2)^2}$$

流线方程为 $\dfrac{xy}{(x^2+y^2)^2}=C_1$, 势函数 $\varphi(x,\ y)=\dfrac{x^2-y^2}{(x^2+y^2)^2}$, 等势线方程 $\dfrac{x^2-y^2}{(x^2+y^2)^2}=C_2$.

(2)
$$\begin{aligned}f(z)&=(z+\mathrm{i})^3=[x+\mathrm{i}(y+1)]^3\\&=[x^2-(y+1)^2+\mathrm{i}2x(y+1)][x+\mathrm{i}(y+1)]\\&=x^3-3x(y+1)^2+\mathrm{i}[3x^2(y+1)-(y+1)^3]\\f'(z)&=3(z+\mathrm{i})^2=3[x^2-(y+1)^2+\mathrm{i}2x(y+1)]\end{aligned}$$

所以, 流速为 $v=\overline{f'(z)}=3[x^2-(y+1)^2-\mathrm{i}2x(y+1)]$, 流函数为 $\psi(x,\ y)=3x^2(y+1)-(y+1)^3$, 流线方程为 $3x^2(y+1)-(y+1)^3=C_1$, 势函数为 $\varphi(x,\ y)=x^3-3x(y+1)^2$, 等势线方程为 $x^3-3x(y+1)^2=C_2$.

(3)
$$f(z)=m\ln z=\frac{m}{2}\ln(x^2+y^2)+\mathrm{i}m\arg(x+\mathrm{i}y)$$
$$f'(z)=\frac{m}{z}=\frac{m(x-\mathrm{i}y)}{x^2+y^2}$$

所以, 流速为

$$v=\overline{f'(z)}=\overline{\left(\frac{m}{z}\right)}=\frac{m}{\bar{z}}=\frac{mx}{x^2+y^2}+\mathrm{i}\frac{my}{x^2+y^2},$$

流函数 $\psi(x,\ y)=m\arg(x+\mathrm{i}y)$, 流线方程为 $m\arg(x+\mathrm{i}y)=C_1$, 势函数为 $\varphi(x,\ y)=\dfrac{m}{2}\ln(x^2+y^2)$, 等势线方程为 $x^2+y^2=C_2(>0)$.

可见流线 $m\arg(x+\mathrm{i}y)=C_1$ 是从原点出发的射线; 等势线 $x^2+y^2=C_2$ 是以原点为圆心的圆 (图 2.1).

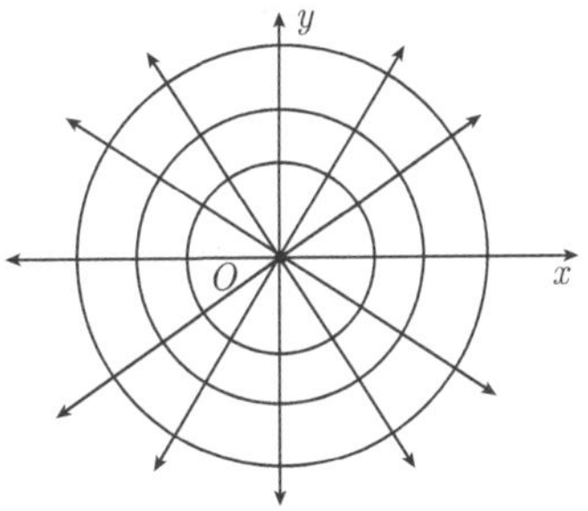

图 2.1

例 2.26 已知静电场的复势为 $f(z)=\dfrac{\mathrm{i}}{z}$, 求力线、等势线和场强向量.

解

$$f(z)=\frac{\mathrm{i}}{z}=\frac{y}{x^2+y^2}+\mathrm{i}\frac{x}{x^2+y^2}$$

所以, 力线为 $\dfrac{y}{x^2+y^2}=C_1$, 即圆 $x^2+\left(y-\dfrac{1}{2C_1}\right)^2=\left(\dfrac{1}{2C_1}\right)^2$, 等势线为 $\dfrac{x}{x^2+y^2}=C_2$, 即圆 $\left(x-\dfrac{1}{2C_1}\right)^2+y^2=\left(\dfrac{1}{2C_2}\right)^2$, 场强向量 $E=-\mathrm{i}\overline{f'(z)}=-\mathrm{i}\overline{\left(-\dfrac{\mathrm{i}}{z^2}\right)}=\dfrac{1}{\bar{z}^2}=\dfrac{1}{x^2-y^2-\mathrm{i}2xy}=\dfrac{x^2-y^2}{(x^2+y^2)^2}+\mathrm{i}\dfrac{2xy}{(x^2+y^2)^2}$.

2.3 测 试 题

1. 单项选择题.

(1) 函数 $w=f(z)=u+\mathrm{i}v$ 在点 z_0 处可导的充要条件是 ( ).

A. $u,\ v$ 在点 z_0 处有偏导数;

B. $u,\ v$ 在点 z_0 处可微;

C. $u,\ v$ 在点 z_0 处满足 C-R 条件;

D. $u,\ v$ 在点 z_0 处可微, 且满足 C-R 条件.

(2) 设 $w=\mathrm{Ln}z$ 是对数函数, 则下列命题正确的是 ( ).

A. $\mathrm{Ln}z^n=n\mathrm{Ln}z$;

B. $\mathrm{Ln}z_1z_2=\mathrm{Ln}z_1+\mathrm{Ln}z_2$;

C. 因为 $z=x$ 是实常数, 所以 $\mathrm{Ln}z=\mathrm{Ln}x=\ln x$;

D. $\mathrm{Ln}z^{\frac{1}{n}}=\dfrac{1}{n}\ln z$.

(3) 函数 $w=f(z)=u+\mathrm{i}v$ 在点 z_0 处解析, 则命题 ( ) 不成立.

A. u, v 仅在点 z_0 处可微且满足 C-R 条件;

B. 存在点 z_0 的某一邻域 $U(z_0)$, u, v 在 $U(z_0)$ 内满足 C-R 条件;

C. u, v 在 $U(z_0)$ 内可微;

D. B 与 C 同时成立.

(4) 函数 $w=f(z)=u+\mathrm{i}v$ 在区域 D 内可导的充要条件是 (　　).

A. 在 D 内存在某点 z_0, $f(z)$ 在点 z_0 处解析;

B. u, v 在 D 内有偏导数;

C. u, v 在 D 内满足 C-R 条件;

D. $f(z)$ 在 D 内解析.

(5) 函数 $w=f(z)=u+\mathrm{i}v$ 的实、虚部 u, v 在区域 D 内有一阶连续的偏导数, 则 (　　).

A. u, v 在 D 内满足 C-R 条件;　B. $f(z)$ 在 D 内连续;

C. $f(z)$ 在 D 内可导;　D. $f(z)$ 在 D 内解析.

(6) 函数 $f(z)=u(x, y)+\mathrm{i}v(x, y)$ 解析, 则下列命题中错误的是 (　　).

A. u, v 均为调和函数;　B. v 是 u 的共轭调和函数;

C. u 是 v 的共轭调和函数;　D. $-u$ 是 v 的共轭调和函数.

(7) 设函数 $f(z)$ 在区域 D 内解析, 则与 $f(z)\equiv$ 常数不等价的命题是 (　　).

A. $f'(z)\equiv 0$;　B. $\mathrm{Re}f(z)\equiv \mathrm{Im}f(z)\equiv$ 常数;

C. $\overline{f(z)}$ 解析;　D. $|f(z)|\equiv$ 常数.

(8) 设函数 $f(z)=u+\mathrm{i}v$ 在区域 D 内解析, 下列等式中错误的是 (　　).

A. $f'(z)=\dfrac{\partial u}{\partial x}+\mathrm{i}\dfrac{\partial v}{\partial x}$;　B. $f'(z)=\dfrac{\partial v}{\partial y}+\mathrm{i}\dfrac{\partial v}{\partial x}$;

C. $f'(z)=\dfrac{\partial u}{\partial y}+\mathrm{i}\dfrac{\partial v}{\partial y}$;　D. $f'(z)=\dfrac{\partial u}{\partial x}-\mathrm{i}\dfrac{\partial u}{\partial y}$.

(9) 下面论断中正确的是 (　　).

A. 对于任意的复数 $z(\neq 0, \infty)$, $\mathrm{Ln}|z|=\ln|z|$;

B. 对于任意的复数 $z(\neq\infty)$, $|\cos z|\leqslant 1$;

C. 对于任意的复数 $z(\neq\infty)$, $\mathrm{e}^z>0$;

D. 当 C 为整数时, 有 $(A^B)^C=A^{BC}$.

(10) 下列关系中不正确的是 (　　).

A. $\overline{\ln z}=\ln\bar{z}$;　B. $\overline{\sin z}=\sin\bar{z}$;

C. $\overline{\cos z}=\cos\bar{z}$;　D. $\overline{\mathrm{e}^z}=\mathrm{e}^{\bar{z}}$.

(11) 设函数 $f(z)=u+\mathrm{i}v$ 在区域 D 内解析, 则 u, v 的雅可比 (Jacobi) 行列式

$\dfrac{\partial(u,\ v)}{\partial(x,\ y)}=\begin{vmatrix}\dfrac{\partial u}{\partial x} & \dfrac{\partial u}{\partial y}\\ \dfrac{\partial v}{\partial x} & \dfrac{\partial v}{\partial y}\end{vmatrix}=(\qquad)$.

A. $|f'(z)|$; B. $-|f'(z)|$;

C. $|f'(z)|^2$; D. $-|f'(z)|^2$.

(12) 设 $f(z)=\varphi(x,\ y)+\mathrm{i}\psi(x,\ y)$ 是某一平面流速场的复势, 则该流速场的势函数是 (　　).

A. $\varphi(x,\ y)$; B. $\psi(x,\ y)$;

C. $\varphi'_x(x,\ y)$; D. $\varphi'_y(x,\ y)$.

2. 填空题.

(1) 函数 $f(z)=(x^2-y^2-x)+\mathrm{i}(2xy-y^2)$ 在____处可导, 在____解析.

(2) 函数 $f(z)=u+\mathrm{i}v$ 是解析函数, 则 u^2-v^2 的共轭调和函数是____.

(3) 设函数 $f(z)$ 和 $g(z)$ 均在点 z_0 处可导, 且 $f(z_0)=g(z_0)=0,\ g(z_0)\neq 0$, 则 $\lim\limits_{z\to z_0}\dfrac{f(z)}{g(z)}=$____.

(4) 设 $\mathrm{i}^{\mathrm{i}}=\mathrm{e}^z$, 则 $\mathrm{Re}z=$____.

(5) 函数 $f(z)=\mathrm{e}^{\frac{z}{5}}$ 的周期是____.

(6) $(1+\mathrm{i})^{\mathrm{i}}$ 的辐角的主值是____.

(7) 设函数 $f(z)=my^3+nx^2y+\mathrm{i}(x^3+lxy^2)$ 为解析函数, 则 $l=$____. $m=$____, $n=$____.

(8) 设 $z=r\mathrm{e}^{\mathrm{i}\theta}$, 则 $\mathrm{Re}\left\{\dfrac{z-1}{z+1}\right\}=$____.

(9) $(-2)^{\sqrt{2}+\mathrm{i}}=$____.

(10) 方程 $\mathrm{sh}z=\mathrm{i}$ 的解为 $z=$____.

(11) 设函数 $f(z)=z\mathrm{Re}z$, 求 $f'(0)=0$____.

(12) 设 $u=u(x,\ y)$ 为区域 D 内的调和函数, $f=\dfrac{\partial u}{\partial x}-\mathrm{i}\dfrac{\partial u}{\partial y}$, 则 f 是 D 内的函数.

3. 下列函数何处可导? 何处解析?

(1) $x^2-y-x+\mathrm{i}(2xy-y^2)$; (2) $z^2\cdot\bar{z}$.

4. 函数 $f(z)=u+\mathrm{i}v$ 是一个解析函数, 且 $u+v=x^3-y^3+3x^2y-3xy^2-2x-2y$, 求 $f(z)=u+\mathrm{i}v$.

5. 设 $f(z)=\dfrac{z}{1-z}$. 证明: 当 $|z|<1$ 时, 有

$$\mathrm{Re}\left[1+\frac{zf''(z)}{f'(z)}\right]\geqslant\frac{1-|z|}{1+|z|}$$

6. 若 $f(z)=u+\mathrm{i}v$ 为一个解析函数, $\boldsymbol{s}$ 与 $\boldsymbol{n}$ 是两个互相垂直的单位向量, 从 s 按逆时针方向旋转 $\frac{\pi}{2}$ 能重合于 $\boldsymbol{n}$, 则有

$$\frac{\partial u}{\partial \boldsymbol{s}}=\frac{\partial v}{\partial \boldsymbol{n}},\quad \frac{\partial u}{\partial \boldsymbol{n}}=-\frac{\partial v}{\partial \boldsymbol{s}}$$

这里 $\frac{\partial}{\partial \boldsymbol{s}}$ 与 $\frac{\partial}{\partial \boldsymbol{n}}$ 分别表示沿向量 $\boldsymbol{s}$, $\boldsymbol{n}$ 的方向导数.

7. 求下列函数值

(1) $(1+\mathrm{i})^{1-\mathrm{i}}$; (2) $\mathrm{Ln}(3-\sqrt{3}\mathrm{i})$; (3) $\mathrm{Arctan}(2+3\mathrm{i})$.

8. 解方程 $\mathrm{e}^z-1-\sqrt{3}\mathrm{i}=0$.

9. 若函数 $\varphi(x,\ y)$ 和 $\psi(x,\ y)$ 都具有二阶连续偏导数, 且满足拉普拉斯方程, 而令 $s=\varphi'_y-\psi'_x$, $t=\varphi'_x+\psi'_y$, 则 $s+\mathrm{i}t$ 是 $z=x+\mathrm{i}y$ 的解析函数.

10. 设 $f(z)=u(x,\ y)+\mathrm{i}v(x,\ y)$ 为 $z=x+\mathrm{i}y$ 的解析函数, 且已知 $xu(x,\ y)-yv(x,\ y)+x^2-y^2=0$, 求函数 $f(z)$.

2.4 测试题解答

1. 单项选择题.

提示或解答 (1) 根据函数可导的充要条件应选择 D.

(2) B. 若取 $n=2$, 则 $\mathrm{Ln}z^2=\ln|z|^2+\mathrm{i}(2\arg z+2k\pi)$, $2\mathrm{Ln}z=2\ln|z|+\mathrm{i}(2\arg z+4k\pi)$, $k=0,\ \pm1,\ \pm2,\cdots$, 显然 $\mathrm{Ln}z^2$ 的可取值比 $2\mathrm{Ln}z$ 的可取值多些, 故 A 选项是错误的; 因为 $z=x\in\mathbb{R}$, $\mathrm{Ln}z=\mathrm{Ln}x=\ln|x|+\mathrm{i}(\arg x+2k\pi)$, $k=0,\ \pm1,\ \pm2,\ \cdots$, $\ln x=\mathrm{Ln}|x|+\mathrm{i}(\arg x)$, 可见 $\mathrm{Ln}x$ 的可取值比 $\ln x$ 要多, 故 C 选项是错误的. 若取 $n=2$, 则 $\ln\sqrt{z}=\frac{1}{2}\mathrm{Ln}|z|+\mathrm{i}\left(\frac{\arg z}{2}+2k\pi\right)$, $\frac{1}{2}\mathrm{Ln}z=\frac{1}{2}\ln|z|+\mathrm{i}\left(\frac{\arg z}{x}+k\pi\right)$, $k=0,\ \pm1,\ \pm2,\ \cdots$, 可见 $\frac{1}{2}\mathrm{Ln}z$ 的可取值比 $2\mathrm{Ln}z$ 的可取值要多些, 故 D 选项是错误的. 根据对数函数的运算性质, 知 B 选项是正确的.

(3) A. 根据在点 z_0 处解析, 一定存在点 z_0 的某一邻域 $U(z_0)$, 使得 u, v 在 $U(z_0)$ 内可微且满足 C-R 条件. 而不仅在点 z_0 处有些性质. 故应选择 A.

(4) D. 函数在区域 D 内可导等价于它在区域 D 内解析, 故应选择 D.

(5) B. 函数 $w=f(z)=u+\mathrm{i}v$ 的实、虚部 u, v 在 D 内有一阶连续的偏导数, 可知 u, v 在 D 内可微, 从而 u, v 在 D 内连续, 于是函数 $w=f(z)=u+\mathrm{i}v$ 在 D 内连续, 故应选择 B.

(6) C. 根据共轭调和函数的定义, 由 $-f(z)=-\mathrm{i}u+v$ 解析, 知 $-u$ 是 v 的共轭调和函数, 故应选择 C.

(7) B. $f(z)\equiv C=C_1+\mathrm{i}C_2,\ C_1,\ C_2\in\mathbb{R}$, 这里 C_1 与 C_2 未必恒等, 故应选择 B.

(8) C. 函数 $f(z)=u+\mathrm{i}v$ 在区域 D 内解析, 则 $\forall z\in D$,

$$\begin{aligned}f'(z)&=\lim_{\Delta x\to 0}\frac{f(z+\Delta x)-f(z)}{\Delta x}\\&=\lim_{\Delta x\to 0}\frac{[u(x+\Delta x,\ y)-u(x,\ y)]+\mathrm{i}[v(x+\Delta x,\ y)-v(x,\ y)]}{\Delta x}\\&=\lim_{\Delta x\to 0}\frac{u(x+\Delta x,\ y)-u(x,\ y)}{\Delta x}+\mathrm{i}\lim_{\Delta x\to 0}\frac{v(x+\Delta x,\ y)-v(x,\ y)}{\Delta x}\\&=\frac{\partial u}{\partial x}+\mathrm{i}\frac{\partial v}{\partial x}\end{aligned}$$

可见 A 是正确的. 再由 C-R 条件, 有

$$f'(z)=\frac{\partial v}{\partial y}+\mathrm{i}\frac{\partial v}{\partial x}=\frac{\partial u}{\partial x}-\mathrm{i}\frac{\partial u}{\partial y}$$

知 B, D 也是正确的. 故应选择 C, 事实上

$$f'(z)=\frac{\partial v}{\partial y}-\mathrm{i}\frac{\partial u}{\partial y}$$

而

$$\mathrm{i}f'(z)=\mathrm{i}\left(\frac{\partial v}{\partial y}-\mathrm{i}\frac{\partial u}{\partial y}\right)=\frac{\partial u}{\partial y}+\mathrm{i}\frac{\partial v}{\partial y}$$

(9) D. 由于当 $z\neq 0$ 时, $\mathrm{Ln}|z|=\ln|z|+\mathrm{i}2k\pi\neq\ln|z|(k=0,\ \pm1,\ \pm2,\cdots)$, 故 A 是错误的; 注意到 $\cos\mathrm{i}=\dfrac{\mathrm{e}^{\mathrm{i}\cdot\mathrm{i}}+\mathrm{e}^{-\mathrm{i}\cdot\mathrm{i}}}{2}=\dfrac{\mathrm{e}^{-1}+\mathrm{e}}{2}\approx 1.5471$, 所以 $|\cos\mathrm{i}|>1$, 故 B 是错误的; 若取 $z=\mathrm{i}$, $\mathrm{e}^{\mathrm{i}}=\cos 1+\mathrm{i}\sin 1$ 为一复数, 而复数不能比较大小, 故 C 也是错误的; 当 C 为整数时,

若 $C\in\mathbb{Z}^+$ 时, $(A^B)^C=\underbrace{A^BA^B\cdots A^B}_{C个}=A^{BC}$;

若 $C\in\mathbb{Z}^-$ 时, $(A^B)^C=\dfrac{1}{(A^B)^{-C}}=\dfrac{1}{\underbrace{A^BA^B\cdots A^B}_{-C个}}=\dfrac{1}{A^{-BC}}=\dfrac{1}{A^{-(CB)}}=A^{BC}$.

总之此时有 $(A^B)^C=A^{BC}$, 故应选择 D.

(10) A. 如 $\ln\overline{(-1)}=\ln(-1)=\pi\mathrm{i}$, $\overline{\ln(-1)}=\overline{\pi\mathrm{i}}=-\pi\mathrm{i}$, 可见 $\overline{\ln(-1)}\neq\ln(\overline{-1})$, 故 A 是不正确的.

(11) C. 由于

$$\frac{\partial(u,\ v)}{\partial(x,\ y)}=\begin{vmatrix}\dfrac{\partial u}{\partial x}&\dfrac{\partial u}{\partial y}\\\dfrac{\partial v}{\partial x}&\dfrac{\partial v}{\partial y}\end{vmatrix}=\frac{\partial u}{\partial x}\frac{\partial v}{\partial y}-\frac{\partial u}{\partial y}\frac{\partial v}{\partial x}=\left(\frac{\partial u}{\partial x}\right)^2+\left(\frac{\partial v}{\partial x}\right)^2$$

$$= \left|\frac{\partial u}{\partial x} + \mathrm{i}\frac{\partial v}{\partial x}\right|^2 = |f'(z)|^2$$

故选择 C.

(12) A. 由势函数的定义, 知该流速场的势函数是 $\varphi(x,\ y)$. 故应选择 A.

2. 填空题.

(1) $\frac{1}{2}$, z 平面上处处不解析; (2) $2uv+C$; (3) $f'(z_0)/g'(z_0)$; (4) $-\left(\frac{\pi}{2}+2k\pi\right)$, $k=0,\ \pm1,\ \pm2,\ \cdots$; (5) $10\pi\mathrm{i}$; (6) $\frac{1}{2}\ln 2$; (7) $l=-3,\ m=1,\ n=-3$; (8) $\frac{r^2-1}{1+2r\cos\theta+r^2}$; (9) $\mathrm{e}^{\sqrt{2}\ln 2-(2k+1)\pi}\{\cos[\ln 2+\sqrt{2}(2k+1)\pi]+\mathrm{i}\sin[\ln 2+\sqrt{2}(2k+1)\pi]\}$, $k=0,\pm1,\pm2,\cdots$; (10) $z=\left(\frac{\pi}{2}+2k\pi\right)\mathrm{i}$; (11) 0; (12) 解析.

3. (1) 令 $u=x^2-y-x,\ v=2xy-y^2$, 则 $u,\ v$ 在 z 平面上处处可微且

$$\frac{\partial u}{\partial x}=2x-1,\quad \frac{\partial u}{\partial y}=-1,\quad \frac{\partial v}{\partial x}=2y,\quad \frac{\partial v}{\partial y}=2x-2y.$$

从而要使

$$\frac{\partial u}{\partial x}=\frac{\partial v}{\partial y},\quad \frac{\partial u}{\partial y}=-\frac{\partial v}{\partial x}$$

只需

$$2x-1=2x-2y$$
$$-1=-2y$$

因此在直线 $y=\frac{1}{2}$ 上时, $f(z)$ 可导, 在 z 平面上处处不解析.

(2) 设 $z=x+\mathrm{i}y$, 则

$$\begin{aligned} f(z) &= z^2\cdot\bar{z}=(x+\mathrm{i}y)^2(x-\mathrm{i}y)=(x^2-y^2+2xy\mathrm{i})(x-\mathrm{i}y) \\ &= x^3+xy^2+\mathrm{i}(x^2y+y^3) \end{aligned}$$

由于 $u=x^3+xy^2,\ v=x^2y+y^3$ 在 z 平面上处处可微, 且

$$\frac{\partial u}{\partial x}=3x^2+y^2,\quad \frac{\partial u}{\partial y}=2xy,\quad \frac{\partial v}{\partial x}=2xy,\quad \frac{\partial v}{\partial y}=x^2+3y^2$$

若使

$$\frac{\partial u}{\partial x}=\frac{\partial v}{\partial y},\quad \frac{\partial u}{\partial y}=-\frac{\partial v}{\partial x}$$

必须使

$$3x^2+y^2=x^2+3y^2,\quad 2xy=-2xy$$

解得 $x=y=0$, 故函数 $f(z)=z^2\bar{z}$ 仅在点 $z=0$ 处可导, 在复平面上处处不解析.

4. $$\frac{\partial(u+v)}{\partial x}=\frac{\partial u}{\partial x}+\frac{\partial v}{\partial x}=3x^2+6xy-3y^2-2$$

$$\frac{\partial(u+v)}{\partial y}=\frac{\partial u}{\partial y}+\frac{\partial v}{\partial y}=-3y^2+3x^2-6xy-2$$

且 $\dfrac{\partial u}{\partial x}=\dfrac{\partial v}{\partial y}$, $\dfrac{\partial u}{\partial y}=-\dfrac{\partial v}{\partial x}$, 所以上面两式分别相加、减可得

$$\frac{\partial u}{\partial x}=3x^2-3y^2-2,\quad \frac{\partial v}{\partial x}=6xy$$

从而

$$u=\int\frac{\partial u}{\partial x}\mathrm{d}x=\int(3x^2-3y^2-2)\mathrm{d}x=x^3-3xy^2-2x+\varphi(y)$$

又 $\dfrac{\partial u}{\partial y}=-\dfrac{\partial v}{\partial x}$. 得

$$-6xy+\varphi'(y)=-6xy,\quad \varphi'(y)=0,\ \varphi(y)=C$$

于是

$$u=x^3-3xy^2-2x+C$$

$$v=-y^3+3x^2y-2y-C$$

于是

$$f(z)=x^3-3xy^2-2x+C+\mathrm{i}(-y^3+3x^2y-2y-C)$$

令

$$y=0,\quad f(x)=x^3-2x+(1-\mathrm{i})C$$

从而 $f(z)=z^3-2z+(1-\mathrm{i})C$ 为一解析函数.

5. 当 $|z|<1$ 时,

$$f'(z)=\frac{1}{(1-z)^2}\neq 0,\quad f''(z)=\frac{2}{(1-z)^3}$$

且

$$1+z\frac{f''(z)}{f'(z)}=\frac{1+z}{1-z}$$

于是

$$\mathrm{Re}\left\{1+z\frac{f''(z)}{f'(z)}\right\}=\mathrm{Re}\left\{\frac{1+z}{1-z}\right\}=\mathrm{Re}\left\{\frac{(1+z)\overline{(1-z)}}{|1-z|^2}\right\}$$

$$=\mathrm{Re}\{1+z-\bar{z}-z\bar{z}\}/|1-z|^2=\frac{1-|z|^2}{|1-z|^2}$$

利用三角不等式 $|1-z|\leqslant 1+|z|$, 则

$$\mathrm{Re}\left\{1+z\frac{f''(z)}{f'(z)}\right\}\geqslant\frac{1-|z|}{|1-z|}\geqslant\frac{1-|z|}{1+|z|}>0\quad(|z|<1)$$

6. 函数 $f(z)=u+\mathrm{i}v$ 解析, 知 $u,\ v$ 可微且满足 C-R 条件

$$\frac{\partial u}{\partial x}=\frac{\partial v}{\partial y},\quad\frac{\partial u}{\partial y}=-\frac{\partial v}{\partial x}$$

设

$$\boldsymbol{n}=\boldsymbol{s}\mathrm{e}^{\mathrm{i}\frac{\pi}{2}}=\mathrm{e}^{\mathrm{i}\alpha}\mathrm{e}^{\mathrm{i}\frac{\pi}{2}}=\mathrm{e}^{\mathrm{i}\left(\alpha+\frac{\pi}{2}\right)}=\cos\left(\alpha+\frac{\pi}{2}\right)+\mathrm{i}\sin\left(\alpha+\frac{\pi}{2}\right)=-\sin\alpha+\mathrm{i}\cos\alpha$$

由方向导数的计算公式, 得

$$\frac{\partial u}{\partial \boldsymbol{s}}=\frac{\partial u}{\partial x}\cos\alpha+\frac{\partial u}{\partial y}\sin\alpha,\quad\frac{\partial u}{\partial \boldsymbol{n}}=-\frac{\partial u}{\partial x}\sin\alpha+\frac{\partial u}{\partial y}\cos\alpha$$

$$\frac{\partial v}{\partial \boldsymbol{s}}=\frac{\partial v}{\partial x}\cos\alpha+\frac{\partial v}{\partial y}\sin\alpha,\quad\frac{\partial v}{\partial \boldsymbol{n}}=-\frac{\partial v}{\partial x}\sin\alpha+\frac{\partial v}{\partial y}\cos\alpha$$

利用 C-R 条件, 有

$$\frac{\partial u}{\partial \boldsymbol{s}}=\frac{\partial v}{\partial \boldsymbol{n}},\quad\frac{\partial u}{\partial \boldsymbol{n}}=-\frac{\partial v}{\partial \boldsymbol{s}}$$

7. (1)
$$\begin{aligned}(1+\mathrm{i})^{1-\mathrm{i}}&=\mathrm{e}^{(1-\mathrm{i})\mathrm{Ln}(1+\mathrm{i})}=\mathrm{e}^{(1-\mathrm{i})\{\ln|1+\mathrm{i}|+\mathrm{i}[\arg(1+\mathrm{i})+2k\pi]\}}\\&=\mathrm{e}^{\ln\sqrt{2}+\mathrm{i}\left(\frac{\pi}{4}+2k\pi\right)}\mathrm{e}^{-\mathrm{i}\left[\ln\sqrt{2}-\left(\frac{\pi}{4}+2k\pi\right)\right]}\\&=\sqrt{2}\mathrm{e}^{\left(\frac{\pi}{4}+2k\pi\right)}\left[\cos\left(\frac{\pi}{4}-\frac{\ln 2}{2}\right)+\mathrm{i}\sin\left(\frac{\pi}{4}-\frac{\ln 2}{2}\right)\right]\\&\qquad k=0,\ \pm1,\ \pm2,\ \cdots\end{aligned}$$

(2)
$$\begin{aligned}\mathrm{Ln}(3-\sqrt{3}\mathrm{i})&=\ln|3-\sqrt{3}\mathrm{i}|+\mathrm{i}[\arg(3-\sqrt{3}\mathrm{i})+2k\pi]\\&=\ln 2\sqrt{3}+\mathrm{i}\left(-\frac{\pi}{6}+2k\pi\right),\quad k=0,\ \pm1,\ \cdots\end{aligned}$$

(3)
$$\begin{aligned}\mathrm{Arctan}(2+3\mathrm{i})&=-\frac{\mathrm{i}}{2}\mathrm{Ln}\frac{1+\mathrm{i}(2+3\mathrm{i})}{1-\mathrm{i}(2+3\mathrm{i})}=\frac{1}{2\mathrm{i}}\mathrm{Ln}\frac{-3+\mathrm{i}}{5}\\&=\frac{1}{2\mathrm{i}}\left[\ln\left|\frac{-3+\mathrm{i}}{5}\right|+\mathrm{i}\left(\arg\frac{-3+\mathrm{i}}{5}+2k\pi\right)\right]\\&=\frac{1}{2\mathrm{i}}\left[\ln\sqrt{\frac{2}{5}}+\mathrm{i}\left(\pi-\arctan\frac{1}{3}+2k\pi\right)\right]\\&=-\frac{\mathrm{i}}{4}\ln\frac{2}{5}+\left(k+\frac{1}{2}\right)\pi-\frac{1}{2}\arctan\frac{1}{3},\quad k=0,\ \pm1,\ \pm2,\cdots\end{aligned}$$

8. 原方程 $e^z-1-\sqrt{3}i=0$ 等价于 $e^z=1+\sqrt{3}i$, 两边取对数, 得

$$\begin{aligned} z &= \mathrm{Ln}(1+\sqrt{3}i)=\ln|1+\sqrt{3}i|+i[\arg(1+\sqrt{3}i)+2k\pi] \\ &= \ln 2+i\left(\frac{\pi}{3}+2k\pi\right), \quad k=0,\ \pm1,\ \pm2,\ \cdots \end{aligned}$$

9. 由 $\varphi(x,\ y)$, $\psi(x,\ y)$ 具有二阶连续的偏导数, 则 $s=\varphi'_y-\psi'_x$, $t=\varphi'_x+\psi'_y$ 具有一阶连续的偏导数, 故 s, t 可微. 而

$$\frac{\partial s}{\partial x}=\varphi''_{yx}-\psi''_{xx}, \quad \frac{\partial s}{\partial y}=\varphi''_{yy}-\psi''_{xy}$$

$$\frac{\partial t}{\partial x}=\varphi''_{xx}+\psi''_{yx}, \quad \frac{\partial t}{\partial y}=\varphi''_{xy}+\psi''_{yy}$$

再由 $\varphi(x,\ y)$, $\psi(x,\ y)$ 满足拉普拉斯方程, 即

$$\varphi''_{xx}+\varphi''_{yy}=0, \quad \psi''_{xx}+\psi''_{yy}=0$$

知 $\dfrac{\partial s}{\partial x}=\dfrac{\partial t}{\partial y}$, $\dfrac{\partial s}{\partial y}=-\dfrac{\partial t}{\partial x}$, 根据解析函数的充要条件, 知函数 $f(z)=s+it$ 是 $z=x+iy$ 的解析函数.

10. 由 $xu-yv+x^2-y^2=0$, 得 $xu-yv=-x^2+y^2$ 而 $xu-yv=\mathrm{Re}\{zf(z)\}$. 即 $\mathrm{Re}\{zf(z)\}=-(x^2-y^2)$, 又 $zf(z)$ 解析, 从而

$$\frac{\partial \mathrm{Re}\{zf(z)\}}{\partial x}=-2x\frac{\partial \mathrm{Im}\{zf(z)\}}{\partial y}$$

于是

$$\mathrm{Im}\{zf(z)\}=\int -2x\mathrm{d}y=-2xy+\varphi(x)$$

又根据

$$\frac{\partial \mathrm{Re}\{zf(z)\}}{\partial y}=2y=-\frac{\partial \mathrm{Im}\{zf(z)\}}{\partial x}=2y+\varphi'(x)$$

$$\varphi'(x)=0, \quad \varphi(x)=C(\in\mathbb{R})$$

从而

$$f(z)=\frac{1}{z}[-(x^2-y^2)+i(-2xy+C)]=\frac{1}{z}(-z^2+iC)=-z+\frac{iC}{z}$$

2.5 教材习题 2 解答

1. 下列函数何处可导? 何处解析?

(1) $f(z)=x^2-iy$;　　(2) $f(z)=xy^2+ix^2y$;

(3) $f(z)=\dfrac{x+y}{x^2+y^2}+i\dfrac{x-y}{x^2+y^2}$;　　(4) $f(z)=\mathrm{Im}z$.

解 (1) 由于

$$\frac{\partial u}{\partial x}=2x,\quad \frac{\partial u}{\partial y}=0,\quad \frac{\partial v}{\partial x}=0,\frac{\partial v}{\partial y}=-1$$

在 z 平面上处处连续, 且当且仅当 $x=-\frac{1}{2}$ 时, u, v 才满足 C-R 条件. 故 $f(z)=u+\mathrm{i}v=x^2-\mathrm{i}y$ 仅在直线 $x=-\frac{1}{2}$ 上可导, 在 z 平面上处处不解析.

(2) 由于

$$\frac{\partial u}{\partial x}=y^2,\quad \frac{\partial u}{\partial y}=2xy,\quad \frac{\partial v}{\partial x}=2xy,\frac{\partial v}{\partial y}=x^2$$

在 z 平面上处处连续, 且当且仅当 $z=0$ 时, u, v 才满足 C-R 条件. 故 $f(z)=xy^2+\mathrm{i}x^2y$ 仅在点 $z=0$ 处可导, 在 z 平面上处处不解析.

(3)
$$\begin{aligned}f(z)&=\frac{x+y}{x^2+y^2}+\mathrm{i}\frac{x-y}{x^2+y^2}=\frac{1}{x^2+y^2}[x-\mathrm{i}y+\mathrm{i}(x-\mathrm{i}y)]\\&=\frac{(1+\mathrm{i})\bar{z}}{z\bar{z}}=\frac{1+\mathrm{i}}{z}\end{aligned}$$

且

$$f'(z)=-\frac{1+\mathrm{i}}{z^2}(z\neq 0)$$

故 $f(z)$ 在除原点外的 z 平面上处处可导, 处处解析.

(4) 由于

$$\frac{\partial u}{\partial x}=0,\quad \frac{\partial u}{\partial y}=1,\quad \frac{\partial v}{\partial x}=\frac{\partial v}{\partial y}=0$$

可知 u, v 在 z 平面上处处不满足 C-R 条件. 故 $f(z)$ 在 z 平面上处处不可导, 处处不解析.

2. 试确定下列函数的解析区域和奇点, 并求出导数.

(1) $f(z)=(z-1)^2(z^2+3)$;　　(2) $f(z)=z^3+2\mathrm{i}z$;

(3) $f(z)=\dfrac{1}{z^2-1}$;　　(4) $f(z)=\dfrac{2z+1}{z^3+1}$.

解 (1) 由于

$$\begin{aligned}f'(z)&=2(z-1)(z^2+3)+2z(z-1)^2=2(z-1)[z^2+3+z(z-1)]\\&=2(z-1)(2z^2-z+3)\end{aligned}$$

故 $f(z)$ 在 z 平面上处处可导, 处处解析.

(2) 由于 $f'(z)=3z^2+2\mathrm{i}$, 知 $f(z)$ 在 z 平面上处处可导, 处处解析.

(3) 由于

$$f'(z)=\frac{-2z}{(z^2-1)^2}=-\frac{2z}{(z-1)^2(z+1)^2}$$

知 $f(z)$ 在除去点 $z=\pm1$ 外的 z 平面上处处可导、处处解析, $z=\pm1$ 是 $f(z)$ 的奇点.

(4) 由于

$$f'(z)=\frac{2(z^3+1)-(2z+1)3z^2}{(z^3+1)^2}=\frac{2-3z^2-4z^3}{(z^3+1)^2}$$

知 $f(z)$ 在除去

$$z_1=\frac{1}{2}(1+\mathrm{i}\sqrt{3}),\quad z_2=-1,\quad z_3=\frac{1}{2}(1-\mathrm{i}\sqrt{3})$$

外的多连通区域上处处可导, 处处解析,

$$z_1=\frac{1}{2}(1+\mathrm{i}\sqrt{3}),\quad z_2=-1,\quad z_3=\frac{1}{2}(1-\mathrm{i}\sqrt{3})$$

是 $f(z)$ 的奇点.

3. 试证下列函数在 z 平面上任何点都不解析.

(1) $f(z)=x+\mathrm{i}2y$; (2) $f(z)=x+y$;

(3) $f(z)=\mathrm{Re}z$; (4) $f(z)=\dfrac{1}{|\bar{z}|}$.

证 (1) 由于 $\dfrac{\partial u}{\partial x}=1,\ \dfrac{\partial u}{\partial y}=0,\ \dfrac{\partial v}{\partial x}=0, \dfrac{\partial v}{\partial y}=2$, 可见 C-R 条件在 z 平面上处处不成立, 故 $f(z)$ 在 z 平面上任何点都不解析.

(2) $\dfrac{\partial u}{\partial x}=1,\ \dfrac{\partial u}{\partial y}=1,\ \dfrac{\partial v}{\partial x}=0,\ \dfrac{\partial v}{\partial y}=0$, 与 (1) 同理知 $f(z)$ 在 z 平面上任何点都不解析.

(3) $\dfrac{\partial u}{\partial x}=1,\ \dfrac{\partial u}{\partial y}=\dfrac{\partial v}{\partial x}=\dfrac{\partial v}{\partial y}=0$, 与 (1) 同理知 $f(z)$ 在 z 平面上任何点都不解析.

(4) $f(z)=\dfrac{1}{|z|}=\dfrac{1}{\sqrt{x^2+y^2}}$, 且

$$\frac{\partial u}{\partial x}=\frac{-x}{\sqrt{(x^2+y^2)^3}},\quad \frac{\partial u}{\partial y}=\frac{-y}{\sqrt{(x^2+y^2)^3}},\quad \frac{\partial v}{\partial x}=\frac{\partial v}{\partial y}=0$$

知当 $z\neq0$ 时, C-R 条件不成立, 而 $f(z)$ 在点 $z=0$ 处无定义, 故 $f(z)$ 在 z 平面上任何点都不解析.

4. 若 $f(z)$ 在点 z_0 处解析, 试证 $f(z)$ 在点 z_0 处连续.

证 若 $f(z)$ 在 z_0 处解析, 则 $f(z)$ 在 z_0 处可导. 于是, 有

$$f'(z_0)=\lim_{\Delta z\to0}\frac{f(z_0+\Delta z)-f(z_0)}{\Delta z}$$

令

$$\rho(\Delta z)=\frac{f(z_0+\Delta z)-f(z_0)}{\Delta z}-f'(z_0)$$

则 $\lim\limits_{\Delta z\to 0}\rho(\Delta z)\to 0$, 从而

$$\lim_{\Delta z\to 0}f(z_0+\Delta z)=\lim_{\Delta z\to 0}[f(z_0)+f'(z_0)\Delta z+\rho(\Delta z)\Delta z]=f(z_0)$$

即 $f(z)$ 在点 z_0 处连续.

5. 判断下述命题的真假, 并举例说明.

(1) 如果 $f'(z_0)$ 存在, 那么 $f(z)$ 在 z_0 解析;

(2) 如果 $f(z)$ 在 z_0 点连续, 那么 $f'(z_0)$ 存在;

(3) 实部与虚部满足 C-R 方程的复变函数是解析函数;

(4) 若 z_0 是 $f(z)$ 的奇点, 则 $f'(z_0)$ 不存在.

解 (1) 命题假. 如函数 $f(z)=|z|^2$ 在点 $z=0$ 处可导, 却在点 $z=0$ 处不解析.

(2) 命题假. 如函数 $f(z)=|z|^2=x^2+y^2$ 在 z 平面上处处连续, 除了点 $z=0$ 外处处不可导.

(3) 命题假. 如函数 $f(z)=z\mathrm{Re}z=x^2+\mathrm{i}xy$ 仅在点 $z=0$ 处满足 C-R 条件, 故 $f(z)$ 在点 $z=0$ 处不解析.

(4) 命题假. 如

$$f(z)=\begin{cases} z^2, & \mathrm{Im}z>0,\\ z\mathrm{Re}z, & \mathrm{Im}z\leqslant 0.\end{cases}$$

$z=0$ 是 $f(z)$ 的奇点, 但 $f(z)$ 在点 $z=0$ 处可导, 且 $f'(0)=0$.

可知 C-R 条件处处不成立, 故 $f(z)$ 不是解析函数.

6. 证明: C-R 方程的极坐标形式是

$$\frac{\partial u}{\partial r}=\frac{1}{r}\frac{\partial v}{\partial \theta},\quad \frac{\partial v}{\partial r}=-\frac{1}{r}\frac{\partial u}{\partial \theta}$$

证 令 $x=r\cos\theta$, $y=r\sin\theta$, 利用复合函数求导法则和 u, v 满足 C-R 条件, 得

$$\frac{\partial u}{\partial r}=\frac{\partial u}{\partial x}\cos\theta+\frac{\partial u}{\partial y}\sin\theta$$
$$\frac{\partial v}{\partial \theta}=\frac{\partial v}{\partial x}(-r\sin\theta)+\frac{\partial v}{\partial y}r\cos\theta=\frac{\partial u}{\partial y}r\sin\theta+\frac{\partial u}{\partial x}r\cos\theta=r\frac{\partial u}{\partial r}$$

即 $\dfrac{\partial u}{\partial r}=\dfrac{1}{r}\dfrac{\partial v}{\partial \theta}$. 又

$$\frac{\partial u}{\partial \theta}=\frac{\partial u}{\partial x}(-r\sin\theta)+\frac{\partial u}{\partial y}r\cos\theta$$

$$\frac{\partial v}{\partial r}=\frac{\partial v}{\partial x}\cos\theta+\frac{\partial v}{\partial y}\sin\theta=-\frac{\partial u}{\partial y}\cos\theta+\frac{\partial u}{\partial x}\sin\theta$$
$$=-\frac{1}{r}\left(\frac{\partial u}{\partial y}r\cos\theta-\frac{\partial u}{\partial x}r\sin\theta\right)=-\frac{1}{r}\frac{\partial u}{\partial\theta}$$

总之, 有 $\dfrac{\partial u}{\partial r}=\dfrac{1}{r}\dfrac{\partial v}{\partial\theta}$, $\dfrac{\partial v}{\partial r}=-\dfrac{1}{r}\dfrac{\partial u}{\partial\theta}$.

7. 试证:

$$f(z)=\begin{cases}0, & z=0\\ \dfrac{x^3(1+\mathrm{i})-y^3(1-\mathrm{i})}{x^2+y^2}, & z\neq 0\end{cases}$$

在点 $z=0$ 处满足 C-R 方程, 但不解析.

证 注意到

$$\lim_{\Delta z\to 0}\frac{f(0+\Delta x)-f(0)}{\Delta x}=\lim_{\Delta x\to 0}\frac{\Delta^3 x(1+\mathrm{i})}{\Delta^2 x}\Big/\Delta x=1+\mathrm{i}$$

故

$$u'_x(0,\ 0)+\mathrm{i}v'_x(0,\ 0)=1+\mathrm{i}$$

从而

$$u'_x(0,\ 0)=1,\quad v'_x(0,\ 0)=1$$

又

$$\lim_{\Delta y\to 0}\frac{f(0+\mathrm{i}\Delta y)-f(0)}{\mathrm{i}\Delta y}=\lim_{\Delta y\to 0}\frac{-(\Delta y)^3(1-\mathrm{i})}{(\Delta y)^2}\Big/\mathrm{i}\Delta y=1+\mathrm{i}$$

故

$$-\mathrm{i}u'_y(0,\ 0)+v'_y(0,\ 0)=1+\mathrm{i}$$

从而

$$u'_y(0,\ 0)=-1,\quad v'_y(0,\ 0)=1$$

可见

$$u'_x(0,\ 0)=v'_y(0,\ 0),\quad u'_y(0,\ 0)=-v'_x(0,\ 0)$$

但

$$\lim_{\substack{z\to 0\\(y=kx)}}\frac{f(z)-f(0)}{z-0}=\lim_{x\to 0}\frac{x^3[(1+\mathrm{i})-k^3(1-\mathrm{i})]}{x^2(1+k^2)x(1+\mathrm{i}k)}$$
$$=\frac{(1+\mathrm{i})-k^3(1-\mathrm{i})}{(1+k^2)(1+\mathrm{i}k)}\quad(k\neq 0)$$

由 k 的任意性, 知函数 $f(z)$ 在原点处不可导, 故在原点处不解析.

8. 在 $w=u(x,\ y)+\mathrm{i}v(x,\ y)$ 里, 将 $z=x+\mathrm{i}y$ 与 $\bar{z}=x-\mathrm{i}y$ 形式地看作独立变数, 写作 $w=F(z,\ \bar{z})$, 试证 C-R 方程可表示为

$$\frac{\partial F(z,\ \bar{z})}{\partial \bar{z}}=0$$

证 由于

$$\begin{aligned}\frac{\partial F}{\partial \bar{z}}&=\frac{\partial u}{\partial \bar{z}}+\mathrm{i}\frac{\partial v}{\partial \bar{z}}=\frac{\partial u}{\partial x}\cdot\frac{1}{2}+\frac{\partial u}{\partial y}\left(-\frac{1}{2\mathrm{i}}\right)+\mathrm{i}\left[\frac{\partial v}{\partial x}\cdot\frac{1}{2}+\frac{\partial v}{\partial y}\left(-\frac{1}{2\mathrm{i}}\right)\right]\\&=\frac{1}{2}\left(\frac{\partial u}{\partial x}-\frac{\partial v}{\partial y}\right)+\frac{\mathrm{i}}{2}\left(\frac{\partial v}{\partial x}+\frac{\partial u}{\partial y}\right)\end{aligned}$$

可见 C-R 方程可表示为

$$\frac{\partial F}{\partial \bar{z}}=0$$

9. 证明: 如果函数 $f(z)=u+\mathrm{i}v$ 在区域 D 内解析, 并满足下列条件之一, 那么 $f(z)$ 是常数.

(1) $f(z)$ 是恒取实值;

(2) $\overline{f(z)}$ 在 D 内解析;

(3) $|f(z)|$ 在 D 内是一个常数;

(4) $\arg f(z)$ 在 D 内是一个常数;

(5) $au+bv=c$, 其中 a, b 与 c 为不全为零的实常数;

(6) $v=u^2$.

解 (1) 若 $f(z)$ 恒取实值, 则 $v=0$. 又根据 $f(z)$ 在区域 D 内解析, 知 C-R 条件成立. 于是

$$\frac{\partial u}{\partial x}=\frac{\partial v}{\partial y}=0,\quad \frac{\partial u}{\partial y}=-\frac{\partial v}{\partial x}=0$$

故 u 在区域 D 内为一常数, 记 $u=C(\in\mathbb{R})$, 则 $f(z)=u+\mathrm{i}v=C$ 为一常数.

(2) 若 $\overline{f(z)}=\overline{u+\mathrm{i}v}=u-\mathrm{i}v$ 在区域 D 内解析. 则

$$\frac{\partial u}{\partial x}=\frac{\partial(-v)}{\partial y}=-\frac{\partial v}{\partial y},\frac{\partial u}{\partial y}=-\frac{\partial(-v)}{\partial x}=\frac{\partial v}{\partial x}\tag{2.8}$$

又 $f(z)=u+\mathrm{i}v$ 在区域 D 内解析, 则

$$\frac{\partial u}{\partial x}=\frac{\partial v}{\partial y},\quad \frac{\partial u}{\partial y}=-\frac{\partial v}{\partial x}\tag{2.9}$$

结合 (2.8)、(2.9) 两式, 有

$$\frac{\partial u}{\partial x}=\frac{\partial u}{\partial y}=\frac{\partial v}{\partial x}=\frac{\partial v}{\partial y}=0$$

故 u, v 在 D 内均为常数, 分别记为

$$u_1 = C,\quad u_2 = C_2(C_1,\ C_2 \in \mathbb{R})$$

则

$$f(z) = u + \mathrm{i}v = C_1 + \mathrm{i}C_2 = C$$

为一复常数.

(3) 若 $|f(z)|$ 在 D 内为一常数, 记为 C_1, 则 $u^2 + v^2 = C_1^2$, 两边分别对于 x 和 y 求偏导, 得

$$\begin{cases} 2u\dfrac{\partial u}{\partial x} + 2v\dfrac{\partial v}{\partial x} = 0 \\ 2u\dfrac{\partial u}{\partial y} + 2v\dfrac{\partial v}{\partial y} = 0 \end{cases}$$

由于 $f(z)$ 在 D 内解析, 满足 C-R 条件 $\dfrac{\partial u}{\partial x} = \dfrac{\partial v}{\partial y}$, $\dfrac{\partial u}{\partial y} = -\dfrac{\partial v}{\partial x}$, 代入上式又可写得

$$\begin{cases} u\dfrac{\partial u}{\partial x} - v\dfrac{\partial u}{\partial y} = 0 \\ v\dfrac{\partial u}{\partial x} + u\dfrac{\partial u}{\partial y} = 0 \end{cases}$$

解得 $\dfrac{\partial u}{\partial x} = \dfrac{\partial u}{\partial y} = 0$, 同理可解得 $\dfrac{\partial v}{\partial x} = \dfrac{\partial v}{\partial y} = 0$. 故 u, v 均为常数, 分别记为 $u = C_1,\quad v = C_2$, 则 $f(z) = u + \mathrm{i}v = C_1 + \mathrm{i}C_2 = C$ 为一复常数.

(4) 若 $\arg f(z)$ 在 D 内是一个常数 C_1, 则 $f(z) \neq 0$, 从而 $|f(z)|^2 = u + \mathrm{i}v \neq 0$, 且

$$\arg f(z) = \begin{cases} \arctan\dfrac{v}{u}, & u > 0 \\ \arctan\dfrac{v}{u} + \pi, & u < 0,\ v > 0 \\ \arctan\dfrac{v}{u} - \pi, & u < 0,\ v < 0 \end{cases}$$

$$= \begin{cases} C_1, & u > 0 \\ C_1 + \pi, & u < 0,\ v > 0 \\ C_1 - \pi, & u < 0,\ v < 0 \end{cases}$$

总之对 $\arg f(z)$ 分别关于 x 和 y 求偏导, 得

$$\frac{\dfrac{1}{u^2}\left(u\dfrac{\partial v}{\partial x} - v\dfrac{\partial u}{\partial x}\right)}{1 + \left(\dfrac{v}{u}\right)^2} = \frac{u\dfrac{\partial v}{\partial x} - v\dfrac{\partial u}{\partial x}}{u^2 + v^2} = 0$$

$$\frac{\dfrac{1}{u^2}\left(u\dfrac{\partial v}{\partial y}-v\dfrac{\partial u}{\partial y}\right)}{1+\left(\dfrac{v}{u}\right)^2}=\frac{u\dfrac{\partial v}{\partial y}-v\dfrac{\partial u}{\partial y}}{u^2+v^2}=0$$

化简上式并利用 $f(z)$ 解析, 其实、虚部满足 C-R 条件, 得

$$\begin{cases}-v\dfrac{\partial u}{\partial x}-u\dfrac{\partial u}{\partial y}=0\\ u\dfrac{\partial u}{\partial x}-v\dfrac{\partial u}{\partial y}=0\end{cases}$$

解得 $\dfrac{\partial u}{\partial x}=\dfrac{\partial u}{\partial y}=0$, 同理也可求得 $\dfrac{\partial v}{\partial x}=\dfrac{\partial v}{\partial y}=0$, 即 u 和 v 均为实常数, 分别记为 C_2 和 C_3, 从而 $f(z)=u+\mathrm{i}v=C_2+\mathrm{i}C_3=C$ 为一复常数.

(5) 若 $au+bv=c$, 其中 a, b 和 c 为不全为零的实常数. 这里 a 和 b 不全为 0, 即 $a^2+b^2\neq 0$, 否则此时 a, b 和 c 全为零. 对方程 $au+bv=c$ 分别对于 x 和 y 求偏导, 得

$$\begin{cases}a\dfrac{\partial u}{\partial x}+b\dfrac{\partial v}{\partial x}=0\\ a\dfrac{\partial u}{\partial y}+b\dfrac{\partial v}{\partial y}=0\end{cases}$$

再利用解析函数 $f(z)=u+\mathrm{i}v$ 的实、虚部 u 和 v 满足 C-R 条件, 得

$$\begin{cases}a\dfrac{\partial u}{\partial x}-b\dfrac{\partial u}{\partial y}=0\\ b\dfrac{\partial u}{\partial x}+a\dfrac{\partial u}{\partial y}=0\end{cases}$$

解得 $\dfrac{\partial u}{\partial x}=\dfrac{\partial u}{\partial y}=0$, 同理也可求得 $\dfrac{\partial v}{\partial x}=\dfrac{\partial v}{\partial y}=0$. 知函数 $f(z)$ 为一常数.

(6) 若 $v=u^2$, 则 $f(z)=u+\mathrm{i}v=u+\mathrm{i}u^2$, 又 $f(z)$ 在 D 内解析, 其实部、虚部 u 和 v 满足 C-R 条件, 于是

$$\begin{cases}\dfrac{\partial u}{\partial x}=\dfrac{\partial v}{\partial y}=\dfrac{\partial u^2}{\partial y}=2u\dfrac{\partial u}{\partial y}\\ \dfrac{\partial u}{\partial y}=-\dfrac{\partial v}{\partial x}=-\dfrac{\partial u^2}{\partial x}=-2u\dfrac{\partial u}{\partial x}\end{cases}$$

或

$$\begin{cases}\dfrac{\partial u}{\partial x}-2u\dfrac{\partial u}{\partial y}=0\\ 2u\dfrac{\partial u}{\partial x}+\dfrac{\partial u}{\partial y}=0\end{cases}$$

解得 $\dfrac{\partial u}{\partial x}=\dfrac{\partial u}{\partial y}=0$. 同理也可求得 $\dfrac{\partial v}{\partial x}=\dfrac{\partial v}{\partial y}=0$, 知函数 $f(z)$ 为一常数.

10. 验证下列函数是调和函数, 并求出以 $z=x+\mathrm{i}y$ 为自变量的解析函数 $w=f(z)=u+\mathrm{i}v$.

(1) $v=\arctan\dfrac{y}{x}(x>0)$;

(2) $u=\mathrm{e}^x(y\cos y+x\sin y)+x+y$, $f(0)=\mathrm{i}$;

(3) $u=(x-y)(x^2+4xy+y^2)$;

(4) $v=\dfrac{y}{x^2+y^2}$, $f(2)=0$.

解 (1) 由于

$$\frac{\partial v}{\partial x}=\frac{1}{1+\left(\dfrac{y}{x}\right)^2}\frac{-y}{x^2}=-\frac{y}{x^2+y^2}$$

$$\frac{\partial^2 v}{\partial x^2}=\frac{2xy}{(x^2+y^2)^2}$$

$$\frac{\partial v}{\partial y}=\frac{\dfrac{1}{x}}{1+\left(\dfrac{y}{x}\right)^2}=\frac{x}{x^2+y^2}$$

$$\frac{\partial^2 v}{\partial y^2}=\frac{-2xy}{(x^2+y^2)^2}$$

显然 $\dfrac{\partial^2 v}{\partial x^2}+\dfrac{\partial^2 v}{\partial y^2}=0$, 故在右半面内, $v=\arctan\dfrac{y}{x}$ 是调和函数. 利用 C-R 条件, 得

$$u=\int\frac{\partial u}{\partial x}\mathrm{d}x=\int\frac{\partial v}{\partial y}\mathrm{d}x=\int\frac{x}{x^2+y^2}\mathrm{d}x=\frac{1}{2}\ln(x^2+y^2)+\varphi(y)$$

$$\frac{\partial u}{\partial y}=\frac{y}{x^2+y^2}+\varphi'(y)=-\frac{\partial v}{\partial x}=\frac{y}{x^2+y^2}$$

知 $\varphi'(y)=0$, 从而 $\varphi(y)=C$, 故

$$u(x,\ y)=\frac{1}{2}\ln(x^2+y^2)+C,\quad f(z)=\frac{1}{2}\ln(x^2+y^2)+C+\mathrm{i}\arctan\frac{y}{x}$$
$$=\ln|z|+\mathrm{i}\arg z+C=\ln z+C$$

为一解析函数.

(2) 由于

$$\frac{\partial u}{\partial x}=\mathrm{e}^x(y\cos y+x\sin y+\sin y)+1$$

$$\frac{\partial u}{\partial y}=\mathrm{e}^x(\cos y+x\cos y-y\sin y)+1$$

$$v=\int_{(0,0)}^{(x,y)}\mathrm{d}v+C=\int_{(0,\ 0)}^{(x,\ y)}\frac{\partial v}{\partial x}\mathrm{d}x+\frac{\partial v}{\partial y}\mathrm{d}y+C$$

$$= \int_{(0,0)}^{(x,y)} \left(-\frac{\partial u}{\partial y}\right) \mathrm{d}x + \frac{\partial u}{\partial x} \mathrm{d}y + C$$

$$= \int_{(0,0)}^{(x,y)} [\mathrm{e}^x(y\sin y - x\cos y - \cos y) - 1]\mathrm{d}x + [\mathrm{e}^x(y\cos y + x\sin y + \sin y) + 1]\mathrm{d}y + C$$

$$= -\int_0^x [1 + \mathrm{e}^x(x+1)]\mathrm{d}x + \int_0^y [\mathrm{e}^x(y\cos y + x\sin y + \sin y) + 1]\mathrm{d}y + C$$

$$= -x - x\mathrm{e}^x + [\mathrm{e}^x(y\sin y + \cos y - x\cos y - \cos y) + y]|_0^y + C$$

$$= -x - x\mathrm{e}^x + \mathrm{e}^x(y\sin y - x\cos y) + y + \mathrm{e}^x x + C$$

$$= \mathrm{e}^x(y\sin y - x\cos y) + y - x + C$$

于是

$$f(z) = u + \mathrm{i}v = \mathrm{e}^x(y\cos y + x\sin y) + x + y + \mathrm{i}[\mathrm{e}^x(y\sin y - x\cos y) + y - x + C]$$

令 $y = 0$, 得

$$f(x) = x + \mathrm{i}\mathrm{e}^x(-x) - \mathrm{i}x + \mathrm{i}C = -\mathrm{i}x\mathrm{e}^x + (1-\mathrm{i})x + \mathrm{i}C$$

可知解析函数

$$f(z) = -\mathrm{i}z\mathrm{e}^z + (1-\mathrm{i})z + C_1(C_1 = \mathrm{i}C)$$

令 $z = 0,\ \mathrm{i} = f(0) = C_1$, 故

$$f(z) = -\mathrm{i}z\mathrm{e}^z + (1-\mathrm{i})z + \mathrm{i}$$

(3) 注意到 $f'(z) = \dfrac{\partial u}{\partial x} + \mathrm{i}\dfrac{\partial v}{\partial x}$, 且

$$\frac{\partial u}{\partial x} = 3x^2 + 6xy - 3y^2$$

$$\frac{\partial v}{\partial x} = -\frac{\partial u}{\partial y} = -3x^2 + 6xy + 3y^2$$

从而

$$\begin{aligned} f'(z) &= \frac{\partial u}{\partial x} + \mathrm{i}\frac{\partial v}{\partial y} = 3x^2 - 3y^2 + 6xy + \mathrm{i}(-3x^2 + 6xy + 3y^2) \\ &= 3[(x^2 - y^2) + \mathrm{i}2xy] - 3\mathrm{i}[(x^2 - y^2) + \mathrm{i}2xy] = 3(1-\mathrm{i})z^2 \end{aligned}$$

于是

$$f(z) = \int f'(z)\mathrm{d}z = \int 3(1-\mathrm{i})z^2\mathrm{d}z = (1-\mathrm{i})z^3 + C$$

为一解析函数

(4) 由 $\frac{\partial u}{\partial y}=-\frac{\partial v}{\partial x}=\frac{2xy}{(x^2+y^2)^2}$, 得

$$u=\int\frac{\partial u}{\partial y}\mathrm{d}y=\int\frac{2xy}{(x^2+y^2)^2}\mathrm{d}y=x\int\frac{\mathrm{d}(x^2+y^2)}{(x^2+y^2)^2}=\frac{-x}{x^2+y^2}+\varphi(x)$$

又

$$\begin{aligned}\frac{\partial u}{\partial x}&=\frac{-(x^2+y^2)+2x^2}{(x^2+y^2)^2}+\varphi'(x)=\frac{x^2-y^2}{(x^2+y^2)^2}+\varphi'(x)\\&=\frac{\partial v}{\partial y}=\frac{x^2+y^2-2y^2}{(x^2+y^2)^2}=\frac{x^2-y^2}{(x^2+y^2)^2}\end{aligned}$$

得 $\varphi'(x)=0$, $\varphi(x)=C$, 故

$$u=\frac{-x}{x^2+y^2}+C$$

$$\begin{aligned}f(z)=u+\mathrm{i}v&=\frac{-x}{x^2+y^2}+C+\mathrm{i}\frac{y}{x^2+y^2}=\frac{-(x-\mathrm{i}y)}{x^2+y^2}+C\\&=-\frac{x-\mathrm{i}y}{(x+\mathrm{i}y)(x-\mathrm{i}y)}+C=C-\frac{1}{x+\mathrm{i}y}=C-\frac{1}{z}\end{aligned}$$

由初始条件 $0=f(2)=C-\frac{1}{2}$, $C=\frac{1}{2}$, 从而解析函数 $f(z)=\frac{1}{2}-\frac{1}{z}$ 为所求.

11. 设 u 为区域 D 中的调和函数及 $f(z)=\frac{\partial u}{\partial x}-\mathrm{i}\frac{\partial u}{\partial y}$, f 是否是 D 内解析函数? 为什么?

解 因为 u 为调和函数, 所以

$$\frac{\partial^2 u}{\partial x^2}+\frac{\partial^2 u}{\partial y^2}=0 \tag{2.10}$$

又设 $f(z)=u_1+\mathrm{i}v_1=\frac{\partial u}{\partial x}-\mathrm{i}\frac{\partial u}{\partial y}$, 即

$$u_1=\frac{\partial u}{\partial x},\ v_1=-\frac{\partial u}{\partial y}$$

由于 u 是调和函数, u_1, v_1 有一阶连续偏导数, 且

$$\frac{\partial u_1}{\partial x}=\frac{\partial^2 u}{\partial x^2},\quad \frac{\partial u_1}{\partial y}=\frac{\partial^2 u}{\partial x\partial y}$$

$$\frac{\partial v_1}{\partial x}=-\frac{\partial^2 u}{\partial y\partial x},\quad \frac{\partial v_1}{\partial y}=-\frac{\partial^2 u}{\partial y^2}$$

结合 (2.10) 式, 知

$$\frac{\partial u_1}{\partial x}=\frac{\partial v_1}{\partial y},\quad \frac{\partial u_1}{\partial y}=-\frac{\partial v_1}{\partial x}$$

可见 $f(z)$ 的实部、虚部满足 C-R 条件. 故 $f(z)=\frac{\partial u}{\partial x}-\mathrm{i}\frac{\partial u}{\partial y}$ 在区域 D 内解析.

12. 函数 $v=x+y$ 是 $u=x+y$ 的共轭调和函数吗? 为什么?

解 显然 u 和 v 均有二阶连续偏导数, 且

$$\frac{\partial^2 u}{\partial x^2}+\frac{\partial^2 u}{\partial y^2}=0,\quad \frac{\partial^2 v}{\partial x^2}+\frac{\partial^2 v}{\partial y^2}=0$$

知 u, v 均为调和函数, 设 $f(z)=u+\mathrm{i}v$, 则

$$f(z)=u+\mathrm{i}v=x+y+\mathrm{i}(x+y)=x+\mathrm{i}y+\mathrm{i}(x-\mathrm{i}y)=z+\mathrm{i}\bar{z}$$

非解析函数, 故 $v=x+y$ 不是 $u=x+y$ 的共轭调和函数.

13. 证明 $u=x^2-y^2$ 和 $v=\frac{y}{x^2+y^2}$ 都是调和函数, 但 $u+\mathrm{i}v$ 不是解析函数.

证 由于 $\frac{\partial u}{\partial x}=2x$, $\frac{\partial^2 u}{\partial x^2}=2$, $\frac{\partial u}{\partial y}=-2y$, $\frac{\partial^2 u}{\partial y^2}=-2$, 知

$$\frac{\partial^2 u}{\partial x^2}+\frac{\partial^2 u}{\partial y^2}=2-2=0$$

故 u 是一个调和函数. 又

$$\begin{aligned}
&\frac{\partial v}{\partial x}=\frac{-2xy}{(x^2+y^2)^2}\\
&\frac{\partial^2 v}{\partial x^2}=\frac{-2y(x^2+y^2)^2+8x^2y(x^2+y^2)}{(x^2+y^2)^4}=\frac{-2y^3+6x^2y}{(x^2+y^2)^3}\\
&\frac{\partial v}{\partial y}=\frac{x^2+y^2-2y^2}{(x^2+y^2)^2}=\frac{x^2-y^2}{(x^2+y^2)^2}\\
&\frac{\partial^2 v}{\partial y^2}=\frac{-2y(x^2+y^2)^2-4y(x^2-y^2)(x^2+y^2)}{(x^2+y^2)^4}=\frac{2y^3-6x^2y}{(x^2+y^2)^3}
\end{aligned}$$

知

$$\frac{\partial^2 v}{\partial x^2}+\frac{\partial^2 v}{\partial y^2}=\frac{-2y^3+6x^2y}{(x^2+y^2)^3}+\frac{2y^3-6x^2y}{(x^2+y^2)^3}=0$$

故 v 也是一个调和函数. 但

$$\frac{\partial u}{\partial x}=2x\neq\frac{\partial v}{\partial y}=\frac{x^2-y^2}{(x^2+y^2)^2}$$

$$\frac{\partial u}{\partial y}=-2y\neq-\frac{\partial v}{\partial x}=\frac{2xy}{(x^2+y^2)^2}$$

故 $f(z)=u+\mathrm{i}v$ 不是解析函数.

14. 指出下列函数解析的区域, 并求出它们的导数.

(1) $\mathrm{e}^{\mathrm{e}^z}$; (2) $\sin(\mathrm{e}^z)$;

(3) $\dfrac{\mathrm{e}^z}{z^2+3}$; (4) $\sqrt{\mathrm{e}^z+1}$; .

(5) $\cos\overline{z}$; (6) $\dfrac{1}{\mathrm{e}^z-1}$

(1) $f(z)=\mathrm{e}^{\mathrm{e}^z}$ 在 z 平面上处处解析, 且

$$f'(z)=\mathrm{e}^z\mathrm{e}^{\mathrm{e}^z}$$

(2) $f(z)=\sin(\mathrm{e}^z)$ 在 z 平面上处处解析, 且

$$f'(z)=\cos\mathrm{e}^z\mathrm{e}^z$$

(3) $f(z)=\dfrac{\mathrm{e}^z}{z^2+3}$ 在除点 $z=\pm\sqrt{3}\mathrm{i}$ 的 z 平面上处处解析, 且

$$f'(z)=\frac{\mathrm{e}^z(z^2+3-2z)}{(z^2+3)^2}$$

(4) $f(z)=\sqrt{\mathrm{e}^z+1}=\mathrm{e}^{\frac{1}{2}\ln(\mathrm{e}^z+1)}$. $f(z)$ 的各个单值连续分支在除去点 $z=\ln(x-1)=\ln|x-1|+(1+2k)\pi\mathrm{i}(x\leqslant 0,k\in Z)$ 的 z 平面上处处解析, 且

$$f'(z)=\frac{\mathrm{e}^z}{2\sqrt{\mathrm{e}^z+1}}$$

(5) $z=x+\mathrm{i}y$

$$\begin{aligned}
f(z)=\cos\bar{z}&=\frac{\mathrm{e}^{\mathrm{i}\bar{z}}+\mathrm{e}^{-\mathrm{i}\bar{z}}}{2}\\
&=\frac{1}{2}(\mathrm{e}^y(\cos x+\mathrm{i}\sin x)+\mathrm{e}^{-y}(\cos x-\mathrm{i}\sin x))\\
&=\frac{\mathrm{e}^y+\mathrm{e}^{-y}}{2}\cos x+\mathrm{i}\frac{\mathrm{e}^y-\mathrm{e}^{-y}}{2}\sin x\\
&=\mathrm{ch}y\cos x+\mathrm{i}\mathrm{sh}y\sin x
\end{aligned}$$

$$u(x,y)=\mathrm{ch}y\cos x,v(x,y)=\mathrm{sh}y\sin x$$
$$\frac{\partial u}{\partial x}=-\mathrm{ch}y\sin x,\frac{\partial u}{\partial y}=\mathrm{sh}y\cos x$$
$$\frac{\partial v}{\partial x}=\mathrm{sh}y\cos x,\frac{\partial v}{\partial y}=\mathrm{ch}y\sin x$$

在平面上处处连续.

且

$$\begin{cases}\dfrac{\partial u}{\partial x}=\dfrac{\partial v}{\partial y}\\ \dfrac{\partial u}{\partial y}=-\dfrac{\partial v}{\partial x}\end{cases}\Leftrightarrow\begin{cases}\mathrm{ch}y\sin x=0 & ①\\ \mathrm{sh}y\cos x=0 & ②\end{cases}$$

①$\Leftrightarrow \sin x=0\Leftrightarrow x=k\pi, k\in Z$. 代入②中, 则②$\Leftrightarrow \mathrm{shy}=0\Leftrightarrow y=0$.

故 $f(z)=\cos\bar{z}$ 仅在点 $z=k\pi(k\in Z)$ 处可导, 故在 z 平面上处处不解析, 且 $f'(z)|_{z=k\pi}=0$.

(6) $f(z)=\dfrac{1}{\mathrm{e}^z-1}$ 在除去点 $z=\ln 1=2k\pi\mathrm{i}(k\in Z)$ 的 z 平面上处处解析, 且 $f'(z)=-\dfrac{\mathrm{e}^z}{(\mathrm{e}^z-1)^2}$

15. 证明下列函数在 z-复平面上解析.

(1) $f(z)=3x+y+\mathrm{i}(3y-x)$;

(2) $f(z)=\sin x\mathrm{ch}\,y+\mathrm{i}\cos x\mathrm{sh}\,y$;

(3) $f(z)=\mathrm{e}^{-y}\sin x-\mathrm{i}\mathrm{e}^{-y}\cos x$;

(4) $f(z)=(z^2-2)\mathrm{e}^{-x}\mathrm{e}^{-\mathrm{i}y}$.

(1) $\dfrac{\partial u}{\partial x}=3=\dfrac{\partial v}{\partial y}, \dfrac{\partial u}{\partial y}=1=-\dfrac{\partial v}{\partial x}$ 且在 z 平面上处处连续, 所以, $f(z)$ 在 z 平面上解析.

(2) $\dfrac{\partial u}{\partial x}=\mathrm{e}^{-y}\cos x=\dfrac{\partial v}{\partial y}, \dfrac{\partial u}{\partial y}=-\mathrm{e}^{-y}\sin x=-\dfrac{\partial v}{\partial y}$ 且在 z 平面上处处连续, 所以, $f(z)$ 在 z 平面上解析.

(3) $f(z)=(z^2-2)\mathrm{e}^{-z}$ 在 z 平面上解析.

16. 设 $f(z)=x^3+\mathrm{i}(1-y)^3$, 证明只有当 $|z|\geqslant 1$ 时, $f'(z)=\dfrac{\partial u}{\partial x}+\mathrm{i}\dfrac{\partial v}{\partial x}=3x^3$ 成立.

想要

$$\begin{cases}\dfrac{\partial u}{\partial x}=3x^2=\dfrac{\partial v}{\partial y}=-3(1-y)^2\\ \dfrac{\partial u}{\partial y}=0=-\dfrac{\partial v}{\partial x}\end{cases}\Leftrightarrow\begin{cases}x=0\\ y=1\end{cases}$$

故 $f(z)$ 仅在点 $z=\mathrm{i}$ 处可导, 且

$$f'(z)=\frac{\partial u}{\partial x}+\mathrm{i}\frac{\partial v}{\partial x}=3x^2$$

17. 如果 $f(z)=u+\mathrm{i}v$ 是一解析函数, 试证: $\mathrm{i}\overline{f(z)}$ 也是解析函数.

证 $f(z)=u+\mathrm{i}v$, $\overline{f(z)}=u-\mathrm{i}v$, $\mathrm{i}\overline{f(z)}=v+\mathrm{i}u$, $\mathrm{i}\overline{f(z)}=v-\mathrm{i}u=-\mathrm{i}(u+\mathrm{i}v)=-\mathrm{i}f(z)$, 可知 $\mathrm{i}\overline{f(z)}$ 为一解析函数.

18. 由题设, 可得

$$\left\{\begin{array}{l}\dfrac{\partial u}{\partial x}=\dfrac{\partial v}{\partial y}=-\dfrac{\partial v}{\partial y}\\ \dfrac{\partial u}{\partial y}=-\dfrac{\partial v}{\partial x}=\dfrac{\partial v}{\partial x}\end{array}\right.\Rightarrow\left\{\begin{array}{l}\dfrac{\partial u}{\partial x}=\dfrac{\partial u}{\partial y}=0\Rightarrow u=c\\ \dfrac{\partial v}{\partial x}=\dfrac{\partial v}{\partial y}=0\Rightarrow v=c\end{array}\right.\Rightarrow f=c\text{为一常数}$$

19. 如果 $f(z)=u+\mathrm{i}v$ 是 z 的解析函数, 证明:

(1) $\left(\dfrac{\partial}{\partial x}|f(z)|\right)^2+\left(\dfrac{\partial}{\partial y}|f(z)|\right)^2=|f'(z)|^2$;

(2) $\left(\dfrac{\partial^2}{\partial x^2}+\dfrac{\partial^2}{\partial y^2}\right)|f(z)|^2=4|f'(z)|^2$;

证 (1) $|f(z)|=\sqrt{u^2+v^2}$, 于是

$$\frac{\partial}{\partial x}|f(z)|=\frac{u\dfrac{\partial u}{\partial x}+v\dfrac{\partial v}{\partial x}}{\sqrt{u^2+v^2}},\quad \frac{\partial}{\partial y}|f(z)|=\frac{u\dfrac{\partial u}{\partial y}+v\dfrac{\partial v}{\partial y}}{\sqrt{u^2+v^2}}$$

$$\begin{aligned}&\left(\frac{\partial}{\partial x}|f(z)|\right)^2+\left(\frac{\partial}{\partial y}|f(z)|\right)^2\\ =&\frac{1}{u^2+v^2}\left[u^2\left(\frac{\partial u}{\partial x}\right)^2+v^2\left(\frac{\partial v}{\partial x}\right)^2+2uv\frac{\partial u}{\partial x}\frac{\partial v}{\partial x}+u^2\left(\frac{\partial u}{\partial y}\right)^2+v^2\left(\frac{\partial v}{\partial y}\right)^2+2uv\frac{\partial u}{\partial y}\frac{\partial v}{\partial y}\right]\end{aligned}$$

由于 $f(z)=u+\mathrm{i}v$ 为解析函数, 故

$$\frac{\partial u}{\partial x}=\frac{\partial v}{\partial y},\quad \frac{\partial u}{\partial y}=-\frac{\partial v}{\partial x}$$

从而

$$\begin{aligned}&\left(\frac{\partial}{\partial x}|f(z)|\right)^2+\left(\frac{\partial}{\partial y}|f(z)|\right)^2\\ =&\frac{1}{u^2+v^2}\left[u^2\left(\frac{\partial u}{\partial x}\right)^2+u^2\left(-\frac{\partial v}{\partial x}\right)^2+v^2\left(\frac{\partial u}{\partial x}\right)^2+v^2\left(\frac{\partial v}{\partial x}\right)^2\right.\\ &\left.+2uv\frac{\partial u}{\partial x}\frac{\partial v}{\partial x}+2uv\left(-\frac{\partial v}{\partial x}\right)\frac{\partial u}{\partial x}\right]\\ =&\frac{1}{u^2+v^2}\left\{u^2\left[\left(\frac{\partial u}{\partial x}\right)^2+\left(\frac{\partial v}{\partial x}\right)^2\right]+v^2\left[\left(\frac{\partial u}{\partial x}\right)^2+\left(\frac{\partial v}{\partial x}\right)^2\right]\right\}\\ =&\frac{1}{u^2+v^2}(u^2+v^2)|f'(z)|^2=|f'(z)|^2\end{aligned}$$

(2) 由于

$$\frac{\partial|f|^2}{\partial x}=2u\frac{\partial u}{\partial x}+2v\frac{\partial v}{\partial x}$$
$$\frac{\partial^2|f|^2}{\partial x^2}=2\left(\frac{\partial u}{\partial x}\right)^2+2\left(\frac{\partial v}{\partial x}\right)^2+2u\frac{\partial^2 u}{\partial x^2}+2v\frac{\partial^2 v}{\partial x^2}$$
$$\frac{\partial|f|^2}{\partial y}=2u\frac{\partial u}{\partial y}+2v\frac{\partial v}{\partial y}$$
$$\frac{\partial^2|f(z)|^2}{\partial y^2}=2\left(\frac{\partial u}{\partial y}\right)^2+2\left(\frac{\partial v}{\partial y}\right)^2+2u\frac{\partial^2 u}{\partial y^2}+2v\frac{\partial^2 v}{\partial y^2}$$

由于 $f(z)=u+\mathrm{i}v$ 为一解析函数, 其实部、虚部满足 C-R 条件, 且均为调和函数, 于是

$$\begin{aligned}&\left(\frac{\partial^2}{\partial x^2}+\frac{\partial^2}{\partial y^2}\right)|f(z)|^2\\=&2\left[\left(\frac{\partial u}{\partial x}\right)^2+\left(\frac{\partial v}{\partial x}\right)^2+\left(-\frac{\partial v}{\partial x}\right)^2+\left(\frac{\partial u}{\partial x}\right)^2+2u\left(\frac{\partial^2 u}{\partial x^2}+\frac{\partial^2 u}{\partial y^2}\right)+2v\left(\frac{\partial^2 v}{\partial x^2}+\frac{\partial^2 v}{\partial y^2}\right)\right]\\=&2(|f'(z)|^2+|f'(z)|^2)=4|f'(z)|^2\end{aligned}$$

20. 若函数 $f(z)$ 在上半 z 平面内解析, 试证函数 $\overline{f(\bar z)}$ 在下半 z 平面内解析.

证法 1 设 $f(z)=u(x,\ y)+\mathrm{i}v(x,\ y)$, 则 $\overline{f(\bar z)}=u(x,\ -y)-\mathrm{i}v(x,\ -y)$.

若 $f(z)$ 解析, 则 u, v 满足 C-R 条件:

$$\frac{\partial u}{\partial x}=\frac{\partial v}{\partial y},\quad \frac{\partial u}{\partial y}=-\frac{\partial v}{\partial x}$$

因此对于 $\mathrm{Im}z<0$ 内的任一点 $z=x+\mathrm{i}y$, 有

$$\frac{\partial}{\partial x}u(x,\ -y)=\frac{\partial v(x,\ -y)}{\partial(-y)}=\frac{\partial v(x,\ -y)}{\partial y}\frac{\partial y}{\partial(-y)}=\frac{\partial[-v(x,-y)]}{\partial y}$$
$$\begin{aligned}\frac{\partial}{\partial y}u(x,\ -y)&=\frac{\partial u(x,\ -y)}{\partial(-y)}\frac{\partial(-y)}{\partial y}=-\frac{\partial u(x,\ -y)}{\partial(-y)}=-\left[-\frac{\partial v(x,\ -y)}{\partial x}\right]\\&=-\frac{\partial[-v(x,\ -y)]}{\partial x}\end{aligned}$$

上述两式表明 $\overline{f(\bar z)}$ 的实部、虚部在 $\mathrm{Im}z<0$ 内满足 C-R 条件, 显然 $u(x,\ -y)$ 与 $-v(x,\ -y)$ 在 $\mathrm{Im}z<0$ 内可微, 故函数 $\overline{f(\bar z)}$ 在 $\mathrm{Im}z<0$ 内处处解析.

证法 2 令 $g(z)=\overline{f(\bar z)}$, 对于 $\mathrm{Im}z<0$ 内的任一点 z_0, 则 $\bar z_0$ 属于 $\mathrm{Im}z>0$ 内的点, 注意到 $f(z)$ 在 $\mathrm{Im}z>0$ 内解析, 于是有

$$\begin{aligned}\lim_{z\to z_0}\frac{g(z)-g(z_0)}{z-z_0}&=\lim_{z\to z_0}\frac{\overline{f(\bar z)}-\overline{f(\bar z_0)}}{z-z_0}\\&=\lim_{z\to z_0}\overline{\left[\frac{f(\bar z)-f(\bar z_0)}{\bar z-\bar z_0}\right]}=\overline{f'(\bar z_0)}\end{aligned}$$

即 $g(z)=\overline{f(\bar{z})}$ 在点 z_0 处可导, 且 $g'(z_0)=\overline{f'(\bar{z}_0)}$ 由点 z_0 的任意性, 知 $\overline{f(\bar{z})}$ 在 $\mathrm{Im}z<0$ 内处处解析.

21. 设 $z=x+\mathrm{i}y$, 试求:

(1) $|\mathrm{e}^{\mathrm{i}-2z}|$; (2) $|\mathrm{e}^{z^2}|$; (3) $\mathrm{Re}(\mathrm{e}^{\frac{1}{z}})$.

解 (1) $|\mathrm{e}^{\mathrm{i}-2z}|=|\mathrm{e}^{\mathrm{i}-2x-\mathrm{i}2y}|=|\mathrm{e}^{-2x+\mathrm{i}(1-2y)}|=\mathrm{e}^{-2x}$;

(2) $|\mathrm{e}^{z^2}|=|\mathrm{e}^{(x+\mathrm{i}y)^2}|=|\mathrm{e}^{x^2-y^2+\mathrm{i}2xy}|=\mathrm{e}^{x^2-y^2}$;

(3)
$$\begin{aligned}\mathrm{Re}\left\{\mathrm{e}^{\frac{1}{z}}\right\}&=\mathrm{Re}\left\{\mathrm{e}^{\frac{1}{x+\mathrm{i}y}}\right\}=\mathrm{Re}\left\{\mathrm{e}^{\frac{x-\mathrm{i}y}{x^2+y^2}}\right\}=\mathrm{Re}\left\{\mathrm{e}^{\frac{x}{x^2+y^2}}\mathrm{e}^{-\mathrm{i}\frac{y}{x^2+y^2}}\right\}\\&=\mathrm{Re}\left\{\mathrm{e}^{\frac{x}{x^2+y^2}}\left(\cos\frac{y}{x^2+y^2}-\mathrm{i}\sin\frac{y}{x^2+y^2}\right)\right\}.\\&=\mathrm{e}^{\frac{x}{x^2-y^2}}\cos\frac{y}{x^2+y^2}\end{aligned}$$

22. 证明:

(1) $\cos(z_1+z_2)=\cos z_1\cos z_2-\sin z_1\sin z_2$,

$\sin(z_1+z_2)=\sin z_1\cos z_2+\cos z_1\sin z_2$;

(2) $\sin^2 z+\cos^2 z=1$;

(3) $\sin 2z=2\sin z\cos z$;

(4) $\tan 2z=\dfrac{2\tan z}{1-\tan^2 z}$;

(5) $\sin\left(\dfrac{\pi}{2}-z\right)=\cos z$;

(6) $\cos(z+\pi)=-\cos z$.

证 (1) 左 $=\cos(z_1+z_2)=\dfrac{1}{2}[\mathrm{e}^{\mathrm{i}(z_1+z_2)}+\mathrm{e}^{-\mathrm{i}(z_1+z_2)}]$

$$\begin{aligned}右&=\cos z_1\cos z_2-\sin z_1\sin z_2\\&=\frac{\mathrm{e}^{\mathrm{i}z_1}+\mathrm{e}^{-\mathrm{i}z_1}}{2}\frac{\mathrm{e}^{\mathrm{i}z_2}+\mathrm{e}^{-\mathrm{i}z_2}}{2}-\frac{\mathrm{e}^{\mathrm{i}z_1}-\mathrm{e}^{-\mathrm{i}z_1}}{2\mathrm{i}}\frac{\mathrm{e}^{\mathrm{i}z_2}-\mathrm{e}^{-\mathrm{i}z_2}}{2\mathrm{i}}\\&=\frac{\mathrm{e}^{\mathrm{i}(z_1+z_2)}+\mathrm{e}^{\mathrm{i}(z_1-z_2)}+\mathrm{e}^{-\mathrm{i}(z_1-z_2)}+\mathrm{e}^{-\mathrm{i}(z_1+z_2)}+\mathrm{e}^{\mathrm{i}(z_1+z_2)}-\mathrm{e}^{\mathrm{i}(z_1-z_2)}-\mathrm{e}^{-\mathrm{i}(z_1-z_2)}+\mathrm{e}^{-\mathrm{i}(z_1+z_2)}}{4}\\&=\frac{\mathrm{e}^{\mathrm{i}(z_1+z_2)}+\mathrm{e}^{-\mathrm{i}(z_1+z_2)}}{2}\end{aligned}$$

可见左 = 右. 即

$$\cos(z_1+z_2)=\cos z_1\cos z_2-\sin z_1\sin z_2$$

$$左=\sin(z_1+z_2)=\frac{1}{2\mathrm{i}}\left[\mathrm{e}^{\mathrm{i}(z_1+z_2)}-\mathrm{e}^{-\mathrm{i}(z_1+z_2)}\right]$$

$$\begin{aligned}右&=\sin z_1\cos z_2+\cos z_1\sin z_2\\&=\frac{1}{2\mathrm{i}}(\mathrm{e}^{\mathrm{i}z_1}-\mathrm{e}^{-\mathrm{i}z_1})\frac{1}{2}(\mathrm{e}^{\mathrm{i}z_2}+\mathrm{e}^{-\mathrm{i}z_2})+\frac{1}{2}(\mathrm{e}^{\mathrm{i}z_1}+\mathrm{e}^{-\mathrm{i}z_1})\frac{1}{2\mathrm{i}}(\mathrm{e}^{\mathrm{i}z_2}-\mathrm{e}^{-\mathrm{i}z_2})\end{aligned}$$

$$
\begin{aligned}
&= \frac{1}{4\mathrm{i}}\left[\mathrm{e}^{\mathrm{i}(z_1+z_2)} + \mathrm{e}^{\mathrm{i}(z_1-z_2)} - \mathrm{e}^{-\mathrm{i}(z_1-z_2)} - \mathrm{e}^{-\mathrm{i}(z_1+z_2)}\right] \\
&\quad + \frac{1}{4\mathrm{i}}\left[\mathrm{e}^{\mathrm{i}(z_1+z_2)} - \mathrm{e}^{\mathrm{i}(z_1-z_2)} + \mathrm{e}^{-\mathrm{i}(z_1-z_2)} - \mathrm{e}^{-\mathrm{i}(z_1+z_2)}\right] \\
&= \frac{1}{4\mathrm{i}}\left[2\mathrm{e}^{\mathrm{i}(z_1+z_2)} - 2\mathrm{e}^{-\mathrm{i}(z_1+z_2)}\right] \\
&= \frac{1}{2\mathrm{i}}\left[\mathrm{e}^{\mathrm{i}(z_1+z_2)} - \mathrm{e}^{-\mathrm{i}(z_1+z_2)}\right]
\end{aligned}
$$

可见左 = 右. 即

$$\sin(z_1+z_2) = \sin z_1 \cos z_2 + \cos z_1 \sin z_2$$

(2)
$$
\begin{aligned}
\sin^2 z + \cos^2 z &= \left(\frac{\mathrm{e}^{\mathrm{i}z} - \mathrm{e}^{-\mathrm{i}z}}{2\mathrm{i}}\right)^2 + \left(\frac{\mathrm{e}^{\mathrm{i}z} + \mathrm{e}^{-\mathrm{i}z}}{2}\right)^2 \\
&= -\frac{1}{4}(\mathrm{e}^{2\mathrm{i}z} - 2 + \mathrm{e}^{-2\mathrm{i}z}) + \frac{1}{4}(\mathrm{e}^{2\mathrm{i}z} + 2 + \mathrm{e}^{-2\mathrm{i}z}) = 1
\end{aligned}
$$

(3)
$$\text{左} = \sin 2z = \frac{1}{2\mathrm{i}}(\mathrm{e}^{\mathrm{i}2z} - \mathrm{e}^{-\mathrm{i}2z})$$

$$
\begin{aligned}
\text{右} &= 2\sin z\cos z = 2\frac{1}{2\mathrm{i}}(\mathrm{e}^{\mathrm{i}z} - \mathrm{e}^{-\mathrm{i}z})\frac{1}{2}(\mathrm{e}^{\mathrm{i}z} + \mathrm{e}^{-\mathrm{i}z}) \\
&= \frac{1}{2\mathrm{i}}(\mathrm{e}^{\mathrm{i}2z} + 1 - 1 - \mathrm{e}^{-\mathrm{i}2z}) = \frac{1}{2\mathrm{i}}(\mathrm{e}^{\mathrm{i}2z} - \mathrm{e}^{-\mathrm{i}2z})
\end{aligned}
$$

可见左 = 右, 即 $\sin 2z = 2\cos z \sin z$.

(4) $\tan 2z = \dfrac{\sin 2z}{\cos 2z} = \dfrac{2\sin z\cos z}{\cos^2 z - \sin^2 z} = 2\dfrac{\sin z}{\cos z}\Big/\left[1 - \left(\dfrac{\sin z}{\cos z}\right)^2\right] = \dfrac{2\tan z}{1-\tan^2 z}$

(5) 由 (1) 知

$$
\begin{aligned}
\sin\left(\frac{\pi}{2} - z\right) &= \sin\left[\frac{\pi}{2} + (-z)\right] = \sin\frac{\pi}{2}\cos(-z) + \cos\frac{\pi}{2}\sin(-z) \\
&= \cos(-z) = \frac{1}{2}(\mathrm{e}^{\mathrm{i}(-z)} + \mathrm{e}^{-\mathrm{i}(-z)}) = \frac{1}{2}(\mathrm{e}^{\mathrm{i}z} + \mathrm{e}^{-\mathrm{i}z}) \\
&= \cos z
\end{aligned}
$$

(6) 由 (1) 得

$$\cos(z+\pi) = \cos z\cos\pi - \sin z \sin\pi = -\cos z$$

23. 将下列各式表示成 $x+\mathrm{i}y$ 的形式.

(1) $\mathrm{e}^{1+\pi\mathrm{i}} + \cos\mathrm{i}$; (2) $\mathrm{ch}\dfrac{\pi}{4}\mathrm{i}$; (3) $\cos(\mathrm{i}\ln 5)$.

解 (1)
$$
\begin{aligned}
\mathrm{e}^{1+\pi\mathrm{i}} + \cos\mathrm{i} &= \mathrm{e}\mathrm{e}^{\pi\mathrm{i}} + \frac{1}{2}(\mathrm{e}^{\mathrm{i}\cdot\mathrm{i}} + \mathrm{e}^{-\mathrm{i}\cdot\mathrm{i}}) = \mathrm{e}(\cos\pi + \mathrm{i}\sin\pi) + \frac{1}{2}(\mathrm{e}^{-1} + \mathrm{e}^{1}) \\
&= -\mathrm{e} + \frac{1}{2}(\mathrm{e}^{1} + \mathrm{e}^{-1}) = -\frac{1}{2}(\mathrm{e}^{1} - \mathrm{e}^{-1}) \\
&= -\mathrm{sh}1;
\end{aligned}
$$

(2) $\operatorname{ch}\dfrac{\pi}{4}\mathrm{i}=\dfrac{1}{2}\left(\mathrm{e}^{\frac{\pi}{4}\mathrm{i}}+\mathrm{e}^{-\frac{\pi}{4}\mathrm{i}}\right)=\cos\dfrac{\pi}{4}=\dfrac{\sqrt{2}}{2}$;

(3) $\cos(\mathrm{i}\ln 5)=\dfrac{1}{2}(\mathrm{e}^{\mathrm{i}\cdot\mathrm{i}\ln 5}+\mathrm{e}^{-\mathrm{i}\cdot\mathrm{i}\ln 5})=\dfrac{1}{2}(\mathrm{e}^{\ln 5}+\mathrm{e}^{-\ln 5})=\dfrac{1}{2}\left(5+\dfrac{1}{5}\right)=\dfrac{13}{5}$.

24. 已知 $f(z)=\dfrac{\ln\left(\dfrac{1}{2}+z^2\right)}{\sin\left(\dfrac{1+\mathrm{i}}{4}\pi z\right)}$, 求 $|f'(1-\mathrm{i})|$ 及 $\arg f'(1-\mathrm{i})$.

解 由于

$$f'(z)=\frac{\dfrac{2z}{\dfrac{1}{2}+z^2}\sin\left(\dfrac{1+\mathrm{i}}{4}\pi z\right)-\ln\left(\dfrac{1}{2}+z^2\right)\cos\left(\dfrac{1+\mathrm{i}}{4}\pi z\right)\dfrac{1+\mathrm{i}}{4}\pi}{\sin^2\left(\dfrac{1+\mathrm{i}}{4}\pi z\right)}$$

且函数 $f(z)$ 不解析点满足

$$\sin\left(\frac{1+\mathrm{i}}{4}\pi z\right)=0,\quad \frac{1+\mathrm{i}}{4}\pi z=k\pi,\quad z=\frac{4k}{1+\mathrm{i}},\quad k=0,\ \pm1,\ \pm2,\ \cdots$$

而

$$f'(1-\mathrm{i})=f'(z)|_{z=1-\mathrm{i}}=\frac{4}{17}(5+\mathrm{i}3)$$

从而

$$|f'(1-\mathrm{i})|=\left|\frac{4}{17}(5+\mathrm{i}3)\right|=\frac{4}{17}\sqrt{34}$$

$$\arg f'(1-\mathrm{i})=\arg\frac{4}{17}(5+3\mathrm{i})=\arctan\frac{3}{5}$$

25. 求 $\operatorname{Ln}(-\mathrm{i})$, $\operatorname{Ln}(-3+4\mathrm{i})$ 和它们的主值.

解 $\operatorname{Ln}(-\mathrm{i})=\ln|-\mathrm{i}|+\mathrm{i}(\arg(-\mathrm{i})+2k\pi)=\mathrm{i}\left(-\dfrac{\pi}{2}+2k\pi\right)$

$$=\mathrm{i}\pi\left(2k-\frac{1}{2}\right),\quad k=0,\ \pm1,\ \pm2,\ \cdots$$

$$\ln(-\mathrm{i})=\ln|-\mathrm{i}|+\mathrm{i}\arg(-\mathrm{i})=-\frac{\pi\mathrm{i}}{2}$$

$$\begin{aligned}\operatorname{Ln}(-3+4\mathrm{i})&=\ln|-3+4\mathrm{i}|+\mathrm{i}[\arg(-3+4\mathrm{i})+2k\pi]\\&=\ln 5+\mathrm{i}\left[\left(\pi-\arctan\frac{4}{3}\right)+2k\pi\right]\\&=\ln 5-\mathrm{i}\left[\arctan\frac{4}{3}-(2k+1)\pi\right],\quad k=0,\ \pm1,\ \pm2,\ \cdots\end{aligned}$$

$$\ln(-3+4\mathrm{i})=\ln|-3+4\mathrm{i}|+\mathrm{i}\arg(-3+4\mathrm{i})=\ln 5+\mathrm{i}\left(\pi-\arctan\frac{4}{3}\right)$$

26. 求 $e^{1-i\frac{\pi}{2}}$, $\exp\left(\dfrac{1-i\pi}{4}\right)$, 3^i 和 $(1+i)^i$ 的值.

解

$$e^{1-i\frac{\pi}{2}}=ee^{-i\frac{\pi}{2}}=e\left(\cos\frac{\pi}{2}-i\sin\frac{\pi}{2}\right)=-ie$$

$$\exp\left(\frac{1-i\pi}{4}\right)=e^{\frac{1}{4}}e^{-i\frac{\pi}{4}}=e^{\frac{1}{4}}\left(\cos\frac{\pi}{4}-i\sin\frac{\pi}{4}\right)=\frac{\sqrt{2}}{2}e^{\frac{1}{4}}(1-i)$$

$$\begin{aligned}3^i&=e^{i\ln 3}=e^{i[\ln 3+i(\arg 3+2k\pi)]}=e^{-2k\pi}e^{i\ln 3}\\&=e^{-2k\pi}(\cos\ln 3+i\sin\ln 3),\quad k=0,\ \pm1,\ \pm2,\ \cdots\end{aligned}$$

$$\begin{aligned}(1+i)^i&=e^{i\mathrm{Ln}(1+i)}=e^{i[\ln|1+i|+i(\arg(1+i)+2k\pi)]}\\&=e^{i\frac{\ln 2}{2}-\left(\frac{\pi}{4}+2k\pi\right)}=e^{-\pi\left(\frac{1}{4}+2k\right)}\left(\cos\frac{\ln 2}{2}+i\sin\frac{\ln 2}{2}\right)\end{aligned}$$

$$k=0,\ \pm1,\ \pm2,\ \cdots$$

27. 解方程 $\ln z=2-i\dfrac{\pi}{6}$.

解 由于 $\ln z=\ln|z|+i\arg z$, 代入原方程, 得

$$\ln|z|+i\arg z=2-i\frac{\pi}{6}$$

或

$$\begin{cases}\ln|z|=2, & |z|=e^2\\ \arg z=-\dfrac{\pi}{6}, & \arg z=-\dfrac{\pi}{6}\end{cases}$$

故原方程的解为

$$z=|z|e^{i\arg z}=e^2e^{-i\frac{\pi}{6}}=e^2\left(\cos\frac{\pi}{6}-i\sin\frac{\pi}{6}\right)=e^2\left(\frac{\sqrt{3}}{2}-i\frac{1}{2}\right)$$

28. 已知平面流速场的复势 $f(z)$ 为

(1) $(z+i)^2$; (2) z^3; (3) $\dfrac{1}{z^2+1}$; (4) $w=-ai\mathrm{Ln}z(a>0)$;

(5) $w=\dfrac{a}{z}(a>0)$.

求流动的速度以及流线和等势线的方程.

解 (1) $V(z)=\overline{f'(z)}=\overline{2(z+i)}=2(\bar{z}-i)$ 为流速, 又

$$f(z)=(z+i)^2=[x+i(y+1)]^2=x^2-(y+1)^2+i2x(y+1)$$

知流线和等势线方程分别为 $x(y+1)=C_1$ 和 $x^2-(y+1)^2=C_2$.

(2) 流速 $V(z)\overline{f'(z)}=\overline{3z^2}=3\bar{z}^2$. 又 $f(z)=z^3=x(x^2-3y^2)+\mathrm{i}y(3x^2-y^2)$, 流线方程: $(3x^2-y^2)y=C_1$, 等势线方程: $x(x^2-3y^2)=C_2$.

(3) 流速

$$V(z)=\overline{f'(z)}=\overline{\left(\frac{1}{z^2+1}\right)}=\overline{\left(\frac{-2z}{(z^2+1)^2}\right)}=\frac{-2\bar{z}}{(\bar{z}^2+1)^2}$$

又

$$f(z)=\frac{1}{z^2+1}=\frac{1}{x^2-y^2+1+\mathrm{i}2xy}=\frac{x^2-y^2+1-\mathrm{i}2xy}{(x^2-y^2+1)^2+4x^2y^2}$$

流线方程为

$$\frac{xy}{(x^2-y^2+1)^2+4x^2y^2}=C_1$$

等势线方程为

$$\frac{x^2-y^2+1}{(x^2-y^2+1)^2+4x^2y^2}=C_2$$

(4) 流速 $V(z)=\overline{f'(z)}=\overline{\left(-\frac{a\mathrm{i}}{z}\right)}=\frac{a\mathrm{i}}{\bar{z}}$, 又

$$f(z)=-a\mathrm{i}\mathrm{Ln}z=-a\mathrm{i}[\ln|z|+\mathrm{i}(\arg z+2k\pi)]=a(\arg z+2k\pi)-\mathrm{i}a\ln|z|$$

知流线方程为 $a\ln(x^2+y^2)=C_1$, 等势线方程为 $a(\arg z+2k\pi)=C_2$.

(5) 流速 $V(z)=\overline{f'(z)}=\overline{\left(-\frac{a}{z^2}\right)}=-\frac{a}{(\bar{z})^2}$. 又

$$f(z)=\frac{a}{z}=\frac{a}{x+\mathrm{i}y}=\frac{a(x-\mathrm{i}y)}{x^2+y^2}=\frac{ax}{x^2+y^2}+\mathrm{i}\frac{-ay}{x^2+y^2}$$

流线方程为 $x^2+y^2+C_1y=0$, 等势线方程为 $x^2+y^2+C_2x=0$.

第3章 复变函数的积分

3.1 内容提要

3.1.1 复变函数积分的概念

1. 积分的定义及计算方法

复变函数积分是定义在复平面上的简单光滑或分段光滑的有向曲线 (此类曲线以后简称为曲线或路径) 上的积分. 设 $f(z)=u(x,y)+\mathrm{i}v(x,y)$ 在曲线 C 上连续, 曲线 $C: z=z(t)\quad(\alpha\leqslant t\leqslant\beta)$, 起点为 $z(\alpha)$, 终点为 $z(\beta)$, 则有

(1) $\displaystyle\int_C f(z)\mathrm{d}z=\int_C u\mathrm{d}x-v\mathrm{d}y+\mathrm{i}\int_C v\mathrm{d}x+u\mathrm{d}y$;

(2) $\displaystyle\int_C f(z)\mathrm{d}z=\int_\alpha^\beta f(z(t))z'(t)\mathrm{d}t$.

2. 积分的性质

(1) $\displaystyle\int_C\{\alpha f(z)+\beta g(z)\}\mathrm{d}z=\alpha\int_C f(z)\mathrm{d}z+\beta\int_C g(z)\mathrm{d}z$ (α,β 为任意复常数).

(2) $\displaystyle\int_{C^-} f(z)\mathrm{d}z=-\int_C f(z)\mathrm{d}z$, 其中 C^- 表示只与 C 方向相反的曲线.

(3) $\displaystyle\int_C f(z)\mathrm{d}z=\int_{C_1} f(z)\mathrm{d}z+\int_{C_2} f(z)\mathrm{d}z$, 其中曲线 C 由曲线 C_1 与 C_2 首尾相接而成.

3.1.2 Cauchy 积分定理

1. Cauchy-Goursat 定理

(1) 若函数 $f(z)$ 在简单光滑或分段光滑的正向闭曲线 (此类曲线以后简称为闭曲线或闭路)C 上及其内部解析, 则 $\displaystyle\oint_C f(z)\mathrm{d}z=0$;

(2) 若函数 $f(z)$ 在单连通区域 B 内解析, C 为 B 内的任一条闭路, 则 $\oint_C f(z)\mathrm{d}z = 0$.

2. 不定积分与原函数

(1) 设 $f(z)$ 为单连通区域 B 内的一解析函数, 而 C_1 和 C_2 为在 B 内连接点 z_0 与 z 的任意两条路径, 则有 $\int_{C_1} f(z)\mathrm{d}z = \int_{C_2} f(z)\mathrm{d}z$, 即单连通区域内解析函数的积分与积分路径无关.

(2) 设 $f(z)$ 在单连通区域 B 内解析, 则 $F(z) = \int_{z_0}^{z} f(\zeta)\mathrm{d}\zeta$(因为积分与路径无关, 故当 $z_0 \in B$ 固定时, $F(z)$ 为 z 的单值函数) 也在 B 内解析, 且 $F'(z) = f(z)$.

(3) 同实函数的情形一样, 我们称 $F(z)$ 为 $f(z)$ 的一个原函数, $F(z) + c$(c 为复常数) 称为 $f(z)$ 的不定积分.

(4) Newton-Leibniz 公式: 若 $f(z)$ 在单连通区域 B 内解析, $H(z)$ 是 $f(z)$ 的一个原函数, 则

$$\int_{z_1}^{z_2} f(z)\mathrm{d}z = H(z_2) - H(z_1) \quad (z_1, z_2 \in B)$$

3. 复合闭路定理

设闭路 $C_1, C_2, \cdots, C_n$ 在闭路 C 的内部, 闭路 $C_1, C_2, \cdots, C_n$ 互不相交也互不包含, 则称

$$\varGamma = C + C_1^- + C_2^- + \cdots + C_n^-$$

为一个复合闭路, 那么我们有以下结论.

(1) 复合闭路定理: 设 $f(z)$ 在复合闭路 $\varGamma = C + C_1^- + C_2^- + \cdots + C_n^-$ 上及以其为边界的区域 D 内解析, 则

$$\oint_{\varGamma} f(z)\mathrm{d}z = 0$$

即

$$\oint_C f(z)\mathrm{d}z = \sum_{k=1}^{n} \oint_{C_k} f(z)\mathrm{d}z$$

(2) 闭路变形原理, 特别地若区域 D 是由内外两条闭路 C, K 所围成的环形域, 而 $f(z)$ 在 D 内及其边界 C, K 上解析, 则有

$$\oint_C f(z)\mathrm{d}z = \oint_K f(z)\mathrm{d}z$$

3.1.3 Cauchy 积分公式

1. Cauchy 积分公式

设 $f(z)$ 在闭路 C 上及其内部 B 内解析, 而 z_0 是 B 内的任意一点, 则

$$f(z_0)=\frac{1}{2\pi \mathrm{i}}\oint_C\frac{f(z)}{z-z_0}\mathrm{d}z$$

2. 高阶求导公式

若 $f(z)$ 在闭路 C 上及其内部 B 内解析, 则在 B 内任意一点 $z_0, f(z)$ 有任意阶导数, 且有

$$f^{(n)}(z_0)=\frac{n!}{2\pi \mathrm{i}}\oint_C\frac{f(z)}{(z-z_0)^{n+1}}\mathrm{d}z\quad(n=1,2,\cdots)$$

3. 几个重要推论

(1) 平均值公式: 设闭路 $C: z=z_0+Re^{\mathrm{i}\theta}(0\leqslant\theta\leqslant 2\pi, R>0), f(z)$ 在 C 上及其内部解析, 则有

$$f(z_0)=\frac{1}{2\pi}\int_0^{2\pi}f(z_0+Re^{\mathrm{i}\theta})\mathrm{d}\theta=\frac{1}{2\pi R}\oint_C f(z)\mathrm{d}s$$

其中 $\mathrm{d}s$ 是 C 上的弧长微分.

(2) Cauchy 不等式: 设 M 是 $|f(z)|$ 在上述 (1) 中的圆周 C 上的一个上界, 则有

$$|f^{(n)}(z_0)|\leqslant\frac{n!M}{R^n}$$

特别地当 $n=1$ 时, 有

$$|f'(z_0)|\leqslant\frac{M}{R}$$

(3) Liouville 定理: 若 $f(z)$ 在整个复平面上解析且有界, 则 $f(z)$ 必为一常数.

(4) 代数学基本定理: 任一复系数多项式

$$f(z)=a_0z^n+a_1z^{n-1}+\cdots+a_{n-1}z+a_n\quad(n\geqslant 1, a_0\neq 0)$$

在复平面上必有零点, 即方程 $f(z)=0$ 必有复根.

4. Morrera 定理

设 $f(z)$ 在区域 D 内连续, 且对于 D 内任意一条其内部含于 D 的简单光滑闭曲线 C 都有

$$\oint_C f(z)\mathrm{d}z=0$$

则 $f(z)$ 在 D 内必解析.

3.2 典型例题剖析

例 3.1 设 C 为围绕 z_0 的任一条闭路, 求 $\oint_C \frac{\mathrm{d}z}{(z-z_0)^n}$(图 3.1).

分析 此题因积分曲线 C 为任一闭路, 故无法直接用复变函数积分的计算公式求得, 但是若作以 z_0 为圆心的小圆周 K 含于 C 的内部, 则此题可由闭路变形原理化为沿圆周 K 的积分.

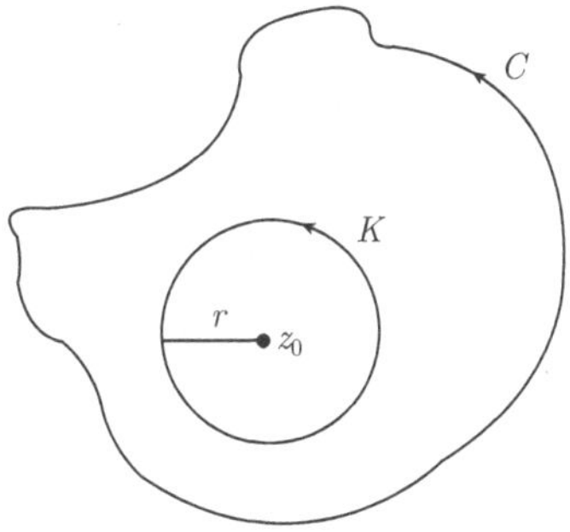

图 3.1

解 在 C 的内部作以 z_0 为圆心的小圆周 $K: z=z_0+r\mathrm{e}^{\mathrm{i}\theta}$ $(r>0, 0\leqslant\theta\leqslant 2\pi)$, 那么函数 $\frac{1}{(z-z_0)^n}$ 显然在以 K 和 C 为边界的闭环形域上解析, 故由闭路变形原理, 有

$$
\begin{aligned}
&\oint_C \frac{\mathrm{d}z}{(z-z_0)^n}=\oint_K \frac{\mathrm{d}z}{(z-z_0)^n}=\int_0^{2\pi}\frac{r\mathrm{i}\mathrm{e}^{\mathrm{i}\theta}\mathrm{d}\theta}{r^n\mathrm{e}^{\mathrm{i}n\theta}}\\
=&\frac{\mathrm{i}}{r^{n-1}}\int_0^{2\pi}\mathrm{e}^{-\mathrm{i}(n-1)\theta}\mathrm{d}\theta\\
=&\frac{\mathrm{i}}{r^{n-1}}\left\{\int_0^{2\pi}\cos(n-1)\theta\mathrm{d}\theta-\mathrm{i}\int_0^{2\pi}\sin(n-1)\theta\mathrm{d}\theta\right\}\\
=&\begin{cases}2\pi\mathrm{i}, & n=1\\ 0, & n\neq 1\end{cases}
\end{aligned}
$$

例 3.2 求积分 $\int_C (z^2+z+1)\mathrm{d}z$ 的值, 其中积分路径 C 为连接 0 到 $2\pi a$ 的摆线: $x=a(\theta-\sin\theta), y=a(1-\cos\theta)$.

分析 若用复变函数积分计算公式求积分的值, 则应先写出 C 的参数方程: $z=z(\theta)=a(\theta-\sin\theta)+\mathrm{i}a(1-\cos\theta)$, 确定起点参数 $\theta=0$, 终点参数 $\theta=2\pi$, 然后用公式 $\int_C f(z)\mathrm{d}z=\int_0^{2\pi}f(z(\theta))z'(\theta)\mathrm{d}\theta$ 计算即可. 不过, 只要注意到被积函数 $f(z)=z^2+z+1$ 在复平面上解析, 从而积分与路径无关, 就可以用复积分的 Newton-Leibniz 公式进行简单的计算.

解

$$
\begin{aligned}
\int_C (z^2+z+1)\mathrm{d}z&=\int_0^{2\pi a}(z^2+z+1)\mathrm{d}z\\
&=\left(\frac{1}{3}z^3+\frac{1}{2}z^2+z\right)\Big|_0^{2\pi a}
\end{aligned}
$$

$$=\frac{8}{3}\pi^3a^3+2\pi^2a^2+2\pi a$$

例 3.3 设 $f(z)$ 在单连域 B 内解析, C 为 B 内任一条闭路, 问

$$\oint_C \mathrm{Re}[f(z)]\mathrm{d}z=0,\quad \oint_C \mathrm{Im}[f(z)]\mathrm{d}z=0$$

是否成立? 如成立, 给出证明; 如不成立, 举例说明.

分析 由于 $f(z)$ 在单连域 B 内解析, C 为 B 内任一闭路, 因此由 Cauchy-Goursat 定理应有 $\int_C f(z)\mathrm{d}z=0$, 即应有 $\mathrm{Re}\left[\oint_C f(z)\mathrm{d}z\right]=0, \mathrm{Im}\left[\oint_C f(z)\mathrm{d}z\right]=0$. 但是未必会有 $\oint_C \mathrm{Re}[f(z)]\mathrm{d}z=0, \oint_C \mathrm{Im}[f(z)]\mathrm{d}z=0$, 原因是这里的被积函数 $\mathrm{Re}[f(z)]$, $\mathrm{Im}[f(z)]$ 未必解析.

解 不一定成立, 反例如下:

令 $f(z)=z, C:|z|=1$, 则有

$$\begin{aligned}\oint_C \mathrm{Re}[f(z)]\mathrm{d}z&=\int_0^{2\pi}\mathrm{Re}[f(\mathrm{e}^{\mathrm{i}\theta})]\mathrm{i}\mathrm{e}^{\mathrm{i}\theta}\mathrm{d}\theta\\&=\int_0^{2\pi}\mathrm{Re}[\mathrm{e}^{\mathrm{i}\theta}]\mathrm{i}\mathrm{e}^{\mathrm{i}\theta}\mathrm{d}\theta\\&=\int_0^{2\pi}(\cos\theta)\mathrm{i}\mathrm{e}^{\mathrm{i}\theta}\mathrm{d}\theta\\&=\int_0^{2\pi}\mathrm{i}\cos\theta(\cos\theta+\mathrm{i}\sin\theta)\mathrm{d}\theta\\&=\int_0^{2\pi}(-\sin\theta\cos\theta+\mathrm{i}\cos^2\theta)\mathrm{d}\theta\\&=\mathrm{i}\pi\neq 0\end{aligned}$$

$$\begin{aligned}\oint_C \mathrm{Im}[f(z)]\mathrm{d}z&=\int_0^{2\pi}\mathrm{Im}[f(\mathrm{e}^{\mathrm{i}\theta})]\mathrm{i}\mathrm{e}^{\mathrm{i}\theta}\mathrm{d}\theta\\&=\int_0^{2\pi}\mathrm{Im}[\mathrm{e}^{\mathrm{i}\theta}]\mathrm{i}\mathrm{e}^{\mathrm{i}\theta}\mathrm{d}\theta\\&=\int_0^{2\pi}(-\sin^2\theta+\mathrm{i}\sin\theta\cos\theta)\mathrm{d}\theta\\&=-\pi\neq 0\end{aligned}$$

例 3.4 计算积分 $\oint_C \bar{z}\mathrm{d}z$ 的值, 其中 $C:|z|=1$.

分析 此题当然可用复积分计算公式求解, 但是若注意到在圆周 $C:|z|=1$ 上有 $\bar{z}=\frac{1}{z}$, 则此题可用例 3.1 直接求出其值.

解 $\oint_C \bar{z}\mathrm{d}z = \oint_C \frac{1}{z}\mathrm{d}z = 2\pi\mathrm{i}$(在例 3.1 中令 $z_0 = 0, n = 1$ 即可).

例 3.5 求积分 $\oint_C \frac{1}{z^2 - z}\mathrm{d}z$ 的值, 其中 $C : |z| = 2$.

分析 如将被积函数分解为 $\frac{1}{z^2 - z} = \frac{1}{z-1} - \frac{1}{z}$, 则可用 Cauchy 积分公式简单求得.

解 $\oint_C \frac{1}{z^2 - z}\mathrm{d}z = \oint_C \frac{1}{z-1}\mathrm{d}z - \oint_C \frac{1}{z}\mathrm{d}z = 2\pi\mathrm{i} - 2\pi\mathrm{i} = 0$

例 3.6 设 $f(z)$ 在闭路 C 上及其内部解析, 而点 $z = 0$ 和 $z = a$ 在 C 的内部, 证明:

$$\frac{1}{2\pi\mathrm{i}}\oint_C \frac{f(z)}{z^2(z-a)}\mathrm{d}z = \frac{1}{a^2}f(a) - \frac{1}{a^2}f(0) - \frac{1}{a}f'(0)$$

并求积分 $\frac{1}{2\pi\mathrm{i}}\oint_C \frac{\sin z}{z^2(z-\pi)}\mathrm{d}z$ 的值 ($z = 0, z = \pi$ 均在 C 的内部).

分析 如将 $\frac{1}{z^2(z-a)}$ 展为部分公式, 即 $\frac{1}{z^2(z-a)} = \frac{1}{a^2}\frac{1}{z-a} - \frac{1}{a^2}\frac{1}{z} - \frac{1}{a}\frac{1}{z^2}$, 则可用 Cauchy 积分公式或高阶求导公式证明. 当然也可先用复合闭路定理然后再用 Cauchy 积分公式或高阶求导公式证明.

证 因 $\frac{1}{z^2(z-a)} = \frac{1}{a^2}\frac{1}{z-a} - \frac{1}{a^2}\frac{1}{z} - \frac{1}{a}\frac{1}{z^2}$, 故

$$\begin{aligned}
&\frac{1}{2\pi\mathrm{i}}\oint_C \frac{f(z)}{z^2(z-a)}\mathrm{d}z \\
=&\frac{1}{2\pi\mathrm{i}}\cdot\frac{1}{a^2}\oint_C \frac{f(z)}{z-a}\mathrm{d}z - \frac{1}{2\pi\mathrm{i}}\frac{1}{a^2}\oint_C \frac{f(z)}{z}\mathrm{d}z - \frac{1}{2\pi\mathrm{i}}\frac{1}{a}\oint_C \frac{f(z)}{z^2}\mathrm{d}z \\
=&\frac{1}{a^2}f(a) - \frac{1}{a^2}f(0) - \frac{1}{a}f'(0)
\end{aligned}$$

另证 设 K_1 与 K_2 分别为以 $z = 0$ 与 $z = a$ 为圆心, 半径充分小的小圆周, 使 K_1 与 K_2 含于 C 的内部且互不相交也互不包含, 则有

$$\begin{aligned}
\frac{1}{2\pi\mathrm{i}}\oint_C \frac{f(z)}{z^2(z-a)}\mathrm{d}z =&\frac{1}{2\pi\mathrm{i}}\oint_{K_1} \frac{f(z)}{z^2(z-a)}\mathrm{d}z + \frac{1}{2\pi\mathrm{i}}\oint_{K_2} \frac{f(z)}{z^2(z-a)}\mathrm{d}z \\
=&\frac{1}{2\pi\mathrm{i}}\oint_{K_1} \frac{\frac{f(z)}{z-a}}{z^2}\mathrm{d}z + \frac{1}{2\pi\mathrm{i}}\oint_{K_2} \frac{\frac{f(z)}{z^2}}{z-a}\mathrm{d}z \\
=&\left(\frac{f(z)}{z-a}\right)'\bigg|_{z=0} + \frac{f(z)}{z^2}\bigg|_{z=a} \\
=&\frac{1}{a^2}f(a) + \frac{f'(z)(z-a) - f(z)}{(z-a)^2}\bigg|_{z=0}
\end{aligned}$$

$$=\frac{1}{a^2}f(a)-\frac{1}{a^2}f(0)-\frac{1}{a}f'(0)$$

由此即得

$$\frac{1}{2\pi i}\oint_C \frac{\sin z}{z^2(z-\pi)}dz=\frac{1}{\pi^2}\sin\pi-\frac{1}{\pi^2}\sin 0-\frac{1}{\pi}\cos 0=-\frac{1}{\pi}$$

例 3.7 若 $f(z)$ 在闭路 C 围成的闭单连域 $\bar{B}$ 上解析, 则有

$$\max_{z\in B}|f(z)|=\max_{z\in C}|f(z)|$$

分析 因闭单连域 $\bar{B}$ 的边界为 C, 故显然有 $\max\limits_{z\in B}|f(z)|\geqslant\max\limits_{z\in C}|f(z)|$, 从而只需证明 $\max\limits_{z\in B}|f(z)|\leqslant\max\limits_{z\in C}|f(z)|$ 即可. 另个, 我们应考虑应用 Cauchy 积分定理.

证 设 n 为任一自然数, z_0 为 B 中任一点, 则由 Cauchy 积分定理, 有

$$[f(z_0)]^n=\frac{1}{2\pi i}\oint_C \frac{[f(z)]^n}{z-z_0}dz$$

令

$$M=\max_{z\in C}|f(z)|$$

则有

$$|f(z_0)|^n\leqslant\frac{1}{2\pi}\oint_C\frac{|f(z)|^n}{|z-z_0|}|dz|\leqslant\left(\frac{1}{2\pi}\oint_C\frac{ds}{|z-z_0|}\right)\cdot M^n$$

(1) 若 $M=0$, 则有 $|f(z_0)|=0$, 故有 $|f(z_0)|\leqslant M$;

(2) 若 $M>0$, 则由上得

$$\frac{|f(z_0)|}{M}\leqslant\left(\frac{1}{2\pi}\oint_C\frac{ds}{|z-z_0|}\right)^{1/n}$$

因 $\dfrac{1}{2\pi}\oint_C\dfrac{ds}{|z-z_0|}$ 是一个与 n 无关的正实数, 故在上式中令 $n\to\infty$ 取极限, 得

$$\frac{|f(z_0)|}{M}\leqslant\lim_{n\to\infty}\left(\frac{1}{2\pi}\oint_C\frac{ds}{|z-z_0|}\right)^{1/n}=1$$

故有 $|f(z_0)|\leqslant M$.

总之, 我们得到了 $|f(z_0)|\leqslant M$.

再考虑到 $z_0\in B$ 的任意性, 得

$$|f(z)|\leqslant M\quad(\forall z\in B)$$

从而

$$\max_{z\in B}|f(z)|\leqslant M=\max_{z\in C}|f(z)|$$

又因显然有

$$\max_{z\in B}|f(z)| \geqslant \max_{z\in C}|f(z)|$$

于是有

$$\max_{z\in B}|f(z)| = \max_{z\in C}|f(z)|$$

例 3.8 求积分 $\oint_C \dfrac{\cos z}{(z-1)^3}\mathrm{d}z$, 其中 $C:|z|=2$.

分析 此题若用复积分计算公式, 则会变得难以求解, 但若用高阶求导公式, 则会很简单.

解 $\oint_C \dfrac{\cos z}{(z-1)^3}\mathrm{d}z = \dfrac{2\pi \mathrm{i}}{2!}\dfrac{\mathrm{d}^2}{\mathrm{d}z^2}(\cos z)|_{z=1} = -\pi \mathrm{i}\cos 1$.

例 3.9 求积分 $\oint_C \dfrac{\mathrm{e}^z}{z(z-1)^2}\mathrm{d}z$, 其中 C 分别为

(1) $|z|=\dfrac{1}{2}$; (2) $|z-1|=\dfrac{1}{2}$; (3) $|z|=2$.

分析 显然此题不能用复积分计算公式求解, 而应用 Cauchy 积分公式或高阶求导公式求解.

解 显然被积函数的奇点为 $z=0$ 及 $z=1$.

(1)$C:|z|=\dfrac{1}{2}$,

$$\oint_C \frac{\mathrm{e}^z}{z(z-1)^2}\mathrm{d}z = \oint_C \frac{\dfrac{\mathrm{e}^z}{(z-1)^2}}{z}\mathrm{d}z = 2\pi \mathrm{i}\left[\frac{\mathrm{e}^z}{(z-1)^2}\right]\bigg|_{z=0} = 2\pi \mathrm{i}$$

(2)$C:|z-1|=\dfrac{1}{2}$,

$$\oint_C \frac{\mathrm{e}^z}{z(z-1)^2}\mathrm{d}z = \oint_C \frac{\dfrac{\mathrm{e}^z}{z}}{(z-1)^2}\mathrm{d}z = \frac{2\pi \mathrm{i}}{1!}\left(\frac{\mathrm{e}^z}{z}\right)\bigg|_{z=1} = 0$$

(3)$C:|z|=2$, 由复合闭路定理, 有

$$\oint_C \frac{\mathrm{e}^z}{z(z-1)^2}\mathrm{d}z = \oint_{C_1} \frac{\mathrm{e}^z}{z(z-1)^2}\mathrm{d}z + \oint_{C_2} \frac{\mathrm{e}^z}{z(z-1)^2}\mathrm{d}z$$
$$=2\pi \mathrm{i} + 0 = 2\pi \mathrm{i}$$

其中 $C_1:|z|=r, C_2:|z|=r\left(r<\dfrac{1}{2}\right)$.

例 3.10 若 $f(z)$ 在 $|z-a|<R$ 内解析, 试证明对任一 $r(0<r<R)$ 均有

$$f'(a) = \frac{1}{\pi r}\int_0^{2\pi} \mathrm{Re}\{f(a+r\mathrm{e}^{\mathrm{i}\theta})\}\mathrm{e}^{-\mathrm{i}\theta}\mathrm{d}\theta$$

分析 高阶求导公式表明, $f'(z)$ 在 $|z-a|<r$ 内任一点的值可用 $f(z)$ 在边界 $|z-a|=r$ 上的函数值 $f(a+re^{i\theta})$ 来表示. 另外此题显然还需用到复积分计算公式及 Cauchy-Goursat 定理.

证 令 $f(a+re^{i\theta})=u(r,\theta)+iv(r,\theta)$, 由高阶求导公式有

$$\begin{aligned}f'(a)=&\frac{1}{2\pi i}\oint_{|z-a|=r}\frac{f(z)}{(z-a)^2}dz=\frac{1}{2\pi r}\int_0^{2\pi}f(a+re^{i\theta})e^{-i\theta}dz\\=&\frac{1}{2\pi i}\int_0^{2\pi}[u(r,\theta)+iv(r,\theta)]e^{-i\theta}d\theta\end{aligned}\tag{3.1}$$

另外, 由 Cauchy-Goursat 定理, 有

$$\oint_{|z-a|=r}f(z)dz=0$$

即

$$\begin{aligned}0=&\frac{1}{2\pi ir^2}\int_{|z-a|=r}f(z)dz=\frac{1}{2\pi r}\int_0^{2\pi}f(a+re^{i\theta})e^{i\theta}d\theta\\=&\frac{1}{2\pi r}\int_0^{2\pi}[u(r,\theta)+iv(r,\theta)]e^{i\theta}d\theta,\end{aligned}$$

两边取共轭得

$$0=\frac{1}{2\pi r}\int_0^{2\pi}[u(r,\theta)-iv(r,\theta)]e^{-i\theta}d\theta.\tag{3.2}$$

(3.1) 式 +(3.2) 式得

$$\begin{aligned}f'(a)=&\frac{1}{\pi r}\int_0^{2\pi}u(r,\theta)e^{-i\theta}d\theta\\=&\frac{1}{\pi r}\int_0^{2\pi}\mathrm{Re}[f(a+re^{i\theta})]e^{-i\theta}d\theta\end{aligned}$$

3.3 测 试 题

1. 单项选择题.

(1) 设 $f(z)$ 在单连域 B 内解析, C 为 B 内任一闭路, 则必有 ( ).

A. $\oint_C \mathrm{Im}[f(z)]dz=0$; B. $\oint_C \mathrm{Re}[f(z)]dz=0$;

C. $\oint_C |f(z)|dz=0$; D. $\mathrm{Re}\left[\oint_C f(z)dz\right]=0$.

(2) 函数 $f(z)$ 在单连域 B 内解析是 $f(z)$ 沿 B 内任一闭路 C 的积分 $\oint_C f(z)dz=0$ 的 ( ).

A. 充分条件; B. 必要条件;

C. 充要条件; D. 既非充分也非必要条件.

(3) 函数 $f(z)$ 在单连域 B 内解析是 $f(z)$ 存在原函数的 (　　).

A. 必要条件; B. 充分条件;

C. 充要条件; D. 既非充分也非必要条件.

(4) 设 $f(z)$ 在闭路 C 上及其内部解析, z_0 在 C 的内部, 则有 (　　).

A. $\oint_C \frac{f(z)}{(z-z_0)^2}dz = f'(z_0)\oint_C \frac{1}{(z-z_0)^2}dz$;

B. $\oint_C \frac{f(z)}{(z-z_0)^2}dz = \oint_C \frac{f'(z)}{z-z_0}dz$;

C. $\oint_C \frac{f(z)}{(z-z_0)^2}dz = \frac{f(z_0)}{2!}\oint_C \frac{1}{z-z_0}dz$;

D. $\oint_C \frac{f(z)}{(z-z_0)^2}dz = \oint_C \frac{f(z_0)}{z-z_0}dz$.

(5) 设 $C: |z-1| = 1$, 则 $\oint_C \frac{dz}{(z-1)^3(z+1)^3} =$(　　).

A. $\frac{3\pi}{8}i$; B. $-\frac{3\pi}{8}i$; C. $\frac{3\pi}{4}i$; D. $-\frac{3\pi}{4}i$.

(6) 设 $C: |z-2| = 1$, 则 $\oint_C \frac{e^z}{z-2}dz =$(　　).

A. $\pi e^2 i$; B. $2\pi e i$; C. $2\pi e^2$; D. $2\pi e^2 i$.

(7) 设 $C: |z-a| = a$, 则 $\oint_C \frac{dz}{z^2-a^2} =$(　　).

A. $\pi a i$; B. $-\pi a i$; C. $\frac{\pi}{a}i$; D. $-\frac{\pi}{a}i$.

(8) 设 $C: |z| = 1$, 则 $\oint_C \frac{\sin z}{\left(z-\frac{\pi}{2}\right)^3}dz =$(　　).

A. $-\pi i$; B. πi; C. 0; D. $-2\pi i$.

(9) 设 $C: |z| = 1$, 则 $\oint_C \frac{e^z}{z^5}dz =$(　　).

A. $\frac{\pi i}{12}$; B. $-\frac{\pi i}{12}$; C. $\frac{\pi i}{6}$; D. $-\frac{\pi i}{6}$.

(10) 设 $C: |z-1| = \frac{1}{2}$, 则 $\oint_C \frac{\cos z}{z}dz =$(　　).

A. $2\pi i$; B. 0; C. πi; D. 1.

(11) 设 $f(z)$ 在 $0<|z|<1$ 内解析, 且沿任一圆周 $C: |z| = r(0<r<1)$ 的积分均为零, 则 $f(z)$ 在 $z=0$ 处 (　　).

A. 可导; B. 解析; C. 未必解析; D. 连续.

(12) 设 $f(z)$ 在区域 D 内连续, 且对 D 内任一条其内部含于 D 的闭路 C 均有 $\oint_C f(z)\mathrm{d}z=0$, 则 $f(z)$ 在 ( ).

A. D 内解析; B. $\bar{D}$ 上连续;

C. $\bar{D}$ 上解析; D. D 内未必解析.

2. 填空题.

(1) 沿 $y=x$ 的积分 $\int_0^{1+\mathrm{i}}(8z^2+4z+1)\mathrm{d}z=$____; 沿 $y=x^2$ 的积分 $\int_0^{1+\mathrm{i}}(8z^2+4z+1)\mathrm{d}z=$____.

(2) 设 $C:|z|=1$, 则当 $|a|<1$ 时 $\oint_C \frac{\mathrm{e}^z}{(z-a)^2}\mathrm{d}z=$____; 当 $|a|>1$ 时 $\oint_C \frac{\mathrm{e}^z}{(z-a)^2}\mathrm{d}z=$____.

(3) $\oint_{|z|=1}\frac{\bar{z}}{|z|}\mathrm{d}z=$____; $\oint_{|z|=3}\frac{\bar{z}}{|z|}\mathrm{d}z=$____.

(4) 设 $f(z)$ 在 $|z|<1$ 内解析, 则 $\oint_{|z|=r<1}\frac{f(z)}{z^2}\mathrm{d}z=$____; $\oint_{|z|=r<1}\frac{f(z)}{z-2r}\mathrm{d}z$ $=$____.

(5) 积分 $\oint_{|z|=3}\frac{\mathrm{e}^z}{z(z-1)^3}\mathrm{d}z=$____.

(6) 积分 $\oint_{|z|=1}\frac{\mathrm{e}^{\frac{1}{z-2}}\mathrm{d}z}{(z^2+2)(z-3)}=$____.

(7) 设 $f(z)$ 在单连域 B 内解析且不为零, C 为 B 内任一闭路, 则 $\oint_C \frac{f''(z)+2f'(z)+4}{f(z)}\mathrm{d}z=$____.

(8) 设 $f(z)=\oint_{|\zeta|=2}\frac{\sin\left(\frac{\pi}{3}\zeta\right)}{\zeta-z}\mathrm{d}\zeta$, 其中 $|z|\neq 2$, 则 $f'(1)=$____.

3. 计算及证明题.

(1) 计算 $\oint_{|z|=2}\frac{z^3+1}{(z+1)^4}\mathrm{d}z$.

(2) 设 $C:|z|=3, f(z)=\oint_C \frac{3\zeta^2+7\zeta+1}{\zeta-z}\mathrm{d}\zeta$, 求 $f'(1+\mathrm{i})$.

(3) 求积分 $I=\oint_C \frac{\mathrm{d}z}{z^3(z+1)(z-2)}$ 的值, 其中 $C:|z|=r, r\neq 1,2$.

(4) 设 C_1 与 C_2 为不经过 z_0 的两条互不包含也互不相交的闭路, 求 $\frac{1}{2\pi\mathrm{i}}\left[\oint_{C_1}\frac{z^2\mathrm{d}z}{z-z_0}+\oint_{C_2}\frac{\sin z\mathrm{d}z}{z-z_0}\right]$ 的值.

(5) 计算积分 $\oint_{|z|=r}\frac{|\mathrm{d}z|}{|z-a|^2}$, 其中 $a\neq 0,|a|\neq r,r>0$.

(6) 计算积分 $\oint_C\frac{\mathrm{e}^z}{z(1-z)^3}\mathrm{d}z$, 其中 C 为不经过点 0 与 1 的闭路.

(7) 若 $f(z)$ 在 $|z|\leqslant 1$ 上解析, 则有

$$\frac{1}{2\pi\mathrm{i}}\oint_{|\zeta|=1}\frac{\overline{f(\zeta)}}{\zeta-z}\mathrm{d}\zeta=\begin{cases}\overline{f(0)}, & |z|<1\\ \overline{f(0)}-\overline{f\left(\dfrac{1}{\bar z}\right)}, & |z|>1\end{cases}$$

3.4 测试题解答

1. 单项选择题.

(1)D. 由 Cauchy-Goursat 定理有 $\oint_C f(z)\mathrm{d}z=0$, 故其实部为零.

(2)A. 由 Cauchy-Goursat 定理即知.

(3)B. 由本书 3.1.2 节中的 2 之 (2), (3) 即知.

(4)B. 由 Cauchy 积分公式, $f'(z_0)=\frac{1}{2\pi\mathrm{i}}\oint_C\frac{f'(z)}{z-z_0}\mathrm{d}z$, 由高阶求导公式, $f'(z_0)=\frac{1}{2\pi\mathrm{i}}\oint_C\frac{f(z)}{(z-z_0)^2}\mathrm{d}z$, 故有

$$\frac{1}{2\pi\mathrm{i}}\oint_C\frac{f'(z)}{z-z_0}\mathrm{d}z=\frac{1}{2\pi\mathrm{i}}\oint_C\frac{f(z)}{(z-z_0)^2}\mathrm{d}z$$

即

$$\oint_C\frac{f(z)}{(z-z_0)^2}\mathrm{d}z=\oint_C\frac{f'(z)}{z-z_0}\mathrm{d}z$$

(5)A. 由高阶求导公式, 有

$$\oint_C\frac{\mathrm{d}z}{(z-1)^3(z+1)^3}=\oint_C\frac{\frac{1}{(z+1)^3}}{(z-1)^3}\mathrm{d}z=\frac{2\pi\mathrm{i}}{2!}\left(\frac{1}{(z+1)^3}\right)''\Big|_{z=1}$$
$$=\frac{2\pi\mathrm{i}}{2!}\cdot 12(z+1)^{-5}|_{z=1}=\frac{3}{8}\pi\mathrm{i}$$

(6)D. 由 Cauchy 积分公式, $\oint_C\frac{\mathrm{e}^z}{z-2}\mathrm{d}z=2\pi\mathrm{i}\mathrm{e}^z|_{z=2}=2\pi\mathrm{e}^2\mathrm{i}$.

(7)C. 由 Cauchy 积分公式,

$$\oint_C\frac{\mathrm{d}z}{z^2-a^2}=\oint_C\frac{\mathrm{d}z}{(z-a)(z+a)}=\oint_C\frac{\frac{1}{z+a}}{z-a}\mathrm{d}z=2\pi\mathrm{i}\frac{1}{z+a}|_{z=a}=\frac{\pi}{a}\mathrm{i}.$$

(8)C. 因 $\dfrac{\pi}{2}>1$ 即 $\dfrac{\pi}{2}$ 在 C 的外部, 从而被积函数 $\dfrac{\sin z}{\left(z-\dfrac{\pi}{2}\right)^3}$ 在 C 的内部及 C 上解析, 故由 Cauchy-Goursat 定理, 此积分为零.

(9)A. 由高阶求导公式, $\displaystyle\oint_C \frac{e^z}{z^5}dz=\frac{2\pi i}{4!}(e^z)'''|_{z=0}=\frac{\pi i}{12}$.

(10)B. 因 $z=0$ 在 C 的外部, 从而被积函数 $\dfrac{\cos z}{z}$ 在 C 上及 C 的内部解析, 故此积分为零.

(11)C. 如令 $f(z)=\dfrac{1}{z^2}$, 则 $f(z)$ 在 $0<|z|<1$ 内解析, 且 $\displaystyle\oint_{|z|=r}\frac{1}{z^2}dz=0$, 但显然 $f(z)=\dfrac{1}{z^2}$ 在 $z=0$ 点不连续.

(12)A. 由 Morrera 定理即知.

2. 填空题.

(1) 由于被积函数在全平面上解析, 所以此积分值与具体路径无关, 故两积分均为

$$\int_0^{1+i}(8z^2+4z+1)dz=\left(\frac{8}{3}z^3+2z^2+z\right)\Bigg|_0^{1+i}$$
$$=\frac{8}{3}(1+i)^3+2(1+i)^2+(1+i)$$

(2) 当 $|a|<1$ 时, $\displaystyle\oint_C\frac{e^z}{(z-a)^2}dz=2\pi i(e^z)'|_{z=a}=2\pi e^a i$;

当 $|a|>1$ 时, 由 Cauchy-Goursat 定理, $\displaystyle\oint_C\frac{e^z}{(z-a)^2}dz=0$.

(3) 因当 $|z|=1$ 时, 有 $z\cdot\bar{z}=|z|^2=1$, 故 $\bar{z}=\dfrac{1}{z}$, 于是

$$\oint_{|z|=1}\frac{\bar{z}}{|z|}dz=\oint_{|z|=1}\frac{1}{z}dz=2\pi i$$

当 $|z|=3$ 时, 有 $z\cdot\bar{z}=|z|^2=9$, 故 $\bar{z}=\dfrac{9}{z}$, 于是

$$\oint_{|z|=3}\frac{\bar{z}}{|z|}dz=\oint_{|z|=3}\frac{\frac{9}{z}}{3}dz=3\int_{|z|=3}\frac{1}{z}dz=6\pi i$$

(4) $\displaystyle\oint_{|z|=r<1}\frac{f(z)}{z^2}dz=2\pi i f'(0)$, $\displaystyle\oint_{|z|=r<1}\frac{f(z)}{z-2r}dz=0$.

(5)

$$\oint_{|z|=3}\frac{e^z}{z(z-1)^3}dz=\oint_{|z|=\frac{1}{3}}\frac{e^z}{z(z-1)^3}dz+\oint_{|z-1|=\frac{1}{3}}\frac{e^z}{z(z-1)^3}dz$$

$$
\begin{aligned}
&=\oint_{|z|=\frac{1}{3}}\frac{\dfrac{\mathrm{e}^z}{(z-1)^3}}{z}\mathrm{d}z+\oint_{|z-1|=\frac{1}{3}}\frac{\dfrac{\mathrm{e}^z}{z}}{(z-1)^3}\mathrm{d}z\\
&=2\pi\mathrm{i}\left(\frac{\mathrm{e}^z}{(z-1)^3}\right)\bigg|_{z=0}+\frac{2\pi\mathrm{i}}{2!}\left(\frac{\mathrm{e}^z}{z}\right)\bigg|_{z=0}\\
&=-2\pi\mathrm{i}+\pi\mathrm{i}\mathrm{e}=\pi\mathrm{i}(\mathrm{e}-2).
\end{aligned}
$$

(6) 由 Cauchy-Goursat 定理, $\oint_{|z|=1}\dfrac{\mathrm{e}^{\frac{1}{z-2}}}{(z^2+2)(z-3)}\mathrm{d}z=0$.

(7) 由于被积函数 $\dfrac{f''(z)+2f'(z)+4}{f(z)}$ 在 B 内解析, 故

$$
\oint_C\frac{f''(z)+2f'(z)+4}{f(z)}\mathrm{d}z=0
$$

(8) 当 $|z|<2$ 时,

$$
\begin{aligned}
f(z)&=\oint_{|\zeta|=2}\frac{\sin\left(\dfrac{\pi}{3}\zeta\right)}{\zeta-z}\mathrm{d}\zeta=2\pi\mathrm{i}\left\{\frac{1}{2\pi\mathrm{i}}\oint_{|\zeta|=2}\frac{\sin\left(\dfrac{\pi}{3}\zeta\right)}{\zeta-z}\mathrm{d}\zeta\right\}\\
&=2\pi\mathrm{i}\sin\left(\frac{\pi}{3}\zeta\right)\bigg|_{\zeta=z}=2\pi\mathrm{i}\sin\left(\frac{\pi}{3}z\right)
\end{aligned}
$$

故

$$
f'(1)=\frac{\pi^2}{3}\mathrm{i}.
$$

3. 计算及证明题.

(1) **解**

$$
\oint_{|z|=2}\frac{z^3+1}{(z+1)^4}\mathrm{d}z=\frac{2\pi\mathrm{i}}{3!}(z^3+1)'''|_{z=-1}=\frac{2\pi\mathrm{i}}{3!}(3!)=2\pi\mathrm{i}
$$

(2) **解**

$$
\begin{aligned}
f(z)&=\oint_C\frac{3\zeta^2+7\zeta+1}{\xi-z}\mathrm{d}\zeta=2\pi\mathrm{i}\left\{\frac{1}{2\pi\mathrm{i}}\oint_C\frac{3\zeta^2+7\zeta+1}{\zeta-z}\mathrm{d}\zeta\right\}\\
&=2\pi\mathrm{i}(3z^2+7z+1)(\text{由 Cauchy 积分公式})
\end{aligned}
$$

又因 $|1+\mathrm{i}|<3$, 故 $f'(1+\mathrm{i})=2\pi\mathrm{i}(6z+7)|_{1+\mathrm{i}}=-12\pi+14\pi\mathrm{i}$.

(3) **解** (i) 当 $0<r<1$ 时, 有

$$
I=\oint_C\frac{1}{z^3(z+1)(z-2)}\mathrm{d}z=\oint_C\frac{\dfrac{1}{(z+1)(z-2)}}{z^3}\mathrm{d}z
$$

$$=\frac{2\pi i}{2!}\left(\frac{1}{(z+1)(z-2)}\right)''\bigg|_{z=0}=\frac{2\pi i}{2!}\frac{6z^2-6z+6}{(z^2-z-2)^3}\bigg|_{z=0}$$
$$=-\frac{3}{4}\pi i$$

(ii) 当 $1<r<2$ 时, 由复合闭路定理 (C_0 与 C_1 分别为以 $z=0$ 与 $z=-1$ 为圆心半径充分小的小圆周, 使 C_0, C_1 互不相交也互不包含且均在 C 的内部), 得

$$I=\oint_{C_0}\frac{dz}{z^3(z+1)(z-2)}+\oint_{C_1}\frac{dz}{z^3(z+1)(z-2)}$$
$$=\oint_{C_0}\frac{\frac{1}{(z+1)(z-2)}}{z^3}dz+\oint_{C_1}\frac{\frac{1}{z^3(z-2)}}{z+1}dz$$
$$=-\frac{3}{4}\pi i+2\pi i\left(\frac{1}{z^3(z-2)}\right)\bigg|_{z=-1}$$
$$=-\frac{3}{4}\pi i+\frac{2}{3}\pi i=-\frac{1}{12}\pi i$$

(iii) 当 $r>2$ 时, 作分别以 $z=0, z=-1, z=2$ 为圆心半径充分小的圆周 C_0, C_1, C_2, 使它们均在 C 的内部且互不包含亦互不相交, 则有

$$I=\oint_{C_0}\frac{dz}{z^3(z+1)(z-2)}+\oint_{C_1}\frac{dz}{z^3(z+1)(z-2)}+\oint_{C_2}\frac{dz}{z^3(z+1)(z-2)}$$
$$=-\frac{\pi}{12}i+2\pi i\left(\frac{1}{z^3(z+1)}\right)\bigg|_{z=2}$$
$$=-\frac{\pi}{12}i+\frac{\pi}{12}i=0$$

(4) **解** (i) 当 z_0 在 C_1 的内部时,

$$\frac{1}{2\pi i}\left[\int_{C_1}\frac{z^2dz}{z-z_0}+\int_{C_2}\frac{\sin z dz}{z-z_0}\right]=\frac{1}{2\pi i}[2\pi i z^2|_{z=z_0}+0]=z_0^2$$

(ii) 当 z_0 在 C_2 的内部时,

$$原式=\frac{1}{2\pi i}[0+2\pi i\sin z|_{z=z_0}]=\sin z_0$$

(iii) 当 z_0 不在 C_1 和 C_2 的内部时,

$$原式=\frac{1}{2\pi i}[0+0]=0$$

(5)**解** 令 $z=re^{i\theta}$, 则 $z\bar{z}=r^2, |dz|=ds=rd\theta=-ir\frac{dz}{z}$, 故

$$\oint_{|z|=r}\frac{|dz|}{|z-a|^2}=\oint_{|z|=r}\frac{-ir}{(z-a)(\bar{z}-\bar{a})}\frac{dz}{z}$$

$$= -\mathrm{i}r\oint_{|z|=r}\frac{\mathrm{d}z}{(z-a)(r^2-\bar{a}z)}$$

(i) 当 $|a|<r$ 时, $\dfrac{1}{r^2-\bar{a}z}$ 在 $|z|\leqslant r$ 上解析, 由 Cauchy 积分公式, 有

$$\oint_{|z|=r}\frac{|\mathrm{d}z|}{|z-a|^2} = -\mathrm{i}r\oint_{|z|=r}\frac{\dfrac{1}{r^2-\bar{a}z}}{z-a}\mathrm{d}z$$

$$= -\mathrm{i}r\cdot 2\pi\mathrm{i}\left.\frac{1}{r^2-\bar{a}z}\right|_{z=a} = \frac{2\pi r}{r^2-|a|^2}$$

(ii) 当 $|a|>r$ 时, $\dfrac{1}{z-a}$ 在 $|z|\leqslant r$ 上解析, 故有

$$\oint_{|z|=r}\frac{|\mathrm{d}z|}{|z-a|^2} = \frac{\mathrm{i}r}{\bar{a}}\oint_{|z|=r}\frac{\dfrac{1}{z-a}}{z-\dfrac{r^2}{\bar{a}}}\mathrm{d}z$$

$$= \frac{\mathrm{i}r}{\bar{a}}\cdot 2\pi\mathrm{i}\left.\frac{1}{z-a}\right|_{z=\frac{r^2}{\bar{a}}} = \frac{2\pi r}{|a|^2-r^2}$$

于是

$$\oint_{|z|=r}\frac{|\mathrm{d}z|}{|z-a|^2} = \begin{cases}\dfrac{2\pi r}{r^2-|a|^2}, & |a|<r\\[2mm] \dfrac{2\pi r}{|a|^2-r^2}, & |a|>r\end{cases}$$

(6) **解** (i) 当 $0,1$ 均不在 C 的内部时, 被积函数 $f(z)=\dfrac{\mathrm{e}^z}{z(1-z)^3}$ 在 C 上及其内部解析, 由 Cauchy-Goursat 定理, $\oint_C\dfrac{\mathrm{e}^z}{z(1-z)^3}\mathrm{d}z=0$.

(ii) 当点 0 在 C 的内部而点 1 在 C 的外部时,

$$\oint_C\frac{\mathrm{e}^z}{z(1-z)^3}\mathrm{d}z = \oint_C\frac{\dfrac{\mathrm{e}^z}{(1-z)^3}}{z}\mathrm{d}z = 2\pi\mathrm{i}\left.\frac{\mathrm{e}^z}{(1-z)^3}\right|_{z=0} = 2\pi\mathrm{i}$$

(iii) 当点 1 在 C 的内部而点 0 在 C 的外部时,

$$\oint_C\frac{\mathrm{e}^z}{z(1-z)^3}\mathrm{d}z = \oint_C\frac{-\dfrac{\mathrm{e}^z}{z}}{(z-1)^3}\mathrm{d}z$$

$$= -\frac{2\pi\mathrm{i}}{2!}\left.\left(\frac{\mathrm{e}^z}{z}\right)''\right|_{z=1} = -\pi\mathrm{e}\mathrm{i}$$

(iv) 当 $0,1$ 均在 C 的内部时, 在 C 的内部作分别以 0 与 1 为圆心半径充分小的圆周 C_0 与 C_1, 使 C_0 与 C_1 互不包含也互不相交, 由复合闭路定理, 有

$$\oint_C \frac{e^z}{z(1-z)^3}dz = \oint_{C_0} \frac{e^z}{z(1-z)^3}dz + \oint_{C_1} \frac{e^z}{z(1-z)^3}dz$$
$$=2\pi i - \pi e i = (2-e)\pi i$$

(7)**证** 令 $\zeta = e^{i\theta}, 0 \leqslant \theta \leqslant 2\pi$, 则

$$\bar{\zeta} = e^{-i\theta}, \quad d\zeta = ie^{i\theta}d\theta, \quad d\bar{\zeta} = -ie^{-i\theta}d\theta = \overline{d\zeta}$$

$$d\zeta = ie^{i\theta}d\theta = \frac{ie^{-i\theta}}{e^{-2i\theta}} = \frac{1}{(\zeta)^2}\overline{d\zeta}$$

又 $\zeta\bar{\zeta} = |\zeta|^2 = 1$, 于是

$$\frac{1}{2\pi i}\oint_{|\zeta|=1} \frac{\overline{f(\zeta)}}{\zeta - z}d\zeta = \frac{1}{2\pi i}\oint_{|\zeta|=1} \overline{\left(\frac{f(\zeta)}{\bar{\zeta}-\bar{z}}\right)}\left[\frac{-1}{(\bar{\zeta})^2}\right]\overline{(d\zeta)}$$
$$= \overline{\left[\frac{1}{2\pi i}\oint_{|\zeta|=1} \frac{f(\zeta)}{(\bar{\zeta}-\bar{z})\zeta^2}d\zeta\right]}$$
$$= \overline{\left[\frac{1}{2\pi i}\oint_{|\zeta|=1} \frac{f(\zeta)}{\zeta(1-\bar{z}\zeta)}d\zeta\right]} \tag{3.3}$$

(i) 当 $|z| < 1$ 时, $\left|\frac{1}{\bar{z}}\right| > 1$, 故 (3.3) 式右边被积函数的奇点 $\zeta = 0$ 在 $|\zeta| = 1$ 的内部, 奇点 $\zeta = \frac{1}{\bar{z}}$ 在其外部, 由 Cauchy 积分公式, 有

$$\frac{1}{2\pi i}\oint_{|\zeta|=1} \frac{f(\zeta)}{\zeta(1-\bar{z}\zeta)}d\zeta = \frac{1}{2\pi i}\oint_{|\zeta|=1} \frac{\frac{f(\zeta)}{1-\bar{z}\zeta}}{\zeta - 0}d\zeta$$
$$= \left.\frac{f(\zeta)}{1-\bar{z}\zeta}\right|_{\zeta=0} = f(0)$$

故当 $|z| < 1$ 时,

$$\frac{1}{2\pi i}\oint_{|\zeta|=1} \frac{\overline{f(\zeta)}}{\zeta - z}d\zeta = \overline{f(0)}$$

(ii) 当 $|z| > 1$, $\left|\frac{1}{\bar{z}}\right| < 1$, 故 (3.3) 式右边被积函数的两个奇点 0 和 $\frac{1}{\bar{z}}$ 均在圆 $|\zeta| = 1$ 的内部, 故

$$\frac{1}{2\pi i}\oint_{|\zeta|=1} \frac{f(\zeta)}{\zeta(1-\bar{z}\zeta)}d\zeta = \frac{1}{2\pi i}\oint_{|\zeta|=1} \left[\frac{1}{\zeta} - \frac{1}{\zeta - \frac{1}{\bar{z}}}\right] f(\zeta)d\zeta$$

$$=\frac{1}{2\pi i}\oint_{|\zeta|=1}\frac{f(\zeta)}{\zeta}d\zeta-\frac{1}{2\pi i}\oint_{|\zeta|=1}\frac{f(\zeta)}{\zeta-\frac{1}{\bar{z}}}d\zeta$$

$$=f(0)-f\left(\frac{1}{\bar{z}}\right)$$

故当 $|z|>1$ 时，

$$\frac{1}{2\pi i}\oint_{|\zeta|=1}\frac{\overline{f(\zeta)}}{\zeta-z}d\zeta=\overline{f(0)}-\overline{f\left(\frac{1}{\bar{z}}\right)}$$

3.5 教材习题 3 解答

1. 沿下列路线计算积分 $\int_0^{3+i} z^2 dz$.

(1) 自原点到 $3+i$ 的直线线段;

(2) 自原点沿实轴至 3, 再由 3 沿垂直向上至 $3+i$;

(3) 自原点沿虚轴至 i, 再由 i 水平方向右至 $3+i$.

解 (1) 如图 3.2 所示, $\begin{cases} x=3t, \\ y=t, \end{cases}$ $0\leqslant t\leqslant 1$, 故 $z=3t+it, 0\leqslant t\leqslant 1$,

$$dz=(3+i)dt$$

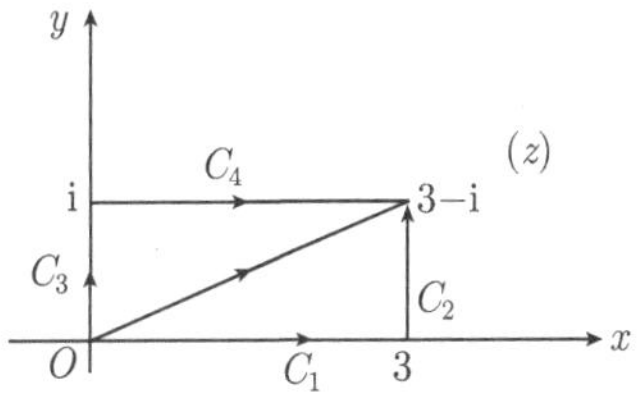

图 3.2

于是

$$\int_0^{3+i} z^2 dz=\int_0^1 (3t+it)^2(3+i)dt$$
$$=(3+i)^3\int_0^1 t^2 dt$$
$$=\frac{1}{3}(3+i)^3 t^3\Big|_0^1=\frac{1}{3}(3+i)^3=6+\frac{26}{3}i$$

(2) $\int_0^{3+i} z^2 dz=\int_0^3 z^2 dz+\int_3^{3+i} z^2 dz=\int_{C_1} z^2 dz+\int_{C_2} z^2 dz$. C_1 的参数方程为 $\begin{cases} x=3t \\ y=0 \end{cases}$ $(0\leqslant t\leqslant 1)$; C_2 的参数方程为

$$\begin{cases} x=3 \\ y=t \end{cases}\quad(0\leqslant t\leqslant 1)$$

故

$$\int_0^{3+i} z^2 dz=\int_0^1 9t^2\cdot 3dt+\int_0^1 (3+it)^2\cdot i dt=15+\frac{26}{3}i$$

(3)

$$\int_0^{3+\mathrm{i}} z^2\mathrm{d}z=\int_0^{\mathrm{i}} z^2\mathrm{d}t+\int_{\mathrm{i}}^{3+\mathrm{i}} z^2\mathrm{d}z=\int_{C_3} z^2\mathrm{d}z+\int_{C_4} z^2\mathrm{d}z$$
$$C_4: z=\mathrm{i}t\quad(0\leqslant t\leqslant 1); C_3: z=3t+\mathrm{i}\quad(0\leqslant t\leqslant 1)$$

故

$$\int_0^{3+\mathrm{i}} z^2\mathrm{d}z=\int_0^1 -t^2\cdot\mathrm{i}\mathrm{d}t+\int_0^1(3t+\mathrm{i})^2\cdot 3\mathrm{d}t=6+\frac{25}{3}\mathrm{i}$$

2. 分别沿 $y=x$ 与 $y=x^2$ 算出积分 $\int_0^{1+\mathrm{i}}(x^2+\mathrm{i}y)\mathrm{d}z$ 的值.

解 (1) 沿 $y=x$. 此时 $z=t+\mathrm{i}t$ $(0\leqslant t\leqslant 1)$. $\mathrm{d}z=(1+\mathrm{i})\mathrm{d}t$, 于是

$$\begin{aligned}\int_0^{1+\mathrm{i}}(x^2+\mathrm{i}y)\mathrm{d}z&=\int_0^1(t^2+\mathrm{i}t)(1+\mathrm{i})\mathrm{d}t\\&=(1+\mathrm{i})\int_0^1(t^2+\mathrm{i}t)\mathrm{d}t=(1+\mathrm{i})\left(\frac{1}{3}+\frac{\mathrm{i}}{2}\right)=-\frac{1}{6}+\frac{5}{6}\mathrm{i}\end{aligned}$$

(2) 沿 $y=x^2$, 此时 $z=t+\mathrm{i}t^2$ $(0\leqslant t\leqslant 1)$. $\mathrm{d}z=(1+\mathrm{i}2t)\mathrm{d}t$, 故

$$\begin{aligned}\int_0^{1+\mathrm{i}}(x^2+\mathrm{i}y)\mathrm{d}z&=\int_0^1(t^2+\mathrm{i}t^2)(1+\mathrm{i}2t)\mathrm{d}t\\&=(1+\mathrm{i})\int_0^{2\pi} t^2(1+\mathrm{i}2t)\mathrm{d}t=(1+\mathrm{i})\int_0^1(t^2+\mathrm{i}2t^3)\mathrm{d}t\\&=(1+\mathrm{i})\left(\frac{1}{3}+\frac{\mathrm{i}}{2}\right)=-\frac{1}{6}+\frac{5}{6}\mathrm{i}\end{aligned}$$

3. 计算积分 $\oint_C |z|\bar{z}\mathrm{d}z$, 其中 C 是一条闭路, 由直线段: $-1\leqslant x\leqslant 1, y=0$ 与上半单位圆周组成.

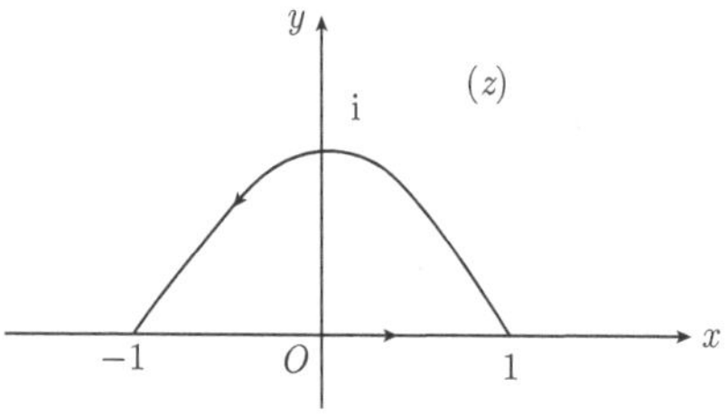

图 3.3

解 如图 3.3 所示, 区间 $[-1,1]$ 的参数方程为 $\begin{cases}x=t,\\y=0,\end{cases}$ 即 $z=t(-1\leqslant t\leqslant 1)$, 从 1 到 −1 的上半单位圆周的参数方程为 $z=\mathrm{e}^{\mathrm{i}\theta}$ $(0\leqslant\theta\leqslant\pi)$. 于是

$$\begin{aligned}\oint_C |z|\bar{z}\mathrm{d}z=&\int_{-1}^1 |t+\mathrm{i}\cdot 0|\overline{(t+\mathrm{i}\cdot 0)}\mathrm{d}(t+\mathrm{i}\cdot 0)\\&+\int_0^{\pi}|\mathrm{e}^{\mathrm{i}\theta}|\overline{\mathrm{e}^{\mathrm{i}\theta}}\mathrm{d}\mathrm{e}^{\mathrm{i}\theta}\end{aligned}$$

$$= \int_{-1}^{1} |t| t\mathrm{d}t + \int_{0}^{\pi} \mathrm{i}\mathrm{d}t = \pi\mathrm{i}$$

4. 设 $f(z)$ 在单连域 D 内解析, C 为 D 内任何一条正向简单闭曲线, 问

$$\oint_C \mathrm{Re}[f(z)]\mathrm{d}z = \oint_C \mathrm{Im}[f(z)]\mathrm{d}z = 0$$

是否成立. 如果成立, 给出证明; 如果不成立, 举例说明.

解 未必成立. 令 $f(z)=z$, $C:|z|=1$, 则 $f(z)$ 在全平面上解析, 但是

$$\begin{aligned}\oint_C \mathrm{Re}[f(z)]\mathrm{d}z &= \int_0^{2\pi} \mathrm{Re}[\mathrm{e}^{\mathrm{i}\theta}]\mathrm{d}\mathrm{e}^{\mathrm{i}\theta} \\ &= \int_0^{2\pi} \cos\theta(-\sin\theta + \mathrm{i}\cos\theta)\mathrm{d}\theta = \pi\mathrm{i} \neq 0\end{aligned}$$

$$\begin{aligned}\oint_C \mathrm{Im}[f(z)]\mathrm{d}z &= \int_0^{2\pi} \mathrm{Im}[\mathrm{e}^{\mathrm{i}\theta}]\mathrm{d}\mathrm{e}^{\mathrm{i}\theta} \\ &= \int_0^{2\pi} \sin\theta(-\sin\theta + \mathrm{i}\cos\theta)\mathrm{d}\theta = -\pi \neq 0\end{aligned}$$

5. 设函数 $f(z)$ 在 $0<|z|<1$ 内解析, 且沿任何圆周 $C:|z|=r, 0<r<1$ 的积分为零, 问 $f(z)$ 是否必须在 $z=0$ 处解析? 试举例说明.

解 不一定. 如令 $f(z)=\dfrac{1}{z^2}$, 则其在 $0<|z|<1$ 内解析, 且沿任何圆周 $C:|z|=r, 0<r<1$ 的积分

$$\oint_C f(z)\mathrm{d}z = \oint_{|z|=r} \frac{1}{z^2}\mathrm{d}z = 0$$

但显然 $f(z)=\dfrac{1}{z^2}$ 在 $z=0$ 处不解析.

6. 设 $f(z)$ 是单连通区域 D 内除 z_0 以外解析的函数且 $\lim\limits_{z\to z_0}(z-z_0)f(z)=0$, 则对于任一属于 D 而不通过 z_0 的简单光滑闭曲线 C, 恒有 $\oint_C f(z)\mathrm{d}z=0$.

证 (i) 当 z_0 在 C 的外部时, 由 Cauchy-Goursat 定理显然有 $\oint_C f(z)\mathrm{d}z=0$;

(ii) 当 z_0 在 C 的内部时, 设 $C_r: |z-z_0|=r>0$, 则当 r 充分小时, 有 C_r 的内部及 C_r 均含于 C 的内部, 故由复合闭路定理, 有 $\oint_C f(z)\mathrm{d}z=\oint_{C_r} f(z)\mathrm{d}z$. 又因 $\lim\limits_{z\to z_0}(z-z_0)f(z)=0$, 故 $\forall\varepsilon>0, \exists\delta>0$, 使得当 $0<|z-z_0|<\delta$ 时, 有 $|(z-z_0)f(z)|<\varepsilon$. 取 r 充分小且 $r<\delta$, 则当 $z\in C_r$ 时有 $|(z-z_0)f(z)|<\varepsilon$, 于是

$$\left|\oint_C f(z)\mathrm{d}z\right| = \left|\oint_{C_r} f(z)\mathrm{d}z\right| = \left|\oint_{C_r} \frac{(z-z_0)f(z)}{z-z_0}\mathrm{d}z\right|$$

$$\leqslant \oint_{C_r} \frac{|(z-z_0)f(z)|}{|z-z_0|}|\mathrm{d}z|$$
$$\leqslant \frac{\varepsilon}{r}\oint_{C_r} \mathrm{d}s = \frac{\varepsilon}{r}\cdot 2\pi r = 2\pi\varepsilon$$

即 $\forall\varepsilon > 0$, 即 $\left|\oint_C f(z)\mathrm{d}z\right| \leqslant 2\pi\varepsilon$, 令 $\varepsilon \to 0$ 得 $\left|\oint_C f(z)\mathrm{d}z\right| \leqslant 0$, 即 $\oint_C f(z)\mathrm{d}z = 0$.

7. 利用在单位圆上 $\bar{z} = \frac{1}{z}$ 的性质及柯西积分公式说明 $\oint_C \bar{z}\mathrm{d}z = 2\pi\mathrm{i}$, 其中 C 表示单位圆周 $|z| = 1$, 且沿正向积分.

证 因在 C 上有 $\bar{z} = \frac{1}{z}$, 故

$$\oint_C \bar{z}\mathrm{d}z = \oint_C \frac{1}{z}\mathrm{d}z$$

又因由柯西积分公式有

$$\oint_C \frac{1}{z}\mathrm{d}z = 2\pi\mathrm{i}$$

于是

$$\oint_C \bar{z}\mathrm{d}z = 2\pi\mathrm{i}$$

8. 计算积分 $\oint_C \frac{\bar{z}}{|z|}\mathrm{d}z$ 的值, 其中 C 为正向圆周: (1)$|z| = 2$; (2)$|z| = 4$.

解 (1) 因在 $|z| = 2$ 上有 $|z| = 2, z\cdot\bar{z} = |z|^2 = 4$, 从而有 $\bar{z} = \frac{4}{z}$, 故有

$$\oint_C \frac{\bar{z}}{|z|}\mathrm{d}z = \oint_{|z|=2} \frac{\frac{4}{z}}{2}\mathrm{d}z = \oint_{|z|=2} \frac{2}{z}\mathrm{d}z = 4\pi\mathrm{i}$$

(2) 因在 $|z| = 4$ 上有 $|z| = 4, z\cdot\bar{z} = |z|^2 = 16$, 从而有 $\bar{z} = \frac{16}{z}$, 故有

$$\oint_C \frac{\bar{z}}{|z|}\mathrm{d}z = \oint_{|z|=4} \frac{\frac{16}{z}}{4}\mathrm{d}z = \oint_{|z|=4} \frac{4}{z}\mathrm{d}z = 8\pi\mathrm{i}$$

9. 直接得出下列积分的结果, 并说明理由.

(1) $\oint_{|z|=1} \frac{3z+5}{z^2+2z+4}\mathrm{d}z$; (2) $\oint_{|z|=1} \frac{\mathrm{e}^z}{\cos z}\mathrm{d}z$;

(3) $\oint_{|z|=2} \mathrm{e}^z(z^2+1)\mathrm{d}z$; (4) $\oint_{|z|=\frac{1}{2}} \frac{\mathrm{d}z}{(z^2-1)(z^3-1)}$.

解 (1) 因被积函数 $\dfrac{3z+5}{z^2+2z+4}$ 的奇点 $z=-1\pm\sqrt{3}\mathrm{i}$ 均在 $|z|=1$ 的外部, 从而被积函数 $\dfrac{3z+5}{z^2+2z+4}$ 在 $|z|\leqslant 1$ 上解析, 故由 Cauchy-Goursat 定理, 有

$$\oint_{|z|=1}\frac{3z+5}{z^2+2z+4}\mathrm{d}z=0$$

(2) 因被积函数 $\dfrac{\mathrm{e}^z}{\cos z}$ 的奇点均在 $|z|=1$ 的外部, 从而它在 $|z|\leqslant 1$ 上解析, 故 $\displaystyle\oint_{|z|=1}\frac{\mathrm{e}^z}{\cos z}\mathrm{d}z=0.$

(3) 因被积函数 $\mathrm{e}^z(z^2+1)$ 的全平面解析, 故 $\displaystyle\oint_{|z|=2}\mathrm{e}^z(z^2+1)\mathrm{d}z=0;$

(4) 因被积函数 $\dfrac{1}{(z^2-1)(z^3-1)}$ 的奇点均在 $|z|=\dfrac{1}{2}$ 的外部, 从而它在 $|z|\leqslant\dfrac{1}{2}$ 上解析, 故 $\displaystyle\oint_{|z|=\frac{1}{2}}\frac{\mathrm{d}z}{(z^2-1)(z^3-1)}=0.$

10. 沿指定曲线的正向计算下列各积分.

(1) $\displaystyle\oint_C\frac{\mathrm{e}^z}{z-2}\mathrm{d}z,\quad C:|z-2|=1;$

(2) $\displaystyle\oint_C\frac{\cos\pi z}{(z-1)^5}\mathrm{d}z,\quad C:|z|=r>1;$

(3) $\displaystyle\oint_C\frac{\sin z}{\left(z-\frac{\pi}{2}\right)^2}\mathrm{d}z,\quad C:|z|=2;$

(4) $\displaystyle\oint_C\frac{\mathrm{d}z}{(z^2+1)(z^2+4)},\quad C:|z|=\frac{3}{2};$

(5) $\displaystyle\oint_C\frac{\mathrm{d}z}{z^2-a^2},\quad C:|z-a|=a(a>0);$

(6) $\displaystyle\oint_C\frac{\mathrm{e}^z}{(z-a)^3}\mathrm{d}z$, 其中 a 为 $|a|\neq 1$ 的任何复数, $C:|z|=1;$

(7) $\displaystyle\oint_C\frac{\mathrm{e}^{-z}\sin z}{z^2}\,\mathrm{d}z,\quad C:|z-\mathrm{i}|=2;$

(8) $\displaystyle\oint_C\frac{3z+2}{(z^4-1)}\mathrm{d}z,\quad C:|z-(1+\mathrm{i})|=\sqrt{2}.$

解 (1) 由 Cauchy 积分公式, $\displaystyle\oint_C\frac{\mathrm{e}^z}{z-2}\mathrm{d}z=2\pi\mathrm{i}\mathrm{e}^z\Big|_{z=2}=2\pi\mathrm{e}^2\mathrm{i}.$

(2) 由高阶求导公式, $\displaystyle\oint_C\frac{\cos\pi z}{(z-1)^5}\mathrm{d}z=\frac{2\pi\mathrm{i}}{4!}(\cos\pi z)'''\Big|_{z=1}=-\frac{\pi^5}{12}\mathrm{i}.$

(3) 由高阶求导公式, $\oint_C \frac{\sin z}{\left(z-\frac{\pi}{2}\right)^2}\mathrm{d}z = 2\pi\mathrm{i}(\sin z)'\Big|_{z=\frac{\pi}{2}} = 0.$

(4) 因被积函数的奇点 $z=\pm\mathrm{i}$ 在 C 的内部, $z=\pm 2\mathrm{i}$ 在 C 的外部, 故由复合闭路定理及 Cauchy 积分公式有

$$\begin{aligned}\oint_C \frac{\mathrm{d}z}{(z^2+1)(z^2+4)} &= \oint_{|z-\mathrm{i}|=\frac{1}{3}} \frac{\mathrm{d}z}{(z^2+1)(z^2+4)} + \oint_{|z+\mathrm{i}|=\frac{1}{3}} \frac{\mathrm{d}z}{(z^2+1)(z^2+4)}\\ &= \oint_{|z-\mathrm{i}|=\frac{1}{3}} \frac{\frac{1}{(z+\mathrm{i})(z^2+4)}}{z-\mathrm{i}}\mathrm{d}z + \oint_{|z+\mathrm{i}|=\frac{1}{3}} \frac{\frac{1}{(z-\mathrm{i})(z^2+4)}}{z+\mathrm{i}}\mathrm{d}z\\ &= 2\pi\mathrm{i}\frac{1}{(z+\mathrm{i})(z^2+4)}\Big|_{z=\mathrm{i}} + 2\pi\mathrm{i}\frac{1}{(z-\mathrm{i})(z^2+4)}\Big|_{z=-\mathrm{i}}\\ &= \frac{\pi}{3} - \frac{\pi}{3} = 0\end{aligned}$$

(5) **方法 1** $\oint_C \frac{\mathrm{d}z}{z^2-a^2} = \oint_C \frac{\frac{z+a}{}}{}$

$$\oint_C \frac{\mathrm{d}z}{z^2-a^2} = \oint_C \frac{z+a}{z-a}\mathrm{d}z = 2\pi\mathrm{i}\frac{1}{z+a}\Big|_{z=a} = \frac{\pi}{a}\mathrm{i}$$

方法 2

$$\begin{aligned}\oint_C \frac{\mathrm{d}z}{z^2-a^2} &= \frac{1}{2a}\left[\oint_C \frac{1}{z-a}\mathrm{d}z - \oint_C \frac{1}{z+a}\mathrm{d}z\right]\\ &= \frac{1}{2a}[2\pi\mathrm{i}-0] = \frac{\pi}{a}\mathrm{i}\end{aligned}$$

(6) 当 $|a|<1$ 时, a 在 C 的内部, 故由高阶求导公式得

$$\oint_C \frac{\mathrm{e}^z}{(z-a)^3}\mathrm{d}z = \frac{2\pi\mathrm{i}}{2!}(\mathrm{e}^z)''\Big|_{z=a} = \pi\mathrm{e}^a\mathrm{i}$$

当 $|a|>1$ 时, a 在 C 的外部, 故由 Cauchy-Goursat 定理得

$$\oint_C \frac{\mathrm{e}^z}{(z-a)^3}\mathrm{d}z = 0$$

(7) 由 Cauchy 积分公式得

$$\oint_C \frac{\mathrm{e}^{-z}\sin z}{z^2}\mathrm{d}z = 2\pi\mathrm{i}(\mathrm{e}^{-z}\sin z)'\Big|_{z=0} = 2\pi\mathrm{i}$$

(8) 被积函数 $\frac{3z+2}{(z^4-1)}$ 的奇点 $z=1,\mathrm{i}$ 在 C 的内部而奇点 $z=-1,-\mathrm{i}$ 在 C 的外部, 作圆周 $C_1:|z-1|=r$ 和 $C_2:|z-\mathrm{i}|=r$ 且取 r 充分小使得 C_1 和 C_2 均在 C 的内部并且互不相交也互不包含, 则由复合闭路定理及 Cauchy 积分定理得

$$\oint_C \frac{3z+2}{(z^4-1)}\mathrm{d}z = \oint_{C_1} \frac{3z+2}{z^4-1}\mathrm{d}z + \oint_{C_2} \frac{3z+2}{z^4-1}\mathrm{d}z$$

$$=\oint_{C_1}\frac{\dfrac{3z+2}{(z+1)(z^2+1)}}{z-1}\mathrm{d}z+\oint_{C_2}\frac{\dfrac{3z+2}{(z+\mathrm{i})(z^2-1)}}{z-\mathrm{i}}\mathrm{d}z$$

$$=2\pi\mathrm{i}\left[\frac{3z+2}{(z+1)(z^2+1)}\right]\bigg|_{z=1}+2\pi\mathrm{i}\left[\frac{3z+2}{(z+\mathrm{i})(z^2-1)}\right]\bigg|_{z=\mathrm{i}}$$

$$=\frac{5}{2}\pi\mathrm{i}-\left(\frac{3}{2}\pi\mathrm{i}+\pi\right)=(-1+\mathrm{i})\pi$$

11. 设 C 为不经过 a 与 $-a$ 的正向简单闭曲线, a 为不等于零的任何复数, 试就 a 与 $-a$ 同 C 的各种不同位置, 计算积分 $\oint_C\frac{z}{z^2-a^2}\mathrm{d}z$.

解 (i) 当 a 在 C 的内部而 $-a$ 在 C 的外部时,

$$\oint_C\frac{z}{z^2-a^2}\mathrm{d}z=\oint_C\frac{\dfrac{z}{z+a}}{z-a}\mathrm{d}z=2\pi\mathrm{i}\frac{z}{z+a}\bigg|_{z=a}=\pi\mathrm{i}$$

(ii) 当 $-a$ 在 C 的内部而 a 在 C 的外部时,

$$\oint_C\frac{z}{z^2-a^2}\mathrm{d}z=\oint_C\frac{\dfrac{z}{z-a}}{z+a}\mathrm{d}z=2\pi\mathrm{i}\frac{z}{z-a}\bigg|_{z=-a}=\pi\mathrm{i}$$

(iii) 当 a 与 $-a$ 在 C 的内部时, 设 C_1,C_2 分别为以 $a,-a$ 为圆心半径充分小的圆周使 C_1,C_2 均在 C 的内部互不相交也互不包含, 则由复合闭路定理及 Cauchy 积分公式得

$$\oint_C\frac{z}{z^2-a^2}\mathrm{d}z=\oint_{C_1}\frac{\dfrac{z}{z+a}}{z-a}\mathrm{d}z+\oint_{C_2}\frac{\dfrac{z}{z-a}}{z+a}\mathrm{d}z=\pi\mathrm{i}+\pi\mathrm{i}=2\pi\mathrm{i}$$

(iv) 当 a 与 $-a$ 都在 C 的外部时, 由 Cauchy-Goursat 定理得

$$\oint_C\frac{z}{z^2-a^2}\mathrm{d}z=0$$

12. 设 $f(z)$ 与 $g(z)$ 在区域 D 内处处解析, C 为 D 内任何一条简单光滑闭曲线, 它的内部全属于 D. 如果 $f(z)=g(z)$ 在 C 上所有点都成立, 试证在 C 的内部所有点处 $f(z)=g(z)$ 也成立.

证 因 $f(z),g(z)$ 在 D 内处处解析故在 C 上及其内部也处处解析, 设 z_0 为 C 的内部的任一点, 则由 Cauchy 积分定理有

$$f(z_0)=\frac{1}{2\pi\mathrm{i}}\oint_C\frac{f(z)}{z-z_0}\mathrm{d}z,\quad g(z_0)=\frac{1}{2\pi\mathrm{i}}\oint_C\frac{g(z)}{z-z_0}\mathrm{d}z$$

又因在 C 上, $f(z)=g(z)$, 故

$$\oint_C \frac{f(z)}{z-z_0}\mathrm{d}z=\oint_C \frac{g(z)}{z-z_0}\mathrm{d}z$$

从而 $f(z_0)=g(z_0)$. 由 z_0 的任意性, 在 C 的内部均有 $f(z)=g(z)$.

13. 设 $f(z)$ 在单连通区域 D 内解析, 且不为零, C 为 D 内任何一条简单光滑闭曲线, 问积分 $\oint_C \frac{f'(z)}{f(z)}\mathrm{d}z$ 是否为零? 为什么?

解 等于零. 因 $f(z)$ 在 D 内解析, 故 $f(z)$ 具有各阶导数且仍为解析函数, 从而 $f'(z)$ 在 D 内也解析. 又因在 D 内 $f(z)\neq 0$, 故 $\frac{f'(z)}{f(z)}$ 在 D 内解析, 从而在 C 上及 C 的内部也解析, 于是由 Cauchy-Goursat 定理, 有

$$\oint_C \frac{f'(z)}{f(z)}\mathrm{d}z=0$$

14. 设 C 为一内部包含实轴上线段 $[a,b]$ 的简单光滑闭曲线, 函数 $f(z)$ 在 C 内及其上解析且在 $[a,b]$ 上取实值. 证明对于任两点 $z_1,z_2\in[a,b]$, 总有点 $z_0\in[a,b]$ 使

$$\oint_C \frac{f(z)}{(z-z_1)(z-z_2)}\mathrm{d}z=\oint_C \frac{f(z)}{(z-z_0)^2}\mathrm{d}z$$

证 不妨设 $z_1<z_2$. 由 Cauchy 积分公式, 得

$$\begin{aligned}\oint_C \frac{f(z)}{(z-z_1)(z-z_2)}\mathrm{d}z&=\frac{1}{z_2-z_1}\left[\oint_C \frac{f(z)}{z-z_2}\mathrm{d}z-\oint_C \frac{f(z)}{z-z_1}\mathrm{d}z\right]\\&=\frac{1}{z_2-z_1}[2\pi\mathrm{i}f(z_2)-2\pi\mathrm{i}f(z_1)]\\&=2\pi\mathrm{i}\frac{f(z_2)-f(z_1)}{z_2-z_1}\end{aligned}\tag{3.4}$$

由数学分析中的中值定理, 有

$$\frac{f(z_2)-f(z_1)}{z_2-z_1}=f'(z_0)=\frac{1}{2\pi\mathrm{i}}\oint_C \frac{f(z)}{(z-z_0)^2}\mathrm{d}z\tag{3.5}$$

于是由 (3.4) 式和 (3.5) 式, 得

$$\oint_C \frac{f(z)}{(z-z_1)(z-z_2)}\mathrm{d}z=\oint_C \frac{f(z)}{(z-z_0)^2}\mathrm{d}z,\quad z_0\in[z_1,z_2]\subset[a,b]$$

15. 如果 $f(z)$ 在单位圆盘上及其内部解析, 那么证明:

$$f(r\mathrm{e}^{\mathrm{i}\varphi})=\frac{1}{2\pi}\int_0^{2\pi}\frac{f(\mathrm{e}^{\mathrm{i}\theta})}{1-r\mathrm{e}^{\mathrm{i}(\varphi-\theta)}}\mathrm{d}\theta,\quad r<1$$

证 由柯西积分公式. 当 $r<1$ 时,

$$f(re^{i\varphi})=\frac{1}{2\pi i}\oint_C\frac{f(\xi)}{\xi-re^{i\varphi}}d\xi$$

其中 C 为单位圆周.

令 $\xi=e^{i\theta}$, 则

$$\begin{aligned}f(re^{i\varphi})=&\frac{1}{2\pi i}\int_0^{2\pi}\frac{f(e^{i\theta})}{e^{i\theta}-re^{i\varphi}}e^{i\theta}\cdot id\theta\\=&\frac{1}{2\pi}\int_0^{2\pi}\frac{f(e^{i\theta})}{1-re^{i(\varphi-\theta)}}d\theta\end{aligned}$$

16. 设 $f(z)$ 在区域 D 内解析, C 是 D 上的一条闭曲线, 证明对任意不在 C 上的点 $z_0\in D$.

$$\oint_C\frac{f'(z)}{z-z_0}dz=\oint_C\frac{f(z)}{(z-z_0)^2}dz$$

证 因为 $f(z)$ 在区域 D 内解析. 所以

$$f'(z)=\frac{1}{2\pi i}\oint_{C'}\frac{f(z)}{(\xi-z)^2}d\xi\quad(z\in D)\tag{1}$$

也在 D 内解析, 其中 C' 是 D 内任意一条闭曲线, 且 z 属于其所围成的区域内.

当 z_0 不在 C 所围成的区域内时, $\dfrac{f'(z)}{z-z_0}$ 及 $\dfrac{f(z)}{z-z_0}$ 在 C 及 C 所围成的区域内解析. 由柯西积分定理

$$\oint_C\frac{f'(z)}{z-z_0}dz=\oint_C\frac{f(z)}{(z-z_0)^2}dz=0$$

当 z_0 在 C 所围成的区域内时, 由柯西积分公式.

$$f'(z_0)=\frac{1}{2\pi i}\oint_C\frac{f'(z)}{z-z_0}dz$$

又由 (1) 式

$$f'(z_0)=\frac{1}{2\pi i}\oint_C\frac{f(z)}{(z-z_0)^2}dz$$

所以

$$\oint_C\frac{f'(z)}{z-z_0}dz=\oint_C\frac{f(z)}{(z-z_0)^2}dz$$

17. 证明: 若 $f(z)$ 在单位圆 $|z|<1$ 内解析, 且 $|f(z)|\leqslant\dfrac{1}{1-|z|}$, 则 $|f^{(n)}(0)|<e(n+1)!,\quad n=1,2,\cdots$.

证 由高阶求导公式

$$f^{(n)}(0)=\frac{n!}{2\pi i}\oint_{|z|=r}\frac{f(z)}{z^{n+1}}dz \quad (0<r<1)$$

故

$$\begin{aligned}|f^{(n)}(0)| &\leqslant \frac{n!}{2\pi}\oint_{|z|=r}\frac{|f(z)|}{|z|^{n+1}}|dz|\\ &\leqslant \frac{n!}{2\pi}\oint_{|z|=r}\frac{1}{(1-|z|)|z|^{n+1}}ds\\ &=\frac{n!}{(1-r)r^n}\end{aligned}$$

取 $r=\dfrac{n}{n+1}$, 得

$$|f^{(n)}(0)|\leqslant (n+1)!\left(1+\frac{1}{n}\right)^n<e(n+1)!, \quad n=1,2,\cdots$$

18. 设函数 $f(z)$ 在 $|z|\leqslant 1$ 上解析, 且 $f(0)=1$. 计算积分

$$\frac{1}{2\pi i}\oint_{|z|=1}\left\{2\pm\left(z+\frac{1}{z}\right)\right\}f(z)\frac{dz}{z}$$

再利用极坐标导出下式

$$\frac{2}{\pi}\int_0^{2\pi}f(e^{i\theta})\cos^2\frac{\theta}{2}d\theta=2+f'(0)$$

$$\frac{2}{\pi}\int_0^{2\pi}f(e^{i\theta})\sin^2\frac{\theta}{2}d\theta=2-f'(0)$$

解 由 Cauchy 积分公式及高阶求导公式得

$$\begin{aligned}&\frac{1}{2\pi i}\oint_{|z|=1}\left\{2\pm\left(z+\frac{1}{z}\right)\right\}f(z)\frac{dz}{z}\\ =&\frac{1}{2\pi i}\oint_{|z|=1}\frac{2f(z)}{z}dz\pm\frac{1}{2\pi i}\oint_{|z|=1}\frac{(z^2+1)f(z)}{z^2}dz\\ =&2f(0)\pm[(z^2+1)f(z)]'|_{z=0}\\ =&2\pm f'(0)\end{aligned}$$

由复积分计算公式, 有

$$\frac{1}{2\pi i}\oint_{|z|=1}\left\{2\pm\left(z+\frac{1}{z}\right)\right\}f(z)\frac{dz}{z}$$

$$=\frac{1}{2\pi i}\int_0^{2\pi}\{2\pm(e^{i\theta}+e^{-i\theta})\}f(e^{i\theta})id\theta$$
$$=\frac{1}{\pi}\int_0^{2\pi}(1\pm\cos\theta)f(e^{i\theta})d\theta$$

故

$$\frac{1}{\pi}\int_0^{2\pi}(1\pm\cos\theta)f(e^{i\theta})d\theta=2\pm f'(0)$$

又因 $1+\cos\theta=2\cos^2\dfrac{\theta}{2}, 1-\cos\theta=2\sin^2\dfrac{\theta}{2}$, 于是有

$$\frac{2}{\pi}\int_0^{2\pi}f(e^{i\theta})\cos^2\frac{\theta}{2}d\theta=2+f'(0)$$

$$\frac{2}{\pi}\int_0^{2\pi}f(e^{i\theta})\sin^2\frac{\theta}{2}d\theta=2-f'(0)$$

第4章 级　数

4.1 内容提要

4.1.1 复数项级数与复变函数项级数

1. 复数项级数

(1) 记 $z_n = a_n + \mathrm{i}b_n, z_0 = a + \mathrm{i}b$, 则

$$\lim_{n\to\infty} z_n = z_0 \Leftrightarrow \lim_{n\to\infty} a_n = a; \quad \lim_{n\to\infty} b_n = b$$

(2) 设 $z_n = a_n + \mathrm{i}b_n, z_0 = a + \mathrm{i}b$, 则 $\sum\limits_{n=1}^{\infty} z_n$ 收敛, 且和为 $z_0 \Leftrightarrow \sum\limits_{n=1}^{\infty} a_n$ 与 $\sum\limits_{n=1}^{\infty} b_n$ 同时收敛, 其和分别为 a 与 b.

(3) $\sum\limits_{n=1}^{\infty} z_n$ 收敛 $\Rightarrow \lim\limits_{n\to\infty} z_n = 0$.

(4) 设 $z_n = a_n + \mathrm{i}b_n$, 则 $\sum\limits_{n=1}^{\infty} |z_n|$ 收敛 $\Leftrightarrow \sum\limits_{n=1}^{\infty} |a_n|$ 与 $\sum\limits_{n=1}^{\infty} |b_n|$ 同时收敛.

(5) 绝对收敛的级数本身必收敛.

2. 复变函数项级数

(1) 若复变函数 $f_n(z)(n=1,2,\cdots)$ 均定义于点集 E 上, 且有 $|f_n(z)| \leqslant M_n$ $(n=1,2,\cdots)$, 而正项级数 $\sum\limits_{n=1}^{\infty} M_n$ 收敛, 则 $\sum\limits_{n=1}^{\infty} f_n(z)$ 在 E 上一致收敛.

(2) 若 $f_n(z)(n=1,2,\cdots)$ 在区域 D 内连续, 级数 $\sum\limits_{n=1}^{\infty} f_n(z)$ 在 D 内一致收敛于函数 $S(z)$, 则 $S(z)$ 在 D 内连续.

(3) 若 $f_n(z)$ $(n=1,2,\cdots)$ 均在光滑或分段光滑曲线 C 上连续, 级数 $\sum\limits_{n=1}^{\infty} f_n(z)$ 在 C 上一致收敛于函数 $S(z)$, 则 $S(z)$ 在 C 上可积, 且有

$$\int_C S(z)\mathrm{d}z = \sum_{n=1}^{\infty} \int_C f_n(z)\mathrm{d}z$$

(4) 若 $f_n(z)(n=1,2,\cdots)$ 均在区域 D 内解析, 且 $\sum\limits_{n=1}^{\infty} f_n(z)$ 在 D 内一致收敛于函数 $S(z)$, 则 $S(z)$ 在 D 内解析且有

$$S'(z) = \sum_{n=1}^{\infty} f_n'(z) \quad (z \in D)$$

4.1.2 幂级数

1. 阿贝尔定理

(i) 若级数 $\sum\limits_{n=0}^{\infty} a_n z^n$ 在 $z_0(\neq 0)$ 点收敛, 则它在以原点为圆心、$|z_0|$ 为半径的圆盘内绝对收敛, 在所有半径小于 $|z_0|$ 的闭同心圆盘 $|z| \leqslant \rho|z_0|(0<\rho<1)$ 上一致收敛; (ii) 若级数 $\sum\limits_{n=0}^{\infty} a_n z^n$ 在 $z_0(\neq 0)$ 点发散, 则它在满足 $|z|>|z_0|$ 的点 z 处发散.

2. 幂级数的收敛半径与收敛圆 (盘)

对任何幂级数 $\sum\limits_{n=0}^{\infty} a_0(z-z_0)^n$ 有唯一的满足 $R \geqslant 0$ 的 R 与之对应, 称为其收敛半径, 并且当 $R>0$ 时, 它在圆 (盘)$|z-z_0|<R$ 内绝对收敛, 在所有半径小于 R 的闭同心圆 (盘)$|z-z_0| \leqslant r(0<r<R)$ 上一致收敛 (称为在圆 $|z-z_0|<R$ 内闭一致收敛); 它在 $|z-z_0|>R$ 内发散即在圆 $|z-z_0|<R$ 的外部发散. 圆 (盘)$|z-z_0|<R$ 称为它的收敛圆 (盘).

3. 幂级数的收敛半径的求法

(1) 检比法: 对于幂级数 $\sum\limits_{n=0}^{\infty} a_n(z-z_0)^n$, 若 $\lim\limits_{n\to\infty}\left|\dfrac{a_{n+1}}{a_n}\right| = \lambda$, 则它的收敛半径为

$$R = \begin{cases} +\infty, & \lambda = 0 \\ \dfrac{1}{\lambda}, & 0<\lambda<+\infty \\ 0, & \lambda = +\infty \end{cases}$$

(2) 检根法：对于幂级数 $\sum_{n=0}^{\infty} a_n(z-z_0)^n$, 若 $\lim_{n\to\infty} \sqrt[n]{|a_n|} = \lambda$, 则它的收敛半径为

$$R = \begin{cases} +\infty, & \lambda = 0 \\ \dfrac{1}{\lambda}, & 0 < \lambda < +\infty \\ 0, & \lambda = +\infty \end{cases}$$

4. 幂级数的性质

(1) 设幂级数 $\sum_{n=0}^{\infty} a_n(z-z_0)^n$ 的收敛半径 $R>0$, 则它的和函数 $S(z)$ 在 $|z-z_0|<R$ 内解析, 且

$$S^{(k)}(z) = k!a_k + \frac{(k+1)!}{1!}a_{k+1}(z-z_0) + \frac{(k+2)!}{2!}a_{k+2}(z-z_0)^2 + \cdots, \quad k=1,2,3,\cdots$$

(2) 设幂级数 $\sum_{n=0}^{\infty} a_n(z-z_0)^n$ 的收敛半径 $R>0$, C 为收敛圆盘 $|z-z_0|<R$ 内的任一条光滑或分段光滑曲线, 则它的和函数 $S(z)$ 在 C 上可积, 且

5. 幂级数的运算

(1) 设幂级数 $\sum_{n=0}^{\infty} \alpha_n z^n$ 的收敛半径 $R_1>0$, 幂级数 $\sum_{n=0}^{\infty} \beta_n z^n$ 的收敛半径为 $R_2>0$, 则:

(i) 加减法: $\left(\sum_{n=0}^{\infty} \alpha_n z^n\right) \pm \left(\sum_{n=0}^{\infty} \beta_n z^n\right) = \sum_{n=0}^{\infty} (\alpha_n \pm \beta_n)z^n$, 且幂级数和差的收敛半径 $R \geqslant \min\{R_1, R_2\}$;

(ii) 乘法: $\left(\sum_{n=0}^{\infty} \alpha_n z^n\right)\left(\sum_{n=0}^{\infty} \beta_n z^n\right) = \sum_{n=0}^{\infty} (\alpha_0\beta_n + \alpha_1\beta_{n-1} + \cdots + \alpha_n\beta_0)z^n$, 且幂级数积的收敛半径 $R \geqslant \min\{R_1, R_2\}$.

(2) 两个幂级数的商及复合运算如同多项式的商及复合运算.

4.1.3 泰勒级数

1. 泰勒展开定理

(1) 设 $f(z)$ 在区域 D 内解析, $z_0 \in D, R$ 为 z_0 到 D 的边界的距离, 则当 $|z-z_0|<R$ 时有

$$f(z) = a_0 + a_1(z-z_0) + a_2(z-z_0)^2 + \cdots + a_n(z-z_0)^n + \cdots$$

其中

$$a_n = \frac{1}{2\pi i}\oint_{C_r} \frac{f(z)}{(z-z_0)^{n+1}}dz = \frac{f^{(n)}(z_0)}{n!} \quad (n=1,2,\cdots)$$

C_r 为以 z_0 为心且含于 $|z-z_0|<R$ 内的任一圆周.

(2) 若 $f(z)$ 在点 z_0 附近可用形如 $\sum\limits_{n=0}^{\infty} a_n(z-z_0)^n$ 的幂级数表示, 则这个幂级数只能是 $f(z)$ 在 z_0 点的泰勒级数.

2. 函数展开成泰勒级数的方法

(1) 利用泰勒展开式.

(2) 待定系数法.

(3) 把级数代入级数法.

(4) 利用幂级数的性质及已知函数泰勒展开式法.

4.1.4 洛朗级数

1. 洛朗级数的收敛圆环

若洛朗级数 $\sum\limits_{n=-\infty}^{+\infty} a_n(z-z_0)^n$ 有收敛区域, 则该区域必为圆环域

$$D: R_1 < |z-z_0| < R_2 \quad (0 \leqslant R_1 < R_2 \leqslant +\infty)$$

且 $\sum\limits_{n=-\infty}^{+\infty} a_n(z-z_0)^n$ 在 D 内绝对收敛, 和函数在 D 内解析, 而且可以逐项积分, 逐项求导.

2. 洛朗展开定理

(1) 若 $f(z)$ 在圆环域 $D: R_1 < |z-z_0| < R_2 \quad (0 \leqslant R_1 < R_2 \leqslant +\infty)$ 内解析, 则在 D 内有

$$f(z) = \sum_{n=-\infty}^{+\infty} a_n(z-z_0)^n$$

其中

$$a_n = \frac{1}{2\pi i}\oint_{C} \frac{f(z)}{(z-z_0)^{n+1}}dz \quad (n=0,\pm1,\pm2,\cdots)$$

C 为任意圆周

$$|z-z_0| = R \quad (R_1 < R < R_2)$$

(2) 若 $f(z)$ 在圆环域 $R_1 < |z-z_0| < R_2$ 内解析, 则 $f(z)$ 在这个圆环域内的洛朗级数展开式是唯一的, 即若 $f(z)$ 在 $R_1 < |z-z_0| < R_2$ 内具有形如 $f(z) =$

$\sum\limits_{n=-\infty}^{+\infty} a_n(z-z_0)^n$ 的展开式, 则其系数

$$a_n = \frac{1}{2\pi \mathrm{i}}\oint_C \frac{f(z)}{(z-z_0)^{n+1}}\mathrm{d}z \quad (n=0,\pm 1,\pm 2,\cdots)$$

C 为任意圆周: $|z-z_0| = R(R_1 < R < R_2)$.

3. 函数的洛朗级数展开法

求函数的洛朗展开式一般地只能用洛朗级数的性质及已知函数洛朗展开式来求出.

4.2 典型例题剖析

例 4.1 若级数 $\sum\limits_{n=1}^{\infty}\frac{a_n}{n}$ 收敛, 则 $\lim\limits_{n\to\infty}\frac{a_1+a_2+\cdots+a_n}{n}=0$.

分析 若能得出 $\lim\limits_{n\to\infty} a_n = 0$, 则由数学分析可推出 $\lim\limits_{n\to\infty}\frac{a_1+a_2+\cdots+a_n}{n} = 0$, 但是, 由 $\sum\limits_{n=1}^{\infty}\frac{a_n}{n}$ 收敛, 只能导出 $\lim\limits_{n\to\infty}\frac{a_n}{n}=0$, 而不能推出 $\lim\limits_{n\to\infty} a_n = 0$. 不过由 $\sum\limits_{n=1}^{\infty}\frac{a_n}{n}$ 收敛可知它的余项 $r_n = \sum\limits_{k=n}^{\infty}\frac{a_k}{k}\to 0$, 从而由数学分析知 $\lim\limits_{n\to\infty}\frac{r_1+r_2+\cdots+r_n}{n} = 0$, 我们就从这儿入手.

证 令 $r_n = \sum\limits_{k=n}^{\infty}\frac{a_k}{k}$, 则有 $\lim\limits_{n\to\infty} r_n = \lim\limits_{n\to\infty} r_{n+1} = 0$ 并且

$$\begin{aligned}
r_1 &= a_1 + \frac{a_2}{2} + \frac{a_3}{3} + \cdots + \frac{a_n}{n} + r_{n+1}\\
r_2 &= \frac{a_2}{2} + \frac{a_3}{3} + \cdots + \frac{a_n}{n} + r_{n+1}\\
r_3 &= \frac{a_3}{3} + \cdots + \frac{a_n}{n} + r_{n+1}\\
&\cdots\cdots\cdots\\
r_n &= \frac{a_n}{n} + r_{n+1}
\end{aligned}$$

以上 n 个式子左、右分别相加得

$$r_1+r_2+\cdots+r_n = a_1+a_2+\cdots+a_n + nr_{n+1}$$

从而有

$$\frac{r_1+r_2+\cdots+r_n}{n} = \frac{a_1+a_2+\cdots+a_n}{n} + r_{n+1}$$

于是

$$\lim_{n\to\infty}\frac{a_1+a_2+\cdots+a_n}{n}=\lim_{n\to\infty}\frac{r_1+\cdots+r_n}{n}-\lim_{n\to\infty}r_{n+1}$$

又因

$$\lim_{n\to\infty}\frac{r_1+r_2+\cdots+r_n}{n}=0$$

故有

$$\lim_{n\to\infty}\frac{a_1+a_2+\cdots+a_n}{n}=0$$

例 4.2 设复数 $z_1,z_2,\cdots,z_n,\cdots$ 全部位于半平面 $\mathrm{Re}z\geqslant 0$ 上, 且 $\sum\limits_{n=1}^{\infty}z_n$ 与 $\sum\limits_{n=1}^{\infty}z_n^2$ 均收敛, 证明 $\sum\limits_{n=1}^{\infty}|z_n|^2$ 也收敛.

分析 如令 $z_n=x_n+\mathrm{i}y_n$, 则 $\sum\limits_{n=1}^{\infty}z_n$ 收敛 $\Leftrightarrow$ 实级数 $\sum\limits_{n=1}^{\infty}x_n$ 与 $\sum\limits_{n=1}^{\infty}y_n$ 收敛, 从而可用数学分析中有关实级数的结论来证此题.

证 令 $z_n=x_n+\mathrm{i}y_n$, 则

$$\sum_{n=1}^{\infty}z_n\text{收敛}\Leftrightarrow\sum_{n=1}^{\infty}x_n\text{与}\sum_{n=1}^{\infty}y_n\text{均收敛}$$

$$\sum_{n=1}^{\infty}z_n^2\text{ 收敛}\Leftrightarrow\sum_{n=1}^{\infty}(x_n^2-y_n^2)\text{ 与 }\sum_{n=1}^{\infty}x_ny_n\text{ 均收敛 (这里 }z_n^2=(x_n^2-y_n^2)+\mathrm{i}2x_ny_n)$$

又因 $x_n=\mathrm{Re}z_n\geqslant 0$, 故由正项级数的比较判别法, 从 $\sum\limits_{n=1}^{\infty}x_n$ 收敛可推得 $\sum\limits_{n=1}^{\infty}x_n^2$ 收敛 (因 n 充分大时必有 $x_n^2\leqslant x_n$), 再由 $\sum\limits_{n=1}^{\infty}(x_n^2-y_n^2)$ 的收敛得出 $\sum\limits_{n=1}^{\infty}y_n^2$ 也收敛, 于是 $\sum\limits_{n=1}^{\infty}|z_n|^2$ 也收敛 (因 $|z_n|^2=x_n^2+y_n^2$).

例 4.3 若 $\sum\limits_{n=1}^{\infty}a_n$ 收敛而级数 $\sum\limits_{n=1}^{\infty}|a_n|$ 发散, 则幂级数 $\sum\limits_{n=1}^{\infty}a_nz^n$ 的收敛半径为 1.

分析 由于未给出 a_n 的具体表达式, 所以不能用检比法或检根法求出其收敛半径, 因此我们只能用阿贝尔定理去求.

证 因 $\sum\limits_{n=1}^{\infty}a_n$ 收敛, 故幂级数 $\sum\limits_{n=1}^{\infty}a_nz^n$ 在 $z=1$ 处收敛, 从而由阿贝尔定理, $\sum\limits_{n=1}^{\infty}a_nz^n$ 在 $|z|<1$ 内处处绝对收敛, 于是它的收敛半径 $R\geqslant 1$; 但如 $R>1$, 则幂

级数 $\sum\limits_{n=1}^{\infty} a_n z^n$ 在 $|z| < R$ 内处处绝对收敛, 当然在 $z = 1$ $(< R)$ 处也绝对收敛, 即 $\sum\limits_{n=1}^{\infty} |a_n|$ 收敛, 这与已知矛盾. 因此 $\sum\limits_{n=1}^{\infty} a_n z^n$ 的收敛半径 $R = 1$.

例 4.4 求幂级数 $\sum\limits_{n=0}^{\infty} \dfrac{z^n}{a^n + \mathrm{i}b^n}$ $(a > 0, b > 0)$ 的收敛半径.

分析 显然此题无法用检比法求出, 而只能用检根法求.

解 因收敛半径 $R = \dfrac{1}{\lim\limits_{n\to\infty} \sqrt[n]{|a_n|}}$, 故

$$R = \lim_{n\to\infty} \sqrt[n]{|a^n + \mathrm{i}b^n|} = \lim_{n\to\infty} (a^{2n} + b^{2n})^{\frac{1}{2n}}$$

又因

$$\max\{a, b\} \leqslant (a^{2n} + b^{2n})^{\frac{1}{2n}} \leqslant 2^{\frac{1}{2n}} \max\{a, b\} \text{且} \lim_{n\to\infty} 2^{\frac{1}{2n}} = 1$$

故

$$\lim_{n\to\infty} (a^{2n} + b^{2n})^{\frac{1}{2n}} = \max\{a, b\}$$

即所求幂级数的收敛半径 $R = \max\{a, b\}$.

例 4.5 求下列幂级数的收敛半径

(1) $\sum\limits_{n=1}^{\infty} \dfrac{z^n}{n^p}$($p$ 为正整数);

(2) $\sum\limits_{n=1}^{\infty} \dfrac{(n!)^2}{n^n} z^n$.

分析 本题中的两小题均可用检比法求得, 当然 (1) 题也可用检根法求得, 但是 (2) 题用检根法却很难求出.

解 (1) $a_n = \dfrac{1}{n^p}$, 故

$$\lambda = \lim_{n\to\infty} \left|\frac{a_{n+1}}{a_n}\right| = \lim_{n\to\infty} \left(\frac{n}{n+1}\right)^p = 1$$

于是 $R = \dfrac{1}{\lambda} = 1$.

(2) $a_n = \dfrac{(n!)^2}{n^n}$, 故

$$\begin{aligned}\lim_{n\to\infty} \left|\frac{a_{n+1}}{a_n}\right| &= \lim_{n\to\infty} \frac{[(n+1)!]^2}{(n+1)^{n+1}} \cdot \frac{n^n}{(n!)^2} \\ &= \lim_{n\to\infty} \frac{(n+1)^2 (n!)^2}{(n+1)^n (n+1)} \cdot \frac{n^n}{(n!)^2}\end{aligned}$$

$$= \lim_{n\to\infty} \frac{n+1}{\left(1+\frac{1}{n}\right)^n} = +\infty$$

故 $R = 0$.

例 4.6 将下列各函数展开成 z 的幂级数, 并指出它们的收敛半径.

(1)$\mathrm{ch}z$; (2)$\mathrm{e}^{\frac{z}{z-1}}$.

分析 由于 $\mathrm{ch}z = \dfrac{\mathrm{e}^z + \mathrm{e}^{-z}}{2}$, 所以可由 e^z 的泰勒展开式求出 $\mathrm{ch}z$ 的泰勒展开式; $\mathrm{e}^{\frac{z}{z-1}}$ 可由 e^z 和 $\dfrac{1}{1-z}$ 的泰勒展开式来求其泰勒展开式.

解 (1) 因 $\mathrm{ch}z = \dfrac{\mathrm{e}^z + \mathrm{e}^{-z}}{2}$, 故

$$\begin{aligned}\mathrm{ch}z =& \frac{1}{2}\left[\left(1+z+\frac{z^2}{2!}+\frac{z^3}{3!}+\cdots\right)+\left(1-z+\frac{z^2}{2!}-\frac{z^3}{3!}+\cdots\right)\right]\\ =&1+\frac{z^2}{2!}+\frac{z^4}{4!}+\cdots+\frac{z^{2n}}{(2n)!}+\cdots\end{aligned}$$

且 $R = +\infty$.

(2) 因 $\dfrac{z}{z-1} = -\dfrac{z}{1-z} = -(z+z^2+z^3+\cdots) = -z\sum\limits_{n=0}^{\infty} z^n = -\sum\limits_{n=0}^{\infty} z^{n+1}, |z| < 1$.

故

$$\begin{aligned}\mathrm{e}^{\frac{z}{z-1}} =& \mathrm{e}^{-(z+z^2+z^3+\cdots)}\\ =&1-(z+z^2+z^3+\cdots)+\frac{1}{2!}(z+z^2+z^3+\cdots)^2\\ &-\frac{1}{3!}(z+z^2+z^3+\cdots)^3+\cdots\\ =&1-z-\frac{1}{2}z^2-\frac{7}{6}z^3+\cdots,\quad |z|<1\end{aligned}$$

且 $R = 1$.

例 4.7 Fibonacci 数列 $\{a_n\}$ 定义为

$$a_0 = 0, a_1 = 1, a_n = a_{n-1} + a_{n-2} \quad (n = 2, 3, \cdots)$$

证明 a_n 是一有理函数的泰勒系数, 并确定 a_n 的表达式.

分析 设 a_n 为 $f(z)$ 的泰勒系数, 即 $f(z) = \sum\limits_{n=0}^{\infty} a_n z^n$, 由 $a_n = a_{n-1} + a_{n-2}$ 可确定 $f(z)$ 满足的关系式, 进而求出 $f(z)$, 再将 $f(z)$ 展开成泰勒级数, 则其系数就是 a_n 的表达式.

证 显然数列 $\{a_n\}$ 单调上升且 $a_n \leqslant 2a_{n-1} (n \geqslant 2)$, 故

$$0 < a_n \leqslant 2a_{n-1} \leqslant 4a_{n-2} \leqslant \cdots \leqslant 2^{n-1}a_1 = 2^{n-1} \quad (n \geqslant 2)$$

从而 $\sqrt[n]{|a_n|} \leqslant 2(n > 2)$, 于是以 a_n 为系数的幂级数 $\sum\limits_{n=0}^{\infty} a_n z^n$ 的收敛半径 $R \geqslant \dfrac{1}{2}$. 设

$$f(z) = \sum_{n=0}^{\infty} a_n z^n, \quad |z| < R$$

由 $a_n = a_{n-1} + a_{n-2}(n = 2, 3, \cdots)$ 得

$$\sum_{n=2}^{\infty} a_n z^n = \sum_{n=2}^{\infty} a_{n-1} z^n + \sum_{n=2}^{\infty} a_{n-2} z^n$$

又

$$\sum_{n=2}^{\infty} a_n z^n = \sum_{n=0}^{\infty} a_n z^n - (a_0 + a_1 z) = f(z) - z$$

$$\sum_{n=2}^{\infty} a_{n-1} z^n = z \sum_{n=2}^{\infty} a_{n-1} z^{n-1} = z \sum_{n=1}^{\infty} a_n z^n = z \sum_{n=0}^{\infty} a_n z^n = z f(z)$$

$$\sum_{n=2}^{\infty} a_{n-2} z^n = z^2 \sum_{n=2}^{\infty} a_{n-2} z^{n-2} = z^2 \sum_{n=0}^{\infty} a_n z^n = z^2 f(z)$$

故得 $f(z) - z = z f(z) + z^2 f(z)$, 即 $f(z) = \dfrac{z}{1 - z - z^2}$ 为一个有理函数, 即 a_n 是一有理函数 $f(z) = \dfrac{z}{1 - z - z^2}$ 的泰勒系数. 又因

$$\begin{aligned} f(z) &= \frac{z}{\left[1 - \dfrac{(1+\sqrt{5})z}{2}\right]\left[1 - \dfrac{(1-\sqrt{5})z}{2}\right]} \\ &= \frac{1}{\sqrt{5}}\left[\frac{1}{1 - \dfrac{(1+\sqrt{5})z}{2}} - \frac{1}{1 - \dfrac{(1-\sqrt{5})z}{2}}\right] \\ &= \frac{1}{\sqrt{5}} \sum_{n=0}^{\infty}\left[\left(\frac{1+\sqrt{5}}{2}\right)^n - \left(\frac{1-\sqrt{5}}{2}\right)^n\right] z^n \end{aligned}$$

收敛半径为 $f(z)$ 的奇点距原点的最短距离, 即 $R = \dfrac{\sqrt{5}-1}{2}$, 而且有

$$a_n = \frac{1}{\sqrt{5}}\left[\left(\frac{1+\sqrt{5}}{2}\right)^n - \left(\frac{1-\sqrt{5}}{2}\right)^n\right] \quad (n = 0, 1, 2, \cdots)$$

例 4.8 设解析函数 $f(z)$ 在 $|z| < R$ 内的泰勒展开式为

$$f(z) = \sum_{n=0}^{\infty} a_n z^n$$

且

$$S_n(z)=\sum_{k=0}^{n}a_kz^k$$

试证

$$S_n(z)=\frac{1}{2\pi \mathrm{i}}\oint_{|\zeta|=r}f(\zeta)\frac{\zeta^{n+1}-z^{n+1}}{\zeta-z}\frac{\mathrm{d}\zeta}{\zeta^{n+1}}\quad(|z|<r<R)$$

分析 用泰勒系数公式, 将 $a_k=\frac{1}{2\pi \mathrm{i}}\oint_{|\zeta|=r}\frac{f(\zeta)}{\zeta^{k+1}}\mathrm{d}\zeta(k=0,1,2,\cdots)$ 代入 $S_n(z)=\sum\limits_{k=0}^{n}a_kz^k$ 即可.

证 因

$$\frac{1}{\zeta^n}\frac{\zeta^{n+1}-z^{n+1}}{\zeta-z}=\sum_{k=0}^{n}\left(\frac{z}{\zeta}\right)^k$$

故

$$\begin{aligned}\frac{1}{2\pi \mathrm{i}}\oint_{|\zeta|=r}f(\zeta)\frac{\zeta^{n+1}-z^{n+1}}{\zeta-z}\frac{\mathrm{d}\zeta}{\zeta^{n+1}}&=\frac{1}{2\pi \mathrm{i}}\oint_{|\zeta|=r}\frac{f(\zeta)}{\zeta}\sum_{k=0}^{n}\left(\frac{z}{\zeta}\right)^k\mathrm{d}\zeta\\&=\sum_{k=0}^{n}\left(\frac{1}{2\pi \mathrm{i}}\oint_{|\zeta|=r}\frac{f(\zeta)}{\zeta^{k+1}}\mathrm{d}\zeta\right)z^k\\&=\sum_{k=0}^{n}a_kz^k=S_n(z)\end{aligned}$$

例 4.9 求函数 $f(z)=z^4\mathrm{e}^{\frac{1}{z}}$ 在 $0<|z|<+\infty$ 内的洛朗展开式.

解 因 $\mathrm{e}^z=1+z+\frac{z^2}{2!}+\cdots+\frac{z^n}{n!}+\cdots,|z|<+\infty$, 故

$$\mathrm{e}^{\frac{1}{z}}=1+\frac{1}{z}+\frac{1}{2!}\frac{1}{z^2}+\cdots+\frac{1}{n!}\frac{1}{z^n}+\cdots,\quad 0<|z|<+\infty$$

于是

$$\begin{aligned}f(z)=&z^4\mathrm{e}^{\frac{1}{z}}=z^4+z^3+\frac{z^2}{2!}+\frac{z}{3!}+\frac{1}{4!}+\frac{1}{5!}\frac{1}{z}+\frac{1}{6!}\frac{1}{z^2}\\&+\cdots+\frac{1}{(n+4)!}\cdot\frac{1}{z^n}+\cdots,\quad 0<|z|<+\infty\end{aligned}$$

例 4.10 将函数 $f(z)=\frac{\ln(2-z)}{z^2(z-1)}$ 在 $0<|z-1|<1$ 内展开成洛朗级数.

分析 显然本题应用公式 $\frac{1}{1+z}=\sum\limits_{n=0}^{\infty}(-1)^nz^n$ 及公式 $\ln(1-z)=-\sum\limits_{n=0}^{\infty}\frac{1}{n+1}z^{n+1}$ 求解.

解 因 $\dfrac{1}{z}=\dfrac{1}{1+(z-1)}=\sum\limits_{n=0}^{\infty}(-1)^n(z-1)^n, |z-1|<1$, 得

$$\frac{1}{z^2}=-\left(\frac{1}{z}\right)'=-\sum_{n=0}^{\infty}(-1)^n\cdot n(z-1)^{n-1}$$

$$=\sum_{n=0}^{\infty}(-1)^n(n+1)(z-1)^n,\quad |z-1|<1$$

$$\ln(2-z)=\ln[1-(z-1)]$$

$$=-\sum_{n=0}^{\infty}\frac{1}{n+1}(z-1)^{n+1},\quad |z-1|<1$$

故当 $0<|z-1|<1$ 时, 有

$$\begin{aligned}\frac{\ln(2-z)}{z^2(z-1)}&=\frac{1}{(z-1)}\cdot\frac{1}{z^2}\cdot\ln(2-z)\\&=-\frac{1}{z-1}\left(\sum_{n=0}^{\infty}(-1)^n(n+1)(z-1)^n\right)\cdot\left(\sum_{n=0}^{\infty}\frac{-1}{n+1}(z-1)^{n+1}\right)\\&=-\left(\sum_{n=0}^{\infty}(-1)^n(n+1)(z-1)^n\right)\cdot\left(\sum_{n=0}^{\infty}\frac{1}{n+1}(z-1)^n\right)\\&=-\sum_{n=0}^{\infty}\left[\sum_{k=0}^{n}\frac{(-1)^k(k+1)}{n-k+1}\right](z-1)^n\\&=\sum_{n=0}^{\infty}\left[\sum_{k=0}^{n}(-1)^{k+1}\frac{k+1}{n-k+1}\right](z-1)^n,\quad 0<|z-1|<1\end{aligned}$$

例 4.11 试证在 $f(z)=\cos\left(z+\dfrac{1}{z}\right)$ 以 z 的各幂表出的洛朗展开式中的各系数为

$$a_n=\frac{1}{2\pi}\int_0^{2\pi}\cos(2\cos\theta)\cos n\theta\mathrm{d}\theta\quad(n=0,\pm1,\pm2,\cdots)$$

分析 在洛朗系数公式$a_n=\dfrac{1}{2\pi\mathrm{i}}\oint_C\dfrac{f(z)}{z^{n+1}}\mathrm{d}z$ 中, 取 C 为 $|z|=1$, 在此圆周上设 $z=\mathrm{e}^{\mathrm{i}\theta}$, 再证明 a_n 的积分表达式中的虚部为零即可.

证 令 $z=\mathrm{e}^{\mathrm{i}\theta}$, $0\leqslant\theta\leqslant2\pi$, 则 $\mathrm{d}z=\mathrm{i}\mathrm{e}^{\mathrm{i}\theta}\mathrm{d}\theta$, 由洛朗系数公式及复积分计算公式得

$$a_n=\frac{1}{2\pi\mathrm{i}}\oint_{|z|=1}\frac{f(z)}{z^{n+1}}\mathrm{d}z=\frac{1}{2\pi\mathrm{i}}\oint_{|z|=1}\frac{\cos\left(z+\dfrac{1}{z}\right)}{z^{n+1}}\mathrm{d}z$$

$$
\begin{aligned}
&=\frac{1}{2\pi\mathrm{i}}\int_0^{2\pi}\frac{\cos(\mathrm{e}^{\mathrm{i}\theta}+\mathrm{e}^{-\mathrm{i}\theta})}{(\mathrm{e}^{\mathrm{i}\theta})^{n+1}}\mathrm{i}\mathrm{e}^{\mathrm{i}\theta}\mathrm{d}\theta=\frac{1}{2\pi\mathrm{i}}\int_0^{2\pi}\frac{\cos(2\cos\theta)}{\mathrm{e}^{\mathrm{i}n\theta}}\mathrm{i}\mathrm{d}\theta\\
&=\frac{1}{2\pi}\int_0^{2\pi}\cos(2\cos\theta)[\cos n\theta-\mathrm{i}\sin n\theta]\mathrm{d}\theta\\
&=\frac{1}{2\pi}\int_0^{2\pi}\cos(2\cos\theta)\cos n\theta\mathrm{d}\theta-\frac{\mathrm{i}}{2\pi}\int_0^{2\pi}\cos(2\cos\theta)\sin n\theta\mathrm{d}\theta
\end{aligned}
$$

由于

$$
\begin{aligned}
\cos[2\cos(\theta+2\pi)]&=\cos(2\cos\theta)\\
\sin n(\theta+2\pi)&=\sin(n\theta+2n\pi)=\sin n\theta
\end{aligned}
$$

令

$$\varphi(\theta)=\cos(2\cos\theta)\sin n\theta$$

则 $\varphi(\theta+2\pi)=\varphi(\theta)$; 又

$$
\begin{aligned}
\varphi(-\theta)&=\cos[2\cos(-\theta)]\sin n(-\theta)=\cos(2\cos\theta)(-\sin n\theta)\\
&=-\cos(2\cos\theta)\sin n\theta=-\varphi(\theta)
\end{aligned}
$$

故 $\varphi(\theta)$ 为奇函数且为周期为 2π 的周期函数, 于是

$$
\begin{aligned}
\int_0^{2\pi}\cos(2\cos\theta)\sin n\theta\mathrm{d}\theta&=\int_0^{2\pi}\varphi(\theta)\mathrm{d}\theta\\
&=\int_{-\pi}^{\pi}\varphi(\theta)\mathrm{d}\theta=0
\end{aligned}
$$

从而

$$a_n=\frac{1}{2\pi}\int_0^{2\pi}\cos(2\cos\theta)\cos n\theta\mathrm{d}\theta\quad(n=0,\pm1,\pm2,\cdots)$$

4.3 测 试 题

1. 单项选择题.

(1) 若 $\sum\limits_{n=0}^{\infty}a_n(z-1)^n$ 在 $z=3$ 发散, 则它必在 (　　).

A. $z=-1$ 收敛;　　B. $z=-\dfrac{3}{2}$ 发散;

C. $z=2$ 收敛;　　D. 以上全不正确.

(2) 下列级数中, 绝对收敛的级数是 (　　).

A. $\sum\limits_{n=1}^{\infty}\dfrac{1}{n}\left(1+\dfrac{\mathrm{i}}{n}\right)$;　　B. $\sum\limits_{n=2}^{\infty}\dfrac{\mathrm{i}^n}{\ln n}$;

C. $\sum_{n=1}^{\infty}\left[\frac{(-1)^n}{n}+\frac{\mathrm{i}}{2^n}\right]$; D. $\sum_{n=1}^{\infty}\frac{(8\mathrm{i})^n}{n!}$.

(3) 洛朗级数 $\sum_{n=-\infty}^{\infty} 2^{-|n|}(z-3)^n$ 的收敛域为 ( ).

A. $|z-3|<2$; B. $2<|z-3|<+\infty$;

C. $\frac{1}{2}<|z-3|<2$; D. $\frac{1}{2}<|z-3|<+\infty$.

(4) 幂级数 $\sum_{n=0}^{\infty}(1+\sqrt{3}\mathrm{i})^n z^{2n}$ 的收敛半径是 ( ).

A. 2; B. $\frac{1}{2}$; C. $\sqrt{2}$; D. $\frac{1}{\sqrt{2}}$.

(5) 设 $f(z)$ 在圆环域 $D: R_1<|z-z_0|<R_2$ 内解析, 它在 D 内的洛朗展开式为 $f(z)=\sum_{n=-\infty}^{\infty} a_n(z-z_0)^n$, C 为 D 内围绕 z_0 的任一条正向简单光滑闭曲线, 则 $\oint_C \frac{f(z)}{(z-z_0)^3}\mathrm{d}z=$( ).

A. $2\pi\mathrm{i}a_{-1}$; B. $2\pi\mathrm{i}a_1$; C. $2\pi\mathrm{i}a_2$; D. $2\pi\mathrm{i}\frac{f''(z_0)}{2!}$.

(6) 幂级数 $\sum_{n=0}^{\infty}\frac{n!}{n^n}z^n$ 的收敛半径 $R=$( ).

A. 2; B. $\frac{1}{2}$; C. $\frac{1}{\mathrm{e}}$; D. e.

(7) 洛朗级数 $\sum_{n=1}^{\infty}\frac{2^n}{(z-3)^n}+\sum_{n=0}^{\infty}(-1)^n\left(1-\frac{z}{3}\right)^n$ 的收敛圆环域是 ( ).

A. $\frac{1}{3}<|z-3|<\frac{1}{2}$; B. $0<|z-3|<2$;

C. $2<|z-3|<3$; D. $0<|z-3|<3$.

(8) 洛朗级数 $\sum_{n=-\infty}^{+\infty} z^n$ 的收敛域是 ( ).

A. $0<|z|<1$; B. $\varnothing$(空集);

C. $\frac{1}{2}<|z|<1$; D. $\frac{1}{3}<|z|<\frac{1}{2}$.

(9) 设幂级数 $\sum_{n=0}^{\infty}a_n z^n$ 的收敛半径 $R>0$, 则它 ( ).

A. 在 $|z|\leqslant R$ 上收敛; B. 在 $|z|\leqslant\frac{R}{2}$ 上一致收敛;

C. 在 $|z|<R$ 内一致收敛; D. 在 $|z|\leqslant R$ 上绝对收敛.

(10) 设幂级数 $\sum_{n=0}^{\infty}a_n(z-1)^n$ 在点 $z=3$ 收敛而在 $z=1+2\mathrm{i}$ 发散, 则它的收敛半径 $R=$( ).

A. 2; B. $+\infty$; C. 3; D. 0.

(11) 级数 $\sum_{n=1}^{\infty} e^{in}$(　　).

A. 收敛;　　B. 发散;　　C. 绝对收敛;　　D. 条件收敛.

(12) 设幂级数 $\sum_{n=0}^{\infty} a_n z^n = e^{\frac{\cos z}{1-z}}$, 则它的收敛半径为 (　　).

A. 2;　　B. $\frac{1}{2}$;　　C. 1;　　D. $+\infty$.

2. 填空题.

(1) 幂级数 $\sum_{n=0}^{\infty}(1+i)^n z^n$ 在____绝对收敛, 在____发散.

(2) 幂级数 $\sum_{n=1}^{\infty} e^{i\frac{\pi}{n}} z^n$ 在____绝对收敛, 在____发散.

(3) 设 $\dfrac{e^{\frac{z}{z-3}}\cos z}{(z-1)(z-i)\ln(2-z)} = \sum_{n=0}^{\infty} a_n z^n$, 则收敛半径 $R=$____, 故幂级数 $\sum_{n=0}^{\infty} a_n z^n$ 在____绝对收敛, 在____一致收敛.

(4) 设幂级数 $\sum_{n=0}^{\infty} a_n(z-2)^n$ 在 $z=4$ 收敛而在 $z=2+2i$ 发散, 则其收敛半径 $R=$____, 该幂级数在____绝对收敛, 在____一致收敛.

(5) 洛朗级数 $\sum_{n=1}^{\infty}\dfrac{1}{(z-2)^n}+\sum_{n=0}^{\infty}(-1)^n\left(1-\dfrac{z}{2}\right)^n$ 的收敛圆环为____, 和函数为____.

3. 计算及证明题.

(1) 判别下列级数的剑散性:

(i) $\sum_{n=0}^{\infty}\dfrac{(6+5i)^n}{8^n}$;　　(ii) $\sum_{n=0}^{\infty}\dfrac{\text{ch}n}{2^n}$.

(2) 求下列幂级数的收敛半径:

(i) $\sum_{n=1}^{\infty}\text{ch}\left(\dfrac{i}{n}\right)(z-1)^n$;　　(ii) $\sum_{n=1}^{\infty}\left(\dfrac{z}{\ln in}\right)^n$.

(3) 求幂级数 $\sum_{n=1}^{\infty}(-1)^n\left(1+\sin\dfrac{1}{n}\right)^{-n^2} z^n$ 的收敛半径.

(4) 若已知幂级数 $\sum_{n=0}^{\infty} a_n z^n$ 的收敛半径为 $R(0<R<+\infty)$, 试证幂级数 $\sum_{n=0}^{\infty}(1+z_0^n)a_n z^n$ 的收敛半径为 (这里 $z_0\neq 0$)

$$r=\min\left\{R,\frac{R}{|z_0|}\right\}$$

(5) 若 $f(z)=\sum\limits_{n=0}^{\infty}a_nz^n$ 在 $|z|<1$ 内解析, 且 $\mathrm{Re}[f(z)]>0$, 试证 $|a_n|\leqslant 2\mathrm{Re}a_0(n=1,2,\cdots)$.

(6) 问函数 $\tan\left(\dfrac{1}{z}\right)$ 能否在 $0<|z|<R$ 内展为洛朗级数? 说明理由.

(7) 将 $f(z)=\dfrac{z}{\sin z}$ 在圆环 $D:0<|z|<\pi$ 内展开成洛朗级数.

(8) 设 t 为实数, 证明当 $0<|z|<+\infty$ 时

$$\mathrm{e}^{\frac{1}{2}t\left(z-\frac{1}{z}\right)}=\sum_{n=-\infty}^{+\infty}J_n(t)z^n$$

其中 $J_n(t)$ 由下式确定

$$J_n(t)=(-1)^nJ_{-n}(t)=\frac{1}{\pi}\int_0^{\pi}\cos(t\sin\theta-n\theta)\mathrm{d}\theta\quad(n=0,1,2,\cdots)$$

4.4 测试题解答

1. 单项选择题.

(1)B. 因级数在 $z=3$ 发散, 故收敛半径 $R\leqslant|3-1|=2$, 又因 $\left|-\dfrac{3}{2}-1\right|=2.5>R$ 即 $z=-\dfrac{3}{2}$ 在收敛圆的外部, 于是在 $z=-\dfrac{3}{2}$ 处发散.

(2)D. 因级数 $\sum\limits_{n=1}^{\infty}\left|\dfrac{(8\mathrm{i})^n}{n!}\right|=\sum\limits_{n=1}^{\infty}\dfrac{8^n}{n!}$ 收敛 (可用检比法验证).

(3)C. 原级数可写成

$$\sum_{n=1}^{\infty}\frac{1}{2^n}\frac{1}{(z-3)^n}+\sum_{n=0}^{\infty}\frac{(z-3)^n}{2^n}$$

$$R_1=\lim_{n\to\infty}\sqrt[n]{\frac{1}{2^n}}=\frac{1}{2},\quad R_2=1\Big/\lim_{n\to\infty}\sqrt[n]{\frac{1}{2^n}}=2$$

故应用 C.

(4)D. 令 $z^2=\zeta$, 则原级数 $=\sum\limits_{n=0}^{\infty}(1+\sqrt{3}\mathrm{i})^n\zeta^n$, 此级数的收敛半径为

$$1\Big/\lim_{n\to\infty}\sqrt[n]{|(1+\sqrt{3}\mathrm{i})^n|}=\frac{1}{2}$$

即其收敛圆为 $|\zeta|<\dfrac{1}{2}$, 从而原级数的收敛圆为 $|z|<\sqrt{\dfrac{1}{2}}$, 于是原级数的收敛半径为 $R=\dfrac{\sqrt{2}}{2}$.

(5)C. 由洛朗系数公式 $a_2=\dfrac{1}{2\pi\mathrm{i}}\oint_C\dfrac{f(z)}{(z-z_0)^3}\mathrm{d}z$, 即知 $\oint_C\dfrac{f(z)}{(z-z_0)^3}\mathrm{d}z=2\pi\mathrm{i}a_2$.

(6)D. 因

$$R=1\Big/\lim_{n\to\infty}\left|\frac{a_{n+1}}{a_n}\right|=\lim_{n\to\infty}\left|\frac{a_n}{a_{n+1}}\right|=\lim_{n\to\infty}\frac{\dfrac{n!}{n^n}}{\dfrac{(n+1)!}{(n+1)^{n+1}}}$$

$$=\lim_{n\to\infty}\left(1+\frac{1}{n}\right)^n=\mathrm{e}$$

(7)C. 原级数 $=\sum_{n=1}^{\infty}\dfrac{2^n}{(z-3)^n}+\sum_{n=0}^{\infty}\dfrac{1}{3^n}(z-3)^n$, 而

$$R_1=\lim_{n\to\infty}\sqrt[n]{2^n}=2,\quad R_2=1\Big/\sqrt[n]{\frac{1}{3^n}}=3$$

故其收敛圆环为 $2<|z-3|<3$.

(8)B. 原级数 $=\sum_{n=1}^{\infty}\dfrac{1}{z^n}+\sum_{n=0}^{\infty}z^n$, 其中前一个级数的收敛域为 $|z|>1$, 而后一级数的收敛域为 $|z|<1$, 故原级数的收敛域为空集 $\varnothing$.

(9)B. 由于幂级数在其收敛圆内内闭一致收敛, 而 $|z|\leqslant\dfrac{R}{2}$ 含于 $|z|<R$ 内, 故应选 B.

(10)A. 因 $\sum_{n=0}^{\infty}a_n(z-1)^n$ 在 $z=3$ 收敛, 故由阿贝尔定理其收敛半径 $R\geqslant 2$, 又因级数在 $z=1+2\mathrm{i}$ 发散, 故由阿贝尔定理其收敛半径 $R\leqslant|(1+2\mathrm{i})-1|=2$, 于是 $R=2$.

(11)B. 由于该级数的通项 $a_n=\mathrm{e}^{\mathrm{i}n}\nrightarrow 0$, 故发散.

(12)C. 因幂级数的收敛半径是其和函数的所有奇点到原点的最短距离, 故其收敛半径 $R=|1-0|=1$.

2. 填空题.

(1)$|z|<\dfrac{\sqrt{2}}{2}$; $|z|>\dfrac{\sqrt{2}}{2}$. 因为其收敛半径

$$R=\lim_{n\to\infty}\left|\frac{a_n}{a_{n+1}}\right|=\lim_{n\to\infty}\left|\frac{(1+\mathrm{i})^n}{(1+\mathrm{i})^{n+1}}\right|=\frac{\sqrt{2}}{2}$$

(2)$|z|<1$; $|z|>1$. 因其收敛半径 $R=\lim_{n\to\infty}\dfrac{1}{\sqrt[n]{|a_n|}}=\lim_{n\to\infty}\dfrac{1}{\sqrt[n]{\left|\mathrm{e}^{\mathrm{i}\frac{\pi}{n}}\right|}}=1$.

(3)1; $|z|<1$; $|z|\leqslant r$(对任何满足 $0<r<1$ 的 r). 因本幂级数的收敛半径 R 等于其和函数的所有奇点到原点的最短距离, 而和函数的奇点为 $z=1,\mathrm{i},2,3$, 故它们到原点的最短距离是 $|1-0|=|\mathrm{i}-0|=1$, 于是此幂级数的收敛半径为 $R=1$.

(4)2; $|z-2|<2$; $|z-2|<r$(对任何满足 $0<r<2$ 的 r). 因本幂级数在 $z=4$ 收敛, 故由阿贝尔定理, 其收敛半径 $R\geqslant|4-2|=2$, 又因它在 $z=2+2\mathrm{i}$ 发散, 故由阿贝尔定理, $R\leqslant|(2+2\mathrm{i})-2|=2$, 从而 $R=2$.

(5)$1<|z-2|<2$; $\dfrac{z-2}{(z-3)(4-z)}$. 原式 $=\sum\limits_{n=1}^{\infty}\dfrac{1}{(z-2)^n}+\sum\limits_{n=0}^{\infty}\dfrac{(z-2)^n}{2^n}$. $R_1=\lim\limits_{n\to\infty}\sqrt[n]{1}=1$; $R_2=1\Big/\lim\limits_{n\to\infty}\sqrt[n]{\dfrac{1}{2^n}}=2$, 故收敛圆环为 $1<|z-2|<2$. 另外,

$$\begin{aligned}\text{原式}&=\sum_{n=1}^{\infty}\frac{1}{(z-2)^n}+\sum_{n=0}^{\infty}\left(\frac{z-2}{2}\right)^n=\frac{\dfrac{1}{z-2}}{1-\dfrac{1}{z-2}}+\frac{1}{1-\dfrac{z-2}{2}}\\&=\frac{1}{z-3}+\frac{2}{4-z}=\frac{z-2}{(z-3)(4-z)},\quad 1<|z-2|<2\end{aligned}$$

3. 计算及证明题.

(1) **解** (i)$\sum\limits_{n=0}^{\infty}\dfrac{(6+5\mathrm{i})^n}{8^n}$, 因 $\left|\dfrac{6+5\mathrm{i}}{8}\right|=\dfrac{\sqrt{61}}{8}<1$, 故它绝对收敛. 从而也收敛;

(ii)$\sum\limits_{n=0}^{\infty}\dfrac{\mathrm{ch}n}{2^n}$, 因

$$\left|\frac{\mathrm{ch}n}{2^n}\right|=\frac{\mathrm{e}^n+\mathrm{e}^{-n}}{2^{n+1}}=\frac{1}{2}\left(\left(\frac{\mathrm{e}}{2}\right)^n+\left(\frac{1}{2\mathrm{e}}\right)^n\right)>\frac{1}{2}\left(\frac{\mathrm{e}}{2}\right)^n>\frac{1}{2}$$

故 $\dfrac{\mathrm{ch}n}{2^n}\nrightarrow 0$, 故 $\sum\limits_{n=0}^{\infty}\dfrac{\mathrm{ch}n}{2^n}$ 发散.

(2) **解** (i)$\sum\limits_{n=1}^{\infty}\mathrm{ch}\left(\dfrac{\mathrm{i}}{n}\right)(z-1)^n$. 因

$$\begin{aligned}a_n&=\mathrm{ch}\left(\frac{\mathrm{i}}{n}\right)=\frac{\mathrm{e}^{\frac{\mathrm{i}}{n}}+\mathrm{e}^{-\frac{\mathrm{i}}{n}}}{2}\\&=\frac{\cos\dfrac{1}{n}+\mathrm{i}\sin\dfrac{1}{n}+\cos\left(-\dfrac{1}{n}\right)+\mathrm{i}\sin\left(-\dfrac{1}{n}\right)}{2}\\&=\cos\frac{1}{n}\end{aligned}$$

故

$$R=\lim_{n\to\infty}\left|\frac{a_n}{a_{n+1}}\right|=\lim_{n\to\infty}\left|\frac{\cos\dfrac{1}{n}}{\cos\dfrac{1}{n+1}}\right|=\frac{1}{1}=1$$

(ii) $\sum\limits_{n=1}^{\infty}\left(\dfrac{z}{\ln in}\right)^n$. 因

$$\mathrm{Ln} in=\ln|in|+\mathrm{i}\arg(in)=\ln n+\frac{\pi}{2}\mathrm{i}$$

故

$$|a_n|=\frac{1}{|\ln in|^n}=\left(\frac{1}{\ln^2 n+\dfrac{\pi^2}{4}}\right)^{\frac{\pi}{2}}$$

从而

$$R=1\Big/\lim_{n\to\infty}\sqrt[n]{|a_n|}=\lim_{n\to\infty}\sqrt[n]{\left(\ln^2 n+\frac{\pi^2}{4}\right)^{\frac{n}{2}}}=+\infty$$

(3) **解** 因

$$\lim_{n\to\infty}\sqrt[n]{\left|(-1)^n\left(1+\sin\frac{1}{n}\right)^{-n^2}\right|}$$

$$=\lim_{n\to\infty}\left(1+\sin\frac{1}{n}\right)^{-n}=\lim_{n\to\infty}\left[\left(1+\sin\frac{1}{n}\right)^{\frac{1}{\sin\frac{1}{n}}}\right]^{-\frac{\sin\frac{1}{n}}{\frac{1}{n}}}=\mathrm{e}^{-1}$$

(4)**证** 幂级数 $\sum\limits_{n=0}^{\infty}(1+z_0^n)a_nz^n=\sum\limits_{n=0}^{\infty}a_nz^n+\sum\limits_{n=0}^{\infty}z_0^na_nz^n$, 又 $\sum\limits_{n=1}^{\infty}a_nz^n$ 的收敛半径为 R, 而

$$\sum_{n=0}^{\infty}z_0^na_nz^n=\sum_{n=0}^{\infty}a_n(z_0z)^n$$

当 $|z_0z|<R$ 时绝对收敛而当 $|z_0z|>R$ 时发散, 即它在 $|z|<\dfrac{R}{|z_0|}$ 时绝对收敛而在 $|z|>\dfrac{R}{|z_0|}$ 时发散, 故 $\sum\limits_{n=0}^{\infty}z_0^nza_nz^n$ 的收敛半径为 $\dfrac{R}{|z_0|}$, 于是原级数的收敛半径 r 为 $r=\min\left\{R,\dfrac{R}{|z_0|}\right\}$.

(5)**证** 由泰勒系数公式与复积分计算公式,

$$\begin{aligned}a_n=&\frac{1}{2\pi\mathrm{i}}\oint_{|z|=r}\frac{f(z)}{z^{n+1}}\mathrm{d}z\quad(\text{这里}0<r<1)\\=&\frac{1}{2\pi r^n}\int_0^{2\pi}f(r\mathrm{e}^{\mathrm{i}\theta})\mathrm{e}^{-\mathrm{i}n\theta}\mathrm{d}\theta\\=&\frac{1}{2\pi r^n}\int_0^{2\pi}\{\mathrm{Re}[f(r\mathrm{e}^{\mathrm{i}\theta})]+\mathrm{i}\mathrm{Im}[f(r\mathrm{e}^{\mathrm{i}\theta})]\}\mathrm{e}^{-\mathrm{i}n\theta}\mathrm{d}\theta\end{aligned}\tag{4.1}$$

又由 Cauchy-Goursat 定理及复积分计算公式,

$$
\begin{aligned}
0 &= \frac{1}{2\pi \mathrm{i} r^{2n}} \oint_{|z|=r} z^{n-1} f(z) \mathrm{d}z \\
&= \frac{1}{2\pi r^n} \int_0^{2\pi} f(r\mathrm{e}^{\mathrm{i}\theta}) \mathrm{e}^{\mathrm{i}n\theta} \mathrm{d}\theta \\
&= \frac{1}{2\pi r^n} \int_0^{2\pi} \{\mathrm{Re}[f(r\mathrm{e}^{\mathrm{i}\theta})] + \mathrm{i}\,\mathrm{Im}[f(r\mathrm{e}^{\mathrm{i}\theta})]\} \mathrm{e}^{\mathrm{i}n\theta} \mathrm{d}\theta
\end{aligned}
$$

两边取共轭得

$$
0 = \frac{1}{2\pi r^n} \int_0^{2\pi} \{\mathrm{Re}[f(r\mathrm{e}^{\mathrm{i}\theta})] - \mathrm{i}\,\mathrm{Im}[f(r\mathrm{e}^{\mathrm{i}\theta})]\} \mathrm{e}^{-\mathrm{i}n\theta} \mathrm{d}\theta \tag{4.2}
$$

(4.1) 式 +(4.2) 式得

$$
a_n = \frac{1}{\pi r^n} \int_0^{2\pi} \mathrm{Re}[f(r\mathrm{e}^{\mathrm{i}\theta})] \mathrm{e}^{-\mathrm{i}n\theta} \mathrm{d}\theta \quad (n = 1, 2, \cdots, 0 < r < 1)
$$

又因 $\mathrm{Re}[f(r\mathrm{e}^{\mathrm{i}\theta})] > 0$, 故有

$$
|a_n| \leqslant \frac{1}{\pi r^n} \int_0^{2\pi} |\mathrm{Re}[f(r\mathrm{e}^{\mathrm{i}\theta})] \mathrm{e}^{-\mathrm{i}n\theta}| \mathrm{d}\theta = \frac{1}{\pi r^n} \int_0^{2\pi} \mathrm{Re}[f(r\mathrm{e}^{\mathrm{i}\theta})] \mathrm{d}\theta
$$

而

$$
a_0 = \frac{1}{2\pi \mathrm{i}} \oint_{|z|=r} \frac{f(z)}{z} \mathrm{d}z = \frac{1}{2\pi} \int_0^{2\pi} f(r\mathrm{e}^{\mathrm{i}\theta}) \mathrm{d}\theta
$$

故

$$
\mathrm{Re}a_0 = \frac{1}{2\pi} \int_0^{2\pi} \mathrm{Re}[f(r\mathrm{e}^{\mathrm{i}\theta})] \mathrm{d}\theta
$$

从而

$$
|a_n| \leqslant \frac{2}{r^n} \mathrm{Re}a_0 \quad (n = 1, 2, \cdots)
$$

令 $r \to 1$ 得 $|a_n| \leqslant 2\mathrm{Re}a_0$.

(6)**解** 因 $\tan\frac{1}{z} = \dfrac{\sin\frac{1}{z}}{\cos\frac{1}{z}}$ 有无穷多个奇点 $z = 0$ 及 $z_k = \dfrac{1}{\left(k + \frac{1}{2}\right)\pi}$ $(k = 0, \pm 1, \pm 2, \cdots)$, 由于 $k \to \infty$ 时 $z_k \to 0$, 即在 $z = 0$ 的任何一个去心邻域内总能找到函数 $\tan\frac{1}{z}$ 的奇点, 故不存在一个去心邻域 $0 < |z| < R$, 使 $\tan\frac{1}{z}$ 在圆环域 $0 < |z| < R$ 内解析. 所以不可能在 $0 < |z| < R$ 内将 $\tan\frac{1}{z}$ 展开成为洛朗级数.

(7)**解** 令 $f(z)=\dfrac{z}{\sin z}$, 因 $\lim\limits_{z\to 0}\dfrac{z}{\sin z}=1$, 所以补充定义 $f(0)=1$, 知

$$\lim_{z\to 0}\frac{f(z)-f(0)}{z-0}=\lim_{z\to 0}\frac{z-\sin z}{z\sin z}=0$$

$f'(0)=0$ 存在, 故 $f(z)=\dfrac{z}{\sin z}$ 在 $|z|<\pi$ 内解析, 从而所求洛朗级数实际上就是泰勒展开式. 又因 $f(z)$ 为偶函数, 其泰勒系数中奇数次幂前系数均为零, 故可令

$$\frac{z}{\sin z}=a_0+a_2z^2+a_4z^4+\cdots\quad (a_0=f(0)=1)$$

于是

$$\begin{aligned}z=&(\sin z)(a_0+a_2z^2+a_4z^4+\cdots)\\=&\left(z-\frac{1}{3!}z^3+\frac{1}{5!}z^5-\cdots\right)\cdot(a_0+a_2z^2+a_4z^4+\cdots)\\=&a_0z+\left(a_2-\frac{a_0}{6}\right)z^3+\left(\frac{a_0}{120}-\frac{a_2}{6}+a_4\right)z^4+\cdots\end{aligned}$$

比较两边同次幂项系数得

$$a_0=1,\quad a_2=\frac{a_0}{6}=\frac{1}{6},\quad a_4=-\frac{a_0}{120}+\frac{a_2}{6}=\frac{7}{360},\cdots$$

于是所求的洛朗级数为

$$\frac{z}{\sin z}=1+\frac{1}{6}z^2+\frac{7}{360}z^4+\cdots\quad (0<|z|<\pi)$$

(8)**证** 因 $\mathrm{e}^{\frac{1}{2}t\left(z-\frac{1}{z}\right)}$ 在 z 平面上除了 $z=0$ 外解析, 故在 $0<|z|<+\infty$ 内可展成洛朗级数

$$\mathrm{e}^{\frac{1}{2}t\left(z-\frac{1}{z}\right)}=\sum_{n=-\infty}^{\infty}a_nz^n$$

其中

$$a_n=\frac{1}{2\pi\mathrm{i}}\oint_{|z|=r}\frac{\mathrm{e}^{\frac{1}{2}t\left(z-\frac{1}{z}\right)}}{z^{n+1}}\mathrm{d}z\quad (n=0,\pm1,\pm2,\cdots;0<r<+\infty)$$

显然 a_n 与 t 有关, 记 $a_n=J_n(t)$. 以下只需证明

$$a_n=(-1)^na_{-n}=\frac{1}{\pi}\int_0^{\pi}\cos(t\sin\theta-n\theta)\mathrm{d}\theta\quad (n=0,1,2,\cdots)$$

取 $r=1$, 由复积分计算公式有

$$a_n=\frac{1}{2\pi}\int_{-\pi}^{\pi}\mathrm{e}^{\frac{1}{2}t(\mathrm{e}^{\mathrm{i}\theta}-\mathrm{e}^{-\mathrm{i}\theta})}\cdot\mathrm{e}^{-\mathrm{i}n\theta}\mathrm{d}\theta$$

$$=\frac{1}{2\pi}\int_{-\pi}^{\pi}\mathrm{e}^{\mathrm{i}t\sin\theta-\mathrm{i}n\theta}\mathrm{d}\theta$$
$$=\frac{1}{2\pi}\int_{-\pi}^{\pi}\cos(t\sin\theta-n\theta)\mathrm{d}\theta+\frac{1}{2\pi}\int_{-\pi}^{\pi}\sin(t\sin\theta-n\theta)\mathrm{d}\theta$$

由于 $\cos(t\sin\theta-n\theta)$ 与 $\sin(t\sin\theta-n\theta)$ 分别是 θ 的偶函数与奇函数, 所以

$$a_n=\frac{1}{\pi}\int_0^{\pi}\cos(t\sin\theta-n\theta)\mathrm{d}\theta\quad(n=0,\pm1,\pm2,\cdots)$$

又因

$$\begin{aligned}a_{-n}&=\frac{1}{\pi}\int_0^{\pi}\cos(t\sin\theta+n\theta)\mathrm{d}\theta\quad(n=0,1,2,\cdots)\\&\xlongequal{\phi=\pi-\theta}\frac{-1}{\pi}\int_{\pi}^{0}\cos[t\sin(\pi-\varphi)+n(\pi-\varphi)]\mathrm{d}\phi\\&=\frac{1}{\pi}\int_0^{\pi}\cos[(t\sin\varphi-n\varphi)+n\pi]\mathrm{d}\varphi\\&=\frac{1}{\pi}\int_0^{\pi}(-1)^n\cos(t\sin\varphi-n\varphi)\mathrm{d}\varphi\\&=(-1)^n\frac{1}{\pi}\int_0^{\pi}\cos(t\sin\theta-n\theta)\mathrm{d}\theta\\&=(-1)^n a_n\quad(n=0,1,2,\cdots)\end{aligned}$$

故

$$J_n(t)=(-1)^nJ_{-n}(t)=\frac{1}{\pi}\int_0^{\pi}\cos(t\sin\theta-n\theta)\mathrm{d}\theta\quad(n=0,1,2,\cdots)$$

且

$$\mathrm{e}^{\frac{1}{2}t\left(z-\frac{1}{z}\right)}=\sum_{n=-\infty}^{\infty}J_n(t)z^n$$

4.5 教材习题 4 解答

1. 求下列级数的收敛半径.

(1)$\sum\limits_{n=0}^{\infty}\frac{n}{2^n}z^n$;　　(2)$\sum\limits_{n=0}^{\infty}\frac{z^n}{n!}$;　　(3)$\sum\limits_{n=0}^{\infty}\frac{n!}{n^n}z^n$.

解 (1)$R=1\Big/\lim\limits_{n\to\infty}\left|\frac{a_{n+1}}{a_n}\right|=\lim\limits_{n\to\infty}\left|\frac{a_n}{a_{n+1}}\right|=\lim\limits_{n\to\infty}\frac{\frac{n}{2^n}}{\frac{n+1}{2^{n+1}}}=2$;

(2) $R=\lim\limits_{n\to\infty}\left|\frac{a_n}{a_{n+1}}\right|=\lim\limits_{n\to\infty}\frac{1/n!}{1/(n+1)!}=\lim\limits_{n\to\infty}(n+1)=+\infty$;

(3)

$$
\begin{aligned}
R &= \lim_{n\to\infty}\left|\frac{a_n}{a_{n+1}}\right| \\
&= \lim_{n\to\infty}\left(\frac{n!}{n^n}\right)\Big/\left(\frac{(n+1)!}{(n+1)^{n+1}}\right) = \lim_{n\to\infty}\frac{n!(n+1)^{n+1}}{n^n(n+1)!} \\
&= \lim_{n\to\infty}\left(1+\frac{1}{n}\right)^n = \mathrm{e}.
\end{aligned}
$$

2. 证明级数 $\sum\limits_{n=1}^{\infty}\dfrac{z^n}{n^2}$ 在收敛圆内一致收敛.

证 因收敛半径 $R=\lim\limits_{n\to\infty}\left|\dfrac{a_n}{a_{n+1}}\right|=\lim\limits_{n\to\infty}\dfrac{\dfrac{1}{n^2}}{\dfrac{1}{(n+1)^2}}=1$, 故其收敛圆为 $|z|<1$.

又因 $\forall|z|<1$, $\left|\dfrac{z^n}{n^2}\right|\leqslant\dfrac{1}{n^2}$, 而级数 $\sum\limits_{n=1}^{\infty}\dfrac{1}{n^2}$ 收敛, 故由教材中的定理 4.1.6, 级数 $\sum\limits_{n=1}^{\infty}\dfrac{z^n}{n^2}$ 在收敛圆 $|z|<1$ 内一致收敛.

3. 下列结论是否正确? 为什么?

(1) 每一个幂级数在它的收敛圆内与收敛圆上收敛;

(2) 每一个幂级数收敛于一个解析函数;

(3) 每一个在 z_0 连续的函数一定可以在 z_0 的邻域内展开成泰勒级数.

解 (1) 不对. 如 $\sum\limits_{n=0}^{\infty}z^n$ 在收敛圆 $|z|<1$ 内收敛, 但在收敛圆周 $|z|=1$ 上并不收敛;

(2) 不对. 如一个幂级数的收敛半径为零, 则其和函数并非解析函数;

(3) 不对. 如 $f(z)=\bar{z}$ 在全平面上连续, 但它在任何点的邻域内均不能展开成泰勒级数.

4. 幂级数 $\sum\limits_{n=0}^{\infty}a_n(z-2)^n$ 能否在 $z=0$ 收敛而在 $z=3$ 发散?

解 不能. 因如 $\sum\limits_{n=0}^{\infty}a_n(z-2)^n$ 在 $z=0$ 收敛, 则由阿贝尔定理其收敛半径 $R\geqslant|0-2|=2$, 而 $|3-2|=1<2$ 即 $z=3$ 在其收敛圆 $|z-2|<2$ 内, 故级数 $\sum\limits_{n=0}^{\infty}a_n\cdot(z-2)^n$ 在 $z=3$ 收敛, 矛盾.

5. 如果 $\sum\limits_{n=0}^{\infty}a_nz^n$ 的收敛半径为 R, 证明级数 $\sum\limits_{n=0}^{\infty}(\mathrm{Re}a_n)z^n$ 的收敛半径 $\geqslant R$.

证 对于圆$|z|<R$ 内的任意一点 z, 由已知 $\sum\limits_{n=0}^{\infty}a_nz^n$ 绝对收敛即 $\sum\limits_{n=0}^{\infty}|a_n||z|^n$

收敛, 又因 $|\mathrm{Re}a_n| \leqslant |a_n|$ 从而$|\mathrm{Re}a_n||z|^n \leqslant |a_n||z|^n$, 故由正项级数的比较判别法 $\sum_{n=0}^{\infty}|\mathrm{Re}a_n|\,|z|^n$ 也收敛即 $\sum_{n=0}^{\infty}(\mathrm{Re}a_n)z^n$ 在 $|z| < R$ 内绝对收敛, 于是其收敛半径 $\geqslant R$.

6. 函数 $\dfrac{1}{1+x^2}$ 当 x 为任何实数时, 都有确定的值, 但它的泰勒展开式: $\dfrac{1}{1+x^2} = 1-x^2+x^4+\cdots$ 仅只当 $|x|<1$ 时成立. 试说明其原因.

解 幂级数的收敛半径为其和函数的各奇点到其中心的最短距离. 而函数 $\dfrac{1}{1+z^2}$ 在 $|z| = 1$ 上有奇点 $z=\pm\mathrm{i}$, 故 $\dfrac{1}{1+z^2}=1-z^2+z^4+\cdots$ 之右边幂级数的收敛半径为 $R=|\mathrm{i}-0|=|-\mathrm{i}-0| = 1$. 又因为此级数在 $z=\pm 1$ 处发散, 故在实数范围内 $\dfrac{1}{1+z^2}=1-z^2+z^4+\cdots$ 只能在 $z\in(-1,1)$ 时成立即 $\dfrac{1}{1+x^2}=1-x^2+x^4+\cdots$ 只当 $|x|<1$ 时成立.

7. 设幂级数 $\sum_{n=0}^{\infty}a_nz^n$ 的收敛半径 $R>0$, 和函数 $f(z)$, 证明: $|a_n| \leqslant \dfrac{M(r)}{r^n}$. $n=0,1,2,\cdots$. 其中 $0<r<R, M(r)=\max\limits_{0\leqslant 0\leqslant 2\pi}|f(r\mathrm{e}^{\mathrm{i}\theta})|$.

证 由泰勒系数公式及复积分计算公式知

$$a_n=\frac{f^{(n)}(0)}{n!}=\frac{1}{2\pi\mathrm{i}}\oint_{|z|=r}\frac{f(z)}{z^{n+1}}\mathrm{d}z=\frac{1}{2\pi}\int_0^{2\pi}\frac{f(r\mathrm{e}^{\mathrm{i}\theta})}{r^n}\mathrm{e}^{-\mathrm{i}n\theta}\mathrm{d}\theta$$

故

$$\begin{aligned}|a_n| \leqslant &\frac{1}{2\pi}\int_0^{2\pi}|f(r\mathrm{e}^{\mathrm{i}\theta})|\frac{1}{r^n}\mathrm{e}^{-\mathrm{i}n\theta}|\mathrm{d}\theta \leqslant \frac{1}{2\pi}\int_0^{2\pi}\frac{M(r)}{r^n}\mathrm{d}\theta\\ =&\frac{M(r)}{r^n},\quad n=0,1,2,\cdots\end{aligned}$$

8. 求证如下不等式.

(1) 对任意的复数 z 有 $|\mathrm{e}^z-1|\leqslant \mathrm{e}^{|z|}-1\leqslant |z|\mathrm{e}^{|z|}$;

(2) 当 $0<|z|<1$ 时, 证 $\dfrac{1}{4}|z|<|\mathrm{e}^z-1|<\dfrac{7}{4}|z|$.

证 (1) 因 $|\mathrm{e}^z-1|=\left|z+\dfrac{z^2}{2!}+\dfrac{z^3}{3!}+\cdots+\dfrac{z^n}{n!}+\cdots\right|$

$$\mathrm{e}^{|z|}-1=|z|+\frac{|z|^2}{2!}+\frac{|z|^3}{3!}+\cdots+\frac{|z|^n}{n!}+\cdots$$

$$|z|\mathrm{e}^{|z|}=|z|+|z|^2+\frac{|z|^3}{2!}+\cdots+\frac{|z|^n}{(n-1)!}+\cdots$$

故对任一复数 $z, |\mathrm{e}^z-1|\leqslant \mathrm{e}^{|z|}-1\leqslant |z|\mathrm{e}^{|z|}$.

(2) 因 $|\mathrm{e}^z-1|=|z|\left|1+\dfrac{z}{2!}+\dfrac{z^2}{3!}+\cdots+\dfrac{z^{n-1}}{n!}+\cdots\right|$, 故当 $0<|z|<1$ 时, 有

$$\begin{aligned}|\mathrm{e}^z-1|\leqslant&|z|\left(1+\frac{1}{2!}|z|+\cdots+\frac{1}{n!}|z|^{n-1}+\cdots\right)\\<&|z|\left(1+\frac{1}{2!}+\cdots+\frac{1}{n!}+\cdots\right)\\|\mathrm{e}^z-1|\geqslant&|z|\left[1-\left(\frac{1}{2!}|z|+\cdots+\frac{1}{n!}|z|^{n-1}+\cdots\right)\right]\\>&|z|\left[1-\left(\frac{1}{2!}+\frac{1}{3!}+\cdots+\frac{1}{n!}+\cdots\right)\right]\end{aligned}$$

又因

$$\begin{aligned}&\frac{1}{2!}+\frac{1}{3!}+\cdots+\frac{1}{n!}+\cdots\\=&\frac{1}{2}+\frac{1}{2}\left(\frac{1}{3}+\frac{1}{4\cdot3}+\cdots+\frac{1}{n(n-1)\cdots3}+\cdots\right)\\<&\frac{1}{2}+\frac{1}{2}\left(\frac{1}{3}+\frac{1}{3^2}+\cdots+\frac{1}{3^n}+\cdots\right)\\=&\frac{1}{2}+\frac{1}{2}\cdot\frac{1}{3}\frac{1}{1-\dfrac{1}{3}}=\frac{3}{4}\end{aligned}$$

故由以上三个不等式即得.

9. 设 $f(z)=\dfrac{z-a}{z+a}, a\neq0$, 求 $\displaystyle\oint_C\frac{f(z)}{z^{n+1}}\mathrm{d}z$, 其中 C 为任一条包含原点且落在圆周: $|z|=|a|$ 内简单闭曲线.

解 因 $f(z)=\dfrac{z-a}{z+a}$ 在$|z|<|a|$ 内解析且 C 在 $|z|<|a|$ 内, 故 $\displaystyle\oint_C\frac{f(z)}{z^{n+1}}\mathrm{d}z=\frac{2\pi\mathrm{i}}{n!}f^{(n)}(0)=2\pi\mathrm{i}\frac{f^{(n)}(0)}{n!}$, 又因

$$\begin{aligned}\frac{z-a}{z+a}=&1-\frac{2a}{z+a}=1-2\frac{1}{1+\dfrac{z}{a}}=1-2\sum_{n=0}^{\infty}(-1)^n\left(\frac{z}{a}\right)^n\\=&-1+\sum_{n=1}^{\infty}\frac{2}{a^n}(-1)^{n-1}z^n,\quad |z|<|a|\end{aligned}$$

故

$$\frac{f^{(n)}(0)}{n!}=a_n=2(-1)^{n-1}\frac{1}{a^n}(n=1,2,\cdots),\quad \frac{f(0)}{0!}=a_0=-1$$

于是

$$\oint_C\frac{f(z)}{z^{n+1}}\mathrm{d}z=\begin{cases}-2\pi\mathrm{i}, & n=0\\(-1)^{n-1}\dfrac{4\pi\mathrm{i}}{a^n}, & n=1,2,\cdots\end{cases}$$

10. 把下列各函数展成 z 的幂级数, 并指出它们的收敛半径.

(1)$\frac{1}{1+z^3}$; (2)$\frac{1}{(1+z^2)^2}$; (3)$\cos z^2$;

(4)sh$z$; (5)$e^{z^2}\sin z^2$; (6)$\sin\frac{1}{1-z}$.

解 (1) 因 $\frac{1}{1+z}=1-z+z^2-z^3+\cdots, |z|<1$, 故

$$\frac{1}{1+z^3}=1-z^3+z^6-z^9+\cdots+(-1)^n z^{3n}+\cdots,\quad |z|<1$$

而收敛半径 $R=1$.

(2) 因

$$\frac{1}{1+z}=1-z+z^2-z^3+\cdots+(-1)^n z^n+\cdots,\quad |z|<1$$

故

$$\frac{1}{1+z^2}=1-z^2+z^4+\cdots+(-1)^n z^{2n}+\cdots,\quad |z|<1$$

又因

$$\left(\frac{1}{1+z^2}\right)'=\frac{-2z}{(1+z^2)^2}$$

故

$$\frac{1}{(1+z^2)^2}=-\frac{1}{2z}\left(\frac{1}{1+z^2}\right)'=1-2z^2+3z^4-4z^6+\cdots,\quad |z|<1$$

而 $R=1$.

(3) 因 $\cos z=1-\frac{z^2}{2!}+\frac{z^4}{4!}-\frac{z^6}{6!}+\cdots, |z|<+\infty$, 故

$$\cos z^2=1-\frac{z^4}{2!}+\frac{z^8}{4!}-\frac{z^{12}}{6!}+\cdots,\quad |z|<+\infty$$

而其收敛半径 $R=+\infty$.

(4) 因 $\mathrm{sh}z=\frac{e^z-e^{-z}}{2}, e^z=1+z+\frac{z^2}{2!}+\frac{z^3}{3!}+\cdots, |z|<+\infty$,

$$e^{-z}=1-z+\frac{z^2}{2!}-\frac{z^3}{3!}+\cdots,\quad |z|<+\infty$$

故

$$\mathrm{sh}z=z+\frac{z^3}{3!}+\frac{z^3}{5!}+\cdots,\quad |z|<+\infty$$

而收敛半径 $R=+\infty$.

(5) 因

$$e^{z^2}=1+z^2+\frac{z^4}{2!}+\frac{z^6}{3!}+\cdots,\quad |z|<+\infty$$

$$\sin z^2 = z^2 - \frac{z^6}{3!} + \frac{z^{10}}{5!} + \cdots, \quad |z| < +\infty$$

故

$$\begin{aligned} e^{z^2}\sin z^2 &= \left(1 + z^2 + \frac{z^4}{2!} + \frac{z^6}{3!} + \cdots\right)\cdot\left(z^2 - \frac{z^6}{3!} + \frac{z^{10}}{5!} + \cdots\right) \\ &= z^2 + z^4 + \frac{z^6}{3} + \cdots, \quad |z| < +\infty \end{aligned}$$

而收敛半径 $R = +\infty$.

(6) 因 $\sin\dfrac{1}{1-z} = \sin\left(1 + \dfrac{z}{1-z}\right) = \sin 1\cos\dfrac{z}{1-z} + \cos 1\sin\dfrac{z}{1-z}, \dfrac{z}{1-z} = z + z^2 + z^3 + \cdots = \sum\limits_{n=0}^{\infty} z^{n+1}, |z| < 1$, 故

$$\begin{aligned} \sin\frac{z}{1-z} &= (z + z^2 + z^3 + \cdots) - \frac{1}{3!}(z + z^2 + z^3 + \cdots)^3 + \cdots \\ &= z + z^2 + \frac{5}{6}z^3 + \cdots, \quad |z| < 1 \end{aligned}$$

$$\begin{aligned} \cos\frac{z}{1-z} &= 1 - \frac{1}{2!}(z + z^2 + z^3 + \cdots)^2 + \frac{1}{4!}(z + z^2 + z^3 + \cdots)^4 + \cdots \\ &= 1 - \frac{1}{2}z^2 - z^3 + \cdots, \quad |z| < 1 \end{aligned}$$

故

$$\begin{aligned} \sin\frac{1}{1-z} &= \sin\left(1 - \frac{1}{2}z^2 - z^3 + \cdots\right) + \cos 1\left(z + z^2 + \frac{5}{6}z^3 + \cdots\right) \\ &= \sin 1 + (\cos 1)z + \left(\cos 1 - \frac{1}{2}\sin 1\right)z^2 + \left(\frac{5}{6}\cos 1 - \sin 1\right)z^3 + \cdots, \quad |z| < 1 \end{aligned}$$

而收敛半径 $R = 1$.

11. 求下列函数在指定点 z_0 处的泰勒展开式, 并指出它们的收敛半径

(1) $\dfrac{z-1}{z+1}, z_0 = 1$; (2) $\dfrac{z}{(z+1)(z+2)}, z_0 = 2$;

(3) $\dfrac{1}{z^2}, z_0 = -1$; (4) $\dfrac{1}{4-3z}, z = 1 + \mathrm{i}$.

(5) $f(z) = \displaystyle\int_0^z e^{\zeta^2}\mathrm{d}\zeta, z_0 = 0$; (6) $\sin(2z - z^2), z_0 = 1$;

(7) $\ln z, z_0 = \mathrm{i}$; (8) $e^{\frac{1}{1-z}}, z_0 = 0$.

解 (1) 因

$$\frac{z-1}{z+1} = (z-1)\frac{1}{(z-1+2)} = \frac{z-1}{2}\frac{1}{1 + \dfrac{z-1}{2}}$$

及

$$\frac{1}{1+z}=1-z+z^2-z^3+\cdots,\quad |z|<1$$

故

$$\begin{aligned}\frac{z-1}{z+1}=&\frac{z-1}{2}\left[1-\frac{z-1}{2}+\left(\frac{z-1}{2}\right)^2-\cdots+(-1)^{n-1}\left(\frac{z-1}{2}\right)^{n-1}+\cdots\right]\\=&\frac{z-1}{2}-\left(\frac{z-1}{2}\right)^2+\cdots+(-1)^{n-1}\left(\frac{z-1}{2}\right)^n+\cdots\\=&\sum_{n=1}^{\infty}\frac{(-1)^{n-1}}{2^n}(z-1)^n,\quad |z-1|<2\end{aligned}$$

于是收敛半径 $R=2$.

(2) 因

$$\frac{z}{(z+1)(z+2)}=\frac{2}{z+2}-\frac{1}{z+1}$$

及

$$\begin{aligned}\frac{1}{z+2}=&\frac{1}{4+(z-2)}=\frac{1}{4}\frac{1}{1+\frac{z-2}{4}}\\=&\frac{1}{4}\left[1-\frac{z-2}{4}+\left(\frac{z-2}{4}\right)^2-\cdots\right],\quad |z-2|<4\\\frac{1}{z+1}=&\frac{1}{3+(z-2)}=\frac{1}{3}\frac{1}{1+\frac{z-2}{3}}\\=&\frac{1}{3}\left[1-\frac{z-2}{3}+\left(\frac{z-2}{3}\right)^2-\cdots\right],\quad |z-2|<3\end{aligned}$$

故

$$\begin{aligned}\text{原式}=&\frac{2}{4}\left[1-\frac{z-2}{2^2}+\frac{1}{2^{2\cdot 2}}(z-2)^2-\cdots\right]\\&-\frac{1}{3}\left(1-\frac{z-2}{3}+\frac{(z-2)^2}{3^2}-\cdots\right)\\=&\frac{1}{2}\sum_{n=0}^{\infty}\frac{(-1)^n(z-2)^n}{2^{2n}}-\frac{1}{3}\sum_{n=0}^{\infty}\frac{(-1)^n(z-2)^n}{3^n}\\=&\sum_{n=0}^{\infty}\frac{(-1)^n}{2^{2n+1}}(z-2)^n-\sum_{n=0}^{\infty}\frac{(-1)^n}{3^{n+1}}(z-2)^n\\=&\sum_{n=0}^{\infty}(-1)^n\left(\frac{1}{2^{2n+1}}-\frac{1}{3^{n+1}}\right)(z-2)^n,\quad |z-2|<3\end{aligned}$$

而 $R=3$.

(3) 因 $\dfrac{1}{z^2}=-\left(\dfrac{1}{z}\right)'$ 及

$$\frac{1}{z}=-\frac{1}{1-(z+1)}=-[1+(z+1)+(z+1)^2+\cdots],\quad |z+1|<1$$

故

$$\begin{aligned}\frac{1}{z^2}=&1+2(z+1)+\cdots+n(z+1)^{n-1}+\cdots\\=&\sum_{n=0}^{\infty}(n+1)(z+1)^n,\quad |z+1|<1\end{aligned}$$

而 $R=1$.

(4) 因

$$\begin{aligned}\frac{1}{4-3z}=&\frac{1}{4-3[z-(1+\mathrm{i})]-3-3\mathrm{i}}\\=&\frac{1}{1-3\mathrm{i}-3[z-(1+\mathrm{i})]}\\=&\frac{1}{1-3\mathrm{i}}\frac{1}{1-\dfrac{3}{1-3\mathrm{i}}[z-(1+\mathrm{i})]}\\=&\frac{1}{1-3\mathrm{i}}\left\{1+\frac{3}{1-3\mathrm{i}}[z-(1+\mathrm{i})]+\left(\frac{3}{1-3\mathrm{i}}\right)^2[z-(1+\mathrm{i})]^2+\cdots\right\}\end{aligned}$$

其中 $\left|\dfrac{3}{1-3\mathrm{i}}[z-(1+\mathrm{i})]\right|<1$, 故

$$\frac{1}{4-3z}=\sum_{n=0}^{\infty}\frac{3^n}{(1-3\mathrm{i})^{n+1}}[z-(1+\mathrm{i})]^n$$

$$|z-(1+\mathrm{i})|\ <\ \left|\frac{1-3\mathrm{i}}{3}\right|\ =\frac{\sqrt{10}}{3}$$

且收敛半径 $R=\dfrac{\sqrt{10}}{3}$.

(5) 由于

$$\mathrm{e}^z=1+z+\frac{z^2}{2!}+\cdots+\frac{z^n}{n!}+\cdots,\quad |z|<+\infty$$

故

$$\mathrm{e}^{\zeta^2}=1+\zeta^2+\frac{1}{2!}\zeta^4+\cdots+\frac{1}{n!}\zeta^{2n}+\cdots,\ |\zeta|\ <+\infty$$

故

$$f(z)=\int_0^z e^{\zeta^2}d\zeta = z+\frac{z^3}{3}+\frac{z^5}{5\times 2!}+\cdots+\frac{z^{2n+1}}{(2n+1)n!}+\cdots$$
$$=\sum_{n=0}^{\infty}\frac{z^{2n+1}}{(2n+1)n!},\quad |z|<+\infty$$

(6)

$$\begin{aligned}\sin(2z-z^2)&=\sin[1-(z-1)^2]=\sin 1\cos(z-1)^2-\cos 1\sin(z-1)^2\\&=\sin 1\sum_{n=0}^{\infty}(-1)^n\frac{[(z-1)^2]^{2n}}{(2n)!}-\cos 1\sum_{n=0}^{\infty}(-1)^n\frac{[(z-1)^2]^{2n+1}}{(2n+1)!}\\&=\sum_{n=0}^{\infty}\sin(1+n\pi)\frac{[(z-1)^2]^{2n}}{(2n)!}+\sum_{n=0}^{\infty}\sin\left(1+n\pi+\frac{\pi}{2}\right)\frac{[(z-1)^2]^{2n+1}}{(2n+1)!}\\&=\sum_{n=0}^{\infty}\sin\left[1+\frac{(2n)\pi}{2}\right]\frac{[(z-1)^2]^{2n}}{(2n)!}+\sum_{n=0}^{\infty}\sin\left[1+\frac{(2n+1)\pi}{2}\right]\frac{[(z-1)^2]^{2n+1}}{(2n+1)!}\\&=\sum_{n=0}^{\infty}\sin\left(1+\frac{n\pi}{2}\right)\frac{[(z-1)^2]^n}{n!}\\&=\sum_{n=0}^{\infty}\sin\left(1+\frac{n\pi}{2}\right)\frac{(z-1)^{2n}}{n!},\quad |z-1|<+\infty\end{aligned}$$

(7) 令 $f(z)=\ln z$, 则 $f^{(n)}(z)=(-1)^{n-1}(n-1)!z^{-n}(n=1,2,\cdots)$, 故

$$f^{(n)}(\mathrm{i})=(-1)^{n-1}(n-1)!\frac{1}{\mathrm{i}^n}\quad (n=1,2,\cdots)$$

于是

$$f(\mathrm{i})=\ln\mathrm{i},\quad \frac{f^{(n)}(\mathrm{i})}{n!}=(-1)^{n-1}\frac{1}{n}\frac{1}{\mathrm{i}^n}\quad (n=1,2,\cdots)$$

因此

$$f(z)=\sum_{n=0}^{\infty}\frac{f^{(n)}(\mathrm{i})}{n!}(z-\mathrm{i})^n$$

即

$$\ln z=\ln\mathrm{i}+\sum_{n=1}^{\infty}(-1)^{n-1}\frac{1}{n}\cdot\frac{1}{\mathrm{i}^n}(z-\mathrm{i})^n,\quad |z-\mathrm{i}|<1$$

(8) 令 $f(z)=e^{\frac{1}{1-z}}$, 显然 $z=1$ 是 $f(z)$ 奇点, 所以它可在 $|z|<1$ 内展为 z 的泰勒级数. 对 $f(z)$ 求导得

$$f'(z)=e^{\frac{1}{2-z}}\cdot\frac{1}{(2-z)^2}$$

得微分方程

$$(2-z)^2 f'(z) - f(z) = 0$$

将上述微分方程逐次求导, 得

$$(2-z)^2 f''(z) + (2z-3) f'(z) = 0,$$

$$(1-z)^2 f'''(z) + (4z-5) f''(z) + 2f'(z) = 0, \cdots$$

求得 $f(0)=\mathrm{e}, f'(0)=\mathrm{e}, f''(0)=3\mathrm{e}, f'''(0)=13\mathrm{e}, \cdots$. 从而

$$\mathrm{e}^{\frac{1}{1-z}} = \mathrm{e}\left(1 + z + \frac{3}{2!}z^2 + \frac{13}{3!}z^3 + \cdots\right), \quad |z| < 1$$

12. 把下列各函数在指定的圆环域内展开成洛朗级数.

(1) $\dfrac{1}{(z^2+1)(z-2)}, 1 < |z| < 2;$

(2) $\dfrac{1}{z(1-z)^2}, 0 < |z| < 1, 0 < |z-1| < 1;$

(3) $\dfrac{1}{(z-1)(z-2)}, 0 < |z-1| < 1, 1 < |z-2| < +\infty;$

(4) $\sin\dfrac{1}{1-z}, 0 < |z-1| < +\infty.$

(5) $\dfrac{1}{z(\mathrm{i}-z)}, \quad 0 < |z-\mathrm{i}| < 1;$

(6) $\dfrac{z^2-2z+5}{(z-2)(z^2+1)}, \quad 1 < |z| < 2, \quad 2 < |z| < +\infty;$

(7) $\dfrac{1}{z(z+2)^3}, \quad 0 < |z+2| < 2;$

(8) $\dfrac{\mathrm{e}^z}{z(z^2+1)}, \quad 0 < |z| < 1;$

解 (1) 因

$$\frac{1}{(z^2+1)(z-2)} = \frac{-\frac{1}{5}z}{z^2+1} + \frac{-\frac{2}{5}}{z^2+1} + \frac{\frac{1}{5}}{z-2}$$

故

$$\begin{aligned}\frac{1}{(z^2+1)(z-2)} &= -\frac{1}{5}z \cdot \frac{1}{z^2}\frac{1}{1+\frac{1}{z^2}} - \frac{2}{5}\frac{1}{z^2}\frac{1}{1+\frac{1}{z^2}} - \frac{1}{10}\frac{1}{1-\frac{z}{2}} \\ &= -\frac{1}{5}z \cdot \frac{1}{z^2}\sum_{n=0}^{\infty}(-1)^n\frac{1}{z^{2n}} - \frac{2}{5}\frac{1}{z^2}\sum_{n=0}^{\infty}(-1)^n\frac{1}{z^{2n}} - \frac{1}{10}\sum_{n=0}^{\infty}\frac{z^n}{2^n}\end{aligned}$$

$$= -\frac{1}{5}\sum_{n=0}^{\infty}(-1)^n\frac{1}{z^{2n+1}} - \frac{2}{5}\sum_{n=0}^{\infty}(-1)^n\frac{1}{z^{2(n+1)}} - \frac{1}{10}\sum_{n=0}^{\infty}\frac{z^n}{2^n}$$

$$= \cdots + \frac{2}{5}\frac{1}{z^4} + \frac{1}{5}\frac{1}{z^3} - \frac{2}{5}\frac{1}{z^2} - \frac{1}{5}\frac{1}{z} - \frac{1}{10} - \frac{z}{10} - \frac{z}{20} - \frac{z^2}{40} - \frac{z^3}{80} - \cdots$$

$$1 < |z| < 2$$

(2) 在 $0 < |z| < 1$ 内,

$$\begin{aligned}\frac{1}{z(1-z)^2} &= \frac{1}{z}(1 + z + z^2 + \cdots + z^n + \cdots)^2 \\ &= \frac{1}{z}(1 + 2z + 3z^2 + \cdots + (n+1)z^n + \cdots) \\ &= \frac{1}{z} + 2 + 3z + \cdots + (n+1)z^{n-1} + \cdots \\ &= \sum_{n=-1}^{\infty}(n+2)z^n\end{aligned}$$

在 $0 < |z-1| < 1$ 内,

$$\begin{aligned}\frac{1}{z(1-z)^2} &= \frac{1}{(1-z)^2}\frac{1}{1+(z-1)} = \frac{1}{(1-z)^2}\sum_{n=0}^{\infty}(-1)^n(z-1)^n \\ &= \sum_{n=-2}^{\infty}(-1)^n(z-1)^n\end{aligned}$$

(3) 在 $0 < |z-1| < 1$ 内,

$$\begin{aligned}\frac{1}{(z-1)(z-2)} &= \frac{1}{z-2} - \frac{1}{z-1} = \frac{1}{(z-1)-1} - \frac{1}{z-1} \\ &= -\frac{1}{1-(z-1)} - \frac{1}{z-1} = -\sum_{n=0}^{\infty}(z-1)^n - \frac{1}{z-1} \\ &= -\sum_{n=-1}^{\infty}(z-1)^n\end{aligned}$$

在 $1 < |z-2| < +\infty$ 内,

$$\begin{aligned}\frac{1}{(z-1)(z-2)} &= \frac{1}{z-2} - \frac{1}{z-1} = \frac{1}{z-2} - \frac{1}{(z-2)+1} \\ &= \frac{1}{z-2} - \frac{1}{z-2}\frac{1}{1+\frac{1}{z-2}} \\ &= \frac{1}{z-2} - \frac{1}{z-2}\sum_{n=0}^{\infty}(-1)^n\frac{1}{(z-2)^n}\end{aligned}$$

$$
\begin{aligned}
&=\frac{1}{z-2}+\sum_{n=0}^{\infty}(-1)^{n+1}\frac{1}{(z-2)^{n+1}}\\
&=\frac{1}{z-2}+\sum_{n=1}^{\infty}(-1)^{n}\frac{1}{(z-2)^{n}}\\
&=\sum_{n=2}^{\infty}(-1)^{n}\frac{1}{(z-2)^{n}}
\end{aligned}
$$

(4) 因 $\sin z=\sum\limits_{n=0}^{\infty}(-1)^n\frac{z^{2n+1}}{(2n+1)!}, |z|<+\infty$, 故

$$
\begin{aligned}
\sin\frac{1}{1-z}&=\sum_{n=0}^{\infty}(-1)^n\frac{1}{(2n+1)!}\frac{1}{(1-z)^{2n+1}}\\
&=-\sum_{n=0}^{\infty}(-1)^n\frac{1}{(2n+1)!}\frac{1}{(z-1)^{2n+1}},\quad 0<|z-1|<+\infty
\end{aligned}
$$

(5)
$$
\begin{aligned}
\frac{1}{z(\mathrm{i}-z)}&=\frac{1}{\mathrm{i}-z}\frac{1}{(z-\mathrm{i})+\mathrm{i}}=\frac{\mathrm{i}}{z-\mathrm{i}}\frac{1}{1+\dfrac{z-\mathrm{i}}{\mathrm{i}}}\\
&=\frac{\mathrm{i}}{z-\mathrm{i}}\sum_{n=0}^{\infty}(-1)^n\left(\frac{z-\mathrm{i}}{\mathrm{i}}\right)^n\\
&=\sum_{n=0}^{\infty}(-1)^n\frac{1}{\mathrm{i}^{n-1}}(z-\mathrm{i})^{n-1}\\
&=\sum_{n=0}^{\infty}(\mathrm{i})^{n+1}(z-\mathrm{i})^{n-1},\quad 0<|z-\mathrm{i}|<1
\end{aligned}
$$

(6) 显然 $\dfrac{z^2-2z+5}{(z-2)(z^2+1)}=\dfrac{1}{z-2}-\dfrac{2}{z^2+1}$. 在 $1<|z|<2$ 内,

$$
\frac{1}{z-2}=-\frac{1}{2}\frac{1}{1-\dfrac{z}{2}}=-\frac{1}{2}\sum_{n=0}^{\infty}\left(\frac{z}{2}\right)^n=-\sum_{n=0}^{\infty}\frac{z^n}{2^{n+1}}
$$

$$
\frac{2}{z^2+1}=\frac{2}{z^2}\frac{1}{1+\frac{1}{z^2}}=\frac{2}{z^2}\sum_{n=0}^{\infty}(-1)^n\frac{1}{z^{2n}}=\sum_{n=1}^{\infty}\frac{2(-1)^{n-1}}{z^{2n}}
$$

故

$$
原式=\sum_{n=1}^{\infty}(-1)^n\frac{2}{z^{2n}}-\sum_{n=0}^{\infty}\frac{z^n}{z^{n+1}}
$$

在 $2<|z|<+\infty$ 内,

$$\frac{1}{z-2}=\frac{1}{z}\frac{1}{1-\frac{2}{z}}=\frac{1}{z}\sum_{n=0}^{\infty}\left(\frac{2}{z}\right)^{n}=\sum_{n=0}^{\infty}\frac{2^{n}}{z^{n+1}}=\sum_{n=1}^{\infty}\frac{2^{n-1}}{z^{n}}\frac{2}{z^{2}+1}$$
$$=\sum_{n=1}^{\infty}(-1)^{n-1}\frac{2}{z^{2n}}$$

故

$$\text{原式}=\sum_{n=1}^{\infty}\frac{2^{n-1}}{z^{n}}+\sum_{n=1}^{\infty}(-1)^{n}\frac{2}{z^{2n}}=\sum_{n=1}^{\infty}\frac{a_{-m}}{z^{m}},2<|z|<+\infty$$

其中

$$a_{-m}=\begin{cases}2^{2n}, & m=2n+1\\ 2^{2n-1}+(-1)^{n}2, & m=2n\end{cases}$$

(7)

$$\begin{aligned}\frac{1}{z(z+2)^{3}}&=\frac{1}{(z+2)^{3}}\frac{1}{(z+2)-2}\\&=\frac{1}{(z+2)^{3}}\left(-\frac{1}{2}\right)\frac{1}{1-\frac{z+2}{2}}\\&=\frac{1}{(z+2)^{3}}\left(-\frac{1}{2}\right)\sum_{n=0}^{\infty}\left(\frac{z+2}{2}\right)^{n}\\&=-\sum_{n=0}^{\infty}\frac{(z+2)^{n-3}}{2^{n+1}},\quad 0<|z-2|<2\end{aligned}$$

(8)

$$\begin{aligned}\frac{\mathrm{e}^{z}}{z(z^{2}+1)}&=\frac{1}{z}\left(1+z+\frac{1}{2!}z^{2}+\frac{1}{3!}z^{3}+\frac{1}{4!}z^{4}+\cdots\right)\cdot(1-z^{2}+z^{4}-z^{6}+\cdots)\\&=\frac{1}{z}\left(1+z-\frac{1}{2}z^{2}-\frac{5}{6}z^{3}+\frac{13}{24}z^{4}+\cdots\right)\\&=\frac{1}{z}+1-\frac{1}{2}z-\frac{5}{6}z^{2}+\frac{13}{24}z^{3}+\cdots,\quad 0<|z|<1\end{aligned}$$

第5章 留数

5.1 内容提要

本章主要讨论解析函数的孤立奇点、孤立奇点的分类、解析函数在孤立奇点邻域内的性态, 零点与极点间关系, 定义留数、给出留数定理及留数的计算方法, 利用留数计算四种类型实积分及广义积分.

5.1.1 孤立奇点

1. 孤立奇点的定义

若 $f(z)$ 在点 z_0 处不解析, 但在 Z_0 的去心邻域 $0 < |z - z_0| < \delta(\delta > 0)$ 内是解析的, 则称 z_0 点为 $f(z)$ 的一个孤立奇点.

2. 孤立奇点的分类

设 $f(z)$ 在 $D : 0 < |z - z_0| < \delta$ 内的洛朗展开式为

$$f(z) = \sum_{n=-\infty}^{+\infty} c_n (z - z_0)^n \tag{5.1}$$

若 (5.1) 式不含 $(z - z_0)$ 的负幂项, 点 z_0 称为 $f(z)$ 的可去奇点; 若 (5.1) 式含有有限个 $(z - z_0)$ 的负幂项, 且最后一个不为零的系数为 c_{-m}, 称 z_0 为 $f(z)$ 的 m 阶极点; 若 (5.1) 式含有无穷多项 $(z - z_0)$ 的负幂项, 称 z_0 为 $f(z)$ 的本性奇点.

3. 解析函数在有限孤立奇点的性质

(1) 可去奇点. 如果 z_0 为 $f(z)$ 的孤立奇点, 则下列三条等价, 它们中的任何一条都是可去奇点的特征.

a. $f(z)$ 在 z_0 点的洛朗展开式中不含 $z - z_0$ 的负幂项.

b. $\lim\limits_{z\to z_0} f(z)=c_0(\neq\infty)$.

c. $f(z)$ 在 z_0 点的某去心邻域内有界.

(2) 极点. 如果 z_0 为 $f(z)$ 的孤立奇点, 则下列三条都是 m 阶极点的特征.

a. $f(z)$ 在 z_0 点的洛朗展开式为

$$\begin{aligned}f(z)=&c_{-m}(z-z_0)^{-m}+\cdots+c_{-1}(z-z_0)^{-1}+c_0+\cdots\\&+c_n(z-z_0)^n+\cdots\quad(c_{-m}\neq 0,m>0)\end{aligned}$$

b. $f(z)$ 在 z_0 的某去心邻域内能表示成

$$f(z)=\frac{1}{(z-z_0)^m}g(z)$$

其中函数 $g(z)$ 在 $|z-z_0|<\delta$ 内解析且 $g(z_0)\neq 0$.

c. $g(z)=\dfrac{1}{f(z)}$ 以 z_0 为 m 阶零点.

另外, 孤立奇点 z_0 为 $f(z)$ 的极点 $\Leftrightarrow \lim\limits_{z\to z_0} f(z)=\infty$(此特征没有指出极点的阶数).

(3) 本性奇点. 如果 z_0 为 $f(z)$ 的孤立奇点, 则下列二条均是本性奇点的特征:

a. $f(z)$ 在 z_0 点的洛朗展开式中含有无穷多 $(z-z_0)$ 的负幂项.

b. $\lim\limits_{z\to z_0} f(z)$ 不存在也不为 ∞.

4. 解析函数的零点与极点的关系

(1) 若不恒为零的解析函数 $f(z)$ 在 z_0 的邻域内能表示成为 $f(z)=(z-z_0)^m\varphi(z)$, 其中 $\varphi(z)$ 在 z_0 解析且 $\varphi(z_0)\neq 0, m$ 为正整数, 则称 z_0 为 $f(z)$ 的 m 阶零点.

(2)z_0 为 $f(z)$ 的 m 阶零点 $\Leftrightarrow f(z_0)=f'(z_0)=\cdots=f^{(m-1)}(z_0)=0, f^{(m)}(z_0)\neq 0$.

(3)z_0 为 $f(z)$ 的 m 阶零点 $\Leftrightarrow z_0$ 为 $\dfrac{1}{f(z)}$ 的 m 阶极点.

另外, 不恒等于零的解析函数的零点是孤立的.

5. 解析函数在无穷孤立奇点的性质

如果函数 $f(z)$ 在无穷远点的去心邻域 $R<|z|<+\infty$ 内解析, 则称点 $z=\infty$ 为 $f(z)$ 的孤立奇点.

(1) 当 $\xi=0$ 是 $F(\xi)=f\left(\dfrac{1}{\xi}\right)$ 的可去奇点, m 阶极点、本性奇点时, 相应地称 $z=\infty$ 是 $f(z)$ 的可去奇点, m 阶极点及本性奇点.

(2)$z=\infty$ 为可去奇点的判定:

a. $f(z)$ 在 ∞ 点去心邻域 $R<|z|<+\infty$ 内的洛朗展开式为 $f(z)=c_0+c_{-1}z^{-1}+\cdots+c_{-n}z^{-n}+\cdots$

b. $\lim\limits_{z\to\infty}f(z)=a(\neq\infty)$.

c. 存在 $r>0$, 使 $f(z)$ 于 $r<|z|<\infty$ 内有界.

(3)$z=\infty$ 为 $f(z)$ 的 m 阶极点的判定:

a. $f(z)$ 在 ∞ 点去心邻域 $R<|z|<+\infty$ 内的洛朗展开式为 $f(z)=c_mz^m+\cdots+c_1z+c_0+\cdots+c_{-n}z^{-n}+\cdots(c_m\neq0)$.

b. $\lim\limits_{z\to\infty}f(z)=\infty$(不能确定极点的阶数).

c. $g(z)=\dfrac{1}{f(z)}$ 以 $z=\infty$ 为 m 阶零点.

(4)$z=\infty$ 为 $f(z)$ 的本性奇点的判定:

a. $f(z)$ 在 ∞ 点洛朗展开式中含有无穷多的正幂项.

b. $\lim\limits_{z\to\infty}f(z)$ 不存在.

5.1.2 留数

1. 留数的定义及其计算规则

若 z_0 为 $f(z)$ 的有限孤立奇点, 则积分 $\dfrac{1}{2\pi i}\oint_C f(z)dz$ 定义为函数 $f(z)$ 在 z_0 的留数, 记为 $\mathrm{Res}[f(z),z_0]$, 由 (5.1) 式 $\mathrm{Res}[f(z),z_0]=c_{-1}$, 其中 C 为 z_0 的去心邻域内且绕 z_0 的任何一条正向简单闭曲线.

若 $z=\infty$ 为 $f(z)$ 的孤立奇点, 则 $f(z)$ 在 $z=\infty$ 的留数定义为 $\mathrm{Res}[f(z),\infty]=-\dfrac{1}{2\pi i}\oint_C f(z)dz=-c_{-1}$, 其中 C 为 $z=\infty$ 的去心邻域内且绕原点的任何一条正向简单闭曲线, 计算留数最基本的方法就是求洛朗展开式中负幂项 $c_{-1}(z-z)^{-1}$ 的系数 c_{-1}, 特别当 z_0 是 $f(z)$ 的本性奇点或孤立奇点类型不清楚时, 只能用这一方法求留数. 但是如果知道奇点 z_0 的类型, 那么有如下规则与公式.

(1) 当 z_0 为 $f(z)$ 的可去奇点时, $\mathrm{Res}[f(z),z_0]=0$.

(2) 当 z_0 为 $f(z)$ 的极点时, 可用如下公式计算留数:

a. 若 z_0 为 $f(z)$ 的 m 阶极点, 则

$$\mathrm{Res}[f(z),z_0]=\frac{1}{(m-1)!}\lim_{z\to z_0}\frac{d^{m-1}}{dz^{m-1}}[(z-z_0)^mf(z)].$$

特别地, 若 z_0 为 $f(z)$ 的一阶极点, 则 $\mathrm{Res}[f(z),z_0]=\lim\limits_{z\to z_0}(z-z_0)f(z)$.

b. 设 $f(z)=\dfrac{P(z)}{Q(z)}$, $P(z)$ 及 $Q(z)$ 都在 z_0 点解析, 若 $P(z_0)\neq0, Q(z_0)=0$, $Q'(z_0)\neq0$, 则 z_0 为 $f(z)$ 的一阶极点, 且有

$$\mathrm{Res}[f(z),z_0]=\frac{P(z_0)}{Q'(z_0)}$$

(3) 若 $z=\infty$ 为 $f(z)$ 的孤立奇点, 则可用公式及定理求留数.

a. $\mathrm{Res}[f(z),\infty]=-\mathrm{Res}[f\left(\frac{1}{z}\right)\frac{1}{z^2},0]$.

b. 若 $f(z)$ 在扩充复平面上只有有限个孤立奇点 $z_k(k=1,\cdots,n)$, 则 $f(z)$ 在所有奇点 (包括 ∞ 点) 的留数之和为零, 即

$$\sum_{k=1}^{n}\mathrm{Res}[f(z),z_k]+\mathrm{Res}[f(z),\infty]=0$$

2. 留数基本定理

设 C 是一条正向简单闭曲线, 若函数 $f(z)$ 在 C 上及 C 的内部 D 除去有限个孤立奇点 $z_1,z_2,\cdots,z_n$ 外处处解析, 那么

$$\oint_C f(z)\mathrm{d}z=2\pi\mathrm{i}\sum_{k=1}^{n}\mathrm{Res}[f(z),z_k]$$

5.1.3 留数在定积分计算中的应用

利用留数计算积分, 在某些情况下十分有效, 特别当被积函数的原函数不易求得以及广义积分计算时更显其突出的作用. 利用复积分计算实积分, 要点是选择适当的路径及函数将它转化为沿闭路的积分, 再利用留数定理.

1. 形如 $\int_0^{2\pi}R(\sin\theta,\cos\theta)\mathrm{d}\theta$ 的积分

这里 $R(\sin\theta,\cos\theta)$ 为 $\sin\theta$ 和 $\cos\theta$ 的有理函数, 而且在积分区间上有界. 通过作变换 $z=\mathrm{e}^{\mathrm{i}\theta}(0\leqslant\theta\leqslant2\pi)$ 将此类积分转化为单位圆周上的复积分得

$$\int_0^{2\pi}R(\sin\theta,\cos\theta)\mathrm{d}\theta=2\pi\mathrm{i}\sum_{k=1}^{n}\mathrm{Res}[f(z),z_k]$$

其中 $z_k(k=1,2,\cdots,n)$ 为函数

$$f(z)=\frac{1}{\mathrm{i}z}R\left[\frac{1}{2\mathrm{i}}\left(z-\frac{1}{z}\right)\cdot\frac{1}{2}\left(z+\frac{1}{z}\right)\right]$$

在 $|z|<1$ 内的所有孤立奇点.

2. 形如 $\int_{-\infty}^{+\infty}R(x)\mathrm{d}x$ 的积分

这里被积函数 $R(x)$ 是 x 的有理函数,

$$R(x)=\frac{P(x)}{Q(x)}=\frac{x^n+a_1x^{n-1}+\cdots+a_n}{x^m+b_1x^{m-1}+\cdots+b_m},\quad m-n\geqslant2$$

$R(x)$ 在实轴上无奇点.

解题思路：引入辅助线 $C_R: z = Re^{i\theta}, 0 \leqslant \theta \leqslant \pi$. 同 $[-R, R]$ 构成围线 $C = C_R \cup [-R, R]$ 且半径 R 充分大的闭路, 使 $R(z)$ 在上半平面内的所有孤立奇点 $z_1, z_2, \cdots, z_n$ 均在 C 内, 由留数定理得 $\int_{-R}^{R} R(x)dx + \int_{C_R} R(z)dz = 2\pi i \sum_{k=1}^{n}\sum_{k=1}^{n} \text{Res}\ [R(z), z_k]$, 其中 $\sum_{k=1}^{n} \text{Res}[R(z), z_k]$ 是 $R(z)$ 在 C 内部有限个奇点处的留数和. 由于 $\lim_{R\to\infty} \int_{C_R} R(z)dz = 0$, 则两边取极限, 就能得到所求广义积分值, 即

$$\int_{-\infty}^{+\infty} R(x)dx = 2\pi i \sum_{k=1}^{n} \text{Res}[R(z), z_k]$$

其中, z_k 为 $R(z)$ 在上半平面的奇点.

3. 形如 $\int_{-\infty}^{+\infty} R(x)e^{i\alpha x}dx (\alpha > 0)$ 的积分

这里 $R(x)$ 是 x 的有理函数, $R(x) = \dfrac{x^n + a_1x^{n-1} + \cdots + a_n}{x^m + b_1x^{m-1} + \cdots + b_m}, m - n \geqslant 1$, $R(x)$ 在实轴上无奇点.

解题思路：同类型 2, 仅被积函数为 $R(x)e^{i\alpha x}$, 得

$$\int_{-\infty}^{+\infty} R(x)e^{i\alpha x}dx = 2\pi i \sum_{k=1}^{n} \text{Res}[R(z)e^{i\alpha z}, z_k]$$

其中 $z_k (k = 1, 2, \cdots, n)$ 为 $R(z)$ 在上半平面的全部孤立奇点.

4. 形如 $\int_{-\infty}^{+\infty} R(x)e^{i\alpha x}dx (\alpha > 0)$ 的积分

这里 $R(x)$ 是 x 的有理函数

$$R(x) = \frac{x^n + a_1x^{n-1} + \cdots + a_n}{x^m + b_1x^{m-1} + \cdots + b_m}, \quad m - n \geqslant 1$$

$R(z)$ 在实轴上只有有限个一阶极点.

公式

$$\int_{-\infty}^{+\infty} R(x)e^{i\alpha x}dx = \pi i \sum_{k=1}^{p} \text{Res}[R(z)e^{i\alpha z}, x_k] + 2\pi i \sum_{k=1}^{q} \text{Res}[R(z)e^{i\alpha z}, z_k]$$

其中 $x_k (k = 1, \cdots, p)$ 为 $R(z)$ 在实轴上的一阶极点, $z_k (k = 1, \cdots, q)$ 为 $R(z)$ 在上半平面内的孤立奇点.

5.1.4 辐角原理与儒歇定理

1. 对数留数

积分 $\dfrac{1}{2\pi i}\oint_C \dfrac{f'(z)}{f(z)}dz$ 称为函数 $f(z)$ 关于曲线 C 的对数留数, 它是 $f(z)$ 的对数 $\ln f(z)$ 的导数 $\dfrac{f'(z)}{f(z)}$ 在 C 内孤立奇点处留数的代数和.

$\dfrac{f'(z)}{f(z)}$ 的留数有如下计算规则:

(1) 若 $f(z)$ 在 $z=z_0$ 的邻域内解析, z_0 为 $f(z)$ 的 n 阶零点, 则 z_0 为 $\dfrac{f'(z)}{f(z)}$ 的一阶极点, 且有 $\text{Res}\left[\dfrac{f'(z)}{f(z)}, z_0\right]=n$.

(2) 若 $z=z_0$ 是 $f(z)$ 的 m 阶极点, 则 $z=z_0$ 是 $\dfrac{f'(z)}{f(z)}$ 的一阶极点, 且有 $\text{Res}\left[\dfrac{f'(z)}{f(z)}, z_0\right]=m$.

对数留数定理: 若函数 $f(z)$ 在简单闭曲线 C 上解析且不为零, 在 C 的内部除去有限个极点以外也处处解析, 则

$$\frac{1}{2\pi i}\oint_c \frac{f'(z)}{f(z)}dz = Z - P$$

其中 Z 为 $f(z)$ 在 C 内零点的总个数, P 为 $f(z)$ 在 C 内极点的总个数, 且 C 取正向, 在计算零点与极点的个数时, m 阶零点 (极点) 算作 m 个零点 (或极点).

2. 辐角原理与儒歇定理

(1) 辐角原理: 若 $f(z)$ 在简单闭曲线 C 上及 C 的内部解析, 且在 C 上不等于零, 则 $f(z)$ 在 C 内零点的个数等于当 z 沿 C 的正方向绕行一周时 $f(z)$ 的辐角的改变量除以 2π.

(2) 儒歇定理: 设 $f(z)$ 与 $g(z)$ 在简单闭曲线 C 上和 C 的内部解析, 在 C 上满足条件

$$|f(z)-g(z)| < |f(z)|$$

则 $f(z)$ 与 $g(z)$ 在 C 内有相同个数的零点.

本章重点是函数在孤立奇点处留数的计算和用留数计算实积分, 难点是孤立奇点类型的确定, 以及用留数计算实积分时积分围线的确定.

5.2 典型例题剖析

例 5.1 问下列各函数 $f(z)$ 有哪些孤立奇点, 各属于哪一种类型? 如果是极

点, 指出它的阶.

(1) $\dfrac{z^4}{1+z^4}$;　　(2) $\dfrac{z^7}{(z-1)(1-z^2)^2}$;　　(3) $\cot z-\dfrac{1}{z}$;

(4) $\dfrac{1}{z^2}+\dfrac{1}{z^3}$;　　(5) $\dfrac{\sin z-z}{z^3}$;　　(6) $\mathrm{e}^{\tan\frac{1}{z}}$.

分析　先求出函数的奇点, 找出孤立奇点, 然后根据每一类孤立奇点的特征判定类型. 对任何函数 $f(z)$ 来说, 只要在距原点不论多远处仍有 $f(z)$ 的解析点, 则 $z=\infty$ 都是 $f(z)$ 的奇点.

解　(1) 分母 $1+z^4$ 有四个一阶零点 $\mathrm{e}^{\mathrm{i}(2k\pi+\pi)/4}(k=0,1,2,3)$, 它们不是分子的零点, 故为函数 $\dfrac{z^4}{1+z^4}$ 的一阶极点.

又 $\lim\limits_{z\to\infty}\dfrac{z^4}{1+z^4}=1$, 故 $z=\infty$ 是 $\dfrac{z^4}{1+z^4}$ 的可去奇点.

(2) 因 $\dfrac{1}{f(z)}=\dfrac{1}{z^7}(z-1)(1-z^2)^2=\dfrac{1}{z^7}(z-1)^3(z+1)^2$, 由此 $z=1$ 是其三阶零点, $z=-1$ 是其二阶零点. 由有点与零点的关系知, $z=1$ 是 $\dfrac{z^7}{(z-1)(1-z^2)^2}$ 的三阶极点, $z=-1$ 是其二阶极点.

当 $z=\infty$ 时, 令 $z=\dfrac{1}{\xi}$, 则

$$f(z)=f\left(\frac{1}{\xi}\right)=\frac{1}{\xi^2(1-\xi^3)(1+\xi)^2}=F(\xi)$$

显然 $\xi=0$ 是 $F(\xi)$ 的二阶极点, 故 $z=\infty$ 是 $f(z)$ 的二阶极点.

(3) 因 $(\sin z)'|_{z=k\pi}=\cos k\pi=(-1)^k\neq 0$, 故 $z=k\pi(k=0,\pm1,\cdots)$ 为 $\cot z$ 的一阶极点. 当 $k=0$ 时, $z=0$, 则

$$\lim_{z\to 0}\left(\cot z-\frac{1}{z}\right)=\lim_{z\to 0}\frac{z\cos z-\sin z}{z\sin z}=\lim_{z\to 0}\frac{-\frac{1}{3}z^3+\frac{1}{30}z^5-\cdots}{z(z-z^3/3!+\cdots)}=0$$

所以 $z=0$ 是 $f(z)$ 的可去奇点. 而 $z_k=k\pi$ 是 $f(z)$ 的一阶极点 $(k=\pm1,\pm2,\cdots)$. 又 $z=\infty$ 是极点 $z_k=k\pi$ 当 $k\to\infty$ 时的极限点, 故 $z=\infty$ 不是 $f(z)$ 的孤立奇点.

(4) $z=0$ 与 $z=\infty$ 为 $f(z)$ 的孤立奇点, 而函数 $f(z)=\dfrac{1}{z^2}+\dfrac{1}{z^3}$ 就是 $f(z)$ 在 $0<|z|<+\infty$ 内的洛朗展开式, 由可去奇点及极点的定义可知, $z=0$ 是 $f(z)$ 的三阶极点, $z=\infty$ 为 $f(z)$ 的可去奇点.

(5) $z=0$ 与 $z=\infty$ 为 $f(z)$ 的孤立奇点.

解法 1　求 $f(z)$ 在 $0<|z|<+\infty$ 内的洛朗展开式:

$$f(z)=\frac{\sin z-z}{z^3}=\frac{1}{z^3}\left[\left(z-\frac{z^3}{3!}+\frac{z^5}{5!}-\frac{z^7}{7!}+\cdots\right)-z\right]$$

$$=-\frac{1}{3!}+\frac{z^2}{5!}-\frac{z^4}{7!}+\frac{z^6}{9!}-\cdots$$

由孤立奇点的定义知 $z=0$ 为 $f(z)$ 的可去奇点, $z=\infty$ 为 $f(z)$ 的本性奇点.

解法 2 利用极限来解.

$$\lim_{z\to 0}\frac{\sin z-z}{z^3}=\lim_{z\to 0}\frac{\cos z-1}{3z^2}=\lim_{z\to 0}\frac{-\sin z}{6z}=-\frac{1}{6}(\neq\infty)$$

由此知 $z=0$ 为 $f(z)$ 的可去奇点.

$\lim\limits_{z\to\infty}\dfrac{\sin z-z}{z^3}$ 不存在, 故 $z=\infty$ 为 $f(z)$ 的本性奇点.

(6) 设 $\omega=\tan\dfrac{1}{z}$, 则 $f(z)=\mathrm{e}^{\omega}$. 由 $\cos\dfrac{1}{z}=0$ 知

$$z_k=\frac{1}{\left(k+\frac{1}{2}\right)\pi}(k=0,\pm1,\cdots)$$

为 $\omega=\tan\dfrac{1}{z}$ 的一阶极点. 而 e^{ω} 仅有唯一奇点 $\omega=\infty$ 且为本性奇点, 又 $\lim\limits_{z\to z_k}\tan\dfrac{1}{z}=\infty$, 所以

$$z_k=\frac{1}{\left(k+\frac{1}{2}\right)\pi}\quad(k=0,\pm1,\cdots)$$

都是 $f(z)$ 的本性奇点. 当 $z=\infty$ 时, 由 $\lim\limits_{z\to\infty}f(z)=\lim\limits_{z\to\infty}\mathrm{e}^{\tan\frac{1}{z}}=1\neq\infty$, 故 $z=\infty$ 为 $f(z)$ 的可去奇点.

例 5.2 指出下列函数 $f(z)$ 在无穷远点的性质.

(1)$\tan z$; (2)$\ln\dfrac{z-1}{z-2}$; (3)$\dfrac{z^2+1}{\mathrm{e}^z}$.

分析 对任何函数 $f(z)$ 来说, 只要在距原点不论多么远处仍有 $f(z)$ 的解析点, 则 $z=\infty$ 都是 $f(z)$ 的奇点, 若是孤立奇点, 则可根据特征判定类型.

解 (1)$z_k=\left(k+\dfrac{1}{2}\right)\pi(k=0,\pm1,\pm2,\cdots)$ 是$\cos z$ 的一阶零点, 故由零点与极点的关系, 知 $z_k=\left(k+\dfrac{1}{2}\right)\pi(k=0,\pm1,\cdots)$ 为 $f(z)$ 的一阶极点. 当 $k\to\infty$ 时, $z_k\to\infty$, 所以 $z=\infty$ 为极点的极限点, 不是孤立奇点.

(2) 函数 $\ln\dfrac{z-1}{z-2}$ 在全平面上除去$z=1,z=2$ 及它们连成的线段外, 单值解析, 而 $\lim\limits_{z\to\infty}\ln\dfrac{z-1}{z-2}=0$, 故 $z=\infty$ 为 $f(z)$ 的可去奇点.

(3) 函数 $f(z)$ 在 $R<|z|<+\infty$ 内的洛朗展开式为

$$f(z)=(z^2+1)\mathrm{e}^{-z}=(z^2+1)\left(1-z+\frac{z^2}{2!}-\frac{z^3}{3!}+\cdots\right)$$

故 $z=\infty$ 为 $f(z)$ 的本性奇点.

例 5.3 求下列函数 $f(z)$ 在孤立奇点 (不考虑无穷远点) 的留数:

(1)$\dfrac{\tan(z-1)}{z-1}$; (2)$\dfrac{3z+2}{z^2(z+2)}$; (3)$\cot^2 z$.

分析 计算函数在孤立奇点的留数, 首先判别有限孤立奇点的类型. 然后根据类型选用不同的计算规则和方法求出留数.

解 (1) 首先由 $f(z)=\dfrac{\tan(z-1)}{z-1}=\dfrac{\sin(z-1)}{(z-1)\cos(z-1)}$ 知 $z=1$ 是 $f(z)$ 的可去奇点. $z_n=1+\dfrac{2n+1}{2}\pi(n=0,\pm1,\cdots)$ 是 $f(z)$ 的一阶极点. 由 $z=1$ 是 $f(z)$ 的可去奇点, 故 $f(z)$ 在 $z=1$ 的留数为零, 即

$$\operatorname{Res}\left[\frac{\tan(z-1)}{z-1},1\right]=0$$

$$\begin{aligned}&\operatorname{Res}\left[\frac{\tan(z-1)}{z-1},1+\frac{2n+1}{2}\pi\right]=\lim_{z\to z_n}(z-z_n)\frac{\sin(z-1)}{(z-1)\cos(z-1)}\\&=\lim_{z\to z_n}\frac{\sin(z-1)}{z-1}\cdot\frac{z-z_n}{\cos(z-1)}=\frac{\sin[(2n+1)\pi/2]}{(2n+1)\pi/2}\cdot\lim_{z\to z_n}\frac{z-z_n}{\cos(z-1)}\\&\xlongequal{\text{洛必达}}\frac{\sin[(2n+1)\pi/2]}{(2n+1)\pi/2}\cdot\frac{-1}{\sin[(2n+1)\pi/2]}=\frac{-2}{(2n+1)\pi}\end{aligned}$$

(2)$z=0$ 是 $f(z)$ 的二阶极点, $z=-2$ 是 $f(z)$ 的一阶极点.

解法 1 用留数定义求 $\operatorname{Res}[f(z),z_0]=\dfrac{1}{2\pi i}\displaystyle\oint_c f(z)dz$(其中 c 内仅有一奇点 z_0).

$$\operatorname{Res}[f(z),-2]=\frac{1}{2\pi i}\oint_{c_1}\frac{3z+2}{z^2(z+2)}dz\xlongequal{\text{柯西积分}}\left.\frac{3z+2}{z^2}\right|_{z=-2}=-1$$

$$\begin{aligned}\operatorname{Res}[f(z),0]&=\frac{1}{2\pi i}\oint_{c_2}\frac{3z+2}{z^2(z+2)}dz\xlongequal{\text{高阶导数}}\frac{1}{(2-1)!}\left[\frac{3z+2}{z+2}\right]'_{z=0}\\&=\frac{4}{(z+2)^2}\Big|_{z=0}=1\end{aligned}$$

解法 2 用极点处留数计算公式得

$$\operatorname{Res}[f(z),-2]=\lim_{z\to-2}(z+2)\cdot f(z)=\lim_{z\to-2}\frac{3z+2}{z^2}=-1$$

$$\operatorname{Res}[f(z),0]=\frac{1}{(2-1)!}\lim_{z\to0}\frac{d}{dz}[z^2\cdot f(z)]=\lim_{z\to0}\frac{4}{(z+2)^2}=1$$

解法 3 用洛朗展开式求系数 c_{-1}, 将 $f(z)$ 在 $0<|z+2|<2$ 内展开成洛朗阶数

$$
\begin{aligned}
f(z)=&\frac{3}{[(z+2)-2]^2}-\frac{4}{(z+2)[(z+2)-2]^2}\\
=&\frac{3}{4}\frac{1}{[1-(z+2)/2]^2}-\frac{4}{4(z+2)}\cdot\frac{1}{[1-(z+2)/2]^2}\\
=&\frac{3}{4}\left[1+\frac{z+2}{2}+\left(\frac{z+2}{2}\right)^2+\cdots\right]^2-\frac{1}{z+2}\left[1+\frac{z+2}{2}+\left(\frac{z+2}{2}\right)^2+\cdots\right]^2\\
=&\frac{3}{4}[1+(z+2)+\cdots]-\frac{1}{z+2}[1+(z+2)+\cdots]\\
=&\frac{-1}{z+2}-\frac{1}{4}+\cdots
\end{aligned}
$$

故

$$
\operatorname{Res}[f(z),-2]=c_{-1}=-1
$$

将 $f(z)$ 在 $0<|z|<2$ 内展开成洛朗阶数,

$$
\begin{aligned}
f(z)=&\frac{1}{z^2}\left(3-\frac{4}{z+2}\right)=\frac{1}{z^2}\left[3-\frac{4}{2\left(1+\frac{z}{2}\right)}\right]\\
=&\frac{1}{z^2}\left[3-2\left(1-\frac{z}{2}+\frac{z^2}{4}-\frac{z^3}{8}+\cdots\right)\right]\\
=&\frac{1}{z^2}+\frac{1}{z}-\frac{1}{2}+\cdots
\end{aligned}
$$

故 $\operatorname{Res}[f(z),0]=c_{-1}=1$.

(3) $z_k=k\pi(k=0,\pm1,\cdots)$ 是 $\sin z$ 的二阶零点, 故 $z_k=k\pi(k=0,\pm1,\cdots)$ 是 $f(z)$ 的二阶极点, 由于 $\cot^2(z)$ 是 z 的偶函数, 故其洛朗展开式中奇次幂项的系数为零, 所以 $\operatorname{Res}[f(z),z_k]=c_{-1}=0$.

例 5.4 利用留数计算下列积分:

(1) $\oint_{|z|=R}\dfrac{z^2}{\mathrm{e}^{2\pi\mathrm{i}z^3}-1}\mathrm{d}z, n<R^3<n+1, n$ 为正整数;

(2) $\oint_{|z|=1}\dfrac{2\mathrm{i}\mathrm{d}z}{z^2+2az+1}(a>1)$;

(3) $\oint_{|z|=1}z^3\sin^5\dfrac{1}{z}\mathrm{d}z$.

分析 利用留数定理计算复积分, 一般先求出被积函数在积分路径内部的孤立奇点, 判断类型, 计算出奇点处的留数, 应用留数基本定理便可得到所求的积分值. 同时, 可用扩充复平面上全部孤立奇点留数之和为零来求.

解 (1) 被积函数 $f(z)=\dfrac{z^2}{\mathrm{e}^{2\pi \mathrm{i}z^3}-1}$ 在 $|z|=R$ 内的孤立奇点为 $z=0$, 以及方程 $z^3=k(k=\pm1,\pm2,\cdots,\pm n)$ 的根 z_k 共 $6n$ 个, 这 $6n+1$ 个孤立奇点均为 $f(z)$ 的一阶极点, 由公式有

$$\mathrm{Res}[f(z),0]=\lim_{z\to0}\cdot f(z)=\lim_{z\to0}\frac{z^3}{\mathrm{e}^{2\pi \mathrm{i}z^3}-1}=\frac{1}{2\pi \mathrm{i}}$$

$$\mathrm{Res}[f(z),z_k]=\frac{z^2}{(\mathrm{e}^{2\pi \mathrm{i}z^3}-1)'}\bigg|_{z=z_k}=\frac{1}{6\pi \mathrm{i}\mathrm{e}^{2\pi \mathrm{i}z_k^3}}=\frac{1}{6\pi \mathrm{i}}$$

故由留数基本定理知

$$\oint_{|z|=R}\frac{z^2}{\mathrm{e}^{2\pi \mathrm{i}z^3}-1}\mathrm{d}z=2\pi \mathrm{i}\left\{\frac{1}{2\pi \mathrm{i}}+6n\cdot\frac{1}{6\pi \mathrm{i}}\right\}=2n+1$$

(2) 被积函数$f(z)=\dfrac{2\mathrm{i}}{z^2+2az+1}$ 有两个一阶极点 $z_1=-a+\sqrt{a^2-1}$, $z_2=a-\sqrt{a^2-1}$, 因 $a>1$, 故仅有 $z_1=-a+\sqrt{a^2-1}$ 在 $|z|=1$ 内, 由留数公式有

$$\mathrm{Res}[f(z),-a+\sqrt{a^2-1}]=\frac{2\mathrm{i}}{2z+2a}\bigg|_{z=-a+\sqrt{a^2-1}}=\frac{\mathrm{i}}{\sqrt{a^2-1}}$$

故

$$\oint_{|z|=1}\frac{2\mathrm{i}}{z^2+2az+1}\mathrm{d}z=2\pi \mathrm{i}\cdot\frac{\mathrm{i}}{\sqrt{a^2-1}}=-\frac{2\pi}{\sqrt{a^2-1}}$$

(3) 被积函数 $f(z)=z^3\sin^5\dfrac{1}{z}$ 有奇点 $z=0$, 且在 $0<|z|<+\infty$ 内的洛朗展开式为

$$\sin\frac{1}{z}=\frac{1}{z}-\frac{1}{3!}\cdot\frac{1}{z^3}+\frac{1}{5!}\cdot\frac{1}{z^5}-\cdots$$
$$\sin^5\frac{1}{z}=\frac{1}{z^5}-\frac{1}{3!}\frac{1}{z^7}+\cdots$$
$$z^3\cdot\sin^5\frac{1}{z}=\frac{1}{z^2}-\frac{1}{3!}\cdot\frac{1}{z^4}+\cdots$$

所以

$$\mathrm{Res}\left[z^3\cdot\sin^5\frac{1}{z},0\right]=c_{-1}=0$$

故由留数基本定理有

$$\oint_{|z|=1}z^3\cdot\sin^5\frac{1}{z}\mathrm{d}z=2\pi \mathrm{i}c_{-1}=0$$

例 5.5 计算下列各积分, c 为正向圆周:

(1) $\displaystyle\oint_c\frac{z^{13}}{(z^2+2)^3(z^2-1)^4}\mathrm{d}z, c:|z|=3;$

(2) $\oint_c \frac{\mathrm{d}z}{(z-3)(z^5-1)}, c:|z|=2;$

(3) $\oint_c \frac{1}{\mathrm{e}^{\frac{1}{z}}-1}\mathrm{d}z, c:|z|=1.$

分析 利用留数定理计算复积分时, 若积分路径内部孤立奇点处的留数计算比较困难时, 可由留数总和为零, 将其转化为被积函数在积分路径外部孤立奇点处的留数来计算.

解 (1) 被积函数$f(z)=\frac{z^{13}}{(z^2+2)^3(z^2-1)^4}$ 在 $|z|=3$ 内, 以 $z=\pm1$ 为四阶极点, 以 $z=\pm\sqrt{2}\mathrm{i}$ 为其三阶极点. 由于极点阶数较高. 故利用留数公式计算较麻烦, 但 $f(z)$ 在 $|z|=3$ 外仅以 $z=\infty$ 为孤立奇点, 且

$$\begin{aligned}\mathrm{Res}[f(z),\infty]&=-\mathrm{Res}\left[\frac{1}{z^2}\cdot f\left(\frac{1}{z}\right),0\right]\\&=-\mathrm{Res}\left[\frac{1}{z(1+2z^2)^3(1-z^2)^4},0\right]=-1\end{aligned}$$

故由留数之和为零及留数基本定理知

$$\oint_{|z|=3}\frac{z^{13}}{(z^2+2)^3(z^2-1)^4}\mathrm{d}z=-2\pi\mathrm{i}\mathrm{Res}[f(z),\infty]=2\pi\mathrm{i}$$

(2) 被积函数$f(z)=\frac{1}{(z-3)(z^5-1)}$ 在 $|z|=2$ 内有一阶极点: $z_k=\mathrm{e}^{\frac{2k\pi}{5}\mathrm{i}}$, $(k=0,1,2,3,4)$, 若逐个求留数较烦, 故由留数之和等于零, 则转求 $z=\infty$ 及 $z=3$ 处留数.

$$\begin{aligned}\mathrm{Res}[f(z),\infty]&=-\mathrm{Res}\left[\frac{1}{z^2}f\left(\frac{1}{z}\right),0\right]\\&=-\mathrm{Res}\left[\frac{z^4}{(1-3z)(1-z^5)},0\right]=0\end{aligned}$$

$z=3$ 是 $f(z)$ 的一阶极点, 所以

$$\mathrm{Res}[f(z),3]=\lim_{z\to3}\frac{1}{z^5-1}=\frac{1}{242}$$

由留数基本定理知

$$\begin{aligned}\oint_{|z|=2}\frac{\mathrm{d}z}{(z-3)(z^5-1)}&=-2\pi\mathrm{i}\{\mathrm{Res}[f(z),\infty]+\mathrm{Res}[f(z),3]\}\\&=-2\pi\mathrm{i}\left[0+\frac{1}{242}\right]=-\frac{\pi\mathrm{i}}{121}\end{aligned}$$

(3) $z_k=\dfrac{1}{2k\pi\mathrm{i}}(k=\pm1,\cdots)$ 为 $\mathrm{e}^{\frac{1}{z}}-1$ 的零点, 故被积函数 $f(z)=\dfrac{1}{\mathrm{e}^{\frac{1}{z}}-1}$ 以 z_k 为极点, 在 $|z|=1$ 外仅以 $z=\infty$ 为 $f(z)$ 的孤立奇点, 且 $f(z)$ 在 $1<|z|<+\infty$ 内的洛朗展开式为

$$\begin{aligned}f(z)=&1\Big/\left(\frac{1}{z}+\frac{1}{2z^2}+\frac{1}{6z^3}+\cdots\right)=1\Big/\frac{1}{z}\left(1+\frac{1}{2z}+\frac{1}{6z^2}+\cdots\right)\\=&z\left(1-\frac{1}{2z}+\frac{1}{12z^2}+\cdots\right)=z-\frac{1}{2}+\frac{1}{12z}+\cdots\end{aligned}$$

故

$$\mathrm{Res}[f(z),\infty]=-\frac{1}{12}$$

所以

$$\oint_{|z|=1}\frac{1}{\mathrm{e}^{\frac{1}{z}}-1}\mathrm{d}z=2\pi\mathrm{i}\frac{1}{12}=\frac{\pi\mathrm{i}}{6}$$

例 5.6 若 $f(z)$ 在分段光滑闭曲线 c 所围区域内除点 $z=a$ 外解析, 且 a 是 $f(z)$ 的 n 阶极点, 求证: 当 $(z-a)^nf(z)=g(z)$ 时

$$\oint_c f(z)\mathrm{d}z=\frac{2\pi\mathrm{i}}{(n-1)!}g^{(n-1)}(a)$$

证 由题设 $z=a$ 为 $f(z)$ 的 n 阶极点, 故有

$$f(z)=\sum_{k=-n}^{\infty}c_k(z-a)^k(0<|z-a|<R)$$

其中 R 为 a 到曲线 c 的距离, 故 $\oint_c f(z)\mathrm{d}z=2\pi\mathrm{i}c_{-1}$.

由

$$g(z)=(z-a)^nf(z)=\sum_{k=-n}^{\infty}c_k(z-a)^{n+k}$$

故

$$g^{(n-1)}(a)=(n-1)!c_{-1}$$

所以

$$\oint_c f(z)\mathrm{d}z=\frac{2\pi\mathrm{i}}{(n-1)!}g^{n-1}(a)$$

例 5.7 计算积分$I=\displaystyle\int_0^{\pi}\frac{(\sin3\theta)^2}{1-2a\cos\theta+a^2}\mathrm{d}\theta(|a|<1)$.

分析 利用被积函数是以 2π 为周期的偶函数的特点.

$$I=\frac{1}{2}\int_{-\pi}^{\pi}\frac{\frac{1}{2}(1-\cos6\theta)}{1-2a\cos\theta+a^2}\mathrm{d}\theta$$

$$=\frac{1}{4}\left\{\int_0^{2\pi}\frac{\mathrm{d}\theta}{1-2a\cos\theta+a^2}-\int_0^{2\pi}\frac{\cos 6\theta}{1-2a\cos\theta+a^2}\mathrm{d}\theta\right\}$$

括号内的积分是熟悉的积分类型, 可以用留数定理计算.

解 令 $z=\mathrm{e}^{\mathrm{i}\theta}$, 则 $\mathrm{d}\theta=\dfrac{\mathrm{d}z}{\mathrm{i}z}, \cos\theta=\dfrac{z^2+1}{2z}$, 故

$$\begin{aligned}\int_0^{2\pi}\frac{\mathrm{d}\theta}{1-2a\cos\theta+a^2}&=\oint_{|z|=1}\frac{1}{1-2a\frac{z^2+1}{2z}+a^2}\frac{\mathrm{d}z}{\mathrm{i}z}\\&=\frac{1}{\mathrm{i}}\oint_{|z|=1}\frac{1}{(z-a)(1-az)}\mathrm{d}z\\&=\frac{1}{\mathrm{i}}\cdot 2\pi\mathrm{i}\mathrm{Res}\left[\frac{1}{(z-a)(1-az)},a\right]=\frac{2\pi}{1-a^2}\end{aligned}$$

$$\begin{aligned}\int_0^{2\pi}\frac{\cos 6\theta}{1-2a\cos\theta+a^2}\mathrm{d}\theta&=\int_0^{2\pi}\frac{\cos 6\theta}{1-2a\cos\theta+a^2}\mathrm{d}\theta+\mathrm{i}\int_{-\pi}^{\pi}\frac{\sin 6\theta}{1-2a\cos\theta+a^2}\mathrm{d}\theta\\&=\int_0^{2\pi}\frac{\mathrm{e}^{6\mathrm{i}\theta}}{1-2a\cos\theta+a^2}\mathrm{d}\theta=\frac{1}{\mathrm{i}}\oint_{|z|=1}\frac{z^6}{(z-a)(1-az)}\mathrm{d}z\\&=\frac{1}{\mathrm{i}}\cdot 2\pi\mathrm{i}\mathrm{Res}\left[\frac{z^6}{(z-a)(1-az)},a\right]=\frac{2\pi a^6}{1-a^2}\end{aligned}$$

故

$$I=\int_0^{\pi}\frac{(\sin 3\theta)^2}{1-2a\cos\theta+a^2}\mathrm{d}\theta=\frac{1}{4}\left\{\frac{2\pi}{1-a^2}-\frac{2\pi a^6}{1-a^2}\right\}=\frac{\pi(1-a^6)}{2(1-a^2)}=\frac{\pi}{2}(1+a^2+a^4).$$

例 5.8 计算积分 $\displaystyle\int_0^{+\infty}\frac{x\sin mx}{(x^2+a^2)^2}\mathrm{d}x(m>0,a>0)$.

分析 $\dfrac{x}{(x^2+a^2)^2}$ 是奇函数, $\sin mx$ 是奇函数, 则 $\dfrac{x\sin mx}{(x^2+a^2)^2}$ 为偶函数, 故

$$\int_0^{+\infty}\frac{x\sin mx}{(x^2+a^2)^2}\mathrm{d}x=\frac{1}{2}\int_{-\infty}^{+\infty}\frac{x\sin mx}{(x^2+a^2)^2}\mathrm{d}x=\frac{1}{2}\mathrm{Im}\left[\int_{-\infty}^{+\infty}\frac{x}{(x^2+a^2)^2}\mathrm{e}^{\mathrm{i}mx}\mathrm{d}x\right]$$

解 由题知 $f(z)=\dfrac{z}{(z^2+a^2)^2}\mathrm{e}^{\mathrm{i}mz}$ 有两个二阶极点, 其中仅有 $z=a\mathrm{i}$ 在上半平面. 且

$$\mathrm{Res}[f(z),a\mathrm{i}]=\frac{\mathrm{d}}{\mathrm{d}z}\left[\frac{z}{(z+a\mathrm{i})^2}\cdot\mathrm{e}^{\mathrm{i}mz}\right]_{z=a\mathrm{i}}=\frac{m}{4a}\mathrm{e}^{-ma}$$

故有

$$\int_0^{+\infty}\frac{x\sin mx}{(x^2+a^2)^2}\mathrm{d}x=\frac{1}{2}\int_{-\infty}^{+\infty}\frac{x\sin mx}{(x^2+a^2)^2}\mathrm{d}x=\frac{1}{2}\mathrm{Im}\left[\int_{-\infty}^{+\infty}\frac{x}{(x^2+a^2)^2}\mathrm{e}^{\mathrm{i}mx}\mathrm{d}x\right]$$

$$=\frac{1}{2}\mathrm{Im}\{2\pi\mathrm{i}\mathrm{Res}[f(z),a\mathrm{i}]\}=\mathrm{Im}\left\{\pi\mathrm{i}\cdot\frac{m}{4a}\mathrm{e}^{-ma}\right\}=\frac{m\pi}{4a}\mathrm{e}^{-ma}$$

例 5.9 计算积分 $\oint\limits_{|z|=4}\frac{z^9}{z^{10}-1}\mathrm{d}z.$

分析 利用对数留数定理计算积分

$$\frac{1}{2\pi\mathrm{i}}\oint_c\frac{f'(z)}{f(z)}\mathrm{d}z=Z-P$$

解 令 $f(z)=z^{10}-1$, 则 $f(z)$ 在 $|z|=4$ 上解析且不等于零, 又 $f(z)$ 在 $|z|=4$ 的内部解析, 且有 10 个零点, 但没有极点, 故有 $Z=10,P=0$ 故由公式有

$$\begin{aligned}\oint_{|z|=4}\frac{z^9}{z^{10}-1}\mathrm{d}z&=\frac{1}{10}\oint_{|z|=4}\frac{10z^9}{z^{10}-1}\mathrm{d}z\\&=\frac{1}{10}\oint_{|z|=4}\frac{(z^{10}-1)'}{z^{10}-1}\mathrm{d}z=\frac{1}{10}\cdot2\pi\mathrm{i}(10-0)=2\pi\mathrm{i}\end{aligned}$$

例 5.10 求方程 $z^2+2-3z=0$ 在 $|z|=\frac{3}{2}$ 内根的个数.

解法 1 用辐角原理, 因 $P=0$ 故

$$\begin{aligned}Z&=\frac{1}{2\pi\mathrm{i}}\oint\limits_{|z|=\frac{3}{2}}\frac{2z-3}{z^2-3z+2}\mathrm{d}z=\frac{1}{2\pi\mathrm{i}}\oint\frac{2z-3}{(z-1)(z-2)}\mathrm{d}z\\&=\frac{1}{2\pi\mathrm{i}}\oint\limits_{|z|=\frac{3}{2}}\left[\left(\frac{2z-3}{z-2}\right)\Big/(z-1)\right]\mathrm{d}z=\frac{2z-3}{z-2}\Big|_{z=1}=1\end{aligned}$$

解法 2 利用儒歇定理, 设 $f(z)=-3z+2,g(z)=z^2,f(z),g(z)$, 在 $|z|<\frac{3}{2}$ 内解析; 在 $|z|=\frac{3}{2}$ 上, $|f(z)|\geqslant3|z|-2=2.5$, 而 $|g(z)|=|z^2|=2.25$, 即 $|f(z)|>|g(z)|$, 而 $f(z)$ 在 $|z|<\frac{3}{2}$ 内仅有一根, 由儒歇定理, $f(z)+g(z)=z^2+3z-2$ 在 $|z|<\frac{3}{2}$ 也只有一个根, 即 $Z=1$.

解法 3 直接解方程, $z_1=2,z_2=1$, 但 $z=2$ 在 $|z|<\frac{3}{2}$ 外, 所以在 $|z|<\frac{3}{2}$ 内只有一根, 故 $Z=1$.

5.3 测 试 题

1. 单项选择题.

(1) 函数 $\frac{\cot\pi z}{2z-3}$ 在 $|z-\mathrm{i}|=2$ 内的奇点个数为 (　　)

A. 1;　　　　B. 2;　　　　C. 3;　　　　D. 4.

(2) 设函数 $f(z)$ 与 $g(z)$ 分别以 $z=a$ 为本性奇点与 m 阶极点, 则 $z=a$ 为函数 $f(z)g(z)$ 的 (　　)

A. 可去奇点;　　B. 本性奇点;　　C.m 阶极点;　　D. 小于 m 阶的极点.

(3) 设 $f(z)=\dfrac{1}{z(z-1)^3}=\dfrac{1}{(z-1)^4}-\dfrac{1}{(z-1)^5}+\dfrac{1}{(z-1)^6}-\cdots$, 其中 $|z-1|>1$, 则 (　　).

A. $z=1$ 是 $f(z)$ 的本性奇点;　　B. $\mathrm{Res}[f(z),1]=0$;

C. $z=1$ 是 $f(z)$ 的三阶极点;　　D. 以上全不正确.

(4) $z=1$ 是 $\mathrm{e}^{\frac{1}{z-1}}$ 的 (　　).

A. 解析点;　　B. 可去奇点;　　C. 极点;　　D. 本性奇点.

(5) $z=\infty$ 是函数 $f(z)=\cot z-\dfrac{1}{z}$ 的 (　　).

A. 解析点;　　B. 本性奇点;　　C. 孤立奇点;　　D. 非孤立奇点.

(6) 设 $z=a$ 为解析函数 $f(z)$ 的 m 阶零点, 则 $\mathrm{Res}\left[\dfrac{f'(z)}{f(z)},a\right]=$(　　).

A. m;　　B. $-m$;　　C. $m-1$;　　D. $-(m-1)$.

(7) 若 $f(z)=\dfrac{1}{z\sin z}$, 则 $\mathrm{Res}[f(z),k\pi]=$(　　).

A. $\dfrac{1}{k\pi}$;　　B. 0;　　C. $(-1)^k\dfrac{1}{k\pi}$;　　D. $(-1)^k$.

(8) 若 $f(z)=\dfrac{\mathrm{e}^z}{z^2+1}$, 则 $\mathrm{Res}[f(z),\mathrm{i}]=$(　　).

A. $\dfrac{1}{2\mathrm{i}}$;　　B. $\dfrac{\mathrm{e}^{\mathrm{i}}}{2}$;　　C. 0;　　D. $\dfrac{\mathrm{ei}}{2\mathrm{i}}$.

(9) 积分 $\displaystyle\oint_{|z|=\frac{3}{2}}\frac{z^9}{z^{10}-1}\mathrm{d}z=$(　　).

A. 0;　　B. $2\pi\mathrm{i}$;　　C. 10;　　D. $\dfrac{\pi\mathrm{i}}{5}$.

(10) 积分 $\displaystyle\int_0^{\pi}\frac{\mathrm{d}\theta}{(a+\cos\theta)^2}=$(　　).

A. $\dfrac{a\pi}{(a^2+1)^{\frac{3}{2}}}$;　　B. $\dfrac{\pi}{(a^2+1)^{\frac{3}{2}}}$;　　C. $\dfrac{a\pi}{(a^2-1)^{\frac{3}{2}}}$;　　D. $\dfrac{\pi}{(a^2-1)^{\frac{3}{2}}}$.

(11) 积分 $\displaystyle\int_0^{+\infty}\frac{x\sin mx}{(x^2+a^2)^2}\mathrm{d}x(m>0,a>0)=$(　　)

A. $\dfrac{m\pi}{4a}\mathrm{e}^{-am}$;　　B. $\dfrac{\pi}{4a}\mathrm{e}^{ma}$;　　C. $\dfrac{m\pi}{4a}\mathrm{e}^{m}$;　　D. $\dfrac{\pi}{4}\mathrm{e}^{-am}$.

(12) 方程 $kz^4=\sin z(k>2)$ 在 $|z|<1$ 内有 (　　).

A. 3 个根;　　B. 4 个根;　　C. 2 个根;　　D. 5 个根.

2. 填空题.

(1) 设 $z=0$ 为函数 $f(z)=\dfrac{1}{z^2}+\dfrac{1}{z^3}$ 的 m 阶极点, 则 $m=$____.

(2) 设 $z=\infty$ 为函数 $f(z)=\dfrac{z^7}{(z-1)(1-z^2)^2}$ 的 m 阶极点, 则 $m=$____.

(3) $z=\infty$ 为函数 $f(z)=\dfrac{1}{(z^2+\mathrm{i})^3}$ 的____奇点.

(4) 设 $f(z)=\cot^2 z$, 则 $\mathrm{Res}[f(z),k\pi]=$____.

(5) 设函数 $f(z)=\mathrm{e}^{\frac{1}{z-1}}$, 则 $\mathrm{Res}[f(z),1]=$____.

(6) 设函数 $f(z)=\dfrac{z^2+1}{e^z}$, 则 $\mathrm{Res}[f(z),\infty]=$____.

(7) $\mathrm{Res}\left[\dfrac{\mathrm{e}^{\frac{1}{z}}}{1-z},0\right]=$____.

(8) 积分 $\displaystyle\oint_{|z|=1}\frac{\tan\pi z}{z^3}\mathrm{d}z=$____.

(9) 积分 $\displaystyle\oint_{|z|=7}\frac{1+z}{1-\cos z}\mathrm{d}z=$____.

(10) 积分 $\displaystyle\int_0^{\frac{\pi}{2}}\frac{1}{a^2+\cos^2\theta}\mathrm{d}\theta(a>0)=$____.

(11) 积分 $\displaystyle\int_0^{+\infty}\frac{x^2}{2x^4+5x^2+2}\mathrm{d}x=$____.

(12) 积分 $\displaystyle\int_0^{+\infty}\frac{\sin 2x}{x(1+x^2)}\mathrm{d}x=$____.

3. 下列函数有哪些奇点? 如果是极点, 指出它们的阶数.

(1) $\dfrac{\sin z}{z^3}$;　　(2) $\mathrm{e}^{\frac{1}{z-1}}$;　　(3) $\dfrac{z}{(1+z^2)(1+\mathrm{e}^{\pi z})}$;

(4) $\dfrac{1}{z^2(\mathrm{e}^z-1)}$;　　(5) $\dfrac{1}{\sin z^2}$.

4. 求下列函数 $f(z)$ 在孤立奇点 (不考虑无穷远点) 的留数.

(1) $\dfrac{z+1}{z^2-2z}$;　　(2) $\dfrac{1-\mathrm{e}^{2z}}{z^4}$;　　(3) $\dfrac{1+z^4}{(z^2+1)^3}$;

(4) $\dfrac{1}{z\sin z}$;　　(5) $\cos\dfrac{1}{1-z}$.

5. 判定 $z=\infty$ 是下列各函数的什么奇点? 并求出在点 ∞ 的留数.

(1) $\mathrm{e}^{\frac{1}{z^2}}$;　　(2) $\dfrac{2z}{3+z^2}$.

6. 计算下列各积分 (利用留数).

(1) $\oint_{|z|=\frac{3}{2}} \frac{\sin z}{z}\mathrm{d}z$; (2) $\oint_{|z|=1} \mathrm{e}^{-\frac{1}{z}} \cdot \sin\left(\frac{1}{z}\right)\mathrm{d}z$;

(3) $\oint_{|z|=\frac{1}{3}} \sin\frac{2}{z}\mathrm{d}z$; (4) $\oint_{|z|=1} \mathrm{e}^{\frac{a}{2}\left(z-\frac{1}{z}\right)}\mathrm{d}z$.

7. 计算下列各积分, c 为正向圆周.

(1) $\oint_{|z|=2} \frac{z^5}{1+z^6}\mathrm{d}z$; (2) $\oint_{|z|=2} \frac{z^3}{1+z}\mathrm{e}^{\frac{1}{z}}\mathrm{d}z$.

8. 试求下列各积分的值.

(1) $\int_0^{\pi} \frac{\mathrm{d}\theta}{(a+\cos\theta)^2}(a>1)$; (2) $\int_0^{+\infty} \frac{x^2}{1+x^4}\mathrm{d}x$;

(3) $\int_{-\infty}^{+\infty} \frac{\cos x}{x^2+4x+5}\mathrm{d}x$; (4) $\int_{-\infty}^{+\infty} \frac{\sin x}{(x^2+4)(x-1)}\mathrm{d}x$.

9. 利用对数留数定理计算下列积分.

(1) $\oint_{|z|=3} \frac{1}{z}\mathrm{d}z$; (2) $\oint_{|z|=2} \frac{3z^2+1}{z(z^2+1)}\mathrm{d}z$; (3) $\oint_{|z|=4} \frac{z+1}{z^2+2z-3}\mathrm{d}z$.

5.4 测试题解答

1. 单项选择题.

(1) D. 函数 $\frac{\cot\pi z}{2z-3} = \frac{\cos\pi z}{(2z-3)\sin\pi z}$ 有 4 个奇点. 由 $\sin\pi z=0$, 知 $z=-1,0,1$. 由 $2z-3=0$ 知 $z=\frac{3}{2}$. 故在 $|z-\mathrm{i}|=2$ 内有以上 4 个奇点.

(2) B. 由本性奇点和 m 阶极点的定义可知 $z=a$ 为 $f(z)\cdot g(z)$ 的本性奇点.

(3) C. $f(z)=\frac{1}{z(z-1)^3}$ 在 $0<|z-1|<1$ 内可展开为

$$f(z)=\frac{1}{z(z-1)^3}=\frac{1}{(z-1)^3}\cdot\frac{1}{(z-1)+1}=\frac{1}{(z-1)^3}\cdot\sum_{n=1}^{\infty}(-1)^n(z-1)^n.$$

故由 m 阶极点定义知, $z=1$ 为 $f(z)$ 的三阶极点.

(4)D. 令 $F(\xi)=\mathrm{e}^{\xi}, g(z)=\frac{1}{z-1}$, 则有展开式

$$F(\xi)=\mathrm{e}^{\xi}=1+\frac{\xi}{1!}+\frac{\xi^2}{2!}+\cdots,\quad |\xi|<+\infty.$$

将 $g(z)=\frac{1}{z-1}$ 代入上式后可知, $z=1$ 是本性奇点.

(5) D. 由例 5.1 的 (3) 知, $z=\infty$ 为 $f(z)=\cos z-\dfrac{1}{z}$ 的非孤立奇点. 函数 $f(z)=\cot z-\dfrac{1}{z}$ 的极点由下知: $\sin z=0$ 知 $z=k\pi(k=0,\pm 1,\cdots)$. 它们以 $z=\infty$ 为极限点, 故 $z=\infty$ 为 $f(z)=\cot z-\dfrac{1}{z}$ 的非孤立奇点.

(6) A. 由 $\mathrm{Res}[f(z),z_0]=c_{-1},\mathrm{Res}\left[\dfrac{f'(z)}{f(z)},a\right]=m$.

(7) C. $f(z)=\dfrac{1}{z\sin z}$ 以 $z=k\pi(k=0,\pm 1,\cdots)$ 为一阶极点. 故由留数计算公式知 $\mathrm{Res}[f(z),k\pi]=(-1)^k\dfrac{1}{k\pi}$.

(8) D. $z=\mathrm{i}$ 为函数 $f(z)=\dfrac{\mathrm{e}^z}{z^2+1}$ 的一阶极点, 故由留数计算公式可知, $\mathrm{Res}[f(z),\mathrm{i}]=\dfrac{\mathrm{ei}}{2\mathrm{i}}$.

(9) B. 由留数基本定理知 $\oint_c f(z)\mathrm{d}z=2\pi\mathrm{i}\sum\limits_{k=1}^{m}\mathrm{Res}[f(z),z_k]$. 再由留数总和为零知 $\oint_c f(z)\mathrm{d}z=-2\pi\mathrm{i}\mathrm{Res}[f(z),\infty].=-2\pi\mathrm{i}\cdot(-1)=2\pi\mathrm{i}$.

(10) C. 被积函数 $f(z)=\dfrac{1}{(a+\cos\theta)^2}=\dfrac{1}{a^2+2a\cos\theta+\cos^2\theta}$ 是偶函数, 故可用形如 $\displaystyle\int_0^{2\pi}R(\sin\theta,\cos\theta)\mathrm{d}\theta$ 的积分的解法. $\displaystyle\int_0^{\pi}\frac{1}{(a+\cos\theta)^2}\mathrm{d}\theta=\frac{a\pi}{(a^2-1)^{3/2}}$.

(11) A. $\displaystyle\int_0^{+\infty}\frac{x\sin mx}{(x^2+a^2)^2}\mathrm{d}x=\frac{1}{2}\int_{-\infty}^{+\infty}\frac{x\sin mx}{(x^2+a^2)^2}\mathrm{d}x=\frac{1}{2}\mathrm{Im}\int_{-\infty}^{+\infty}\frac{x}{(x^2+a^2)^2}$ $\mathrm{e}^{\mathrm{i}mx}\mathrm{d}x=\dfrac{m\pi}{4a}\mathrm{e}^{-am}$.

(12) B. 对方程 $kz^4=\sin z(k>2)$ 应用儒歇定理可知在 $|z|<1$ 内有 4 个根. 故选 B.

2. 填空题.

(1) $m=3$. 由 $f(z)=\dfrac{1}{z^2}+\dfrac{1}{z^3}$ 及 m 阶极点的定义知, $z=0$ 为 $f(z)$ 的三阶极点.

(2)$m=2$. 做变换 $\xi=\dfrac{1}{z},f(z)=g(\xi)=\dfrac{\left(\dfrac{1}{\xi}\right)^7}{\left(\dfrac{1}{\xi}-1\right)\left(1-\dfrac{1}{\xi^2}\right)^2},\xi=0$ 为 $g(\xi)$ 的二阶极点, 故 $z=\infty$ 为 $f(z)$ 的二阶极点.

(3) 本性奇点. 同 (2) 题类似, 由 $z=\infty$ 为 $f(z)$ 的本性奇点的定义知, $z=\infty$ 为 $f(z)$ 的本性奇点.

(4)0. 函数 $f(z)=\cot^2 z=\dfrac{\cos^2 z}{\sin^2 z}$ 以 $z=k\pi(k=0,\pm 1,\cdots)$ 为二阶极点, 由留

数计算公式知 $\mathrm{Res}[f(z),k\pi]=0$.

(5)1. 函数 $f(z)=\mathrm{e}^{\frac{1}{z-1}}$ 在 $0<|z-1|<1$ 内的洛朗展开式为 $f(z)=\mathrm{e}^{\frac{1}{z-1}}=1+\frac{1}{1!}\frac{1}{z-1}+\cdots+\frac{1}{n!}\frac{1}{(z-1)^n}+\cdots,0<|z-1|<1$. 故 $\mathrm{Res}[f(z),1]=C_{-1}=1$.

(6) 0. 由公式 $\mathrm{Res}[f(z),\infty]=-\mathrm{Res}\left[f\left(\frac{1}{z}\right)\cdot\frac{1}{z^2},0\right]$ 出发, 利用 (5) 的展开方法可求得 $\mathrm{Res}[f(z),\infty]=0$.

(7) $\mathrm{e}-1.z=1,0,\infty$ 为 $f(z)$ 的奇点, 由留数总和为零知有 $\mathrm{Res}[f(z),0]=-\mathrm{Res}[f(z),1]-\mathrm{Res}[f(z),\infty]$, 利用展开法求出右端留数, 得 $\mathrm{Res}[f(z),0]=e-1$.

(8) 0. 由留数基本定理来计算积分. 则有下式 $\oint_{|z|=1}\frac{\tan\pi z}{z^3}\mathrm{d}z=2\pi\mathrm{i}\sum_{k=1}^{n}\mathrm{Res}[f(z),z_k]$, 其中 z_k 为 $f(z)$ 在 $|z|=1$ 内的孤立奇点, 则 $z_k=\pm\frac{1}{2},0$. 代入上式计算有 $\oint_{|z|=1}\frac{\tan\pi z}{z^3}\mathrm{d}z=2\pi\mathrm{i}\left(\frac{8}{\pi}-\frac{8}{\pi}+0\right)=0$.

(9) $12\pi\mathrm{i}$. 被积函数 $f(z)$ 在 $|z|=7$ 内有 3 个奇点, $0,2\pi,-2\pi$, 将 $f(z)$ 分别在 3 个奇点的去心邻域内展开为洛朗阶数. 用 $\mathrm{Res}[f(z),z_0]=-c_1$ 求留数.

$$\frac{1+2}{1-\cos z}=\frac{z}{z^2}+\frac{2}{z}+\frac{1}{6}+\cdots$$

$$\frac{1+z}{1-\cos z}=\frac{(1\pm2\pi)+(z\mp2\pi)}{1-\cos(z\mp2\pi)}=\frac{2(1\pm2\pi)}{(z\mp2\pi)^2}+\frac{2}{(z\mp2\pi)}+\frac{1\pm2\pi}{6}+\cdots$$

所以 $\mathrm{Res}[f(z),0]=2,\mathrm{Res}[f(z),2\pi]=2,\mathrm{Res}[f(z),-2\pi]=2$. $\oint_{|z|=7}\frac{1+z}{1-\cos z}\mathrm{d}z=2\pi\mathrm{i}\cdot6=12\pi\mathrm{i}$.

(10) $\frac{\pi}{2a\sqrt{a^2+1}}$.

$$\begin{aligned}\int_0^{\frac{\pi}{2}}\frac{1}{a^2+\cos^2\theta}\mathrm{d}\theta&=\frac{1}{2}\int_{-\frac{\pi}{2}}^{\frac{\pi}{2}}\frac{\mathrm{d}\theta}{a^2+\cos^2\theta}=\frac{1}{2}\int_{-\frac{\pi}{2}}^{\frac{\pi}{2}}\frac{\mathrm{d}2\theta}{1+2a^2+\cos2\theta}\\&=\frac{1}{2}\int_{-\pi}^{\pi}\frac{\mathrm{d}t}{1+2a^2+\cos t}=\frac{1}{2}\int_0^{2\pi}\frac{\mathrm{d}t}{1+2a^2+\cos t}\end{aligned}$$

令 $z=\mathrm{e}^{\mathrm{i}t}$. 则

$$\int_0^{\frac{\pi}{2}}\frac{\mathrm{d}\theta}{a^2+\cos^2\theta}=\frac{\pi}{2a\sqrt{a^2+1}}$$

(11) $-\frac{\sqrt{2}}{12}\pi$.

$$\int_0^{+\infty}\frac{x^2}{2x^4+5x^2+2}\mathrm{d}x=\pi\mathrm{i}\left[\lim_{z\to\mathrm{i}/\sqrt{2}}\frac{z^2}{2(z+\mathrm{i}/\sqrt{2})(z^2+2)}+\lim_{z\to\sqrt{2}\mathrm{i}}\frac{z^2}{2(z^2+1/2)(z+\sqrt{2}\mathrm{i})}\right]$$

$$=\pi\mathrm{i}\left[\frac{\sqrt{2}}{12}\mathrm{i}-\frac{\sqrt{2}}{6}\mathrm{i}\right]=-\frac{\sqrt{2}}{12}\pi.$$

(12) $\frac{\pi}{2}(1-\mathrm{e}^{-2})$.

$$\begin{aligned}\int_0^{+\infty}\frac{\sin 2x}{x(1+x^2)}\mathrm{d}x=&\frac{1}{2}\mathrm{Im}\left\{2\pi\mathrm{i}\cdot\lim_{z\to\mathrm{i}}\frac{\mathrm{e}^{2\mathrm{i}z}}{z(z+\mathrm{i})}+\pi\mathrm{i}\right\}\\=&\frac{1}{2}\mathrm{Im}\left\{2\pi\mathrm{i}\cdot\left(-\frac{\mathrm{e}^{-2}}{2}\right)+\pi\mathrm{i}\right\}\\=&\frac{\pi}{2}(1-\mathrm{e}^{-2}).\end{aligned}$$

3. **解** (1)$z=0$ 为二阶极点 (是分母三阶零点, 分子一阶零点).

(2) 因为原式可展为$1+\frac{1}{z-1}+\frac{1}{2!(z-1)^2}+\cdots$, 所以 $z=1$ 是本性奇点.

(3) 因为 $z=\pm\mathrm{i}$ 是 $(1+z^2)$ 的零点, $z_k=(2k+1)\mathrm{i}(k=0,\pm1,\cdots)$ 是 $1+\mathrm{e}^{\pi z}$ 的零点, 都不是分子的零点, 所以 $z=\pm\mathrm{i}$, 是二阶极点, $z_k=(2k+1)\mathrm{i}(k=1,\pm2,\pm3,\cdots)$ 是一阶极点.

(4) $z=2k\pi\mathrm{i}(k=0,\pm1,\cdots)$ 是 e^z-1 的零点, $z=0$ 是 z^2 的二阶零点, 故 $z=2k\pi\mathrm{i}(k=\pm1,\pm2,\cdots)$ 是函数的一阶极点, $z=0$ 是三阶极点.

(5)$z=0$ 是二阶极点, $z=\pm\sqrt{k\pi}(k=1,2,\cdots)$ 是一阶极点.

4. 解 (1)$z^2-2z=z(z-2)$, 故 $z=0,z=2$ 为 $f(z)$ 的一阶极点, 故

$$\mathrm{Res}[f(z),0]=\lim_{z\to0}\frac{z+1}{z-2}=-\frac{1}{2}$$

$$\mathrm{Res}[f(z),2]=\lim_{z\to2}\frac{z+1}{z}=\frac{3}{2}$$

(2) $z=0$ 是分母 4 阶零点, 分子一阶零点, 故为 $f(z)$ 三阶极点, 故

$$\mathrm{Res}[f(z),0]=\frac{1}{2!}\lim_{z\to0}\frac{\mathrm{d}^2}{\mathrm{d}z^2}\left[z^3\frac{1-\mathrm{e}^{2z}}{z^4}\right]=-\frac{4}{3}$$

(3) $z=\pm\mathrm{i}$ 为 $f(z)$ 三阶极点, 故

$$\mathrm{Res}[f(z),\mathrm{i}]=\frac{1}{2!}\lim_{z\to\mathrm{i}}\frac{\mathrm{d}^2}{\mathrm{d}z^2}\left[\frac{1+z^4}{(z+\mathrm{i})^3}\right]=-\frac{3}{8}\mathrm{i}$$

$$\mathrm{Res}[f(z),-\mathrm{i}]=\frac{1}{2!}\lim_{z\to-\mathrm{i}}\frac{\mathrm{d}^2}{\mathrm{d}z^2}\left[\frac{1+z^4}{(z-\mathrm{i})^3}\right]=\frac{3}{8}\mathrm{i}$$

(4) $z=0$ 为二阶极点, $z=k\pi(k=\pm1,\pm2,\cdots)$ 为一阶极点, 故

$$\mathrm{Res}[f(z),0]=\lim_{z\to0}\frac{\mathrm{d}}{\mathrm{d}z}\left[\frac{z}{\sin z}\right]=0$$

$$\text{Res}[f(z), k\pi] = \lim_{z \to k\pi} \frac{1}{z(\sin z)'} = \frac{(-1)^k}{k\pi}$$

(5) 在 $0 < |z-1| < +\infty$ 内,

$$f(z) = \cos\frac{1}{1-z} = 1 - \frac{1}{2!(1-z)^2} + \frac{1}{4!(1-z)^4} - \cdots$$

故

$$\text{Res}[f(z), 1] = 0$$

5. **解** (1) 因为 $e^{\frac{1}{z^2}} = 1 + \frac{1}{z^2} + \frac{1}{2!z^4} + \cdots$, 不含正幂项, 所以点 ∞ 是可去奇点, 且 $\text{Res}[f(z), \infty] = 0$.

(2) $f(z)$ 的有限奇点为 $\pm\sqrt{3}\text{i}$, $z = \infty$ 是可去奇点 (因为 $\lim\limits_{z\to\infty} f(z) = 0$), 所以

$$\begin{aligned}\text{Res}[f(z), \infty] &= -\text{Res}[f(z), \sqrt{3}\text{i}] - \text{Res}[f(z), -\sqrt{3}\text{i}] \\ &= -\lim_{z\to\sqrt{3}\text{i}} \frac{2z}{z+\sqrt{3}\text{i}} - \lim_{z\to-\sqrt{3}\text{i}} \frac{2z}{z-\sqrt{3}\text{i}} \\ &= -1 - 1 = -2\end{aligned}$$

6. **解** (1)$z = 0$ 为可去奇点, 因为

$$f(z) = \frac{1}{2}\left(z - \frac{z^3}{3!} + \frac{z^5}{5!} - \cdots\right)$$

所以

$$\text{Res}[f(z), 0] = 0, \text{故} \oint_{|z|=\frac{3}{2}} \frac{\sin z}{z} \text{d}z = 0$$

(2) $I = 2\pi\text{i}$.

(3) $\sin\frac{2}{z}$ 在圆周 $|z| = \frac{1}{3}$ 内部只有本性奇点 $z = 0$, 因为 $\sin\frac{2}{z} = \frac{2}{z} - \frac{8}{3!z^3} + \frac{32}{5!z^5} - \cdots (0 < |z| < +\infty)$, 故因留数定理,

$$\oint_{|z|=\frac{1}{3}} \sin\frac{2}{z}\text{d}z = 2\pi\text{i}\text{Res}\left[\sin\frac{2}{z}, 0\right] = 2\pi\text{i} \cdot 2 = 4\pi\text{i}$$

(4)

$$\begin{aligned}f(z) =& e^{\frac{a}{2}z} e^{-\frac{a}{2z}} = \left[1 + \frac{a}{2}z + \frac{1}{2!}\left(\frac{a}{2}\right)^2 z^2 + \frac{1}{3!}\left(\frac{a}{2}\right)^3 z^3 + \cdots\right] \\ &\cdot \left[1 - \frac{a}{2}\frac{1}{z} + \frac{1}{2!}\left(\frac{a}{2}\right)^2 \frac{1}{z^2} - \frac{1}{3!}\left(\frac{a}{2}\right)^3 \frac{1}{z^3} + \cdots\right]\end{aligned}$$

由此得出

$$c_{-1} = \text{Res}[f(z), 0] = -\frac{a}{2} + \frac{1}{2!}\left(\frac{a}{2}\right)^3 - \frac{1}{2!3!}\left(\frac{a}{2}\right)^5 + \cdots$$

$$=\sum_{n=0}^{\infty}\frac{(-1)^n}{n!(n+1)!}\left(\frac{a}{2}\right)^{2n+1}$$

故由留数定理得

$$\oint_{|z|=1}\mathrm{e}^{\frac{a}{2}\left(z-\frac{1}{z}\right)}\cdot\mathrm{d}z=2\pi\mathrm{i}c_{-1}=2\pi\mathrm{i}\sum_{n=0}^{\infty}\frac{(-1)^{n+1}}{n!(n+1)!}\left(\frac{a}{2}\right)^{2n+1}$$

7. **解** (1) 由留数定理

$$\oint_{|z|=2}f(z)\mathrm{d}z=2\pi\mathrm{i}\sum_{k=0}^{5}\mathrm{Res}[f(z),z_k]$$

由留数总和为零可知

$$\sum_{k=0}^{5}\mathrm{Res}[f(z),z_k]=-\mathrm{Res}[f(z),\infty]$$

由无穷远点处留数计算公式得

$$\mathrm{Res}[f(z),\infty]=-\underset{t=0}{\mathrm{Res}}\left[f\left(\frac{1}{t}\right)\cdot\frac{1}{t^2}\right]=-\underset{t=0}{\mathrm{Res}}\frac{\frac{1}{t^5}}{1+\frac{1}{t^6}}\cdot\frac{1}{t^2}$$

$$=-\underset{t=0}{\mathrm{Res}}\frac{1}{t(t^6+1)}=-\frac{1}{t^6+1}\Big|_{t=0}=-1$$

故得

$$\oint_{|z|=2}\frac{z^5}{1+z^6}\mathrm{d}z=-2\pi\mathrm{i}(-1)=2\pi\mathrm{i}$$

(2) 在 $1<|z|<\infty$ 内展开 $f(z)$ 洛朗阶数

$$\begin{aligned}f(z)=&\frac{z^3}{z\left(1+\frac{1}{z}\right)}\mathrm{e}^{\frac{1}{z}}\\=&z^2\left(1-\frac{1}{z}+\frac{1}{z^2}-\cdots\right)\left(1+\frac{1}{z}+\frac{1}{2!z^2}+\cdots\right)\\=&z^2+\frac{1}{2!}-\frac{1}{3z}+\cdots\end{aligned}$$

得 $c_{-1}=-\frac{1}{3}$, 故 $\oint_{|z|=2}\frac{z^3}{1+z}\mathrm{e}^{\frac{1}{z}}\mathrm{d}z=2\pi\mathrm{i}\cdot[-(-c_1)]=-\frac{2}{3}\pi\mathrm{i}.$

8. **解** (1) 设 $\mathrm{e}^{\mathrm{i}\theta}=z$ 则

$$I=\int_0^{\pi}\frac{\mathrm{d}\theta}{(a+\cos\theta)^2}=\frac{1}{2}\int_0^{2\pi}\frac{\mathrm{d}\theta}{(a+\cos\theta)^2}$$

$$
\begin{aligned}
&=\frac{1}{2}\oint_{|z|=1}\frac{1}{\left[a+\frac{1}{2}(z+z^{-1})\right]^2}\cdot\frac{1}{\mathrm{i}z}\mathrm{d}z\\
&=\frac{2}{\mathrm{i}}\oint_{|z|=1}\frac{z}{(z^2+2az+1)^2}\mathrm{d}z\\
&=\frac{2}{\mathrm{i}}\oint_{|z|=1}\frac{z}{(z-\alpha)^2(z-\beta)^2}\mathrm{d}z
\end{aligned}
$$

其中 $\alpha=-a+\sqrt{a^2-1},\beta=-a-\sqrt{a^2-1}$ 为方程 $z^2+2az^2+1=0$ 的两根, 且 $|\alpha|<1,|\beta|>1$. 故被积函数 $f(z)$ 在 $|z|<1$ 内以 $z=\alpha$ 为二阶极点, 由此

$$
\begin{aligned}
\operatorname*{Res}_{z=\alpha}f(z)&=\left[\frac{z}{(z-\beta)^2}\right]'_{z=\alpha}=\frac{\alpha-\beta-2\alpha}{(\alpha-\beta)^3}=\frac{-(\alpha+\beta)}{(\alpha-\beta)^3}\\
&=-\frac{2a}{(2\sqrt{a^2-1})^3}=\frac{a}{4(a^2-1)^{\frac{3}{2}}}
\end{aligned}
$$

故由留数定理, 有

$$
\int_0^{\pi}\frac{\mathrm{d}\theta}{(a+\cos\theta)^2}=\frac{2}{\mathrm{i}}\cdot 2\pi\mathrm{i}\cdot\frac{a}{4(a^2-1)^{\frac{3}{2}}}=\frac{a\pi}{(a^2-1)^{\frac{3}{2}}}
$$

(2) $f(z)=\dfrac{z^2}{1+z^4}$, 分母高于分子两次, 实轴上无奇点. 因为

$$
1+z^4=\left[z-\frac{\sqrt{2}}{2}(1+\mathrm{i})\right]\left[z-\frac{\sqrt{2}}{2}(-1+\mathrm{i})\right]\cdot\left[z-\frac{\sqrt{2}}{2}(1-\mathrm{i})\right]\left[z+\frac{\sqrt{2}}{2}(1+\mathrm{i})\right]
$$

所以 $f(z)$ 在上半平面有一阶极点 $\dfrac{\sqrt{2}}{2}(1+\mathrm{i})$ 和 $\dfrac{\sqrt{2}}{2}(-1+\mathrm{i})$, 故

$$
\begin{aligned}
I&=\pi\mathrm{i}\left\{\operatorname{Res}\left[f(z),\frac{\sqrt{2}}{2}(1+\mathrm{i})\right]+\operatorname{Res}\left[f(z),\frac{\sqrt{2}}{2}(-1+\mathrm{i})\right]\right\}\\
&=\pi\mathrm{i}\left[\frac{1+\mathrm{i}}{4\sqrt{2}\mathrm{i}}+\frac{1-\mathrm{i}}{4\sqrt{2}\mathrm{i}}\right]=\frac{\sqrt{2}}{4}\pi
\end{aligned}
$$

(3) $f(z)=\dfrac{1}{z^2+4z+5}$, 分母比分子高两次, 实轴上无奇点, 上半平面有一个一阶极点 $z=-2+\mathrm{i}$. 故

$$
\begin{aligned}
I&=\mathrm{Re}\left[\int_{-\infty}^{+\infty}\frac{\mathrm{e}^{\mathrm{i}z}}{z^2+4z+5}\mathrm{d}z\right]\\
&=\mathrm{Re}\{2\pi\mathrm{i}\cdot\operatorname{Res}[f(z),-2+\mathrm{i}]\}\\
&=\mathrm{Re}\left\{2\pi\mathrm{i}\lim_{z\to-2+\mathrm{i}}\frac{\mathrm{e}^{\mathrm{i}z}}{z+2+\mathrm{i}}\right\}
\end{aligned}
$$

$$=\operatorname{Re}\left\{2\pi\mathrm{i}\cdot\frac{\mathrm{e}^{-1-2\mathrm{i}}}{2\mathrm{i}}\right\}$$
$$=\operatorname{Re}\{\pi\mathrm{e}^{-1-2\mathrm{i}}\}=\pi\mathrm{e}^{-1}\cos 2$$

(4) $\displaystyle\int_{-\infty}^{+\infty}\frac{\sin x}{(x^2+4)(x-1)}\mathrm{d}x=\operatorname{Im}\left\{\int_{-\infty}^{+\infty}\frac{\mathrm{e}^{\mathrm{i}x}}{(x^2+4)(x-1)}\right\}$, 由此得 $f(z)=\dfrac{\mathrm{e}^{\mathrm{i}z}}{(z^2+4)(z-1)}$, 在 $\operatorname{Im}z>0$ 内以 $z=2\mathrm{i}$ 为一阶极点, 在实轴上以 $z=1$ 为一阶极点.

$$\operatorname{Res}[f(z),2\mathrm{i}]=\frac{\mathrm{e}^{\mathrm{i}z}}{(z+2\mathrm{i})(z-1)}\Big|_{z=2\mathrm{i}}=\frac{\mathrm{e}^{-2}}{4\mathrm{i}(2\mathrm{i}-1)}$$
$$\operatorname{Res}[f(z),1]=\frac{\mathrm{e}^{\mathrm{i}z}}{z^2+4}\Big|_{z=1}=\frac{\mathrm{e}^{\mathrm{i}}}{5}$$

故

$$\int_{-\infty}^{+\infty}\frac{\mathrm{e}^{\mathrm{i}x}}{(x^2+4)(x-1)}\mathrm{d}x=2\pi\mathrm{i}\left[\frac{\mathrm{e}^{-2}}{4\mathrm{i}(2\mathrm{i}-1)}+\frac{1}{2}\cdot\frac{\mathrm{e}^{\mathrm{i}}}{5}\right]$$
$$=-\frac{1+2\mathrm{e}^2\sin 1}{10\mathrm{e}^2}\pi+\mathrm{i}\frac{\mathrm{e}^2\cos 1-1}{5\mathrm{e}^2}\pi$$

所以

$$\int_{-\infty}^{+\infty}\frac{\sin x}{(x^2+4)(x-1)}\mathrm{d}x=\frac{\mathrm{e}^2\cos 1-1}{5\mathrm{e}^2}\pi=\frac{\pi}{5}\left(\cos 1-\frac{1}{\mathrm{e}^2}\right)$$

9. **解** (1) 设 N 为 C 内 $f(z)$ 的零点个数, P 为极点个数. $f(z)=z, f'(z)=1, N=1, P=0$, 故

$$\oint_{|z|=3}\frac{1}{z}\mathrm{d}z=2\pi\mathrm{i}\cdot(1-0)=2\pi\mathrm{i}$$

(2) $f(z)=z(z^2+1), f'(z)=3z^2+1, f(z)$在 $|z|=2$ 内有 3 个零点 $0,\pm\mathrm{i}$, 故由公式 $\dfrac{1}{2\pi\mathrm{i}}\displaystyle\oint_c\frac{f'(z)}{f(z)}\mathrm{d}z=N-P$,

$$\oint_{|z|=2}\frac{3z^2+1}{z(z^2+1)}\mathrm{d}z=2\pi\mathrm{i}(3-0)=6\pi\mathrm{i}$$

(3) $f(z)=z^2+2z-3, f'(z)=2z+2, N=2, P=0$, 在 $|z|<4$ 内有两个零点 1 和 -3, 故

$$\oint_{|z|=4}\frac{z+1}{z^2+2z-3}\mathrm{d}z=\frac{1}{2}\cdot 2\pi\mathrm{i}\cdot(2-0)=2\pi\mathrm{i}$$

5.5 教材习题 5 解答

1. 问下列各函数有哪些孤立奇点？各属于哪一种类型？如果是极点, 指出它的阶.

(1) $\dfrac{1}{z^3(z^2+1)^2}$; (2) $\dfrac{\mathrm{e}^z\cdot\sin z}{z^2}$; (3) $\dfrac{1}{z^3-z^2-z+1}$;

(4) $\dfrac{1}{\sin z}$; (5) $\dfrac{z}{(1+z^2)(1+\mathrm{e}^z)}$; (6) $\sin\dfrac{1}{1-z}$;

(7) $\mathrm{e}^{z-\frac{1}{z}}$; (8) $\sin\dfrac{1}{z}+\dfrac{1}{z^2}$; (9) $\mathrm{e}^{\frac{z}{1-z}}$;

(10) $\dfrac{z^{2n}}{1+z^n}$; (11) $\dfrac{\ln(z+1)}{z}$; (12) $\dfrac{\mathrm{e}^{\frac{1}{1-z}}}{\mathrm{e}^z-1}$.

解 (1) $z=0$, 与 $z=\pm\mathrm{i}$ 为其奇点, $z=0$ 为三阶极点, 而 $z=\pm\mathrm{i}$ 为其二阶极点.

(2) $\lim\limits_{z\to0}\dfrac{\mathrm{e}^z\sin z}{z^2}=\infty$, 则 $z=0$ 为其极点, 下面确定极点的阶数有两种方法.

a. $\mathrm{e}^z\sin z$ 在 $z=0$ 为一阶零点; 而 $z=0$ 为 z^2 的二阶零点. 故 $z=0$ 为 $\dfrac{\mathrm{e}^z\sin z}{z^2}$ 的一阶极点.

b. $\lim\limits_{z\to0}z\cdot\dfrac{\mathrm{e}^z\cdot\sin z}{z^2}=\lim\limits_{z\to0}\dfrac{\sin z}{z}=1\neq0$, 故 $z=0$ 为其一阶极点.

(3) 原式$=\dfrac{1}{(z^2-1)(z-1)}=\dfrac{1}{(z-1)^2(z+1)}$, 故 $z=1$ 为其二阶极点, 而 $z=-1$ 为其一阶极点.

(4) $z_k=k\pi(k=0,\pm1,\cdots)$ 为分母 $\sin z$ 的零点, 由 $(\sin z)'|_{z_k=k\pi}=\cos z|_{z=k\pi}=(-1)^k\neq0$, 知 $z_k=k\pi(k=0,\pm1,\cdots)$ 为 $\sin z$ 的一阶零点, 故 $z_k=k\pi$ 为其一阶极点.

(5) 由原式知 $z=\pm\mathrm{i}$ 及 $z=(2n+1)\pi\mathrm{i}(n=0,\pm1,\cdots)$ 为其一阶极点.

(6) $\sin\dfrac{1}{1-z}=\sum\limits_{n=0}^{\infty}(-1)^n\dfrac{1}{(2n+1)!}\cdot\dfrac{1}{(z-1)^{2n+1}}, 0<|z-1|<\infty$, $z=1$ 为本性奇点.

(7) a. $\lim\limits_{z\to0}\mathrm{e}^{z-\frac{1}{z}}$ 不存在 (当 $x\to0^+, x\to0^-$ 时).

b. 由 $\mathrm{e}^{\xi}=\sum\limits_{n=0}^{\infty}\dfrac{\xi^n}{n!}$, 令 $\xi=z-\dfrac{1}{z}$, 则 $\mathrm{e}^{z-\frac{1}{z}}=\sum\limits_{n=0}^{\infty}\dfrac{\left(z-\dfrac{1}{z}\right)^n}{n!}$. 可知, 含 z 的负幂项为无穷多, 故 $z=0$ 为其本性奇点.

(8) $\sin\dfrac{1}{z}=\sum\limits_{n=0}^{\infty}(-1)^n\dfrac{\left(\dfrac{1}{z}\right)^{2n+1}}{(2n+1)!}$, 知 $z=0$ 为其本性奇点. 或由 $\lim\limits_{z\to0}\sin\dfrac{1}{z}$ 不存

在 (当 $z=\dfrac{1}{2k\pi},z=\dfrac{1}{\left(2k+\dfrac{1}{2}\right)\pi}$ 时).

(9) 原式 $=\mathrm{e}^{-1+\frac{1}{1-z}}=\dfrac{1}{\mathrm{e}}\cdot\mathrm{e}^{-\frac{1}{z-1}}=\dfrac{1}{\mathrm{e}}\sum\limits_{n=0}^{\infty}\dfrac{(-1)^n}{n!}\left(\dfrac{1}{z-1}\right)^n$. 当 $0<|z-1|<+\infty$ 时, 知 $z=1$ 为其本性奇点.

(10) 由 $z^n+1=0,z^n=-1$, 则 $z=\mathrm{e}^{\mathrm{i}\frac{(2k+1)\pi}{n}}(k=0,1,\cdots,n-1)$ 则为其一阶极点.

(11) a. $\ln(1+z)=\sum\limits_{n=0}^{\infty}(-1)^n\dfrac{z^{n+1}}{n+1},0<|z|<1$, 故 $z=0$ 为其可去奇点.

b. $\lim\limits_{z\to0}\dfrac{\ln(1+z)}{z}=\lim\limits_{z\to0}\dfrac{1}{(1+z)}=1$, 故为可去奇点.

(12) 由 $\mathrm{e}^{\frac{1}{1-z}}=\sum\limits_{n=0}^{\infty}\dfrac{(-1)^n}{n!}\left(\dfrac{1}{z-1}\right)^n,0<|z-1|<+\infty$, 知 $z=1$ 为其本性奇点, 而 e^z-1 在 $z=1$ 解析, 故知 $z=1$ 为 $\dfrac{\mathrm{e}^{\frac{1}{1-z}}}{\mathrm{e}^z-1}$ 的本性奇点.

由 $\mathrm{e}^z-1=0$ 知 $z=2k\pi\mathrm{i}(k=0,\pm1,\cdots)$ 为 $\dfrac{1}{\mathrm{e}^z-1}$ 的一阶极点, 为 $\mathrm{e}^{\frac{1}{1-z}}$ 的解析点, 故 $z=2k\pi\mathrm{i}$ 为原式之一阶极点.

2. 指出下列函数在无穷远点的性质.

(1) $\dfrac{1}{z-z^3}$; (2) $\dfrac{z^4}{1+z^4}$; (3) $\dfrac{z^6}{(z^2-3)^2\cos\dfrac{1}{z-2}}$;

(4) $\dfrac{1}{\mathrm{e}^z-1}-\dfrac{1}{z}$; (5) $\dfrac{\mathrm{e}^z}{z(1-\mathrm{e}^{-z})}$; (6) $\mathrm{e}^{-z}\cos\dfrac{1}{z}$.

解 (1) 令 $t=\dfrac{1}{z}$, 代入原式有 $\dfrac{1}{z-z^3}=\dfrac{t^3}{t^2-1}=g(t)$, 而 $t=0$ 为 $g(t)$ 的解析点, 故 $z=\infty$ 为其可去奇点 $\left(\text{或求}\lim\limits_{z\to\infty}\dfrac{1}{z-z^3}=0\right)$.

(2) $\lim\limits_{z\to\infty}\dfrac{z^4}{1+z^4}=\lim\limits_{z\to\infty}\dfrac{1}{1+\dfrac{1}{z^4}}$ 故 $z=\infty$ 为其可去奇点.

(3) 令 $z=\dfrac{1}{t}$, 则原式 $=\dfrac{\dfrac{1}{t^2}}{(1+9t^4-6t^2)\cos\left(\dfrac{t}{1-2t}\right)}$, 故 $t=0$ 为其二阶极点, 所以 $z=\infty$ 为原式的二阶极点.

(4) $\dfrac{1}{\mathrm{e}^z-1}-\dfrac{1}{z}=\dfrac{z-\mathrm{e}^z+1}{(\mathrm{e}^z-1)z}\xlongequal{0<|z|<R}\dfrac{-\dfrac{z^2}{2!}-\dfrac{z^3}{3!}-\cdots}{z^2+\dfrac{z^3}{2!}+\dfrac{z^4}{3!}+\cdots}$ 故 $\lim\limits_{z\to0}f(z)=-\dfrac{1}{2}$, 所

以 $z=0$ 为 $f(z)$ 的可去奇点.

而$z_k=2k\pi\mathrm{i},(k=\pm1,\pm2,\cdots)$ 为 $\dfrac{1}{\mathrm{e}^z-1}$ 的一阶极点, 而为 $\dfrac{1}{z}$ 的解析点, 故 $z_k=2k\pi\mathrm{i}(k=\pm1,\pm2,\cdots)$ 为 $f(z)$ 的一阶极点, 而 $z=\infty$ 为 z_k 的极限点.

(5) $z=0$ 为二阶极点. 由 $1-\mathrm{e}^{-z}=0$ 知 $z_k=2k\pi\mathrm{i}$ 为 $1-\mathrm{e}^{-z}$ 的一阶零点, 故 $z_k=2k\pi\mathrm{i}$ 为 $f(z)$ 的一阶极点. 所以 $z=\infty$ 为 $f(z)$ 的极点的极限点.

(6) 令 $t=\dfrac{1}{z}$, 则 $f(z)=\mathrm{e}^{-\frac{1}{t}}\cos t$, 而 $\lim\limits_{t\to0}\mathrm{e}^{-\frac{1}{t}}\cos t$ 不存在, 故 ∞ 为本性奇点.

3. 讨论下列各函数在扩充复平面上有哪些孤立奇点? 各属于哪一种类型? 如果是极点, 请指出它的阶数.

(1)$\sin\dfrac{z}{z+1}$; (2)$\mathrm{e}^{z+\frac{1}{z}}$; (3)$\sin z\cdot\sin\dfrac{1}{z}$; (4) $\dfrac{\mathrm{sh}z}{\mathrm{ch}z}$;

(5) $\sin\left[\dfrac{1}{\sin\frac{1}{z}}\right]$; (6)$\tan^2 z$; (7) $\dfrac{1}{\sin z-\sin a}$; (8) $\mathrm{e}^{\tan\frac{1}{z}}$.

解 (1) $\sin\dfrac{z}{z+1}$ 在 $0<|z+1|<+\infty$ 内解析. 则 $z=\infty, z=-1$ 为其孤立奇点, 且在 $0<|z+1|<+\infty$ 内有洛朗展开式

$$\begin{aligned}\sin\left(\frac{z}{z+1}\right)&=\sin\left(1-\frac{1}{z+1}\right)=\sin1\cos\frac{1}{z+1}-\cos1\sin\frac{1}{z+1}\\&=\sin1\sum_{n=0}^{\infty}(-1)^n\frac{1}{2n!}\frac{1}{(z+1)^{2n}}-\cos1\sum_{n=0}^{\infty}(-1)^n\frac{1}{(2n+1)!}\frac{1}{(z+1)^{2n+1}}\end{aligned}$$

由此知 $z=-1$ 为其本性奇点, 由 $\lim\limits_{z\to\infty}f(z)=\sin1$ 知 $z=\infty$ 为其可去奇点.

(2) $\mathrm{e}^{z+\frac{1}{z}}$ 在$0<|z|<+\infty$ 内解析, 故 $z=0,\infty$ 为其孤立奇点, $\mathrm{e}^z\cdot\mathrm{e}^{\frac{1}{z}}=\left(\sum\limits_{n=0}^{\infty}\dfrac{z^n}{n!}\right)\left(\sum\limits_{n=0}^{\infty}\dfrac{1}{n!}\dfrac{1}{z^n}\right)$.

$z=0$ 为 e^z 的解析点, 而为 $\mathrm{e}^{\frac{1}{z}}$ 的本性奇点, 故 $z=0$ 为 $\mathrm{e}^{z+\frac{1}{z}}$ 的本性奇点.

$z=\infty$ 为 e^z 的本性奇点, 而为 $\mathrm{e}^{\frac{1}{z}}$ 的解析点, 故 $z=\infty$ 亦为 $\mathrm{e}^{z+\frac{1}{z}}=\mathrm{e}^z\cdot\mathrm{e}^{\frac{1}{z}}$ 的本性奇点.

(3) $\sin z\cdot\sin\dfrac{1}{z}$ 在 $0<|z|<+\infty$ 内解析. 故 $z=0,\infty$ 为其孤立奇点.

$z=0$ 为 $\sin z$ 的解析点, 而为 $\sin\dfrac{1}{z}$ 的本性奇点.

$z=\infty$ 为 $\sin z$ 的本性奇点, 而为 $\sin\dfrac{1}{z}$ 的可去奇点. 故 $z=0,\infty$ 为 $\sin z\cdot\sin\dfrac{1}{z}$ 的本性奇点.

(4) 由 $\dfrac{\mathrm{sh}z}{\mathrm{ch}z}$ 知 $\mathrm{ch}z=\dfrac{\mathrm{e}^z+\mathrm{e}^{-z}}{2}=0\Rightarrow\mathrm{e}^z=-\mathrm{e}^{-z}\Rightarrow\mathrm{e}^{2z}=-1\Rightarrow z_k=\left(k+\dfrac{1}{2}\right)\pi\mathrm{i}(k=0,\pm1,\cdots)$ 为 $\mathrm{ch}z$ 的一阶零点. 故为 $\dfrac{\mathrm{sh}z}{\mathrm{ch}z}$ 的一阶极点. 当 $k\to\infty$ 时, $z_k\to\infty$ 则 $z=\infty$ 为其极点的极限点.

(5) 令 $w=\sin\dfrac{1}{z}$, 则 $f(z)=\sin\dfrac{1}{w}$, 由于 $\sin\dfrac{1}{w}$ 只有唯一的奇点, 即本性奇点 $w=0$, 与之对应的是 $\sin\dfrac{1}{z}$ 的零点, 即 $z_k=\dfrac{1}{k\pi}(k=\pm1,\pm2,\cdots)$ 与 $z=\infty$, 于是它们都是 $f(z)$ 的本性奇点.

$z=0$ 是 $f(z)$ 的本性奇点列 $\left\{\dfrac{1}{k\pi}\right\}$ 的极限点, 是个非孤立奇点.

(6) $\tan^2(z)=f(z)=\dfrac{\sin^2 z}{\cos^2 z}, \cos z=0\Rightarrow z_k=\left(k+\dfrac{1}{2}\right)\pi(k=0,\pm1,\cdots)$, 故 $z_k=\left(k+\dfrac{1}{2}\right)\pi(k=0,\pm1,\cdots)$ 为其二阶极点, 而 $z=\infty$ 为极点的极限点.

(7) 因 $\sin z-\sin a$ 仅以 $k\pi+(-1)^k a(k=0,\pm1,\cdots)$ 为孤立零点, 又因为 $(\sin z-\sin a)'|_{z=k\pi+(-1)^k a}=\cos[k\pi+(-1)^k a]=(-1)^k\cdot\cos a.(\sin z-\sin a)''|_{z=k\pi+(-1)^k a}=-\sin[k\pi+(-1)^k a]=-\sin a$, 有

当 $\cos a\neq0$ 时, $k\pi+(-1)^k a(k=0,\pm1,\cdots)$ 各为 $\dfrac{1}{\sin z-\sin a}$ 的一阶极点.

当 $\cos a=0$ 时, 必然 $\sin a\neq0$, 因而 $k\pi+(-1)^k a(k=0,\pm1,\cdots)$ 各为 $\dfrac{1}{\sin z-\sin a}$ 的二阶极点.

又因极点列 $\{k\pi+(-1)^k a\}\to\infty(k\to\infty)$, 故 $z=\infty$ 为非孤立奇点.

(8) 令 $w=\tan\dfrac{1}{z}$, 则 $f(z)=\mathrm{e}^w$ 因 $\lim\limits_{z\to z_k}\tan\dfrac{1}{z}=\infty$, 所以$z_k=\dfrac{1}{\left(k+\dfrac{1}{2}\right)\pi}(k=0,\pm1,\cdots)$ 都是 $f(z)$ 的本性奇点. 当 $k\to\infty$ 时, $z_k\to0$, 故 $z=0$ 为 $f(z)$ 的本性奇点列的极限点, 而 $z=\infty$ 是 $f(z)$ 的可去奇点, 因为 $\lim\limits_{z\to\infty}f(z)=\lim\limits_{z\to\infty}\mathrm{e}^{\tan\frac{1}{z}}=1\neq\infty$, 只要取 $f(\infty)=1, z=\infty$ 就是 $f(z)$ 的解析点.

4. 若 $f(z)$ 与 $g(z)$ 分别以 $z=z_0$ 为 m 阶与 n 阶极点, 试问下列函数在 $z=z_0$ 点有何性质.

(1)$f(z)+g(z)$;　　(2)$f(z)\cdot g(z)$;　　(3)$f(z)/g(z)$.

解　(1) 当 $m\neq n$ 时, 点 z_0 是 $f(z)+g(z)$ 的 $\max\{m,n\}$ 阶极点; 当 $m=n$ 时, 点 z_0 是 $f(z)+g(z)$ 的极点 (可退化为可去) 其阶数不高于 m, 点 z_0 也可能是 $f(z)+g(z)$ 的可去奇点 (解析点).

(2)$z=z_0$ 是 $f(z)\cdot g(z)$ 的 $m+n$ 阶极点.

(3) 对于 $f(z)/g(z)$, 当 $m<n$ 时, z_0 是 $n-m$ 阶零点; 当 $m>n$ 时, z_0 是 $m-n$ 阶极点; 当 $m=n$ 时, z_0 是可去奇点.

5. 若 $f(z)$ 在 z_0 点解析, $g(z)$ 在 z_0 点有本性奇点, 试问:

(1)$f(z)+g(z)$;　　(2)$f(z)\cdot g(z)$;　　(3)$\dfrac{f(z)}{g(z)}$

在 z_0 有何性质?

解 $z=z_0$ 是 (1), (2), (3) 的本性奇点, 证明如下.

设 $f(z)\pm g(z)=\varphi_1(z), f(z)\cdot g(z)=\varphi_2(z), \dfrac{f(z)}{g(z)}=\varphi_3(z)$.

反证法: 如果 $z=z_0$ 不是 $\varphi_{\rm i}(z)({\rm i}=1,2,3)$ 的本性奇点, 则由上题结论知, $g(z)$ 以 $z=z_0$ 为可去奇点或极点, 这与题设矛盾.

6. 求证: 如果 z_0 是 $f(z)$ 的 $m(m\geqslant 2)$ 阶零点, 那么 z_0 是 $f'(z)$ 的 $m-1$ 阶零点.

证 由题知: $f(z)=(z-z_0)^m\varphi(z), \varphi(z_0)\neq 0$, 则有

$$\begin{aligned}f'(z)=&m(z-z_0)^{m-1}\varphi(z)+(z-z_0)^m\varphi'(z)\\=&(z-z_0)^{m-1}[m\varphi(z)+(z-z_0)\varphi'(z)]\end{aligned}$$

故 z_0 是 $f'(z)$ 的 $m-1$ 阶零点.

7. 函数 $f(z)=\dfrac{1}{(z-1)(z-2)^3}$ 在 $z=2$ 处有一个三阶极点, 这个函数又有如下的洛朗展开式

$$\frac{1}{(z-1)(z-2)^3}=\cdots+\frac{1}{(z-2)^6}-\frac{1}{(z-2)^5}+\frac{1}{(z-2)^4},\quad |z-2|>1$$

所以 "$z=2$ 又是 $f(z)$ 的一个本性奇点". 又因为上式不含有 $(z-2)^{-1}$ 幂项, 因此 ${\rm Res}[f(z),2]=0$, 这些结论对否?

解 不对, $z=2$ 不是 $f(z)$ 的本性奇点, 这是因为函数的洛朗展开式是在 $|z-2|>1$ 内得到的, 而不是在 $z=2$ 的圆环域内的洛朗展开式,

$$\begin{aligned}{\rm Res}[f(z),2]&=\lim_{z\to 2}\frac{1}{(3-1)!}\frac{{\rm d}^2}{{\rm d}z^2}\left[(z-2)^3\frac{1}{(z-1)(z-2)^3}\right]\\&=\lim_{z\to 2}\frac{1}{2!}\frac{2}{(z-1)^3}=1\end{aligned}$$

孤立奇点的分类必须根据在这个奇点邻域内洛朗展开式来决定.

8. 求下列各函数 $f(z)$ 在孤立奇点 (不考虑无穷远点) 的留数.

(1) $\dfrac{1}{z^3-z^5}$; (2) $\dfrac{z^2}{(1+z^2)^2}$; (3) $\dfrac{z^{2n}}{1+z^n}, n\in\mathbb{H}$;

(4) $\dfrac{1-{\rm e}^{2z}}{z^4}$; (5) $\dfrac{1}{\sin z}$; (6) $\tan z$.

解 (1) $f(z)=\dfrac{1}{z^3-z^5}$ 以 $z=0$ 为其三阶极点, $z=\pm 1$ 为其一阶极点, 故有

$${\rm Res}[f(z),0]=\frac{1}{2!}\lim_{z\to 0}\frac{{\rm d}^2}{{\rm d}z^2}\left[z^3\cdot\frac{1}{z^3(1-z^2)}\right]$$

$$=\frac{1}{2}\lim_{z\to0}\frac{\mathrm{d}^2}{\mathrm{d}z^2}\left(\frac{1}{1-z^2}\right)$$
$$=\frac{1}{2}\lim_{z\to0}\frac{2(1-z^2)^2+8z^2(1-z^2)}{(1-z^2)^4}$$
$$=\frac{1}{2}\cdot2=1$$

$$\mathrm{Res}[f(z),1]=\lim_{z\to1}(z-1)\cdot\frac{1}{(1-z)(1+z)}\cdot\frac{1}{z^3}=-\frac{1}{2}$$
$$\mathrm{Res}[f(z),-1]=\lim_{z\to-1}(z+1)\cdot\frac{1}{(1-z)(1+z)}\cdot\frac{1}{z^3}=-\frac{1}{2}$$

(2) $f(z)=\dfrac{z^2}{(1+z^2)^2}=\dfrac{z^2}{(z+\mathrm{i})^2(z-\mathrm{i})^2}$

故以 $z=\pm\mathrm{i}$ 为其二阶极点, 则

$$\mathrm{Res}[f(z),\mathrm{i}]=\lim_{z\to\mathrm{i}}\frac{\mathrm{d}}{\mathrm{d}z}\left[(z-\mathrm{i})^2\frac{z^2}{(z-\mathrm{i})^2(z+\mathrm{i})^2}\right]$$
$$=\lim_{z\to\mathrm{i}}\frac{2z(z+\mathrm{i})^2-2(z+\mathrm{i})z^2}{(z+\mathrm{i})^4}=-\frac{\mathrm{i}}{4}$$

$$\mathrm{Res}[f(z)-\mathrm{i}]=\lim_{z\to-\mathrm{i}}\frac{\mathrm{d}}{\mathrm{d}z}\left[(z+\mathrm{i})^2\frac{z^2}{(z-\mathrm{i})^2(z+\mathrm{i})^2}\right]$$
$$=\lim_{z\to-\mathrm{i}}\frac{2z(z-\mathrm{i})^2-2(z-\mathrm{i})z^2}{(z-\mathrm{i})^4}=\frac{\mathrm{i}}{4}$$

(3) $z_k=\mathrm{e}^{\frac{(2k+1)\pi}{n}\mathrm{i}}$ 为其一阶极点, 设 $P(z)=z^{2n},Q(z)=1+z^n$, 则

$$\mathrm{Res}[f(z),z_k]=\frac{P(z_k)}{Q'(z_k)}=\frac{z_k^{2n}}{nz_k^{n-1}}=\frac{\mathrm{e}^{\left[\frac{(2k+1)}{n}\pi\mathrm{i}\right]\cdot2n}}{n\mathrm{e}^{\left[\frac{(2k+1)}{n}\pi\mathrm{i}\right](n-1)}}$$

(4) $z=0$ 为分母的四阶零点, 是分子的一阶零点, 所以是 $f(z)$ 的三阶极点.

$$\mathrm{Res}[f(z),0]=\lim_{z\to0}\frac{1}{2!}\frac{\mathrm{d}^2}{\mathrm{d}z^2}\left[z^3\cdot\frac{1-\mathrm{e}^{2\pi}}{z^4}\right]=-\frac{4}{3}$$

或展为洛朗阶数

$$f(z)=\frac{1}{z^4}\left[1-1-2z-\frac{1}{2!}4z^2-\frac{1}{3!}8z^3-\cdots\right]$$

知

$$\mathrm{Res}[f(z),0]=c_{-1}=-\frac{4}{3}$$

(5) $\sin z=0\Rightarrow z=k\pi(k=0,\pm1,\cdots)$ 为其一阶极点.

$$\operatorname{Res}[f(z),k\pi]=\frac{1}{\cos z|_{z=k\pi}}=\begin{cases}1, & k=2m\\ -1, & k=2m+1\end{cases}$$
$$=(-1)^k$$

(6) $\tan z=\dfrac{\sin z}{\cos z},\cos z=0\Rightarrow z=\left(k+\dfrac{1}{2}\right)\pi(k=0,\pm1,\cdots)$为 $f(z)$ 的一阶极点, 令 $\sin z=P(z),\cos(z)=Q(z)$, 故而有

$$\operatorname{Res}\left[f(z),\left(k+\frac{1}{2}\right)\pi\right]=\frac{\sin z}{-\sin z}\bigg|_{z=\left(k+\frac{1}{2}\right)\pi}=-1,\quad (k=0,\pm1,\cdots)$$

9. 计算下列各积分 (利用留数).

(1) $\displaystyle\oint_C\frac{z\mathrm{d}z}{(z-1)(z-2)^2},C:|z-2|=\frac{1}{2}$;

(2) $\displaystyle\oint_C\frac{\mathrm{d}z}{1+z^4},C:x^2+y^2=2x$;

(3) $\displaystyle\oint_C\frac{\sin z}{z}\mathrm{d}z,C:|z|=\frac{3}{2}$;

(4) $\displaystyle\oint_C\frac{3z^3+2}{(z-1)(z^2+9)}\mathrm{d}z,C:|z|=4$;

(5) $\displaystyle\oint_C\frac{\mathrm{e}^{2z}}{(z-1)^2}\mathrm{d}z,C:|z|=2$;

(6) $\displaystyle\oint_C\frac{1-\cos z}{z^m}\mathrm{d}z,C:|z|=\frac{3}{2},m\in\mathbb{Z}$.

解 (1)$f(z)=\dfrac{z}{(z-1)(z-2)^2}$ 在 C 内仅以 $z=2$ 为其二阶极点, 由留数基本定理知

$$原式=2\pi\mathrm{i}\operatorname{Res}[f(z),2]$$

$$\operatorname{Res}[f(z),2]=\lim_{z\to2}\frac{\mathrm{d}}{\mathrm{d}z}\left(\frac{z}{z-1}\right)=\lim_{z\to2}\frac{-1}{(z-1)^2}=-1$$

故原式 $=-2\pi\mathrm{i}$.

(2) $f(z)=\dfrac{1}{1+z^4}$ 在 C 内以 $z_1=\mathrm{e}^{\mathrm{i}\frac{\pi}{4}}$ 及 $z_2=\mathrm{e}^{\mathrm{i}\frac{7\pi}{4}}$ 为一阶极点.

$$\operatorname{Res}\left[f(z),\mathrm{e}^{\frac{\pi}{4}\mathrm{i}}\right]=\frac{1}{4z^3}\bigg|_{z=\mathrm{e}^{\frac{\pi}{4}\mathrm{i}}}=\frac{1}{-2\sqrt{2}+2\sqrt{2}\mathrm{i}}$$

$$\operatorname{Res}\left[f(z),\mathrm{e}^{\frac{7}{4}\pi\mathrm{i}}\right]=\frac{1}{4z^3}\bigg|_{z=\mathrm{e}^{\frac{7}{4}\pi}}=\frac{1}{-2\sqrt{2}-2\sqrt{2}\mathrm{i}}$$

$$原式 = 2\pi i\left\{\text{Res}\left[f(z), e^{\frac{\pi}{4}i}\right] + \text{Res}\left[f(z), e^{\frac{7}{4}\pi i}\right]\right\} = 2\pi i\frac{-4\sqrt{2}}{16} = -\frac{\pi i}{\sqrt{2}}$$

(3) $\lim\limits_{z\to 0}\dfrac{\sin z}{z} = 1$ 故 $z=0$ 为其可去奇点, 则

$$\text{Res}[f(z), 0] = c_{-1} = 0$$

$$\frac{\sin z}{z} = 1 - \frac{z^2}{3!} + \frac{z^4}{5!} - \cdots,\quad 0 < |z| < +\infty$$

则 $c_{-1} = 0$, 故原式 $= 0$.

(4) 在 C 内 $f(z)$ 以 $z_1 = 1, z_2 = 3i, z_3 = -3i$ 为其一阶极点.

$$\text{Res}[f(z), 1] = \lim_{z\to 1}\frac{3z^3+2}{z^2+9} = \tfrac{1}{2}$$

$$\text{Res}[f(z), 3i] = \lim_{z\to 3i}\frac{3z^3+2}{(z-1)(z+3i)} = \frac{3^4 i - 2}{18+6i}$$

$$\text{Res}[f(z), -3i] = \lim_{z\to -3i}\frac{3z^3+2}{(z-1)(z-3i)} = \frac{3^4 i + 2}{6i - 18}$$

原式 $= 2\pi i\sum\limits_{k=1}^{3}\text{Res}[f(z), z_k] = 6\pi i$.

(5) 在 C 内, $f(z) = \dfrac{e^{2z}}{(z-1)^2}$ 以 $z = 1$ 为其二阶极点, 则 $\text{Res}[f(z), 1] = \lim\limits_{z\to 1}(e^{2z})' = 2e^2$. 由留数基本定理有原式 $= 4\pi e^2 i$.

(6) $f(z) = \dfrac{1-\cos z}{z^m} = \dfrac{1}{z^{m-2}}\left(\dfrac{1}{2!} - \dfrac{z^2}{4!} + \dfrac{z^4}{6!} - \cdots\right)$, 故以 $z=0$ 为其 $m-2$ 阶极点. 当 $m \leqslant 2$ 时, $\text{Res}[f(z), 0] = c_{-1} = 0, I = 0$. 当 $m = 2n > 2$ 时, $\text{Res}[f(z), 0] = c_{-1} = 0$, $I = 0$. 当 $m = 2n+1 > 2$ 时,

$$\text{Res}[f(z), 0] = \frac{(-1)^{n-1}}{2n!} = \frac{(-1)^{\frac{m-3}{2}}}{(m-1)!}$$

由此 $I = (-1)^{\frac{m-3}{2}}\cdot 2\pi i/(m-1)!$ 或说 m 为大于或等于 3 的奇数时,

$$I = \frac{(-1)^{\frac{m-3}{2}}\cdot 2\pi i}{(m-1)!}$$

10. 求 $\text{Res}[f(z), \infty]$ 的值, 如果:

(1) $f(z) = \dfrac{e^z}{z^2-1}$;　　(2) $f(z) = \dfrac{1}{z(z+1)^4(z-4)}$;　　(3) $f(z) = \dfrac{2z}{3+z^2}$.

解 (1) $f(z) = \dfrac{e^z}{z^2-1}$ 有两个一阶极点 $z = 1, z = -1$, 故由全部留数和为零的定理, 则

$$\text{Res}[f(z), \infty] = -\text{Res}[f(z), 1] - \text{Res}[f(z), -1]$$

$$= -\lim_{z\to 1}\frac{e^z}{z+1} - \lim_{z\to -1}\frac{e^z}{z-1}$$
$$= -\frac{e}{2} + \frac{e^{-1}}{2} = -\text{sh}1$$

(2) $f(z)=\dfrac{1}{z(z+1)^4(z-4)}$ 以 $z=0$ 为一阶极点, $z=-1$ 为 4 阶极点, $z=4$ 为一阶极点, 用有限点留数和来求无穷远点的留数, 计算过程太麻烦, 一般采用直接在 $z=\infty$ 的圆环域 (解析)$4<|z|<\infty$ 内展开为洛朗阶数的方式求, 则有

$$f(z) = \frac{1}{z(z+1)^4(z-4)} = \frac{1}{z\cdot z^4\left(1+\dfrac{1}{z}\right)^4\cdot z\left(1-\dfrac{4}{z}\right)}$$
$$= \frac{1}{z^6\left(1+\dfrac{1}{z}\right)^4\left(1-\dfrac{4}{z}\right)} = \frac{1}{z^6}\left[\frac{1}{1+\dfrac{1}{z}}\right]^4\cdot\left[\frac{1}{1-\dfrac{4}{z}}\right]$$
$$= \frac{1}{z^6}\cdot\left(1-\frac{1}{z}+\frac{1}{z^2}+\cdots\right)^4\left(1+\frac{4}{z}+\frac{16}{z^2}+\cdots\right)$$

显见 $c_{-1}=0$, 故 $\text{Res}[f(z),\infty]=0$.

(3) $\dfrac{2z}{3+z^2}=f(z)$ 以 $z=\pm\sqrt{3}\text{i}$ 为一阶极点. $\lim\limits_{z\to\infty}\dfrac{2z}{3+z^2}=0, z=\infty$ 为可去奇点.

$$\text{Res}[f(z),\infty] = -\text{Res}[f(z),\sqrt{3}\text{i}] - \text{Res}[f(z),-\sqrt{3}\text{i}]$$
$$= -\lim_{z\to\sqrt{3}\text{i}}\frac{2z}{z+\sqrt{3}\text{i}} - \lim_{z\to-\sqrt{3}\text{i}}\frac{2z}{z-\sqrt{3}\text{i}} = -1-1=-2$$

11. 设函数 $f(z)$ 在 $z=\infty$ 有可去奇点, 求 $\text{Res}[f(z),\infty]$.

解 由于$z=\infty$ 为 $f(z)$ 的可去奇点, 则在 $R<|z|<+\infty$ 内有 $f(z)=c_0+\dfrac{c_{-1}}{z}+\dfrac{c_{-2}}{z^2}+\cdots$
故

$$f^2(z) = \left(c_0+\frac{c_{-1}}{z}+\frac{c_{-2}}{z^2}+,\cdots\right)^2 = c_0+2c_0c_1\frac{1}{z}+\cdots$$

所以

$$\text{Res}[f(z),\infty] = -2c_0c_{-1}$$

12. 计算下列各积分, C 为正向圆周.

(1) $\displaystyle\oint\frac{dz}{z^3(z^{10}-2)}, C:|z|=2;$

(2) $\oint_C \frac{z^3}{1+z}e^{\frac{1}{z}}dz, C:|z|=2.$

解 (1) $f(z)=\frac{1}{z^3(z^{10}-2)}$ 在 $|z|=2$ 内以 $z=0$ 为三阶极点, 以 $z=2^{\frac{1}{10}}e^{i\frac{k\pi}{5}}(k=0,1,\cdots,9)$ 为一阶极点. 由 $\lim\limits_{z\to\infty}\frac{1}{z^3(z^{10}-2)}=0$. 知 $z=\infty$ 为其可去奇点, 原式 $=2\pi i\sum\limits_{k=1}^{11}\text{Res}[f(z),z_k]=-2\pi i\text{Res}[f(z),\infty]$.

在 $R<|z|<+\infty$ 内有 $f(z)=\frac{1}{z^{13}}\sum\limits_{n=0}^{\infty}\left(\frac{2}{z^{10}}\right)^n$, 故 $c_{-1}=0$. 所以 $\text{Res}[f(z),\infty]=-c_{-1}=0$, 原式 $=0$.

(2) 同上题, $f(z)=\frac{z^3}{1+z}e^{\frac{1}{z}}$ 有奇点, $z=-1$ 为一阶极点, 而 $z=0$ 为本性奇点, 同上题在 $2<|z|<+\infty$ 内展开 $f(z)$, 则

$$\begin{aligned}f(z)=&\frac{z^3}{z\left(1+\frac{1}{z}\right)}e^{\frac{1}{z}}=\frac{z^2}{\left(1+\frac{1}{z}\right)}\cdot e^{\frac{1}{z}}\\=&z^2\left(1-\frac{1}{z}+\frac{1}{z^2}-\cdots\right)\left(1+\frac{1}{z}+\frac{1}{2!z^2}+\cdots\right)\\=&\left(z^2-z+1-\frac{1}{z}-\frac{1}{z^2}-\cdots\right)\left(1+\frac{1}{z}+\frac{1}{2!z^2}+\cdots\right)\\=&z^2+\frac{1}{2!}-\frac{1}{3}\frac{1}{z}+\cdots\end{aligned}$$

得 $-c_{-1}=\frac{1}{3}$, 故 $I=2\pi i(c_{-1})=-\frac{2}{3}\pi i$.

13. 试求下列各积分的值.

(1) $\int_0^{2\pi}\frac{d\theta}{a+\cos\theta}\quad(a>1)$; (2) $\int_0^{\pi}\frac{\cos 2\theta}{1-2a\cos\theta+a^2}d\theta\quad(a^2<1)$;

(3) $\int_{-\infty}^{\infty}\frac{dx}{x^2+2x+2}$; (4) $\int_{-\infty}^{\infty}\frac{xdx}{(1+x^2)(x^2+2x+2)}$;

(5) $\int_0^{+\infty}\frac{x\sin x}{1-x^2}dx$; (6) $\int_{-\infty}^{\infty}\frac{(1+x^2)\cos ux}{1+x^2+x^4}dx$.

解 (1) 令 $z=e^{i\theta}$, 则 $\cos\theta=\frac{1}{2}(z+z^{-1}), d\theta=\frac{dz}{iz}, I=\frac{2}{i}\oint_{|z|=1}\frac{dz}{(z-\alpha)(z-\beta)}$, 其中 $\alpha=-a+\sqrt{a^2-1},\beta=-a-\sqrt{a^2-1},\alpha\beta=1,|\alpha|<1,|\beta|>1$, 应用留数定理 $I=\frac{2\pi}{\sqrt{a^2-1}}$.

(2) $f(z)=\frac{\cos 2\theta}{1-2a\cos\theta+a^2}$ 为偶函数, 故 $\int_0^{\pi}\frac{\cos 2\theta}{1-2a\cos\theta+a^2}d\theta=$

$\frac{1}{2}\int_0^{2\pi}\frac{\cos 2\theta}{1-2a\cos\theta+a^2}\mathrm{d}\theta$. 由于 $-1<a<1$, $f(z)$ 的分母$1-2a\cos\theta+a^2=(1-a)^2+2a(1-\cos\theta)$ 在 $0\leqslant\theta\leqslant 2\pi$ 上不为零, 因而积分是有意义的, 由于 $\cos 2\theta=\frac{1}{2}(z^2+z^{-2})$.

$$
\begin{aligned}
I&=\oint_{|z|=1}\frac{z^2+z^{-2}}{2}\cdot\frac{1}{1-2a\frac{z+z^{-1}}{2}+a^2}\cdot\frac{\mathrm{d}z}{\mathrm{i}z}\\
&=\oint_{|z|=1}\frac{1+z^4}{2\mathrm{i}z^2(z-az^2-a+a^2z)}\mathrm{d}z\\
&=\oint_{|z|=1}\frac{1+z^4}{2\mathrm{i}z^2(1-az)(z-a)}\mathrm{d}z=\oint_{|z|=1}F(z)\mathrm{d}z
\end{aligned}
$$

$F(z)$ 只有 $z=0$ 与 $z=a$ 在 $|z|<1$ 内.

$$
\begin{aligned}
\mathrm{Res}[F(z),0]&=\lim_{z\to 0}\frac{\mathrm{d}}{\mathrm{d}z}\left\{z^2\cdot\frac{1+z^4}{2\mathrm{i}z^2(1-az)(z-a)}\right\}=-\frac{1+a^2}{2\mathrm{i}a^2}\\
\mathrm{Res}[F(z),a]&=\lim_{z\to a}\left[(z-a)\cdot\frac{1+z^4}{2\mathrm{i}z^2(1-az)(z-a)}\right]=\frac{1+a^4}{2\mathrm{i}a^2(1-a^2)}
\end{aligned}
$$

从而

$$
\begin{aligned}
I=&2\pi\mathrm{i}\{\mathrm{Res}[F(z),0]+\mathrm{Res}[F(z),a]\}\\
=&2\pi\mathrm{i}\left\{-\frac{1+a^2}{2\mathrm{i}a^2}+\frac{1+a^4}{2\mathrm{i}a^2(1-a^2)}\right\}=\frac{2\pi a^2}{1-a^2}
\end{aligned}
$$

则原式 $=\frac{1}{2}I=\frac{\pi a^2}{1-a^2}$.

(3) $R(z)=\frac{1}{z^2+2z+2}$ 的奇点为 $z=-1\pm\mathrm{i}$, 而在 $\mathrm{Im}z>0$ 内只有一阶极点 $z=-1+\mathrm{i}$, 故

$$
\begin{aligned}
\mathrm{Res}[R(z),-1+\mathrm{i}]&=\lim_{z\to-1+\mathrm{i}}\left[(z+1-\mathrm{i})\frac{1}{(z+1-\mathrm{i})(z+1+\mathrm{i})}\right]\\
&=\lim_{z\to-1+\mathrm{i}}\frac{1}{z+1+\mathrm{i}}=-\frac{\mathrm{i}}{2}
\end{aligned}
$$

则

$$
I=2\pi\mathrm{i}\mathrm{Res}[R(z),-1+\mathrm{i}]=\pi
$$

(4) $R(z)=\frac{z}{(1+z^2)(z^2+2z+2)}$ 以 $z=\pm\mathrm{i}, z=-1\pm\mathrm{i}$为孤立奇点, 而在 $\mathrm{Im}z>0$

内有 $z_1=\mathrm{i}$, 与 $z_2=-1+\mathrm{i}$, 为其一阶极点, 故有

$$\mathrm{Res}[R(z),\mathrm{i}]=\lim_{z\to\mathrm{i}}\frac{z}{(z+\mathrm{i})(z^2+2z+2)}=\frac{\mathrm{i}}{2\mathrm{i}\cdot(1+2\mathrm{i})}=\frac{\mathrm{i}}{2\mathrm{i}-4}$$

$$\mathrm{Res}[R(z),-1+\mathrm{i}]=\lim_{z\to-1+\mathrm{i}}\frac{z}{(1+z^2)(z+1+\mathrm{i})}=\frac{-1+\mathrm{i}}{(1-2\mathrm{i})\cdot 2\mathrm{i}}=\frac{-1+\mathrm{i}}{2\mathrm{i}+4}$$

$$I=2\pi\mathrm{i}\sum_{k=1}^{2}\mathrm{Res}[f(z),z_k]=2\pi\mathrm{i}\left[\frac{\mathrm{i}}{2\mathrm{i}-4}+\frac{-1+\mathrm{i}}{2\mathrm{i}+4}\right]=-\frac{\pi}{5}$$

(5) $\displaystyle\int_0^{\infty}\frac{x\sin x}{1+x^2}\mathrm{d}x=\frac{1}{2}\int_{-\infty}^{\infty}\frac{x\sin x}{1+x^2}\mathrm{d}x=\frac{1}{2}\mathrm{Im}\left\{\int_{-\infty}^{\infty}\frac{x\mathrm{e}^{\mathrm{i}x}}{1+x^2}\mathrm{d}x\right\}$

对于$I=\displaystyle\int_{-\infty}^{\infty}\frac{x\mathrm{e}^{\mathrm{i}z}}{1+x^2}\mathrm{d}x$, 令 $R(z)=\dfrac{z}{1+z^2}$, 则 $z=\mathrm{i}$ 为 $\mathrm{Im}z>0$ 内的 $R(z)$ 的一阶极点, 故有

$$\mathrm{Res}[R(z)\mathrm{e}^{\mathrm{i}z},\mathrm{i}]=\lim_{z\to\mathrm{i}}(z-\mathrm{i})\frac{z\mathrm{e}^{\mathrm{i}z}}{(z-\mathrm{i})(z+\mathrm{i})}=\frac{\mathrm{e}^{-1}}{2}$$

$I=2\pi\mathrm{i}\mathrm{Res}[R(z)\mathrm{e}^{\mathrm{i}z},\mathrm{i}]=\pi\mathrm{e}^{-1}\mathrm{i}$, 则原式 $=\dfrac{\pi}{2}\mathrm{e}^{-1}$.

(6) 若 $f(-x)=f(x)$, 则

$$\int_0^{+\infty}f(x)\cos ux\mathrm{d}x=\pi\mathrm{i}\sum_{k=1}^{n}\mathrm{Res}[\mathrm{e}^{inz}f(z),a_k]$$

其中 $a_1,a_2,\cdots,a_n$ 为 $f(z)$ 在 $\mathrm{Im}z>0$ 内的全部孤立奇点.

注意到 $f(z)=\dfrac{1+z^2}{1+z^2+z^4}$ 在 $\mathrm{Im}z>0$ 内有孤立奇点 $z_1=\mathrm{e}^{\mathrm{i}\frac{\pi}{3}},z_2=\mathrm{e}^{\mathrm{i}\frac{2}{3}\pi}$, 且为一阶极点.

于是由上述公式, 得

$$\int_{-\infty}^{+\infty}\frac{(1+x^2)\cos ux}{1+x^2+x^4}\mathrm{d}x=2\int_0^{+\infty}\frac{(1+x^2)\cos ux}{1+x^2+x^4}\mathrm{d}x$$

$$\int_{-\infty}^{+\infty}\frac{(1+x^2)\mathrm{e}^{\mathrm{i}ux}}{1+x^2+x^4}\mathrm{d}x=2\pi\mathrm{i}\left\{\mathrm{Res}\left[\mathrm{e}^{\mathrm{i}uz}\frac{1+z^2}{1+z^2+z^4},\mathrm{e}^{\mathrm{i}\frac{\pi}{3}}\right]+\mathrm{Res}\left[\mathrm{e}^{\mathrm{i}uz}\frac{1+z^2}{1+z^2+z^4},\mathrm{e}^{\mathrm{i}\frac{2}{3}\pi}\right]\right\}$$

而

$$\mathrm{Res}\left[\mathrm{e}^{\mathrm{i}uz}\frac{1+z^2}{1+z^2+z^4},\mathrm{e}^{\mathrm{i}\frac{\pi}{3}}\right]=\lim_{z\to\mathrm{e}^{\mathrm{i}\frac{\pi}{3}}}\left[\left(z-\mathrm{e}^{\mathrm{i}\frac{\pi}{3}}\right)\mathrm{e}^{\mathrm{i}uz}\frac{1+z^2}{\left(z-\mathrm{e}^{\mathrm{i}\frac{\pi}{3}}\right)\left(z-\mathrm{e}^{-\mathrm{i}\frac{\pi}{3}}\right)(z^2+z+1)}\right]$$

$$=\mathrm{e}^{\mathrm{i}u\left(\frac{1}{2}+\frac{\sqrt{3}\mathrm{i}}{2}\right)}\frac{1+\mathrm{e}^{\mathrm{i}\frac{2}{3}\pi}}{2\mathrm{i}\frac{\sqrt{3}}{2}\left(\mathrm{e}^{\mathrm{i}\frac{2}{3}\pi}+\mathrm{e}^{\mathrm{i}\frac{\pi}{3}}+1\right)}=\frac{1}{2\sqrt{3}\mathrm{i}}\mathrm{e}^{-\frac{\sqrt{3}u}{2}}\mathrm{e}^{\mathrm{i}\frac{u}{2}}$$

$$\operatorname{Res}\left[e^{iuz}\frac{1+z^2}{1+z^2+z^4},e^{i\frac{2}{3}\pi}\right]=\lim_{z\to e^{i\frac{2}{3}\pi}}\left[\left(z-e^{i\frac{2}{3}\pi}\right)\frac{e^{iuz}(1+z^2)}{(z^2-z+1)\left(z-e^{i\frac{2}{3}\pi}\right)\left(z-e^{i\frac{2}{3}\pi}\right)}\right]$$

$$=e^{iu\left(-\frac{1}{2}+\frac{\sqrt{3}}{2}i\right)}\frac{1+e^{i\frac{4}{3}\pi}}{\left(e^{i\frac{4}{3}\pi}-e^{i\frac{2}{3}\pi}+1\right)2i\frac{\sqrt{3}}{2}}=\frac{1}{2\sqrt{3}i}e^{-\frac{\sqrt{3}u}{2}}e^{-i\frac{u}{2}}$$

于是

$$\int_{-\infty}^{+\infty}\frac{(1+x^2)\cos ux}{1+x^2+x^4}dx=\frac{1}{2}\operatorname{Re}\left\{\int_{-\infty}^{+\infty}\frac{(1+x^2)e^{iux}}{1+x^2+x^4}dx\right\}$$
$$=\frac{\pi}{\sqrt{3}}e^{-\frac{\sqrt{3}}{2}u}\cdot\cos\frac{u}{2}$$

14. 假设解析函数$f(z)$在 z_0 点有 m 阶零点, 试问函数 $F(z)=\int_{z_0}^{z}f(\xi)d\xi$ 在点 z_0 的性质如何?

解 由题设知, $f(z)=(z-z_0)^m\varphi(z),\varphi(z)$ 在 $|z-z_0|<\delta$ 解析, $\varphi(z_0)\neq 0$, 而 $F'(z)=\left(\int_{z_0}^{z}f(\xi)d\xi\right)'=f(z)$ 可知, $F(z)$ 在 z_0 点有 $m+1$ 阶零点.

15. 设 $f(z)$ 在 z 平面上解析, $f(z)=\sum\limits_{n=0}^{\infty}\alpha_n z^n$, 则对任一正数 k, 求 $\operatorname{Res}\left[\frac{f(z)}{z^k},0\right]$.

解 由题设知, 在 $0<|z|<+\infty$ 内, $\frac{f(z)}{z^k}$ 解析, 故 $z=0$ 为其孤立奇点.

$$\frac{f(z)}{z^k}=\frac{1}{z^k}\sum_{n=0}^{\infty}\alpha_n z^n=\sum_{n=0}^{\infty}\alpha_n\cdot z^{n-k}$$

因$\operatorname{Res}\left[\frac{f(z)}{zk},0\right]=c_{-1}$, 故当 $n-k=-1\Rightarrow n=k-1$ 时, 有 $c_{-1}=\alpha_{k-1}$. 所以 $\operatorname{Res}\left[\frac{f(z)}{z^k},0\right]=\alpha_{k-1}$.

16. 若 $f(z)$ 和 $g(z)$ 在点 z_0 处解析, 而且 $f(z_0)\neq 0,g(z)$ 以 z_0 为二阶零点, 证明: $\operatorname{Res}\left[\frac{f(z)}{g(z)},z_0\right]=\frac{a_1b_2-a_0b_3}{b_2^2}$, 其中 $a_k=\frac{1}{k!}f^{(k)}(z_0),b_k=\frac{1}{k!}g^{(k)}(z_0),k=0,1,2,3$.

证 由题设知, 在点 z_0 的邻域内有表示式

$$f(z)=\sum_{n=0}^{\infty}\alpha_n(z-z_0)^n,\quad g(z)=\sum_{n=0}^{\infty}\beta_n(z-z_0)^n$$

其中$\alpha_n=\frac{f^{(n)}(z_0)}{n!},\alpha_0\neq 0;\beta_n=\frac{g^{(n)}(z_0)}{n!}(n=0,1,\cdots)$, 若 z_0 是 $g(z)$ 的二阶零

点, 则 $\beta_0=\beta_1=0,\beta_2\neq 0$, 令 $g(z)=(z-z_0)^2\varphi(z)$. 易知 $\varphi(z)=\beta_2+\beta_3(z-z_0)+\cdots+\beta_{n+2}(z-z_0)^n+\cdots$, 且 $\varphi(z_0)\neq 0\Rightarrow$ 在 z_0 的邻域内$\varphi(z)\neq 0$, 此时, $\dfrac{f(z)}{g(z)}=\dfrac{f(z)}{(z-z_0)^2\varphi(z)}$, 以 z_0 为二阶极点. 由公式有

$$\begin{aligned}\operatorname{Res}\left[\frac{f(z)}{g(z)},z_0\right]&=\lim_{z\to z_0}\frac{\mathrm{d}}{\mathrm{d}z}\left[(z-z_0)^2\cdot\frac{f(z)}{g(z)}\right]=\lim_{z\to z_0}\frac{f'(z)\varphi(z)-f(z)\varphi'(z)}{\varphi^2(z)}\\&=\frac{f'(z_0)\varphi(z_0)-f(z_0)\varphi'(z_0)}{\varphi(z_0)^2}\end{aligned}$$

将 $\varphi(z_0)=\beta_2=\dfrac{g''(z_0)}{2},\varphi'(z_0)=\beta_3=\dfrac{g'''(z_0)}{6}$ 代入上式有结论.

17. 若 $f(z)$ 在 $|z|\leqslant 1$ 上解析且 $|f(z)|<1$, 试问方程 $f(z)=z$ 在 $|z|<1$ 内有几个根.

证 令 $\varphi(z)=z$, 则在 $|z|=1$ 上, $|\varphi(z)|=1$, 而 $|f(z)|<1$, 故由儒歇定理, 知方程 $z=f(z)$ 与方程 $\varphi(z)=0$ 在 $|z|<1$ 内有相同个数的根, 从而 $f(z)=z$ 在 $|z|<1$ 只有一根.

18. 试证明, 若在简单闭曲线 C 上有

$$|a_kz^k|>|a_0+a_1z+\cdots+a_{k-1}z^{k-1}+a_{k+1}z^{k+1}+\cdots+a_nz^n|$$

则当 $z=0$ 位于 C 内时多项式 $a_0+a_1z+\cdots+a_nz^n$ 在 C 内有 k 个零点, 又问当 $z=0$ 位于 C 的外部时, 将有什么结论?

证 记 $f(z)=a_kz^k,g(z)=a_0+a_1z+\cdots+a_nz^n$, 由题设知

$$\begin{aligned}&|g(z)-f(z)|\\=&|a_0+a_1z+\cdots+a_{k-1}z^{k-1}+a_{k+1}z^{k+1}|+\cdots+a_nz^n<|a_kz^k|<|f(z)|\end{aligned}$$

由儒歇定理知 $f(z)=a_kz^k$ 与 $g(z)=a_0+a_1z+\cdots+a_nz^n$ 在 C 内有相同个数的零点, 故当 $z=0$ 位于 C 内时, 多项式 $a_0+a_1z+\cdots+a_nz^n$ 在 C 内有 k 个零点, 当 $z=0$ 位于 C 的外部时, 上述多项式在 C 内无零点.

19. 证明方程 $z^7-z^3+12=0$ 的根都在圆环域 $1\leqslant|z|\leqslant 2$ 内.

证 当 $|z|<2$ 时, 取 $f(z)=z^7,g(z)=12-z^3$. 当 $|z|=2$ 时,

$$|g(z)|=12-z^3|\leqslant 12+|z^3|=20<|z^7|=|f(z)|$$

所以, $z^7-z^3+12=0$ 的根与 z^7 的根的个数相同, 因此, $z^7-z^3+12=0$ 的根全部在 $|z|=2$ 的内部.

当 $|z|<1$ 时, 取 $f(z)=12,g(z)=z^7-z^3$; 当 $|z|=1$ 时, $|f(z)|>|z^7|+|z^3|\geqslant|z^7-z^3|=|g(z)|$, 故 $z^7-z^3+12=0$ 的根与 z^7 的根的个数相同, 即在 $|z|=1$ 内无根. 综上所述, $z^7-z^3+12=0$ 的根全在 $1\leqslant|z|\leqslant 2$ 内.

20. 证明若 $|a|>\mathrm{e}$, 则方程 $\mathrm{e}^z=az^n$ 在圆 $|z|<1$ 内有 n 个根.

证 设 $f(z)=-az^n, g(z)=\mathrm{e}^z$, 在 $|z|\leqslant 1$ 内均解析, 且当 $|z|=1$ 时, $|-az^n|=|-a||z^n|=|a|, |\mathrm{e}^z|=\mathrm{e}^{\cos\varphi}\leqslant \mathrm{e}$ 而 $|a|>\mathrm{e}$, 故 $|f(z)|=|-az^n|=|a|>|\mathrm{e}^z|=|g(z)|$. 根据儒歇定理知, $f(z)$ 与 $f(z)+g(z)$ 在 $c:|z|=1$ 内的零点个数相同. 即 $\mathrm{e}^z=az^n$ 的根的个数与 $-az^n=0$ 的根的个数相同, 即为 n.

21. 若 $|a_k|<1(k=1,2,\cdots,n), |b|<1$, 且

$$f(z)=\prod_{k=1}^{n}\left[\frac{z-a_k}{1-\bar{a}_k z}\right]$$

则方程 $f(z)=b$ 在圆 $|z|<1$ 内有 n 个根; 若 $|b|>1$, 则方程 $f(z)=b$ 在圆 $|z|>1$ 内恰有 n 个根.

解 设 $g(z)=f(z)-b$.

若 $|b|<1$, 则 $|f(z)-g(z)|=|b|$, 又当 $|z|=1$ 时,

$$|f(z)|=\prod_{k=1}^{n}\left|\frac{z-a_k}{1-\bar{a}_k z}\right|=\prod_{k=1}^{n}\left|\frac{z-a_k}{z\bar{z}-\bar{a}_k z}\right|=\prod_{k=1}^{n}\frac{|z-a_k|}{|z||\overline{z-a_k}|}=1$$

可见, $|f(z)-g(z)|=|b|<1=|f(z)|$.

由儒歇定理, 知

$$g(z)=f(z)-b\text{与}f(z)=\prod_{k=1}^{n}\left(\frac{z-a_k}{1-\bar{a}_k z}\right)$$

在 $|z|<1$ 内有相同个数的零点, 即方程 $f(z)=b$ 在 $|z|<1$ 内有 n 个根.

若 $|b|>1$, 设 $g(z)=b, h(z)=b-f(z)=b-\prod\limits_{k=1}^{n}\left(\dfrac{z-a_k}{1-\bar{a}_k z}\right)$, 则当 $|z|=1$ 时

$$|g(z)-h(z)|=|f(z)|=\prod_{k=1}^{n}\left|\frac{z-a_k}{1-\bar{a}_k z}\right|=1<|b|=|g(z)|.$$

由儒歇定理知 $h(z)=b-f(z)$ 与 $g(z)$ 在 $|z|<1$ 内有相同个数的零点, 显然 $g(z)=b(|b|>1)$ 在 $|z|<1$ 内无零点.

从而方程 $f(z)=b$ 在 $|z|<1$ 为无根. 另一方面方程 $f(z)=b$ 与方程

$$\prod_{k=1}^{n}(1-\bar{a}_k z)b=\prod_{k=1}^{n}(z-a_k)$$

同解. 故为 n 次方程, 由代数学基本定理, 知 $f(z)=b$ 有 n 个根 (r 重根算作 r 个根), 从而知这 n 个根恰好落在 $|z|>1$ 内.

第6章 保形映射

6.1 内容提要

6.1.1 保形映射的概念

1. 解析函数导数的辐角与模的几何意义

设函数 $w=f(z)$ 在区域 D 内解析, z_0 为 D 内一点, $f'(z_0)\neq 0$, 那么导数 $f'(z_0)$ 的辐角 $\arg f'(z_0)$ 是过点 z_0 的曲线 c 经过 $w=f(z)$ 映射后在 z_0 处的旋转角. $|f'(z_0)|$ 是经过映射 $w=f(z)$ 后通过 z_0 的曲线 c 在 z_0 的伸缩率, 且它与曲线 c 的形状、方向无关, 则称映射具有旋转角与伸缩率的不变性.

2. 保形映射的概念

设函数 $w=f(z)$ 在点 z_0 的邻域内有定义, 若过点 z_0 的任意两条曲线的夹角在映射 $w=f(z)$ 下, 既保持大小, 又保持方向, 则称映射 $w=f(z)$ 在点 z_0 是保角的 (或称在 z_0 具有保角性). 若 $w=f(z)$ 在区域 D 内每一点都是保角的, 则称 $w=f(z)$ 是区域 D 内的保角映射.

如果 $w=f(z)$ 在点 z_0 的邻域内是一一的, 在 z_0 具有保角性和伸缩率不变性, 则称映射 $w=f(z)$ 在点 z_0 是保形的, 或称 $w=f(z)$ 在 z_0 是保形映射. 如果映射 $w=f(z)$ 在区域 D 内是一一的, 在区域 D 内每一点都是保形的, 则称 $w=f(z)$ 是区域 D 内的保形映射.

6.1.2 分式线性映射与性质

1. 分式线性映射 $w=\dfrac{az+b}{cz+d}(ad-bc\neq 0)$

它可以分解为以下四种基本映射的复合:

(1) 平移, $w=z+a$;

(2) 旋转, $w=\mathrm{e}^{\mathrm{i}\theta}z$($\theta$ 是实常数);

(3) 相似, $w=rz$(r 是正实数);

(4) 倒数 (反演), $w=\dfrac{1}{z}$, 可以分解为 $\xi=\dfrac{1}{z}$ 和 $w=\bar{\xi}$.

2. 分式线性映射的性质

(1) 保角性: 如果规定两条伸向无穷远的曲线在无穷远点的夹角, 等于它们在映射 $w=\dfrac{1}{z}$ 下所变成的通过原点的两条像曲线在原点处的夹角, 则分式线性映射在扩充复平面上是一一对应的保角映射.

(2) 保圆性: 如果把直线看成是半径为无穷大的圆周, 则分式线性映射将圆周映射成圆周.

(3) 保对称性:

a. 关于一已知圆周的一对对称点. 设有圆周 $C:|z-z_0|=R$, 若点 z_1,z_2 满足关系式 $z_1-z_0=\dfrac{R^2}{\overline{z_1-z_0}}$, 称点 z_1,z_2 是关于圆周 C 的一对对称点. 规定无穷远点关于圆周 C 的对称点是圆心 z_0. 圆周 C 上的点关于圆周 C 的对称点为其本身.

b. z_1 与 z_2 为关于 $c:|z-z_0|=R$ 的对称点 $\Leftrightarrow$ z_1 与 z_2 在以 z_0 为起点的同一条射线上且 $|z_1-z_0||z_2-z_0|=R^2$.

c. 保对称性: 若点 z_1,z_2 是关于圆周 C 的一对对称点, 那么在分式线性映射下, 它们的像点 w_1 和 w_2 则是关于 C 的像曲线 Γ 的一对对称点.

(4) 保交比不变性:

a. 扩充复平面上有顺序的四个相异点 z_1,z_2,z_3,z_4 构成下面的量, 称为它们的交比, 记为 (z_1,z_2,z_3,z_4),

$$(z_1,z_2,z_3,z_4)=\frac{z_4-z_1}{z_4-z_2}:\frac{z_3-z_1}{z_3-z_2}$$

当四个点中有一点为 ∞ 时, 应将包含此点的项用 1 代替?

b. 三对对应点唯一确定一个分式线性映射: 分式性线性映射可用三对相异的对应点唯一确定. 在 z 平面上任意给定三个相异点 z_1,z_2,z_3, 在 w 平面上也任意给定三个相异点 w_1,w_2,w_3, 则存在唯一的分式线性映射 $\dfrac{w-w_1}{w-w_2}:\dfrac{w_3-w_1}{w_3-w_2}=\dfrac{z-z_1}{z-z_2}:\dfrac{z_3-z_1}{z_3-z_2}$ 将 $z_k(k=1,2,3)$ 依次映射为 $w_k(k=1,2,3)$.

c. 从 b 中可见, 在线性变换下四点的交比不变.

3. 分式线性映射在确定区域位置上的应用

圆周 C 的内部只能映射为像曲线 Γ 的内部或外部.

(1) 取点法确定区域位置: 若在曲线 C 内任取一点 z_0, 经分式线性映射后, 像点 w_0 在 Γ 的内部, 则曲线 C 的内部映为曲线 Γ 的内部; 否则曲线 C 的内部映为 Γ 的外部.

(2) 绕向法确定区域位置: 若在曲线 C 上依次任取三点 z_1, z_2, z_3, 经分式线性映射后, 映为曲线 Γ 上的三点 w_1, w_2, w_3. 若 C 上依 $z_1 \to z_2 \to z_3$ 的绕向与 Γ 上依 $w_1 \to w_2 \to w_3$ 的绕向相同, 则 C 的内部映为 Γ 的内部, 否则 C 的内部映为 Γ 的外部.

(3) 若 C 为圆周, Γ 为直线, 则 C 的内部映射成 Γ 的左侧还是右侧, 亦可用 (1) 中的取点法与 (2) 中的绕向法来确定.

4. 由圆弧围成的区域在分式线性映射下像域的确定

(1) 当两圆周上没有点映射成无穷远点时, 这两圆周的弧所围成的域映射成两圆弧所围成的域.

(2) 当两圆周上有一个点映射成无穷远点时, 这两圆周的弧所围成的域映射成一圆弧与一直线所围成的域.

(3) 当两圆周交点中的一个映射成无穷远点时, 这两圆周的弧所围成的域映射成角形域.

6.1.3 两个重要的分式线性映射

(1) 将上半平面 $\mathrm{Im}z > 0$ 映射为单位圆盘 $|w| < 1$ 的分式线性映射的一般形式为 $w = \mathrm{e}^{\mathrm{i}\theta}\dfrac{z-\lambda}{z-\bar{\lambda}}$, 其中 θ 为实数, $\mathrm{Im}(\lambda) > 0$.

(2) 将单位圆盘 $|z| < 1$ 映射为单位圆盘 $|w| < 1$ 的分式线性映射的一般形式为 $w = \mathrm{e}^{\mathrm{i}\varphi}\dfrac{z-\alpha}{1-\bar{\alpha}z}$, 其中 φ 为实数, α 为单位圆 $|z| < 1$ 内的任意一点.

6.1.4 几个初等函数所构成的映射

1. 幂函数 $w = z^n$(n 是不小于 2 的自然数)

(1) 幂函数 $w = z^n$ 所构成的映射的特点: 把以原点为顶点的角形域映射成以原点为顶点的角形域, 但顶角变成了原来的 n 倍, 即

$$d: 0 < \arg z < \alpha \left(0 < \alpha < \frac{2\pi}{n}\right) \xrightarrow[\text{保形}]{w=z^n} D: 0 < \arg w < n\alpha$$

(2) 根式函数 $z = \sqrt[n]{w}$ 所成的映射的特点: 把以原点为顶点的角形域映射成以原点为顶点的角形域, 但顶角变成原来的 $\dfrac{1}{n}$ 倍.

$$d: 0 < \arg z < \alpha \left(0 < \alpha < \frac{2\pi}{n}\right) \xleftarrow[\text{保形}]{z=\sqrt[n]{w}} D: 0 < \arg w < n\alpha$$

其中 $\sqrt[n]{w}$ 是 D 内一个单值解析分支, 它的值完全由角形域 d 确定.

(3) 要将角形域的张度拉大或缩小时, 可用幂函数或根式函数所构成的保形变换.

2. 指数函数 $w=\mathrm{e}^z$

(1) 指数函数 $w=\mathrm{e}^z$ 所构成的映射的特点: 把水平的带形域 $g: 0<\mathrm{Im}z<h$ $(0<h<2\pi)$ 映射成角形域 $G: 0<\arg w<h$.

(2) 对数函数 $z=\ln w$ 所构成映射的特点: 把角形域 $G: 0<\arg w<h$ 保形映射成水平的带形域 $g: 0<\mathrm{Im}z<h(0<h<2\pi)$ 其中 $\ln w$ 是 G 内一个单值解析分支, 它的值完全由带形域 g 确定.

(3) 要把水平的带形域映射成角形域, 可用指数函数 $w=\mathrm{e}^z$ 所构成的映射; 反之可用对数函数 $z=\ln w$ 所构成的映射.

3. 由圆弧构成的两角形域的保形映射及应用

(1) 把过 α,β 两点的两个圆弧 (其一可为直线段)(图 6.1) 围成的域保形映射成上半平面的一般方法.

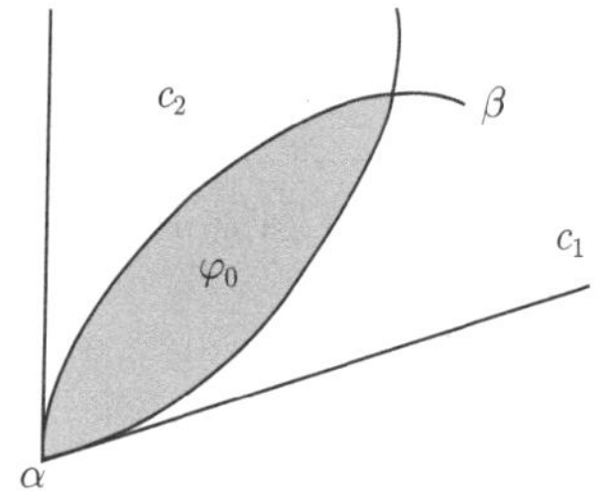

图 6.1

a. 首先利用分式线性映射: $\xi=k\dfrac{z-\alpha}{z-\beta}$, 将 $z=\alpha$ 映为 $w=0, z=\beta$ 映为 $w=\infty$, 则将交角为 φ_0 的两角形域保形映射为以原点为顶点张角为 φ_0 的角形域; 若想变成起边是正实轴的角形域, 只需在 c_1 和正实轴上指定一对对应点, 即可确定 k 值, 从而得到所求的保形映射.

b. 再利用幂函数 $w=\xi^n$ 将角形域映射成所需的上半平面 (特殊的角形域).

(2) 两圆周内切于点 α 的月芽形域映为上半平面的一般方法.

a. 两圆周内切于点 α, 其所界的月芽形域也是个两角形域 (两顶点合为一). 只需取线性映射 $\xi=\dfrac{cz+d}{z-\alpha}$, 则切点 α 映成 ∞, 月芽形域映为一个带形域, 适当选取 c,d, 就会变成标准带形域 $0<\mathrm{Im}\xi<\pi$.

b. 再利用指数函数 $w=\mathrm{e}^\xi$ 就映为上半平面.

4. 儒可夫斯基函数 $w=\dfrac{1}{2}\left(z+\dfrac{a^2}{z}\right)(a>0)$

它是由 $\xi=\dfrac{z-a}{z+a}, t=\xi^2, w=a\dfrac{1+t}{1-t}$ 复合而成的, 它将通过点 $z=a$ 与 $z=-a$ 的圆周 C 的外部一一对应地保形映射成除去连接点 $w=a$ 与 $w=-a$ 的圆弧的平面, 特别当 C 为圆周 $|z|=a$ 时, 圆弧退化为线段 $-a\leqslant \mathrm{Re}w\leqslant a, \mathrm{Im}w=0$.

6.2 典型例题剖析

例 6.1 试求映射 $w=f(z)=\ln(z-1)$ 在点 $z=-1+2\mathrm{i}$ 处的旋转角, 并说明它将 z 平面的哪一部分放大? 哪一部分缩小?

分析 映射 $w=f(z)$ 在 z_0 的旋转角为 $\theta=\arg f'(z_0)$, 伸缩率为 $|f'(z_0)|$. 故由定义可求出 $\arg f'(z_0)$ 及 $|f'(z_0)|$ 即可.

解 $f'(z)=\dfrac{1}{z-1}$, 故 $w=\ln(z-1)$ 在点 $z=-1+2\mathrm{i}$ 的旋转角为 $\arg f'(z)=\arg\left.\dfrac{1}{z-1}\right|_{z=-1+2\mathrm{i}}=-\dfrac{3}{4}\pi$. 伸缩率 $|f'(z)|=\dfrac{1}{\sqrt{(x-1)^2+y^2}}$, 其中 $z=x+\mathrm{i}y$, $|f'(z)|<1\Leftrightarrow(x-1)^2+y^2>1$. 故 $f(z)=\ln(z-1)$ 把以 1 为圆心, 1 为半径的圆周外部缩小, 内部放大.

例 6.2 求闭单位圆 $|z|\leqslant 1$ 在分式线性映射 $w=\dfrac{z}{z-1}$ 下的像域?

分析 为了利用题设条件 $|z|\leqslant 1$, 先从已给线性变换写出其逆变换. 再由分式线性映射的保圆性, 求像域.

解法 1 由映射 $w=\dfrac{z}{z-1}$ 得出它的逆变换为 $z=\dfrac{w}{w-1}$, 故有

$$\begin{aligned}\left|\frac{w}{w-1}\right|&=|z|\leqslant 1\Rightarrow|w|^2\leqslant|w-1|^2=(w-1)(\bar{w}-1)\\&=|w|^2-(w+\bar{w})+1\Rightarrow w+\bar{w}\leqslant 1\Rightarrow\frac{1}{2}(w+\bar{w})\leqslant\frac{1}{2}\Rightarrow\mathrm{Re}w\leqslant\frac{1}{2}\end{aligned}$$

故 $|z|\leqslant 1$ 映成 w 平面上的半平面 $\mathrm{Re}w\leqslant\dfrac{1}{2}$.

解法 2 分析: 可先考虑给定域的边界的像. 然后利用取点法或绕向法来确定区域.

如图 6.2 先在 $|z|=1$ 取三个点 $z_1=1, z_2=\mathrm{i}, z_3=-1$, 它们的像依次为 $w_1=\infty, w_2=\dfrac{1}{2}(-\mathrm{i}+1), w_3=\dfrac{1}{2}$, 由分式线性映射的保圆性知, 所给分式线性映射将单位圆周 $|z|=1$ 映为过 w_1, w_2, w_3 的圆周. 即过点 $w_2=\dfrac{1}{2}(-\mathrm{i}+1), w_3=\dfrac{1}{2}$ 的直线.

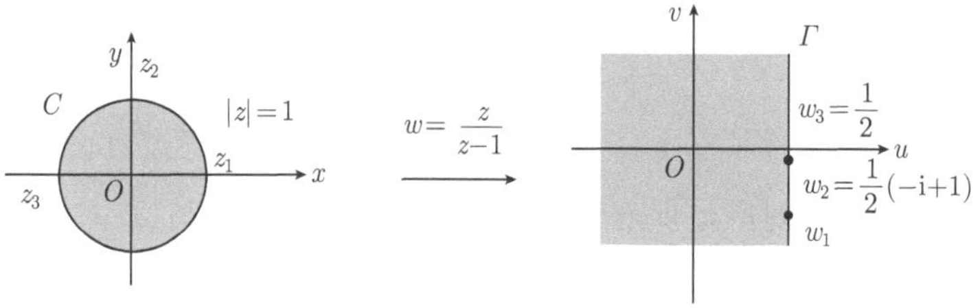

图 6.2

又 $|z|\leqslant 1$ 在沿点 $1,\mathrm{i},-1$ 依次绕行的左侧, 故其像也在沿点 $\infty,\dfrac{1}{2}(-\mathrm{i}+1),\dfrac{1}{2}$ 行进的左侧, 即 $|z|\leqslant 1$ 映成 w 平面上的半平面 $\mathrm{Re}w\leqslant\dfrac{1}{2}$.

例 6.3 试证 z_1 与 z_2 是关于圆周 $\left|\dfrac{z-z_1}{z-z_2}\right|=k(k>0)$ 的对称点.

分析 圆周 $\left|\dfrac{z-z_1}{z-z_2}\right|=k$ 称为 Apollonius 圆. 当 $k=1$ 时此圆为直线 $|z-z_1|=|z-z_2|$. 当 $k\neq 1$ 时, 可验证此圆的圆心为 $z_0=\dfrac{z_1-k^2z_2}{1-k^2}$, 半径 $r=\dfrac{k|z_1-z_2|}{|1-k^2|}$, 然后由对称点的定义验证 $(z_1-z_0)\overline{(z_2-z_0)}=r^2$.

证 因为圆周

$$
\begin{aligned}
|z-z_0|=r&\xrightleftharpoons{\text{将 } z_0,r \text{ 代入}}\left|\frac{(z-z_1)-k^2(z-z_2)}{1-k^2}\right|\\
&=\frac{k|z_1-z_2|}{|1-k^2|}\xrightleftharpoons{\text{同除以 } |z-z_2|}\left|\frac{z-z_1}{z-z_2}-k^2\right|\\
&=k\left|\frac{z-z_1}{z-z_2}-1\right|\xrightleftharpoons{w=\frac{z-z_1}{z-z_2}}|w-k^2|^2\\
&=k^2|w-1|^2\xrightleftharpoons{\quad\quad}|w|^2=k^2\Leftrightarrow\left|\frac{z-z_1}{z-z_2}\right|=k
\end{aligned}
$$

所以圆周 $\left|\dfrac{z-z_1}{z-z_2}\right|=k$ 等同于圆周 $|z-z_0|=r$. 其次, 利用对称点定义验证 $(z_1-z_0)\overline{(z_2-z_0)}=r^2$. 因 $z_1-z_0=\dfrac{k^2(z_2-z_1)}{1-k^2}$, $z_2-z_0=\dfrac{z_2-z_1}{1-k^2}$ 所以

$$
(z_1-z_0)\overline{(z_2-z_0)}=\frac{k^2|z_2-z_1|^2}{(1-k^2)^2}=r^2
$$

故 z_1 与 z_2 是关于圆周 $\left|\dfrac{z-z_1}{z-z_2}\right|=k$ 的对称点.

例 6.4 求一线性映射, 它把单位圆 $|z|<1$ 保形映射成圆 $|w-1|<1$, 并且分别将 $z_1=-1,z_2=-\mathrm{i},z_3=\mathrm{i}$ 变为 $w_1=0,w_2=2,w_3=1+\mathrm{i}$.

分析 只需给定三个条件, 就能决定一个分式线性映射, 可以利用分式线性映射的保交比性及一般表达式来确定.

解法 1 应用 $w=f(z)$ 的保交比性有

$$\frac{w}{w-2}:\frac{1+\mathrm{i}}{1+\mathrm{i}-2}=\frac{z+1}{z+\mathrm{i}}:\frac{1+\mathrm{i}}{2\mathrm{i}}$$

化简后有

$$\frac{w}{w-2}=\frac{(1-\mathrm{i})(z+1)}{z+\mathrm{i}}$$

最后可得分式线性映射

$$w=(2+2\mathrm{i})\frac{z+1}{z+2+\mathrm{i}}$$

最后可由绕向法或取点法验证. 两个圆的内部互相对应. 例如: 取 $|z|<1$ 的圆心 $z=0$, 则 $w=f(z)=\dfrac{2+2\mathrm{i}}{2+\mathrm{i}}=\dfrac{6}{5}+\dfrac{2}{5}\mathrm{i}$, 它位于像圆 $|w-1|<1$ 内.

解法 2 设所求分式性线性映射为

$$w=f(z)=\frac{az+b}{cz+d},\quad ad-bc\neq 0 \tag{6.1}$$

由题设可知

$$0=\frac{b-a}{d-c}\Rightarrow a=b\neq 0 \tag{6.2}$$

$$2=\frac{b-\mathrm{i}a}{d-\mathrm{i}c}\Rightarrow 2=\frac{1-\mathrm{i}}{\dfrac{d}{a}-\dfrac{c}{a}\mathrm{i}} \tag{6.3}$$

$$1+\mathrm{i}=\frac{b+a\mathrm{i}}{d+c\mathrm{i}}\Rightarrow 1+\mathrm{i}=\frac{1+\mathrm{i}}{\dfrac{d}{a}+\dfrac{c}{a}\mathrm{i}} \tag{6.4}$$

设 $e=\dfrac{d}{a},f=\dfrac{c}{a}$, 则由 (6.3) 式和 (6.4) 式得

$$e=\frac{3}{4}-\frac{\mathrm{i}}{4},f=\frac{1}{4}-\frac{\mathrm{i}}{4} \tag{6.5}$$

将 (6.2) 式与 (6.5) 式代入 (6.1) 式得

$$w=\frac{az+b}{cz+d}=\frac{z+1}{fz+e}=(2+2\mathrm{i})\frac{z+1}{z+2+\mathrm{i}}$$

例 6.5 求一个把角形域 $D:\ -\dfrac{\pi}{6}<\arg z<\dfrac{\pi}{6}$ 映射为单位圆盘 $G:\ |w|<1$ 的保形映射.

分析 幂函数所构成的映射可把角形域保形映射成上半平面, 然后再利用重要的分式线性映射 $w=\mathrm{e}^{\mathrm{i}\theta}\dfrac{z-\lambda}{z-\bar{\lambda}}$ 将 $\mathrm{Im}z>0$ 映射成单位圆盘 $|w|<1$, 如图 6.3 所示.

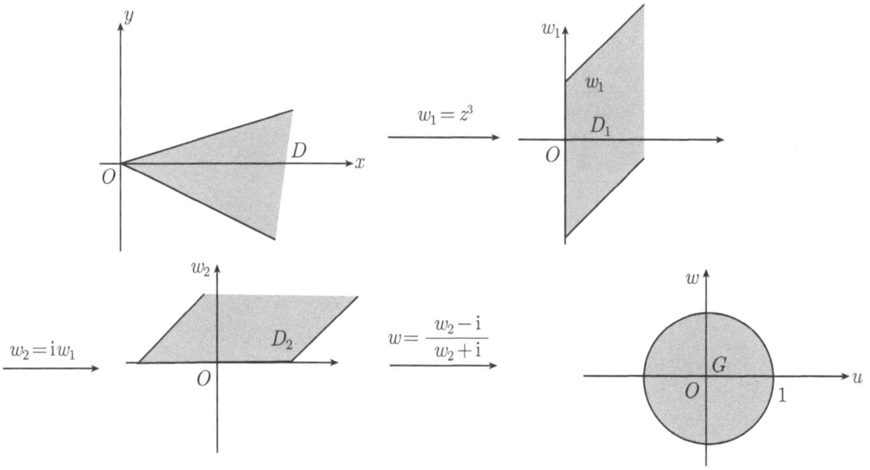

图 6.3

解 用幂函数 $w_1=z^3$, 将角形域 $D=\left\{z:-\dfrac{\pi}{6}\arg z<\dfrac{\pi}{6}\right\}$ 保形映为右半平面 $D_1=\left\{w_1:-\dfrac{\pi}{2}<\arg w_1<\dfrac{\pi}{2}\right\}$. 再作旋转变换 $w_2=\mathrm{i}w_1$, 它把 D_1 保形映为 $D_2=\{w_2:0<\arg w_2<\pi\}$. 最后用分式线性映射 $w=\dfrac{w_2-\mathrm{i}}{w_2+\mathrm{i}}$ 将 D_2 保形映为 $G=\{w:|w|<1\}$. 复合上述各函数, 得到 $w=\dfrac{z^3-1}{z^3+1}$, 将角形域 D 保形映射为单位圆盘 $|w|<1$.

例 6.6 求一个把第一象限内的四分之一圆 D: $0<\arg z<\dfrac{\pi}{2}, 0<|z|<1$ 变成单位圆的保形变换.

分析 不能认为 $w=z^4$ 就是所求的变换, 因为它把四分之一圆变成去掉了沿正实轴的半径的单位圆.

解 首先, 用幂函数 $w_1=z^2$将四分之一圆 D 保形变换成上半单位圆 D_1(两角形); 其次, 用分式线性映射 $w_2=-\dfrac{w_1+1}{w_1-1}$ 将 $D_1=\{w_1:0<\arg w_1<\pi,|w_1|<1\}$ 保形映射为 $D_2=\left\{w_2:0<\arg w_2<\dfrac{\pi}{2}\right\}$. 再用幂函数 $w_3=w_2^2$ 将 D_2 保形映射为上半平面 $D_3=\{w_3:0<\arg w_3<\pi\}$. 最后, 用分式线性映射 $w=\dfrac{w_3-\mathrm{i}}{w_3+\mathrm{i}}$ 把上半平面 D_3 保形映射成单位圆 $G=\{w:|w|<1\}$(图 6.4).

因此, 所求的一个保形映射为

$$w=\frac{(z^2+1)^2-\mathrm{i}(z^2-1)^2}{(z^2+1)^2+\mathrm{i}(z^2-1)^2}$$

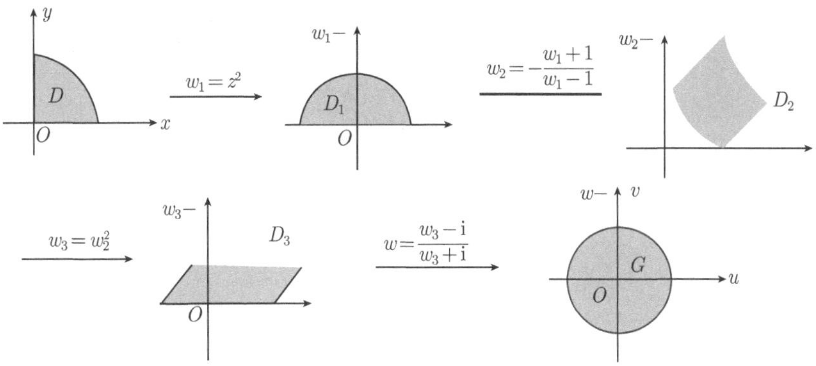

图 6.4

例 6.7 求把具有割痕：$z=t+\mathrm{i}t(1\leqslant t\leqslant 2)$ 的扩充 z 平面映射成上半平面 $\mathrm{Im}w>0$ 的一个映射.

分析 平面上的割痕, 可利用分式线性映射的特点将它映成正实轴, 然后再利用根式函数所构成的映射的特点, 将割痕去除 (图 6.5).

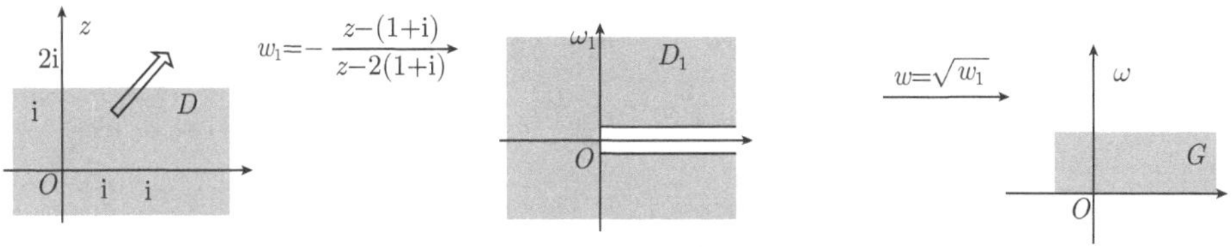

图 6.5

解 首先, 利用分式线性映射 $w_1=-\dfrac{z-(1+\mathrm{i})}{z-2(1+\mathrm{i})}$ 将以 $1+\mathrm{i}$ 到 $2+2\mathrm{i}$ 的线段为边界的区域 D 保形映射成以正实轴为边界的区域 $D_1=\{w_1:0<\arg w_1<2\pi\}$, 再利用根式函数 $w=\sqrt{w_1}$, 将角形域 D_1 保形映射为所求的上半平面 G, 复合上述函数得 $w=\sqrt{-\dfrac{z-(1+\mathrm{i})}{z-2(1+\mathrm{i})}}$ 为所求的一个保形映射.

例 6.8 求出将圆盘 $|z-4\mathrm{i}|<2$ 映射成半平面 $\mathrm{Im}w>\mathrm{Re}w$ 的保形映射 $w=f(z)$, 且满足 $f(4\mathrm{i})=-4, f(2\mathrm{i})=0$.

解法 1 在 z 平面与 w 平面间插入两个 “中间” 平面, 分别将 $|z-4\mathrm{i}|<2$ 和 $\mathrm{Im}w>\mathrm{Re}w$ 映射成典型区域 —— 单位圆和上半平面, 再转化(图 6.6).

首先, 映射 $w_1=\dfrac{z-4\mathrm{i}}{2}$ 将圆盘 $|z-4\mathrm{i}|<2$ 映射成单位圆盘 $|w_1|<1$ 且 $w_1(4\mathrm{i})=0$.

其次, 用映射 $w_2=\mathrm{e}^{-\frac{\pi}{4}\mathrm{i}}w$ 将半平面 $\mathrm{Im}w>\mathrm{Re}w$ 映射成上半平面 $\mathrm{Im}w_2>0$, 且 $w_2(-4)=-4\mathrm{e}^{-\frac{\pi}{4}\mathrm{i}}$.

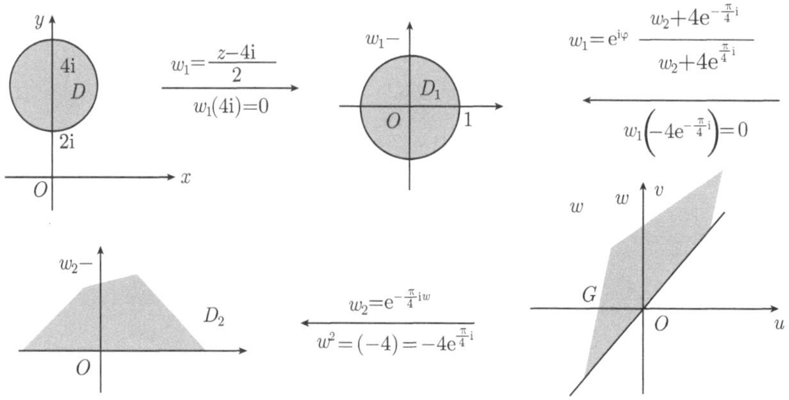

图 6.6

再作从上半平面 $\mathrm{Im}w_2>0$ 到单位圆 $|w_1|<1$ 的保形映射, 且将 $w_2=-4e^{-\frac{\pi}{4}i}$ 映射为原点, 由重要分式线性映射 $w=e^{i\theta}\cdot\dfrac{z-\lambda}{z-\lambda}$ 知此映射为

$$w_1=e^{i\theta}\frac{w_2+4e^{-\frac{\pi}{4}i}}{w_2+4e^{\frac{\pi}{4}i}}$$

将 $w_1=\dfrac{z-4i}{2}, w_2=e^{-\frac{\pi}{4}i}w$ 代入上式得 $\dfrac{z-4i}{2}=e^{i\theta}\dfrac{w+4}{w+4i}$. 又 $f(2i)=0$, 故 $e^{i\theta}=1$ 所以

$$\frac{z-4i}{2}=\frac{w+4}{w+4i}$$

即

$$w=-4i\frac{z-2i}{z-2(1+2i)}$$

为所求保形映射.

解法 2 设 z_0 为圆周 $|z-4i|=2$ 上一点, 且 $f(z_0)=\infty$, 故设所求的保形映射为 $w=k\dfrac{z-2i}{z-z_0}$, 又 $f(4i)=-4$, 且由分式线性映射的保对称性知 $f(\infty)=-4i$, 将条件代入 $w=k\dfrac{z-2i}{z-z_0}$, 得 $k=-4i, z_0=2(1+2i)$, 故 $w=-4i\dfrac{z-2i}{z-2(1+2i)}$ 为所求.

例 6.9 求将两角形域 $D:|z+i|<2, \mathrm{Im}z>0$ 变成带形域 $G:0<\mathrm{Im}w<\pi$ 的保形映射.

分析原域 是两角形域 D, 而像域 G 为带形域. 两角形域可通过分式线性映射变成角形域, 进一步可用幂函数变成上半平面. 而带形域可由指数函数变成角形域. 进一步也可用幂函数变成上半平面, 因而两角形域 D 可由中间 “跳板”—— 上半平面映成要求的带形域 G, 如图 6.7 所示.

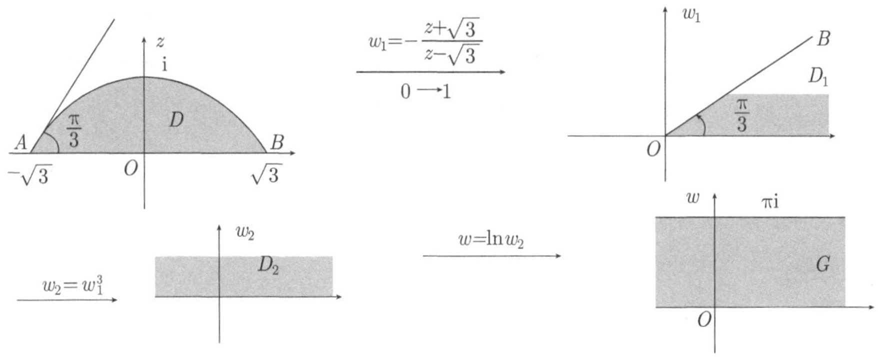

图 6.7

解 由题设知 $A(-\sqrt{3},0), B(\sqrt{3},0)$, 且两角形 D 的内角为 $\frac{\pi}{3}$. 首先用 $w_1 = -\frac{z+\sqrt{3}}{z-\sqrt{3}}$ 将域 D 保形映为角形域 $D_1 = \left\{w_1 : 0 < \arg w_1 < \frac{\pi}{3}\right\}$, 其次用幂函数 $w_2 = w_1^3$ 将角形域 D_1 映为上半平面 $D_2 = \{w_2 : 0 < \arg w_2 < \pi\}$, 最后用对数函数 $w = \ln w_2$, 它将上半平面 D_2 保形映为带形域 $G = \{w : 0 < \mathrm{Im} w < \pi\}$.

复合上述函数, 得所求的一个保形变换为

$$w = 3\ln\left(\frac{\sqrt{3}+z}{\sqrt{3}-z}\right)$$

例 6.10 求将半带形域 $D: -\frac{\pi}{2} < \mathrm{Re}z < \frac{\pi}{2}, \mathrm{Im}z > 0$ 变为上半 w 平面 $G: \mathrm{Im}w > 0$ 的保形映射 $w = f(z)$, 且使符合条件: $f(0) = 0, f\left(\pm\frac{\pi}{2}\right) = \pm 1$.

分析 所给条件为三对边界对应点, 是唯一性条件, 如图 6.8 所示.

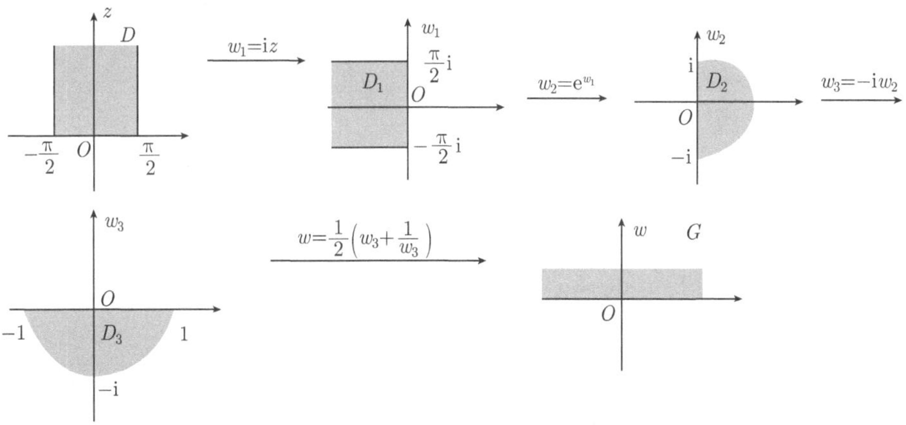

图 6.8

解法 1 首先, 作旋转变换 $w_1=\mathrm{i}z$ 将半带形域 D 保形映为半带形域 D_1, 其次, 用指数函数 $w_2=\mathrm{e}^{w_1}$ 将半带形域 D_1 映为右半单位圆 D_2. 再利用旋转变换 $w_3=-\mathrm{i}w_2$, 把 D_2 映为下半单位圆 D_3, 最后, 用儒可夫斯基函数 $w=\dfrac{1}{2}\left(w_3+\dfrac{1}{w_3}\right)$ 把 D_3 映为上半平面 $G=\{w:\mathrm{Im}w>0\}$.

复合上述函数, 得所求保形映射为 $w=\dfrac{1}{2}\left(-\mathrm{i}w_2+\dfrac{1}{-\mathrm{i}w_2}\right)=\sin z$, 这是唯一合条件的映射.

解法 2 z 平面上半带形域 $D:-\dfrac{\pi}{2}<\mathrm{Re}z<\dfrac{\pi}{2},\mathrm{Im}z>0$为一无界三角形域, 其顶角分别为 $z_1=-\dfrac{\pi}{2},z_2=\dfrac{\pi}{2},z_3=\infty$. 顶角分别为 $\alpha_1=\dfrac{\pi}{2},\alpha_2=\dfrac{-\pi}{2},\alpha_3=0$. 设 $w_1=-1,\quad w_2=1,w_3=\infty$ 分别对应 z_1,z_2,z_3, 则由多角形域的映射公式

$$
\begin{aligned}
z=&k\int(w+1)^{-\frac{1}{2}}(w-1)^{-\frac{1}{2}}\mathrm{d}w+c\\
=&k'\int\frac{1}{\sqrt{1-w^2}}\mathrm{d}w+c=k'\arcsin w+c'
\end{aligned}
$$

利用点 $w_1=-1,w_2=1$ 与 $z_1=-\dfrac{\pi}{2},z_2=\dfrac{\pi}{2}$分别对应的关系有 $k'\left(-\dfrac{\pi}{2}\right)+c'=-\dfrac{\pi}{2},\quad k'\left(\dfrac{\pi}{2}\right)+c'=\dfrac{\pi}{2}$, 解得 $k'=1,c'=0$, 于是 $z=\arcsin w$ 或 $w=\sin z$.

6.3 测 试 题

1. 单项选择题.

(1) 映射 $w=\mathrm{e}^{\mathrm{i}z^2}$ 在点 $z=\mathrm{i}$ 处的伸缩率为 (　　).

A. 1;　　B. 2;　　C. e^{-1};　　D. e.

(2) 若函数 $w=\ln(z-1)$ 构成的映射将 z 平面上区域 G 扩大, 那么该区域 G 是 (　　).

A. $|z+1|<\dfrac{1}{2}$;　　B. $|z-1|<\dfrac{1}{2}$;　　C. $|z|>\dfrac{1}{2}$;　　D. $|z-1|<1$.

(3) 映射 $w=\dfrac{3z-\mathrm{i}}{z+\mathrm{i}}$ 在 $z_0=2\mathrm{i}$ 处的旋转角为 (　　).

A. 0;　　B. $\dfrac{\pi}{2}$;　　C. π;　　D. $-\dfrac{\pi}{2}$.

(4) $2+\mathrm{i}$ 关于圆周 $c:|z-\mathrm{i}|=3$ 的对称点为 (　　).

A. $\dfrac{9}{2}+\mathrm{i}$;　　B. $\dfrac{9}{2}-\mathrm{i}$;　　C. $\dfrac{9}{2}$;　　D. $\dfrac{9}{2}\mathrm{i}$.

(5) 将点 $z=0,1,\infty$ 分别映射 $w=-1,-\mathrm{i},1$ 的分式线性映射为 (　　).

A. $w=\dfrac{z+1}{z-1}$;　　B. $w=\mathrm{e}^{\frac{\pi}{2}\mathrm{i}}\dfrac{z+1}{z-1}$;

C. $w=\dfrac{z-\mathrm{i}}{z+\mathrm{i}}$;　　D. $w=\mathrm{e}^{\frac{\pi}{2}\mathrm{i}}\dfrac{z-\mathrm{i}}{z+\mathrm{i}}$.

(6) 分式线性映射 $w=\mathrm{i}\dfrac{z+2}{z-2}$ 将 $|z|>2$ 映射成 (　　).

A. $|w|<1$;　B. $|w|>1$;　C. $\mathrm{Im}w>0$;　D. $\mathrm{Im}w<0$.

(7) 函数 $w=\dfrac{z^4-\mathrm{i}}{z^4+\mathrm{i}}$ 将角形域 $0<\arg z<\dfrac{\pi}{4}$ 映射为 (　　).

A. $|w|<1$;　B. $|w|>1$;　C. $\mathrm{Im}w>0$;　D. $\mathrm{Im}w<0$.

(8) 把上半平面 $\mathrm{Im}z>0$ 映射成圆域 $|w|<2$ 且满足 $w(\mathrm{i})=0, w'(\mathrm{i})=1$ 的分式线性变换 $w(z)$ 为 (　　).

A. $2\mathrm{i}\dfrac{1-z}{1+z}$;　B. $2\mathrm{i}\dfrac{2-\mathrm{i}}{z+\mathrm{i}}$;　C. $2\dfrac{\mathrm{i}-z}{\mathrm{i}+z}$;　D. $2\dfrac{z-\mathrm{i}}{z+\mathrm{i}}$.

(9) 函数 $w=\dfrac{z^3-\mathrm{i}}{z^3+\mathrm{i}}$ 将角形域 $0<\arg z<\dfrac{\pi}{3}$ 映射为 (　　).

A. $|w|<1$;　B. $|w|>1$;　C. $\mathrm{Im}w>0$;　D. $\mathrm{Im}w<0$.

(10) 把单位圆盘 $|z|<1$ 映射成单位圆盘 $|w|<1$ 且满足 $w\left(\dfrac{\mathrm{i}}{2}\right)=0, w'(0)>0$ 的分式线性变换 $w(z)$ 为 (　　).

A. $\dfrac{2z-\mathrm{i}}{2-\mathrm{i}z}$;　B. $\dfrac{\mathrm{i}-2z}{2-\mathrm{i}z}$;　C. $\dfrac{2z-\mathrm{i}}{2+\mathrm{i}z}$;　D. $\dfrac{\mathrm{i}-2z}{2+\mathrm{i}z}$.

(11) 设 a,b,c,d 为实数且 $ad-bc<0$, 那么分式线性变换 $w=\dfrac{az+b}{cz+d}$ 把上半平面映射为 w 平面的 (　　).

A. 单位圆内部;　B. 单位圆外部;　C. 上半平面;　D. 下半平面.

(12) 函数 $w=\dfrac{\mathrm{e}^z-1-\mathrm{i}}{\mathrm{e}^z-1+\mathrm{i}}$ 将带形域 $0<\mathrm{Im}z<\pi$ 映射为 (　　).

A. $\mathrm{Re}w>0$;　B. $\mathrm{Re}w<0$;　C. $|w|<1$;　D. $|w|>1$.

2. 填空题.

(1) 若函数 $f(z)$ 在点 z_0 解析且 $f'(z_0)\neq 0$, 那么映射 $w=f(z)$ 在 z_0 处具有____.

(2) 将点 $z=2,\mathrm{i},-2$, 分别映射为点 $w=-1,\mathrm{i},1$ 的分式线性变换为____.

(3) 把单位圆 $|z|<1$ 映射为圆域 $|w-1|<1$ 且满足 $w(0)=1, w'(0)>0$ 的分式线性变换 $w(z)=$____.

(4) 将单位圆 $|z|<1$ 映射为圆域 $|w|<R$ 的分式线性变换的一般形式为____.

(5) 把上半平面 $\mathrm{Im}z>0$ 映射成单位圆 $|w(z)|<1$ 且满足 $w(1+\mathrm{i})=0$, $w(1+2\mathrm{i})=\dfrac{1}{3}$ 的分式线性变换 $w(z)=$____.

(6) 把角形域 $0<\arg z<\dfrac{\pi}{4}$ 映射成圆域 $|w|<4$ 的保形映射可写为____.

(7) 映射 $w=\mathrm{e}^z$ 将带形域 $0<\mathrm{Im}z<\dfrac{3}{4}\pi$ 映射为____.

(8) 映射 $w=z^3$ 将扇形域 $0<\arg z<\dfrac{\pi}{3}$ 且 $|z|<2$ 映射为____.

(9) 映射 $w=\ln z$ 将上半 z 平面映射为____.

(10) 映射 $w=\dfrac{1}{2}\left(z+\dfrac{1}{z}\right)$ 将下半单位圆：$|z|<1$ 且 $\mathrm{Im}z<0$ 映射为____.

(11) 映射 $w=\ln z$ 将右半平面 $\mathrm{Re}z>0$ 保形映射成的像域为____.

(12) z 平面左半带形域 $D:-\infty<\mathrm{Re}z<0, 0<\mathrm{Im}z<\pi$ 在映射 $w=\mathrm{e}^z$ 下的像域为____.

3. 求映射 $w=f(z)=(z+1)^2$ 的等伸缩率及等旋转角的轨迹方程.

4. 求在分式线性映射 $w=\dfrac{z+1}{z-1}$ 下, 下列图形的像.

(1) $|z|<1$; (2) $-1\leqslant \mathrm{Re}z\leqslant 1, \mathrm{Im}z=0$; (3) 虚轴.

5. 求将上半单位圆 $|z|<1, \mathrm{Im}z>0$ 映为单位圆外域 $|w|>1$ 的一个保形映射.

6. 求将 $|z-2|<1$ 映为 $|w-2\mathrm{i}|<2$, 且满足 $f(2)=\mathrm{i}, \arg f'(2)=0$ 的分式线性映射 $w=f(z)$.

7. 求将偏心圆环 $|z-3|>9, |z-8|<16$ 映为同心圆环 $\rho<|w|<1$ 的分式线性映射, 并求 ρ 的值 (图 6.9).

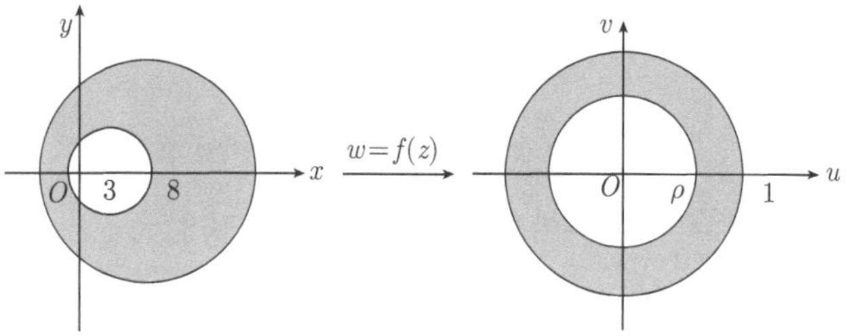

图 6.9

8. 求将角形域 $-\dfrac{\pi}{4}<\arg z<\dfrac{\pi}{2}$, 映为上半平面 $\mathrm{Im}w>0$ 且使点 $1,-\mathrm{i},\mathrm{i},0$ 映为 $2,-1,0$ 的保形映射 (图 6.10).

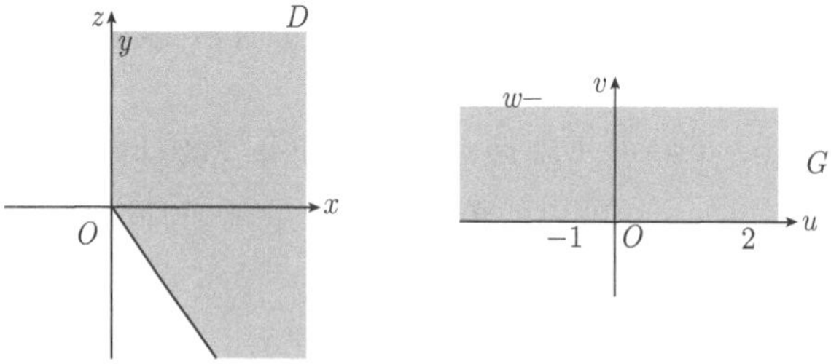

图 6.10

9. 求把图 6.11 中所示的阴影部分映射成上半平面的映射, 并使 A 点对应于 $x=-1, 0$ 点对应于 $x=1$.

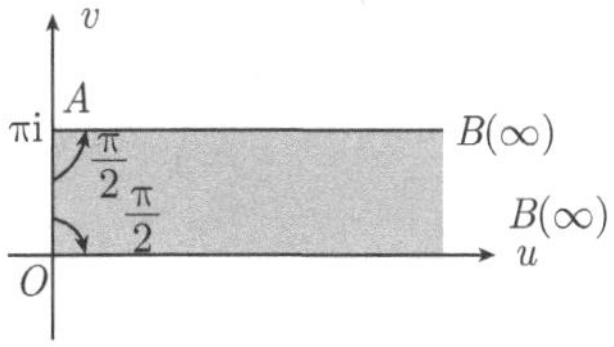

图 6.11

6.4 测试题解答

1. 单项选择题.

(1) B. 由伸缩率的定义可知 $|f'(z_0)|$. 故 $w'=2\mathrm{i}z\mathrm{e}^{\mathrm{i}z^2}$. $|f'(\mathrm{i})|=2$.

(2) D. 同上题知, 区域 G 应满足下式

$$|w'|=\left|\frac{1}{z-1}\right|>1\Rightarrow|z-1|<1$$

(3) D. 由旋转角定义知为 $\mathrm{Arg}f'(z_0)$. 由

$$w'=\left(\frac{3z-\mathrm{i}}{z+\mathrm{i}}\right)'=\frac{4\mathrm{i}}{(z+\mathrm{i})^2}\ \mathrm{Arg}f'(2\mathrm{i})=\mathrm{Arg}\left(-\frac{4}{9}\mathrm{i}\right)=-\frac{\pi}{2}.$$

(4) A. 由关于圆周 C 的一对对称点定义可知, 应满足 $|z_1-z_0||z_2-z_0|=R^2$. 故应为 $\frac{9}{2}+\mathrm{i}$.

(5) C. 由分式线性映射的保交比不变性可知, 有如下交比式:

$$\frac{w-w_1}{w-w_2}:\frac{w_3-w_1}{w_3-w_2}=\frac{z-z_1}{z-z_2}:\frac{z_3-z_1}{z_3-z_2}.$$

把点代入上式, 得分式线性映射 $w=\frac{z-\mathrm{i}}{z+\mathrm{i}}$.

(6) C. $w=\mathrm{i}\frac{z+2}{z-2}$ 将 $z=-2\mathrm{i},-2,2\mathrm{i},2$ 映为 $w=-1,0,1,+\infty$. 故 $|z|=2$ 映为实轴 $\mathrm{Im}z=0$. 取 $z=0$ 知 $w=-\mathrm{i}$, 故 $|z|>2$ 映为 $\mathrm{Im}w>0$.

(7) A. 函数 $w=\frac{z^4-\mathrm{i}}{z^4+\mathrm{i}}$ 可分解成 $w=\frac{\xi-\mathrm{i}}{\xi+\mathrm{i}}$ 及 $\xi=z^4$. 再由分式线性映射与幂函数所构成映射的特点知 $0<\arg z<\frac{\pi}{4}$ 将映为 $|w|<1$.

(8) B. 由题设知 $w(\mathrm{i})=0$ 及 $w'(\mathrm{i})=1$. 再由将 $\mathrm{Im}z>0$ 映射成 $|w_1|<1$ 的分

式线性映射为 $w_1=\mathrm{e}^{\mathrm{i}\theta}\dfrac{z-\mathrm{i}}{z+\mathrm{i}}$. 由条件 $w'(\mathrm{i})=1$, 得 $\mathrm{e}^{\mathrm{i}\theta}=2\mathrm{i}$. 故所求分式线性映射为 $w=2\mathrm{i}\dfrac{z-\mathrm{i}}{z+\mathrm{i}}$.

(9)A. 函数 $w=\dfrac{z^3-\mathrm{i}}{z^3+\mathrm{i}}$ 可分解为 $w=\dfrac{\xi-\mathrm{i}}{\xi+\mathrm{i}}$ 及 $\xi=z^3$, 再由幂函数所构成映射的特点知 $\xi=z^3$ 将 $0<\arg z<\dfrac{\pi}{3}$ 映为 $0<\arg\xi<\pi$, 即 $\mathrm{Im}\xi>0$. 再由 $w=\dfrac{\xi-\mathrm{i}}{\xi+\mathrm{i}}$ 将 $\mathrm{Im}\xi>0$ 映为 $|w|<1$, 即单位圆盘.

(10) C. 将 $|z|<1$ 映为 $|w|<1$ 的分式线性映射为 $w=\mathrm{e}^{\mathrm{i}\varphi}\dfrac{z-\alpha}{1-\bar{\alpha}z}$, 结合条件 $w\left(\dfrac{\mathrm{i}}{2}\right)=0$ 有 $w=\mathrm{e}^{\mathrm{i}\varphi}\dfrac{z-\dfrac{\mathrm{i}}{2}}{1+\dfrac{\mathrm{i}}{2}z}$. 再由 $w'(0)>0$, 有 $w=\dfrac{2z-\mathrm{i}}{2+\mathrm{i}z}$.

(11) D. 由题设 a,b,c,d 为实数, 则知分式线性映射 $w=\dfrac{az+b}{cz+d}$ 可将实轴映为实轴. 再由条件 $ad-bc<0$, 则将 $\mathrm{Im}z>0$ 映为 $\mathrm{Im}w<0$.

(12) C. 函数 $w=\dfrac{\mathrm{e}^z-1-\mathrm{i}}{\mathrm{e}^z-1+\mathrm{i}}$ 可分解为 $w=\dfrac{\xi-1-\mathrm{i}}{\xi-1+\mathrm{i}}$ 及 $\xi=\mathrm{e}^z.\xi=\mathrm{e}^z$ 可将 $0<\mathrm{Im}z<\pi$ 映为 $0<\arg\xi<\pi$, 即上半平面. 而 $w=\dfrac{\xi-1-\mathrm{i}}{\xi-1+\mathrm{i}}$ 可将 $0<\arg\xi<\pi$ 映为 $|w|<1$.

2. 填空题.

(1) 保角性与伸缩率不变性. 由保角性及伸缩率的定义可知.

(2) $w=\dfrac{z-6\mathrm{i}}{3\mathrm{i}z-2}$. 由分式线性映射的保交比不变性可知应有

$$\frac{w+1}{w-\mathrm{i}}:\frac{1+1}{1-\mathrm{i}}=\frac{z-2}{z-\mathrm{i}}:\frac{-2-2}{-2-\mathrm{i}}\Rightarrow w=\frac{z-6\mathrm{i}}{3\mathrm{i}z-2}$$

(3) $1+z$. 由重要分式线性映射可知. 所求分式线性映射应为

$$w=1+\mathrm{e}^{\mathrm{i}\varphi}\frac{z-\alpha}{1-\bar{\alpha}z}(\varphi\in\mathbb{R},|\alpha|<1).$$

由 $w(0)=1$ 及 $w'(0)>0$ 可知 $w=1+z$.

(4) $w=R\mathrm{e}^{\mathrm{i}\theta}\dfrac{z-\alpha}{1-\bar{\alpha}z}(\theta\in\mathbb{R},|\alpha|<1)$. 由重要分式线性映射知将 $|z|<1$, 映为 $|\xi|<1$, 应有

$$\xi=\mathrm{e}^{\mathrm{i}\theta}\frac{z-\alpha}{1-\bar{\alpha}z}$$

再将 $|\xi|<1$ 映为 $|w|<R$, 则有

$$w=R\xi=R\mathrm{e}^{\mathrm{i}\theta}\frac{z-\alpha}{1-\bar{\alpha}z}$$

(5) $w=\dfrac{z-1-\mathrm{i}}{z-1+\mathrm{i}}$. 将 $\mathrm{Im}z>0$ 映射为 $|w(z)|<1$ 的分式线性映射有

$$w=\mathrm{e}^{\mathrm{i}\theta}\frac{z-\lambda}{z-\bar{\lambda}}(\theta\in\mathbb{R})$$

由条件 $w(1+\mathrm{i})=0$ 可知 $\lambda=1+\mathrm{i}$. 再由 $w(1+2\mathrm{i})=\dfrac{1}{3}$ 可知

$$w=\frac{z-1-\mathrm{i}}{z-1+\mathrm{i}}$$

(6) $w=4\mathrm{e}^{\mathrm{i}\varphi}\dfrac{z^4-\lambda}{z^4-\bar{\lambda}}(\varphi\in\mathbb{R},\mathrm{Im}\lambda>0)$. 首先能将 $0<\arg z<\dfrac{\pi}{4}$ 映为 $\mathrm{Im}\xi>0$ 的映射为 $\xi=z^4$. 再将 $\mathrm{Im}\xi>0$ 映为 $|w_1|<1$ 的分式线性映射为 $w_1=\mathrm{e}^{\mathrm{i}\varphi}\dfrac{\xi-\lambda}{\xi-\bar{\lambda}}$. 最后将 $|w_1|<1$ 映为 $|w|<4$ 的映射为 $w=4w_1=4\mathrm{e}^{\mathrm{i}\varphi}\dfrac{z^4-\lambda}{z^4-\bar{\lambda}}$.

(7) 角形域 $0<\arg w<\dfrac{3}{4}\pi$. 由指数函数的映射特点可知. 它可将水平带形域 $0<\mathrm{Im}z<h$ 映为角形域 $0<\arg w<h$. 故 $w=\mathrm{e}^z$ 可将 $0<\mathrm{Im}z<\dfrac{3}{4}\pi$ 映为 $0<\arg w<\dfrac{3}{4}\pi$.

(8) 扇形域 $0<\arg w<\pi$, 且 $|w|<8$. 由幂函数构成的映射特点可知. 映射 $w=z^3$ 可将扇形域 $0<\arg z<\dfrac{\pi}{3}$ 且 $|z|<2$ 映射为扇形域 $0<\arg w<\pi$ 且 $|w|<8$.

(9) 带形域 $0<\mathrm{Im}w<\pi$. 由对数函数构成的映射特点可知, 它将角形域 $0<\arg z<h$, 映为带形域 $0<\mathrm{Im}w<h$. 故 $w=\ln z$ 可将上半平面 $0<\arg z<\pi$ 映为带形域 $0<\mathrm{Im}w<\pi$.

(10) 上半平面 $\mathrm{Im}w>0$. 设 D 的边界为 l_1,l_2,l_3, 其像为 s_1,s_2,s_3, 则有

$l_1:\theta=0,0\leqslant\rho\leqslant1$对应$s_1:v=0,1\leqslant u<\infty$.

$l_2:\theta=\pi,0\leqslant\rho\leqslant1$对应$s_2:v=0,-\infty<u\leqslant-1$.

$l_3:\pi\leqslant\theta\leqslant2\pi,\rho=1$对应$s_2:v=0,-1\leqslant u\leqslant1$.

由绕向知 $|z|<1,\mathrm{Im}z<0$ 映为 $\mathrm{Im}w>0$(图 6.12).

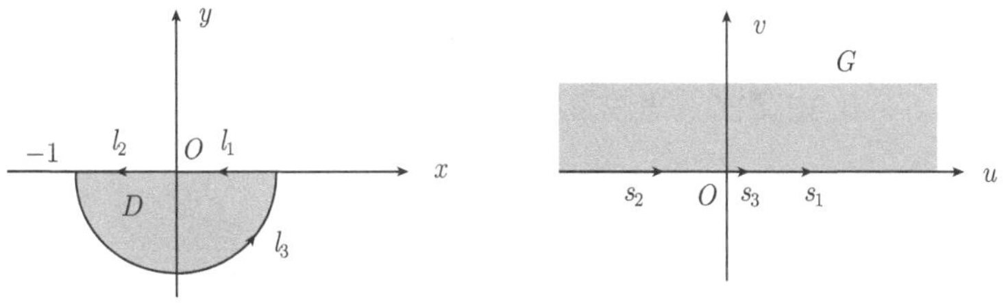

图 6.12

(11) 带形域 $-\dfrac{\pi}{2}<\mathrm{Im}w<\dfrac{\pi}{2}$. 右半平面 $\mathrm{Re}z>0$ 可写为 $-\dfrac{\pi}{2}<\arg z<\dfrac{\pi}{2}$, 再由对数函数的映射特点可知, $w=\ln z$ 将 $\mathrm{Re}z>0$ 映为带形域 $-\dfrac{\pi}{2}<\mathrm{Im}w<\dfrac{\pi}{2}$.

(12) 上半单位圆域：$\mathrm{Im}w>0$ 且 $|w|<1$. 指数函数构成的映射可将带形域 $0<\mathrm{Im}z<h$ 映为角形域 $0<\arg w<h$. 故左半带形域 D 可映为上半单位圆 $G:\mathrm{Im}w>0,|w|<1$.

3. **解** 因为 $f'(z)=2(z+1)$, 所以等伸缩率的轨迹方程为 $|z+1|=c(c>0$ 为常数), 是以 -1 为中心, 半径为 c 的圆周方程. 等旋转角的轨迹方程为 $\arg(z+1)=c_1(c_1>0$ 为常数), 是从点 -1 出发的一条射线.

4. **解** 由 $w=\dfrac{z+1}{z-1}$, 知 $z=\dfrac{w+1}{w-1}$.

(1) 此时有 $\left|\dfrac{w+1}{w-1}\right|<1$, 即 $|w+1|<|w-1|$. 表示到点 $w_1=-1$ 的距离小于到点 $w_2=1$ 的距离的全部点 w, 即 $\mathrm{Re}w<0$.

(2) $\dfrac{z+1}{z-1}=\dfrac{x+1+y\mathrm{i}}{x-1+y\mathrm{i}}=\dfrac{(x^2-1)+y^2-2y\mathrm{i}}{(x-1)^2+y^2}$.

当 $-1\leqslant x\leqslant 1,y=0$ 时, 可以得到

$$u=(x^2-1)/(x-1)^2\leqslant 0,\quad v=0$$

即像为 w 平面上负实轴和原点.

(3) 虚轴为 $\mathrm{Re}z=0$, 依 (2) 有 $u=(y^2-1)/(1+y^2),v=-2y/(1+y^2),y$ 为参数, 由于 $u^2+v^2=1$, 知像为 w 平面上圆周 $|w|=1$.

5. **解** (1) 如图 6.13 所示先将 $|z|<1,\mathrm{Im}z>0$ 映为第一象限, $\mathrm{Re}w_1>0,\quad \mathrm{Im}w_1>0$, 即将边界 $-1\to\mathrm{i}\to 1\to -1$ 映为边界 $\infty\to\mathrm{i}\to 0\to\infty$, 利用交比不变性得

$$\frac{w_1-0}{w_1-\infty}:\frac{\mathrm{i}=0}{\mathrm{i}-\infty}=\frac{z-1}{z+1}:\frac{\mathrm{i}-1}{\mathrm{i}+1},\quad w_1=\frac{z-1}{z+1}$$

(2) 再将第一象限映为上半平面 $\mathrm{Im}w_2>0$, 即 $w_2=w_1^2$.

(3) 然后, 将 $\mathrm{Im}w_2>0$ 映为 $|w|>1$, 即将边界上点 $-1,0,1$ 依次映为 $-\mathrm{i},-1,\mathrm{i}$ 并令 $\mathrm{i}\to\infty,-\mathrm{i}\to 0$, 由交比不变性及映射的性质得 $w=\dfrac{w_2+\mathrm{i}}{w_2-\mathrm{i}}$, 所以

$$w=\frac{w_2+\mathrm{i}}{w_2-\mathrm{i}}=\frac{w_1^2+\mathrm{i}}{w_1^2-\mathrm{i}}=\frac{(1-z)^2+\mathrm{i}(1+z)^2}{(1-z)^2-\mathrm{i}(1+z)^2}$$

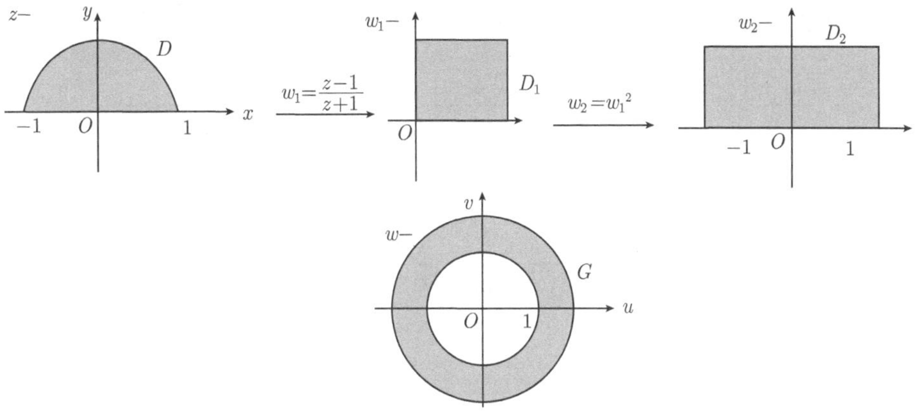

图 6.13

6. **解** 令 $z-2=\xi, \dfrac{w-2\mathrm{i}}{2}=w_1$, 则映射 $w_1=\varphi(\xi)$ 将 $|\xi|<1$ 映为 $|w_1|<1$; 且将 $\xi=0$ 映为 $w_1=-\dfrac{\mathrm{i}}{2}$. 由逆映射为 $\xi=\varphi^{-1}(w_1)$, 得 $\xi=\mathrm{e}^{\mathrm{i}\theta}\dfrac{w_1+\dfrac{\mathrm{i}}{2}}{1-w_1\dfrac{\mathrm{i}}{2}}$, 即

$$z=2+\mathrm{e}^{\mathrm{i}\theta}\frac{(w-2\mathrm{i})/2+\mathrm{i}/2}{1-\mathrm{i}/2\cdot(w-2\mathrm{i})/2}=2\left(1+\mathrm{e}^{\mathrm{i}\theta}\frac{w-\mathrm{i}}{2-\mathrm{i}w}\right)=g(w)$$

由题给条件 $\arg f'(2)=0$, 知 $\arg g'(\mathrm{i})=\arg(1/f'(2))=0$, 而 $g'(\mathrm{i})=\dfrac{2}{3}\mathrm{e}^{\mathrm{i}\theta}$, 所以 $\theta=0$, 从而 $z=2\left(1+\dfrac{w-\mathrm{i}}{2-\mathrm{i}w}\right)$, 于是 $w=\dfrac{z-(2-\mathrm{i})}{\mathrm{i}z/2+(1-\mathrm{i})}$.

7. **解** 考虑上面 4 个圆周与实轴交点之间的变换. 设 $w=f(z)$ 将 $z=-8,-6,12,24$ 映为 $w=-1,-\rho,\rho,1$, 由交比不变性, 得

$$\frac{12+8}{12+6}:\frac{24+8}{24+6}=\frac{\rho+1}{\rho+\rho}:\frac{1+1}{1+\rho}$$

得 $\rho=\dfrac{2}{3}\left(\dfrac{3}{2}\text{ 舍去}\right)$ 于是有

$$\frac{z+8}{z+6}:\frac{24+8}{24+6}=\frac{w+1}{w+\frac{2}{3}}:\frac{1+1}{1+\frac{2}{3}}$$

即

$$w=\frac{2z}{z+24}$$

8. **解** (1) 如图 6.14 所示. 首先, 将角形域映为上半平面, 这要作两个变换. 一是 $w_1=\mathrm{e}^{\pi\mathrm{i}/4}z$, 将图形逆转 $\dfrac{\pi}{4}$, 二是 $w_2=w_1^{4/3}$, 将角形域放大为上半平面. 这时, 点 $z=1-\mathrm{i},\mathrm{i},0$ 映为 $\sqrt[3]{4},-1,0$.

(2) 再将点 $\sqrt[3]{4},-1,0$ 映为点 $w=2,-1,0$, 这可由交比不变性求得

$$\frac{w+1}{w}:\frac{2+1}{2}=\frac{w_2+1}{w_2}:\frac{\sqrt[3]{4}+1}{\sqrt[3]{4}}\Rightarrow w=\frac{2(\sqrt[3]{4}+1)w_2}{(\sqrt[3]{4}-2)w_2+3\sqrt[3]{4}}$$

将 w_1,w_2,w 复合得所求变换为

$$w=\frac{2(\sqrt[3]{4}+1)\mathrm{e}^{\pi\mathrm{i}/3}z^{4/3}}{(\sqrt[3]{4}-2)\mathrm{e}^{\pi\mathrm{i}/3}z^{4/3}+3\sqrt[3]{4}}$$

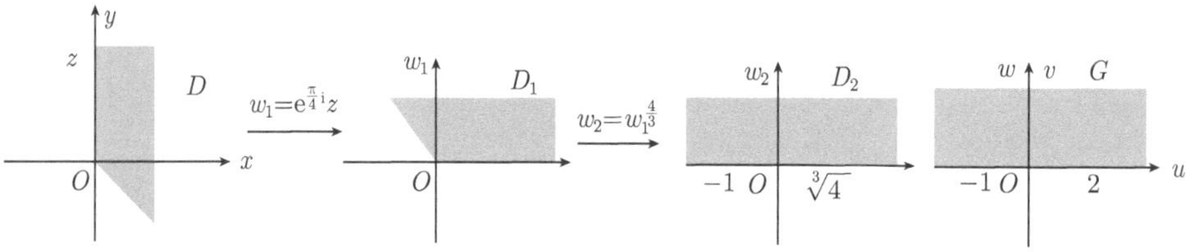

图 6.14

9. **解** 可求其逆变换, 即求将半带域 $D:\mathrm{Re}z>0, 0<\mathrm{Im}z<\pi$ 变为上半平面的映射. 将 D 理解为三角形, 顶点为 $\alpha_1=\pi\mathrm{i},\alpha_2=0,\alpha_3=\infty$, 三内角为 $\frac{\pi}{2},\frac{\pi}{2},0$. 于是 $\beta_1=\frac{1}{2},\beta_2=\frac{1}{2},\beta_3=0$. 取其在 w 平面实轴上对应点为 $-1,1,\infty$, 于是, 有

$$\begin{aligned}w=&k\int_0^z(z+1)^{\frac{1}{2}-1}(z-1)^{\frac{1}{2}-1}\mathrm{d}z+c_1\\=&k\int_0^z\frac{\mathrm{d}z}{\sqrt{z^2-1}}=k\mathrm{arcch}z+c(c=c_1-k\mathrm{arcch}0)\end{aligned}$$

将 $w=0,z=1$ 代入, 得 $c=0$, 将 $w=-1$, $z=\pi\mathrm{i}$ 代入, 得 $k=1$, 于是 $w=\mathrm{arcch}z$, 所求映射为：$z=\mathrm{ch}w$.

6.5 教材习题 6 解答

1. 求 $w=3z^2$ 在 $z=\mathrm{i}$ 处的伸缩率和旋转角. 问 $w=3z^2$ 将经过点 $z=\mathrm{i}$ 且平行于实轴正向的曲线的切线方向映射成 w 平面上哪一个方向? 并作图.

解 由题 $w'=6z$, 从而 $\arg w'(\mathrm{i})=\arg(6\mathrm{i})=\frac{\pi}{2}, |w'(\mathrm{i})|=|6\mathrm{i}|=6$. 当 $z=\mathrm{i}$ 时, $w=3(\mathrm{i})^2=-3$, 即 $z=\mathrm{i},w=-3$, 且旋转 $\frac{\pi}{2}$.

2. 在映射 $w=\mathrm{i}z$ 下, 下列图形映射成什么图形?

(1) 以 $z_1=\mathrm{i},z_2=-1,z_3=1$ 为顶点的三角形;

(2) 闭圆域：$|z-1|\leqslant 1$.

解 (1) 在 $w=\mathrm{i}z$ 下, $z_1=\mathrm{i}, z_2=-1, z_3=1$, 被映成 $w_1=-1, w_2=-\mathrm{i}, w_3=\mathrm{i}$, 即将三角形映成三角形 (图 6.15(a)).

(2) 在 $w=\mathrm{i}z$ 下, $z_1=0, z_2=1+\mathrm{i}, z_3=2$, 被映成 $w_1=0, w_2=-1+\mathrm{i}, w_3=2\mathrm{i}$, 由保圆性知 $|z-1|\leqslant 1$ 被映成 $|z-\mathrm{i}|\leqslant 1$(图 6.15(b)).

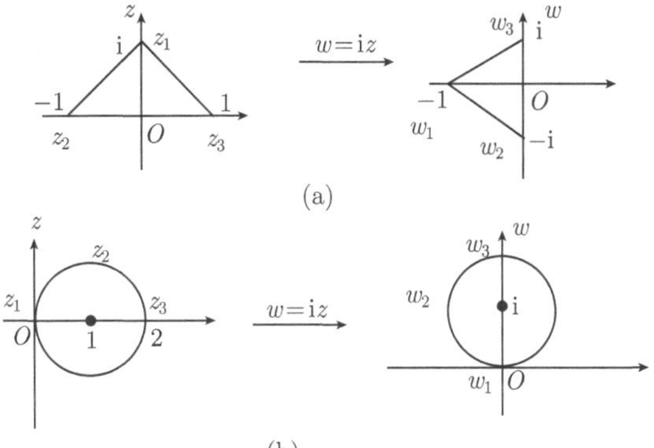

图 6.15

3. 证明: 映射 $w=z+\dfrac{1}{z}$ 把圆周 $|z|=c(>0)$ 映射成椭圆:

$$u=\left(c+\frac{1}{c}\right)\cos\theta,\quad v=\left(c-\frac{1}{c}\right)\sin\theta.$$

证 设 $z=r(\cos\theta+\mathrm{i}\sin\theta), w=u+\mathrm{i}v$, 则

$$\begin{aligned}w=&z+\frac{1}{z}=r(\cos\theta+\mathrm{i}\sin\theta)+\frac{1}{r(\cos\theta+\mathrm{i}\sin\theta)}\\=&r\cos\theta+r\mathrm{i}\sin\theta+\frac{\cos\theta-\mathrm{i}\sin\theta}{r(\cos^2\theta+\sin^2\theta)}=\left(r+\frac{1}{r}\right)\cos\theta+\mathrm{i}\left(r-\frac{1}{r}\right)\sin\theta\end{aligned}$$

又 $|z|=c$, 即 $r=c$, 所以 $w=\left(c+\dfrac{1}{c}\right)\cos\theta+\mathrm{i}\left(c-\dfrac{1}{c}\right)\sin\theta$, 从而

$$u=\left(c+\frac{1}{c}\right)\cos\theta,\quad v=\left(c-\frac{1}{c}\right)\sin\theta.$$

4. 证明: 在映射 $w=\mathrm{e}^{\mathrm{i}z}$ 下, 互相正交的直线族 $\mathrm{Re}z=C_1$ 与 $\mathrm{Im}z=C_2$ 依次映射成互相正交的直线族 $v=u\tan C_1$ 与圆族 $u^2+v^2=\mathrm{e}^{-2C_2}$.

证 设 $z=x+\mathrm{i}y, w=u+\mathrm{i}v, \mathrm{Re}z=C_1=x, \mathrm{Im}z=C_2=y$, 所以 $w=\mathrm{e}^{\mathrm{i}z}=\mathrm{e}^{-y}(\cos x+\mathrm{i}\sin x)$, 即 $u=\mathrm{e}^{-C_2}\cos C_1, v=\mathrm{e}^{-C_2}\sin C_1, v=u\tan x=u\tan C_1$ 是一族直线, $u^2+v^2=\mathrm{e}^{-2y}=\mathrm{e}^{-2C_2}$ 是一族圆. 显然, 过原点的直线与以圆点为圆心的圆是正交的.

5. 映射 $w=z^2$ 把上半个圆域: $|z|<R, \mathrm{Im}z>0$, 映射成什么?

解 因 $w'=2z$, 除原点外是保角映射, 所以把 $|z|<R$, 映射为 $|w|<R^2; 0<\arg z<\pi$ 映射为 $0<\arg w<2\pi$. 即映射成除正实轴外, 以原点为圆心, R^2 为半径的圆. 如图 6.16 所示.

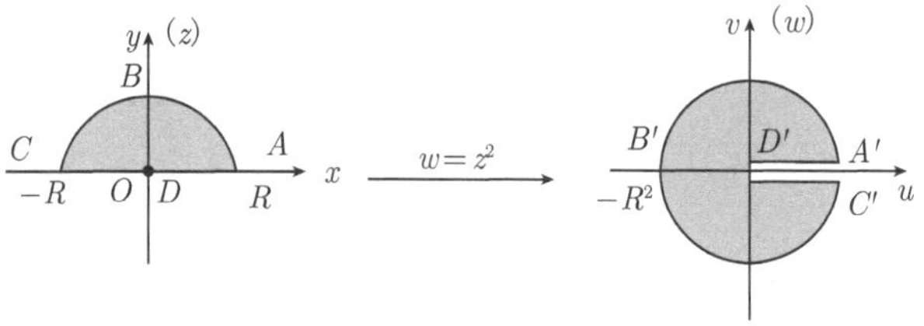

图 6.16

6. 求下列区域在指定的映射下像域.

(1) $\mathrm{Re}z>0, w=\mathrm{i}z+\mathrm{i}$;　　(2) $\mathrm{Im}z>0, w=(1+\mathrm{i})z$;

(3)$0<\mathrm{Im}z<\dfrac{1}{2}, w=\dfrac{1}{z}$;　　(4)$\mathrm{Re}z>1, \mathrm{Im}z>0, w=\dfrac{1}{z}$.

解 (1) $\mathrm{Re}z>0$. 在 $w=\mathrm{i}z+\mathrm{i}$ 下, $A: z=0\to A': w=\mathrm{i}, B: z=+\infty\to B': w=+\infty\mathrm{i}+\mathrm{i}$; 所以 $\mathrm{Re}z>0\to \mathrm{Im}w>1$, 即映射成 w 平面上 $\mathrm{Im}w>1$ 的上半平面, 如图 6.17 所示.

(2) $\mathrm{Im}z>0$. 在映射 $w=(1+\mathrm{i})z$ 下, z 平面上点 $z=-1,0,1,\mathrm{i}$ 依次映射为 w 平面上点 $w=-1-\mathrm{i},0,1+\mathrm{i},\mathrm{i}-1$. 所以 $\mathrm{Im}w>\mathrm{Re}w$ 如图 6.18 所示.

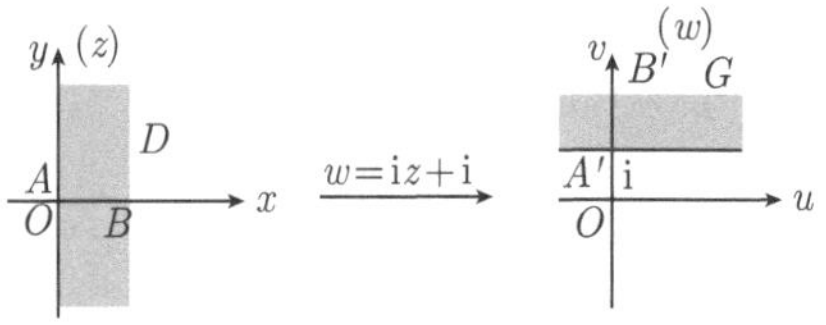

图 6.17

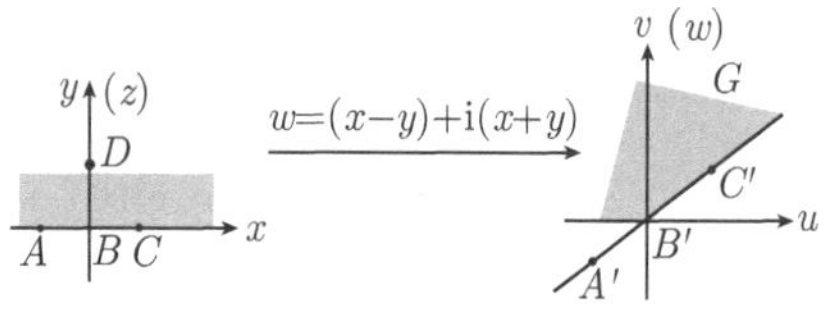

图 6.18

(3) $0<\mathrm{Im}z<\dfrac{1}{2}$. 在映射 $w=\dfrac{1}{z}$ 下, 将 z 平面上的点 $z=+\infty+\dfrac{\mathrm{i}}{2}, \dfrac{1+\mathrm{i}}{2}, \dfrac{\mathrm{i}}{2}, \dfrac{-1+\mathrm{i}}{2}, -\infty+\dfrac{\mathrm{i}}{2}$. 依次映射为 w 平面上的点 $w=0,1-\mathrm{i},-2\mathrm{i},-1-\mathrm{i},0$; 即将 z 平面实轴映为 w 平面实轴, z 平面上直线 $y=\dfrac{1}{2}$ 映为 w 平面上圆周 $|w+\mathrm{i}|=1$, 所以映射成区域为 $|w+\mathrm{i}|>1, \mathrm{Im}w<0$ (图 6.19).

(4) $\mathrm{Re}z>1, \mathrm{Im}z>0$, 在映射 $w=\dfrac{1}{z}$ 下.

$\mathrm{Re}z>1, \mathrm{Im}z>0$, 即 $x>1, y>0$, 而 $w=\dfrac{1}{z}=\dfrac{1}{x+\mathrm{i}y}=\dfrac{x}{x^2+y^2}-\dfrac{y\mathrm{i}}{x^2+y^2}$, 故 $\mathrm{Im}w<0, \mathrm{Re}w>0$.

又由 $z=1\to w=1, z=1+\mathrm{i}\infty\to w=0, z=1+\mathrm{i}\to w=\dfrac{1}{2}-\dfrac{1}{2}\mathrm{i}$ 此三点为 $\left|w-\dfrac{1}{2}\right|=\dfrac{1}{2}$ 上三点. 依绕向确定区域实轴映为实轴、映射区域为：$\mathrm{Im}w<0$, $\left|w-\dfrac{1}{2}\right|<\dfrac{1}{2}$ (图 6.20).

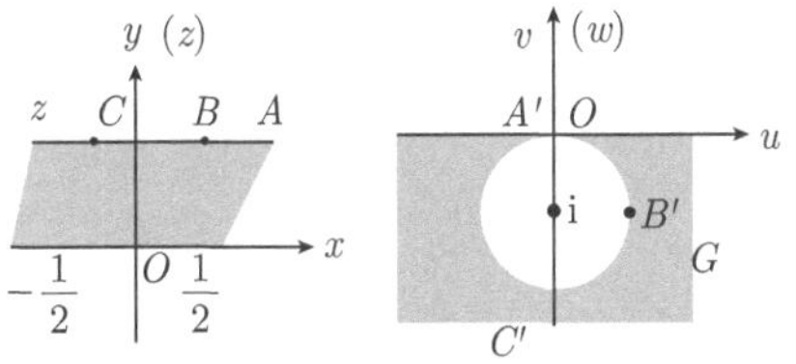

图 6.19

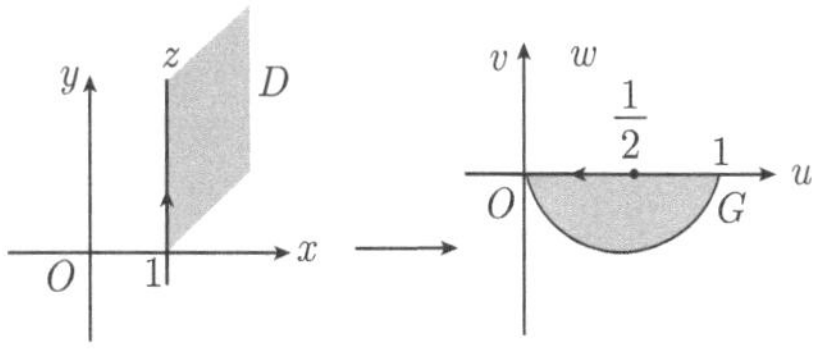

图 6.20

7. 求把上半平面 $\mathrm{Im}z>0$ 映射成单位圆 $|w|<1$ 的分式线性映射 $w=f(z)$, 并满足条件：

(1) $f(\mathrm{i})=0, f(-1)=1$;　　(2) $f(\mathrm{i})=0, \arg f'(\mathrm{i})=0$.

解　(1) 所求分式线性映射应有下列形式. $w=\mathrm{e}^{\mathrm{i}\theta}\dfrac{z-\lambda}{z-\bar{\lambda}}$, 由 $f(\mathrm{i})=0, f(-1)=1$ 得 $\lambda=\mathrm{i}, k=-\mathrm{i}$, 故

$$w=-\mathrm{i}\frac{z-\mathrm{i}}{z+\mathrm{i}}$$

(2) 由 $f(\mathrm{i})=0$, 知 $w=\mathrm{e}^{\mathrm{i}\theta}\dfrac{z-\mathrm{i}}{z+\mathrm{i}}$, 由 $\arg f'(\mathrm{i})=0$ 得 $\theta=\dfrac{\pi}{2}$, 故 $w=\mathrm{i}\dfrac{z-\mathrm{i}}{z+\mathrm{i}}$.

8. 求把单位圆映射成单位圆的分式线性映射, 并满足条件：

(1) $f\left(\dfrac{1}{2}\right)=0, f(-1)=1$;　　(2) $f\left(\dfrac{1}{2}\right)=0, \arg f'\left(\dfrac{1}{2}\right)=-\dfrac{\pi}{2}$.

解　(1) 所求分式线性映射为 $w=\mathrm{e}^{\mathrm{i}\varphi}\dfrac{z-\alpha}{1-\bar{\alpha}z}$, 由 $f\left(\dfrac{1}{2}\right)=0$, 知 $\alpha=\dfrac{1}{2}$, 由 $f(-1)=1$, 得 $\varphi=\pi$, 故 $w=\dfrac{2z-1}{z-2}$.

(2) 由 $f\left(\dfrac{1}{2}\right)=0$, 知 $\alpha=\dfrac{1}{2}$, 从而有 $w=\mathrm{e}^{\mathrm{i}\varphi}\dfrac{2z-1}{2-z}, w'=\mathrm{e}^{\mathrm{i}\varphi}\dfrac{3}{(2-z)^2}, f'\left(\dfrac{1}{2}\right)=\dfrac{4}{3}\mathrm{e}^{\mathrm{i}\varphi}$, 由 $\arg f'\left(\dfrac{1}{2}\right)=-\dfrac{\pi}{2}$, 知 $\varphi=-\dfrac{\pi}{2}$, 故 $w=-\mathrm{i}\dfrac{2z-1}{2-z}$.

9. 把点 $z=1,\mathrm{i},-\mathrm{i}$ 分别映射成点 $w=1,0,-1$ 的分式线性映射把单位圆 $|z|<1$ 映射成什么？并求出这个映射.

解　由分式线性映射的保交比不变性可知, 有交比式

$$\frac{w-1}{w-0}:\frac{-1-1}{-1-0}=\frac{z-1}{z-\mathrm{i}}:\frac{-\mathrm{i}-1}{-\mathrm{i}-\mathrm{i}}$$

解之得 $w=\dfrac{(z-\mathrm{i})(1+\mathrm{i})}{(1+z)+3\mathrm{i}(1-z)}$. 由绕向确定, 把 $|z|<1$ 映射成 $\mathrm{Im}w<0$(图 6.21).

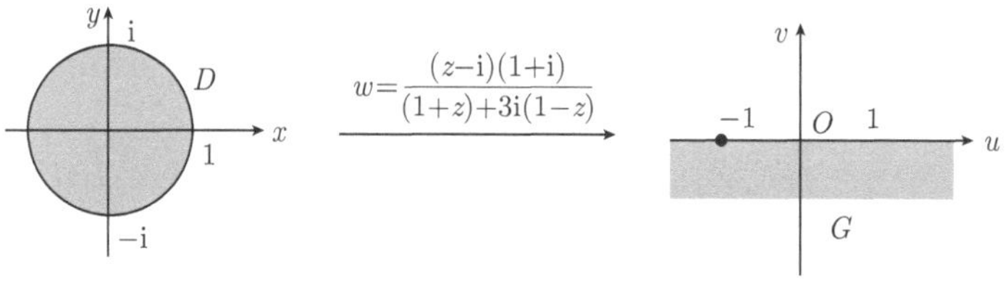

图 6.21

10. 把下面 (图 6.22) 阴影部分所示 (边界为直线段或圆弧) 的域保形地且互为单值地映射成上半平面, 求出实现各该映射的任一函数.

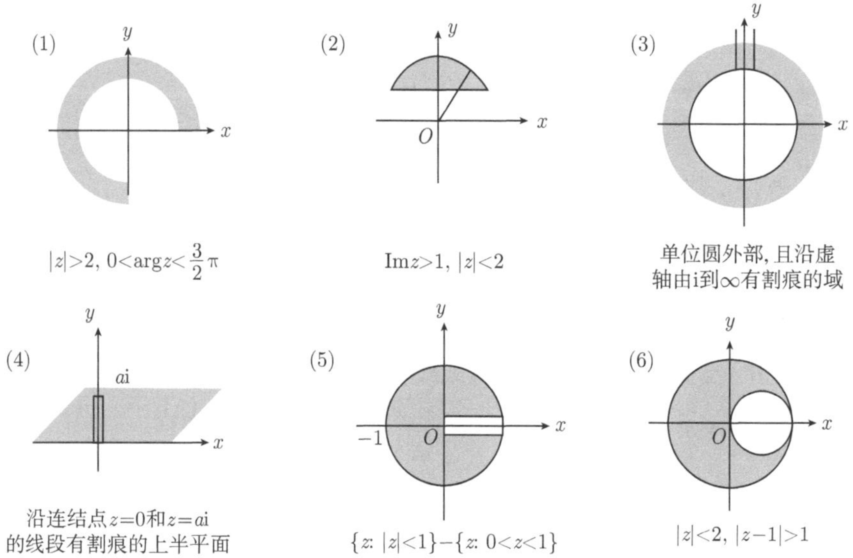

图 6.22

解 (1)

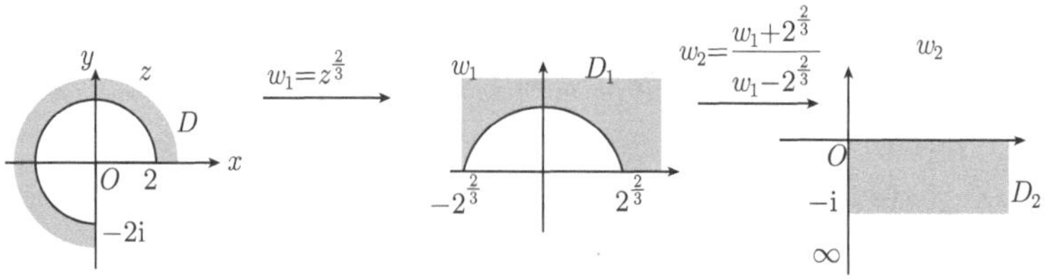

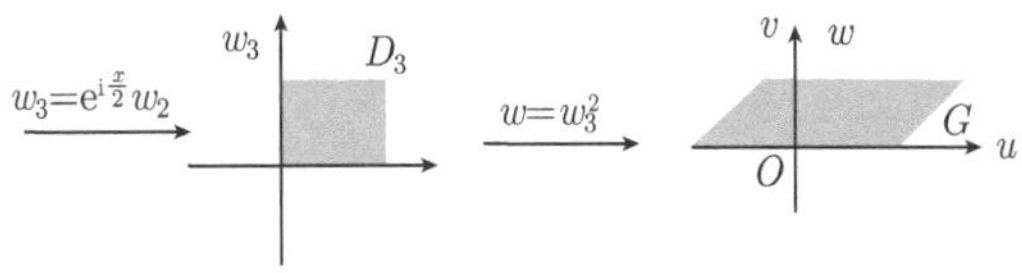

故

$$w = w_3^2 = (\mathrm{i}w_2)^2 = -\left(\frac{w_1 + 2^{\frac{2}{3}}}{w_1 - 2^{\frac{2}{3}}}\right)^2 = -\left(\frac{z^{\frac{2}{3}} + 2^{\frac{2}{3}}}{z^{\frac{2}{3}} - 2^{\frac{2}{3}}}\right)^2$$

(2)

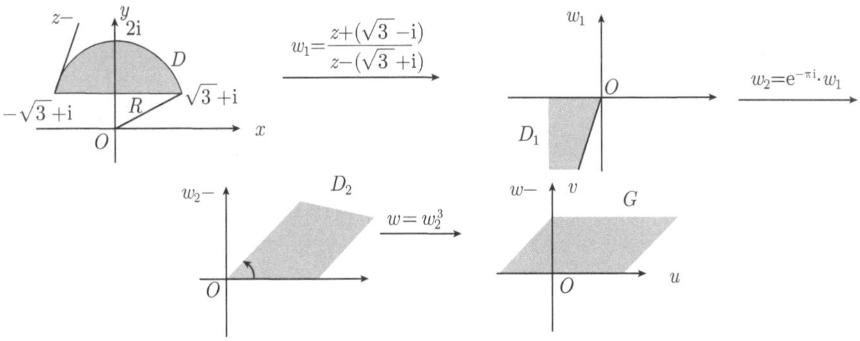

故

$$w = w_2^3 = (-w_1)^3 = -\left[\frac{z + (\sqrt{3} - \mathrm{i})}{z - (\sqrt{3} + \mathrm{i})}\right]^3$$

(3)

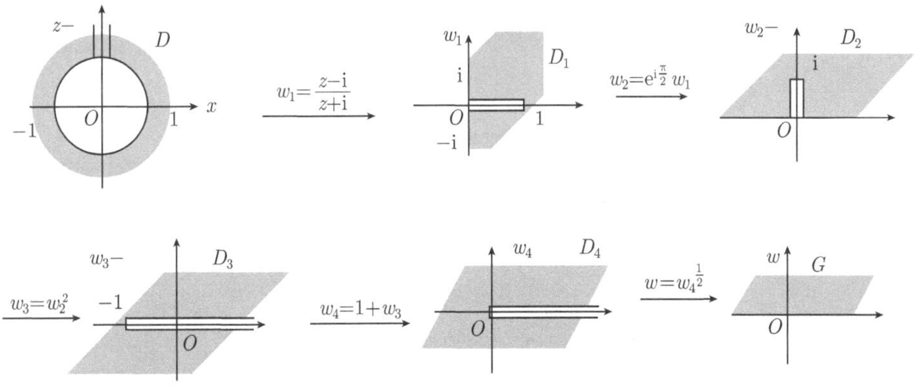

故

$$w = w_4^{\frac{1}{2}} = (1 + w_3)^{\frac{1}{2}} = (1 + w_2^2)^{\frac{1}{2}}$$
$$= (1 - w_1^2)^{\frac{1}{2}} = \left[1 - \left(\frac{z - \mathrm{i}}{z + \mathrm{i}}\right)^2\right]^{\frac{1}{2}}.$$

(4)

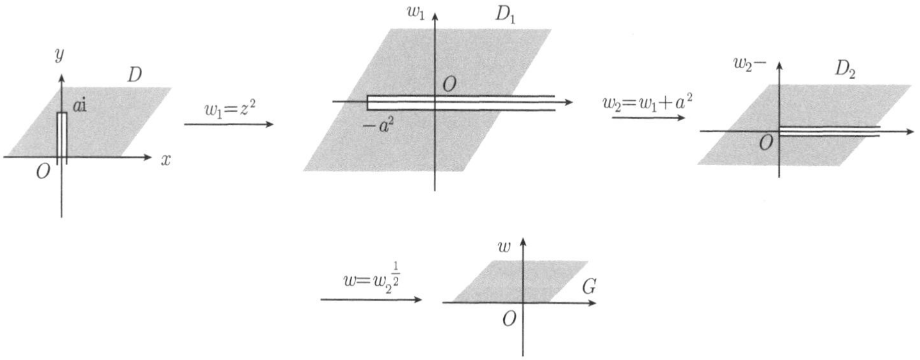

故

$$w = w_2^{\frac{1}{2}} = (w_1 + a^2)^{\frac{1}{2}} = (z^2 + a^2)^{\frac{1}{2}}$$

(5)

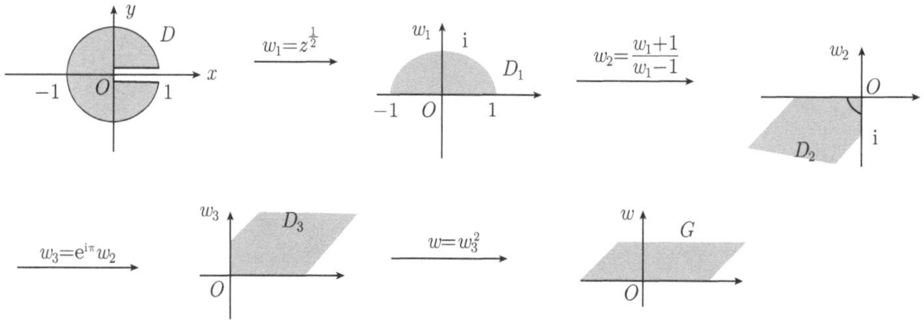

故

$$w = w_3^2 = (-w_2)^2 = \left(\frac{w_1 + 1^2}{w_1 - 1}\right) = \left(\frac{z^{\frac{1}{2}} + 1}{z^{\frac{1}{2}} - 1}\right)^2$$

(6)

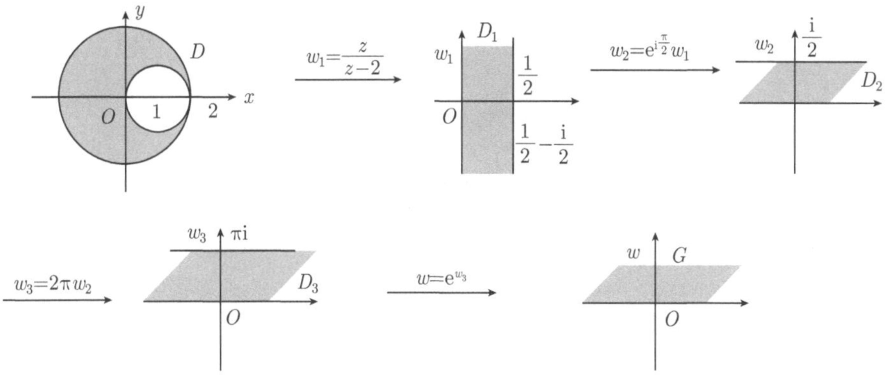

故

$$w=\mathrm{e}^{w_3}=\mathrm{e}^{2\pi w_2}=\mathrm{e}^{2\pi\mathrm{i}w_1}=\mathrm{e}^{2\pi\mathrm{i}\frac{z}{z-2}}$$

11. 求出一个把右半平面 $\mathrm{Re}z>0$ 映射成单位圆 $|w|<1$ 的保形映射.

解 如图 6.23 所示. 首先作变换 $w_1=\mathrm{e}^{\frac{\pi}{2}\mathrm{i}}\cdot z$ 将 $D:\mathrm{Re}z>0$ 映为上半平面 $\mathrm{Im}w_1>0$ 再作 $w=\mathrm{e}^{\mathrm{i}\theta}\dfrac{w_1-\lambda}{w_1-\bar{\lambda}}(\mathrm{Im}\lambda>0,\theta$ 为实数) 可将上半平面 $\mathrm{Im}w_1>0$ 映为单位圆盘 $|w|<1$. 复合上述映射, 得

$$w=\mathrm{e}^{\mathrm{i}\theta}\frac{\mathrm{e}^{\frac{\pi}{2}\mathrm{i}}\cdot z-\lambda}{\mathrm{e}^{\frac{\pi}{2}\mathrm{i}}\cdot z-\bar{\lambda}}=\mathrm{e}^{\mathrm{i}\theta}\frac{\mathrm{i}z-\lambda}{\mathrm{i}z-\bar{\lambda}}$$

若令 $\alpha=\mathrm{i}\bar{\lambda}$, 则 $w=\mathrm{e}^{\mathrm{i}\theta}\dfrac{z-\bar{\alpha}}{z+\alpha}(\mathrm{Re}\alpha>0,\theta$ 为实数).

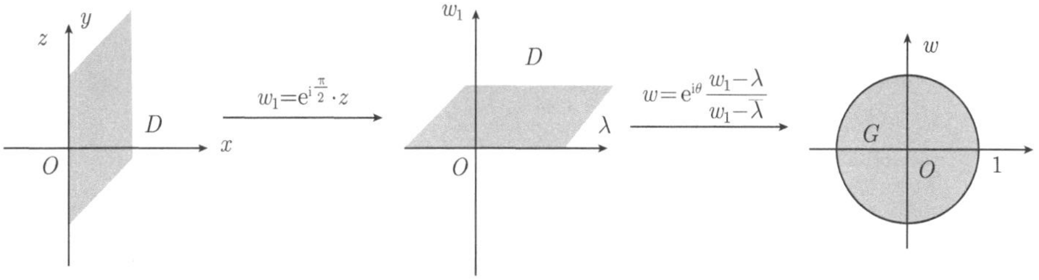

图 6.23

12. 求出一个单位圆到自身的分式线性映射, 使得 $\dfrac{1}{2}$, 2 为不变点, $(5+3\mathrm{i})/4$ 变为无穷远点.

解 由题知 $z_1=\dfrac{1}{2}$, $z_2=2$, $z_3=\dfrac{5+3\mathrm{i}}{4}$. 分别映为 $w_1=\dfrac{1}{2},w_2=2,w_3=\infty$, 故由分式线性映射的保交比不变性可知

$$\frac{w-\dfrac{1}{2}}{w-2}=\frac{z-\dfrac{1}{2}}{z-2}:\frac{\dfrac{5+3\mathrm{i}}{4}-\dfrac{1}{2}}{\dfrac{5+3\mathrm{i}}{4}-2}\rightarrow\frac{w-\dfrac{1}{2}}{w-2}=\frac{z-\dfrac{1}{2}}{z-2}\cdot\frac{3\mathrm{i}-3}{3+3\mathrm{i}}$$

从中解出 $w=\dfrac{(1-4\mathrm{i})z-2+2\mathrm{i}}{z(1-\mathrm{i})z+\mathrm{i}-4}$.

13. 求 $w=\mathrm{i}\dfrac{z+2}{z-2}$ 将 $|z|>2$ 映射成的区域.

解 在 $w=\mathrm{i}\dfrac{z+2}{z-2}$ 下, 在 $|z|=2$ 上取相异点 $z_1=-2\mathrm{i},z_2=-2,z_3=2\mathrm{i},z_4=2$, 则分别映为 $w_1=-1,w_2=0,w_3=1,w_4=+\infty$, 故 $|z|=2$ 映为实轴 $\mathrm{Im}z=0$. 另取 $z=0$, 知 $w=-\mathrm{i}$, 故 $|z|>2$ 在 $w=\mathrm{i}\dfrac{z+2}{z-2}$ 下映为 $\mathrm{Im}w>0$.

第7章 傅里叶变换

7.1 内容提要

7.1.1 傅氏积分定理、傅氏变换的概念

1. 傅氏级数的复指数形式

设 $f(t)$ 是以 T 为周期的周期函数, 如果它在区间 $\left[-\frac{T}{2}, \frac{T}{2}\right]$ 上满足狄利克雷 (Dirichlet) 条件, 简称狄氏条件:

(1) $f(t)$ 在 $\left[-\frac{T}{2}, \frac{T}{2}\right]$ 上连续或者只有有限个第一类间断点;

(2) $f(t)$ 在 $\left[-\frac{T}{2}, \frac{T}{2}\right]$ 分段单调, 单调区间的个数有限.

由傅氏级数理论, $f(t)$ 在 $\left[-\frac{T}{2}, \frac{T}{2}\right]$ 上可以展成傅氏级数, 在 $f(t)$ 的连续点处

$$f(t) = \frac{a_0}{2} + \sum_{n=1}^{+\infty} (a_n \cos n\omega t + b_n \sin n\omega t)$$

其中

$$\omega = \frac{2\pi}{T}, \quad a_n = \frac{2}{T}\int_{-\frac{T}{2}}^{\frac{T}{2}} f(t) \cos n\omega t \mathrm{d}t \quad (n = 0, 1, 2, \cdots)$$

$$b_n = \frac{2}{T}\int_{-\frac{T}{2}}^{\frac{T}{2}} f(t) \sin n\omega t \mathrm{d}t \quad (n = 1, 2, \cdots)$$

若再令 $C_n = \frac{a_n - \mathrm{i}b_n}{2} (n = 0, \pm 1, \pm 2, \cdots)$, 则

$$C_n = \frac{1}{T}\int_{-\frac{T}{2}}^{\frac{T}{2}} f(t)\mathrm{e}^{-\mathrm{i}n\omega t}\mathrm{d}t \quad (n = 0, \pm 1, \pm 2, \cdots) \tag{7.1}$$

于是得到傅氏级数的复指数形式

$$f(t)=\sum_{n=-\infty}^{+\infty}C_n\mathrm{e}^{\mathrm{i}n\omega t} \tag{7.2}$$

在 $f(t)$ 的间断点处以 $\dfrac{f(t+0)+f(t-0)}{2}$ 代替.

在频谱理论中, 以 T 为周期的非正弦函数 $f(t)$ 的第 n 次谐波

$$a_n\cos\omega_n t+b_n\sin\omega_n t=A_n\sin(\omega_n t+\varphi_n)$$

其中 $\omega_n=n\omega=\dfrac{2n\pi}{T}$, 振幅 $A_n=\sqrt{a_n^2+b_n^2}$, φ_n 为初相位.

在复指数形式中, 第 n 次谐波为

$$C_n\mathrm{e}^{\mathrm{i}\omega_n t}+C_{-n}\mathrm{e}^{-\mathrm{i}\omega_n t}$$

其中 $C_n=\dfrac{a_n-\mathrm{i}b_n}{2}, C_{-n}=\dfrac{a_n+\mathrm{i}b_n}{2}$. 并且 $|C_n|=|C_{-n}|=\dfrac{1}{2}\sqrt{a_n^2+b_n^2}$, 即

$$A_n=2|C_n|\quad(n=0,1,2,\cdots)$$

它描述了各次谐波的振幅随频率变化的分布情况.

2. 傅氏积分定理

任何一个非周期函数 $f(t)$ 都可以看成是由某个周期函数 $f_T(t)$

$$f_T(t)=\begin{cases}f(t), & t\in\left[-\dfrac{T}{2},\dfrac{T}{2}\right]\\ f_T(t+T), & t\bar{\in}\left[-\dfrac{T}{2},\dfrac{T}{2}\right]\end{cases}$$

当 $T\to+\infty$ 时转化而来的, 即

$$f(t)=\lim_{T\to+\infty}\frac{1}{T}\sum_{n=-\infty}^{+\infty}\left[\int_{-\frac{T}{2}}^{\frac{T}{2}}f_T(\tau)\mathrm{e}^{-\mathrm{i}\omega_n\tau}\mathrm{d}\tau\right]\mathrm{e}^{\mathrm{i}\omega_n t}\quad(\omega_n=n\omega)$$

若 $f(t)$ 在 $(-\infty,+\infty)$ 上满足:

(1) $f(t)$ 在任一有限区间满足狄氏条件;

(2) $f(t)$ 在无限区间 $(-\infty,+\infty)$ 上绝对可积, 则

$$\begin{aligned}&\frac{1}{2\pi}\int_{-\infty}^{+\infty}\left[\int_{-\infty}^{+\infty}f(\tau)\mathrm{e}^{-\mathrm{i}\omega\tau}\mathrm{d}\tau\right]\mathrm{e}^{\mathrm{i}\omega t}\mathrm{d}\omega\\ =&\begin{cases}f(t), t\text{为}f(t)\text{的连续点},\\ \dfrac{f(t+0)+f(t-0)}{2}, t\text{为}f(t)\text{的第一类间断点}.\end{cases}\end{aligned} \tag{7.3}$$

这就是**傅氏积分公式**.

3. 傅氏变换

在 (7.3) 式中令

$$F(\omega)=\int_{-\infty}^{+\infty}f(t)\mathrm{e}^{-\mathrm{i}\omega t}\mathrm{d}t \tag{7.4}$$

称为 $f(t)$ 的**傅里叶积分变换**, 简称**傅氏变换**.

$$f(t)=\frac{1}{2\pi}\int_{-\infty}^{+\infty}F(\omega)\mathrm{e}^{\mathrm{i}\omega t}\mathrm{d}\omega \tag{7.5}$$

称为 $F(\omega)$ 的**傅里叶积分逆变换**, 简称为**傅氏逆变换**.

(7.4) 式和 (7.5) 式是一对傅氏变换对, 记为

$$F(\omega)=F[f(t)]=\int_{-\infty}^{+\infty}f(t)\mathrm{e}^{-\mathrm{i}\omega t}\mathrm{d}t$$

$$f(t)=F^{-1}[F(\omega)]=\frac{1}{2\pi}\int_{-\infty}^{+\infty}F(\omega)\mathrm{e}^{\mathrm{i}\omega t}\mathrm{d}\omega$$

若从傅氏级数的三角形式出发, 傅氏积分公式也可写成

$$f(t)=\int_{0}^{+\infty}a(\omega)\cos\omega t\mathrm{d}\omega+\int_{0}^{+\infty}b(\omega)\sin\omega t\mathrm{d}\omega \tag{7.6}$$

其中

$$a(\omega)=\frac{1}{\pi}\int_{-\infty}^{+\infty}f(t)\cos\omega t\mathrm{d}t$$

$$b(\omega)=\frac{1}{\pi}\int_{-\infty}^{+\infty}f(t)\sin\omega t\mathrm{d}t$$

若 $f(t)$ 为奇函数, 则有

$$f(t)=\int_{0}^{+\infty}b(\omega)\sin\omega t\mathrm{d}\omega \tag{7.7}$$

其中

$$b(\omega)=\frac{2}{\pi}\int_{0}^{+\infty}f(t)\sin\omega t\mathrm{d}t$$

称为**傅里叶正弦积分**.

若 $f(t)$ 为偶函数, 则有

$$f(t)=\int_{0}^{+\infty}a(\omega)\cos\omega t\mathrm{d}\omega \tag{7.8}$$

其中

$$a(\omega)=\frac{2}{\pi}\int_{0}^{+\infty}f(t)\cos\omega t\mathrm{d}t$$

称为**傅里叶余弦积分**.

4. 单位脉冲函数 $\delta(t)$ 及其傅氏变换

(1) 两个等价的定义.

定义 7.1 称一个函数为 δ 函数, 并记为 $\delta(t)$, 如果它满足

$$\delta(t-t_0)=\begin{cases}0, & t\neq t_0\\ \infty, & t=t_0\end{cases}$$

及

$$\int_{-\infty}^{+\infty}\delta(t)\mathrm{d}t=1 \tag{7.9}$$

定义 7.2 称 $\delta(t-t_0)$ 为 δ 函数, 如果对于任意一个在区间 $(-\infty,+\infty)$ 上连续的函数 $f(t)$, 恒有

$$\int_{-\infty}^{+\infty}\delta(t-t_0)f(t)\mathrm{d}t=f(t_0) \tag{7.10}$$

δ 函数作为广义函数也可定义导数.

定义 7.3 设函数 $f(t)$ 是在区间 $(-\infty,+\infty)$ 上无限次可微的函数. 集合 $\{t\in(-\infty,+\infty)|f(t)\neq 0\}$ 及其聚点, 称为 $f(t)$ 的**支集**, 记为 $\mathrm{supp}(f)$. 设 $S\subset(-\infty,+\infty)$ 是一个有限开集, 用 D_S 表示所有支集包含在 S 中的函数 $f(t)$ 的全体组成的集合.

定义 7.4 对任意的连续可微函数 $f(t)\in D_S$, 定义 $\delta(t)$ 的导数为

$$\int_{-\infty}^{+\infty}\delta'(t)f(t)\mathrm{d}t=-\int_{-\infty}^{+\infty}\delta(t)f'(t)\mathrm{d}t \tag{7.11}$$

显然有

$$\int_{-\infty}^{+\infty}\delta^{(n)}(t)f(t)\mathrm{d}t=(-1)^n\int_{-\infty}^{+\infty}\delta(t)f^{(n)}(t)\mathrm{d}t \tag{7.12}$$

$$\int_{-\infty}^{+\infty}\delta^{(n)}(t-t_0)f(t)\mathrm{d}t=(-1)^n\int_{-\infty}^{+\infty}\delta(t-t_0)f^{(n)}(t)\mathrm{d}t=(-1)^nf^{(n)}(t_0) \tag{7.13}$$

(2) $\delta(t)$ 的性质.

i) 设 $a\neq 0, a\in\mathbb{R}$ 则

$$\delta(at)=\frac{1}{|a|}\delta(t) \tag{7.14}$$

特别有 $\delta(-t)=\delta(t)$, 即 $\delta(t)$ 是偶函数.

ii) $\delta^{(n)}(-t)=(-1)^n\delta^{(n)}(t)$. (7.15)

iii) 设函数 $g(t)$ 在 $(-\infty,+\infty)$ 上连续, 则

$$g(t)\delta(t-t_0)=g(t_0)\delta(t-t_0),\quad t_0\in(-\infty,+\infty) \tag{7.16}$$

iv) $\delta(t)=\dfrac{\mathrm{d}u(t)}{\mathrm{d}t},\int_{-\infty}^{t}\delta(\tau)\mathrm{d}\tau=u(t)$ (7.17)

其中 $u(t)$ 是单位阶跃函数

$$u(t)=\begin{cases}0, & t<0\\ 1, & t>0\end{cases}$$

(3) $\delta(t)$ 的傅氏变换.

$$F[\delta(t)]=\int_{-\infty}^{+\infty}\delta(t)\mathrm{e}^{-\mathrm{i}\omega t}\mathrm{d}t=1 \tag{7.18}$$

$$F[\delta(t-t_0)]=\mathrm{e}^{-\mathrm{i}\omega t_0} \tag{7.19}$$

$$F[1]=2\pi\delta(\omega) \tag{7.20}$$

$$F[\mathrm{e}^{\mathrm{i}\omega_0 t}]=2\pi\delta(\omega-\omega_0) \tag{7.21}$$

$\delta(t)$ 的傅氏变换也称为**广义傅氏变换**. 利用广义傅氏变换, 还可求得一些不满足傅氏积分定理条件 $\left(\int_{-\infty}^{+\infty}|f(t)|\mathrm{d}t<+\infty\right)$ 的函数的傅氏变换, 如

$$F[\mathrm{sgn}t]=\frac{2}{\mathrm{i}\omega} \tag{7.22}$$

其中符号函数

$$\mathrm{sgn}t=\begin{cases}-1, & t<0\\ 1, & t>0\end{cases}$$

$$F[u(t)]=\frac{1}{\mathrm{i}\omega}+\pi\delta(\omega) \tag{7.23}$$

$$F[\sin\omega_0 t]=\pi\mathrm{i}[\delta(\omega+\omega_0)-\delta(\omega-\omega_0)] \tag{7.24}$$

$$F[\cos\omega_0 t]=\pi[\delta(\omega+\omega_0)+\delta(\omega-\omega_0)] \tag{7.25}$$

在频谱分析中, 傅氏变换 $F(\omega)$ 又称为 $f(t)$ 的频谱函数. 而模 $|F(\omega)|$ 称为 $f(t)$ 的振幅频谱, 它是 ω 的偶函数, 即

$$|F(\omega)|=|F(-\omega)|$$

$$\varphi(\omega)=\arctan\frac{\displaystyle\int_{-\infty}^{+\infty}f(t)\sin\omega t\mathrm{d}t}{\displaystyle\int_{-\infty}^{+\infty}f(t)\cos\omega t\mathrm{d}t}$$

为 $f(t)$ 的相角频谱. 它是 ω 的奇函数, 即 $\varphi(\omega)=-\varphi(-\omega)$.

7.1.2 傅氏变换的性质

1. 线性性质

设 k_1, k_2 为常数

$$F[k_1f_1(t)+k_2f_2(t)]=k_1F_1(\omega)+k_2F_2(\omega) \tag{7.26}$$

$$F^{-1}[k_1F_1(\omega)+k_2F_2(\omega)]=k_1F^{-1}[F_1(w)]+k_2F^{-1}[F_2(\omega)] \tag{7.27}$$

2. 对称性质

设 $F(\omega)=F[f(t)]$

$$F[F(t)]=2\pi f(-\omega) \tag{7.28}$$

$$F[F(-t)]=2\pi f(\omega) \tag{7.29}$$

3. 位移性质

$$F[f(t\pm t_0)]=\mathrm{e}^{\pm \mathrm{i}\omega t_0}F[f(t)] \tag{7.30}$$

$$F^{-1}[F(\omega\pm\omega_0)]=\mathrm{e}^{\mp \mathrm{i}\omega_0 t}f(t) \tag{7.31}$$

$$F[f(t)\cos\omega_0 t]=\frac{1}{2}[F(\omega+\omega_0)+F(\omega-\omega_0)] \tag{7.32}$$

$$F[f(t)\sin\omega_0 t]=\frac{\mathrm{i}}{2}[F(\omega+\omega_0)-F(\omega-\omega_0)] \tag{7.33}$$

4. 坐标缩放性质

$a\neq 0, a\in\mathbb{R}$,

$$F[f(at)]=\frac{1}{|a|}F\left(\frac{\omega}{a}\right) \tag{7.34}$$

5. 乘积定理

$$\begin{aligned}\int_{-\infty}^{+\infty}f_1(t)f_2(t)\mathrm{d}t&=\frac{1}{2\pi}\int_{-\infty}^{+\infty}\overline{F_1(\omega)}F_2(\omega)\mathrm{d}\omega\\&=\frac{1}{2\pi}\int_{-\infty}^{+\infty}F_1(\omega)\overline{F_2(\omega)}\mathrm{d}\omega\end{aligned} \tag{7.35}$$

6. 巴塞瓦 (**Parseval**) 定理 (能量积分)

$$\int_{-\infty}^{+\infty}[f(t)]^2\mathrm{d}t=\frac{1}{2\pi}\int_{-\infty}^{+\infty}|F(\omega)|^2\mathrm{d}\omega \tag{7.36}$$

7. 微分性质

$$F[f^{(n)}(t)] = (\mathrm{i}\omega)^n F(\omega) \tag{7.37}$$

$$F^{-1}[F^{(n)}(\omega)] = (-\mathrm{i}t)^n f(t) \tag{7.38}$$

8. 积分性质

$$F\left[\int_{-\infty}^{t} f(\tau)\mathrm{d}\tau\right] = \frac{F(\omega)}{\mathrm{i}\omega} + \pi F(0)\delta(\omega) \tag{7.39}$$

若当 $t \to +\infty$ 时, $\int_{-\infty}^{t} f(t)\mathrm{d}t \to 0$, 则有 $F(0)=0$, (7.39) 式变为

$$F\left[\int_{-\infty}^{t} f(\tau)\mathrm{d}\tau\right] = \frac{F(\omega)}{\mathrm{i}\omega}$$

7.1.3 卷积与相关正数函数

1. 卷积的概念

给定定义在 $(-\infty, +\infty)$ 上的函数 $f_1(t)$ 与 $f_2(t)$, 称由含参变量 t 的广义积分所确定的函数

$$g(t) = \int_{-\infty}^{+\infty} f_1(\tau) f_2(t-\tau)\mathrm{d}\tau \tag{7.40}$$

为函数 $f_1(t)$ 与 $f_2(t)$ 的卷积, 记为

$$g(t) = f_1(t) * f_2(t)$$

2. 卷积性质

(1) 交换性质.

$$f_1(t) * f_2(t) = f_2(t) * f_1(t) \tag{7.41}$$

(2) 结合性质.

$$[f_1(t) * f_2(t)] * f_3(t) = f_1(t) * [f_2(t) * f_3(t)] \tag{7.42}$$

(3) 线性性质

$$[k_1 f_1(t) + k_2 f_2(t)] * f_3(t) = k_1 f_1(t) * f_3(t) + k_2 f_2(t) * f_3(t) \tag{7.43}$$

(4) 平移不变性质. 设

$$g(t) = f_1(t) * f_2(t) = \int_{-\infty}^{+\infty} f_1(\tau) f_2(t-\tau)\mathrm{d}\tau$$

则

$$f_1(t-\alpha)*f_2(t-\beta)=\int_{-\infty}^{+\infty}f_1(\tau-\alpha)f_2(t-\beta-\tau)\mathrm{d}\tau$$
$$=g(t-\alpha-\beta) \tag{7.44}$$

(5) 坐标缩放性质.

$$f_1(at)*f_2(at)=\frac{1}{|a|}g(at)(a\neq 0) \tag{7.45}$$

(6) 卷积定理.

设 $F_k(w)=F[f_k(t)],k=1,2,$ 则

$$\begin{cases} F[f_1(t)*f_2(t)]=F_1(\omega)\cdot F_2(\omega) \\ F[f_1(t)\cdot f_2(t)]=\dfrac{1}{2\pi}F_1(\omega)*F_2(\omega) \end{cases} \tag{7.46}$$

(7) 微分性质.

$$\frac{\mathrm{d}}{\mathrm{d}t}[f_1(t)*f_2(t)]=f_1(t)*\frac{\mathrm{d}f_2(t)}{\mathrm{d}t}=\frac{\mathrm{d}f_1(t)}{\mathrm{d}t}*f_2(t) \tag{7.47}$$

(8) 积分性质.

$$\int_{-\infty}^{t}[f_1(\tau)*f_2(\tau)]\mathrm{d}\tau=f_1(t)*\int_{-\infty}^{t}f_2(\tau)\mathrm{d}\tau=f_2(t)*\int_{-\infty}^{t}f_1(\tau)\mathrm{d}\tau \tag{7.48}$$

这里

$$\lim_{t\to-\infty}f_i(t)=f_i(-\infty)=0$$

即

$$\int_{-\infty}^{t}\frac{\mathrm{d}f_i(\tau)}{\mathrm{d}\tau}\mathrm{d}\tau=f_i(t),\quad i=1,2$$

(9) 微分积分性质.

$$\frac{\mathrm{d}f_1(t)}{\mathrm{d}t}*\int_{-\infty}^{t}f_2(\tau)\mathrm{d}\tau=\int_{-\infty}^{t}f_1(\tau)\mathrm{d}\tau*\frac{\mathrm{d}f_2(t)}{\mathrm{d}t}=f_1(t)*f_2(t) \tag{7.49}$$

这里

$$\int_{-\infty}^{t}\frac{\mathrm{d}f_i(\tau)\mathrm{d}\tau}{\mathrm{d}\tau}=f_i(t),\quad i=1,2$$

(10) 其他性质.

$$f(t)*\delta(t)=f(t), \tag{7.50}$$

$$f(t)*\delta'(t)=f'(t)*\delta(t)=f'(t) \tag{7.51}$$

$$f(t)*u(t)=\int_{-\infty}^{t}f(\tau)\mathrm{d}\tau \tag{7.52}$$

3. 相关函数

(1) 互相关函数.

对于两个不同的函数 $f_1(t)$ 与 $f_2(t)$, 则积分 $\int_{-\infty}^{+\infty} f_1(t)f_2(t+\tau)\mathrm{d}t$ 称为两个函数 $f_1(t)$ 和 $f_2(t)$ 的互相关函数, 记作 $R_{12}(\tau)$, 即

$$R_{12}(\tau) = \int_{-\infty}^{+\infty} f_1(t)f_2(t+\tau)\mathrm{d}t \tag{7.53}$$

且有

$$\begin{aligned} R_{12}(\tau) &= R_{21}(-\tau) \\ |R_{12}(\tau)|^2 &\leqslant R_{11}(0)R_{22}(0) \\ R_{12}(\tau) &= \int_{-\infty}^{+\infty} f_1(t)f_2(t+\tau)\mathrm{d}t \\ &= \frac{1}{2\pi}\int_{-\infty}^{+\infty} \overline{F_1(\omega)}F_2(\omega)\mathrm{e}^{\mathrm{i}\omega\tau}\mathrm{d}\omega \end{aligned} \tag{7.54}$$

称 $S_{12}(\omega) = \overline{F_1(\omega)}F_2(\omega)$ 为**互能量谱密度**. 且有

$$S_{12}(\omega) = S_{21}(\omega)$$

$$F[R_{12}(\tau)] = S_{12}(\omega), \quad F^{-1}[S_{12}(\omega)] = R_{12}(\tau) \tag{7.55}$$

(2) 自相关函数.

$$R(\tau) = \int_{-\infty}^{+\infty} f(t)f(t+\tau)\mathrm{d}t \tag{7.56}$$

称为 $f(t)$ 的**自相关函数**或简记为**相关函数**.

$$S(\omega) = |F(\omega)|^2$$

称为 $f(t)$ 的**能量谱密度**, 且有

$$F[R(\tau)] = S(\omega) \tag{7.57}$$

7.2 典型例题剖析

例 7.1 设函数 $f(t) = \begin{cases} -1, & -\dfrac{T}{2} < t < 0, \\ 1, & 0 \leqslant t < \dfrac{T}{2}, \end{cases}$ 且 $f(t+T) = f(t)$. 试将 $f(t)$ 展成复数形式的傅氏级数.

分析 $f(t)$ 为周期是 T 的周期函数, 无线电技术上称为方波. 如图 7.1 与工科数学分析中三角函数形式的傅氏级数展法类似, 只要求出复数形式的傅氏系数.

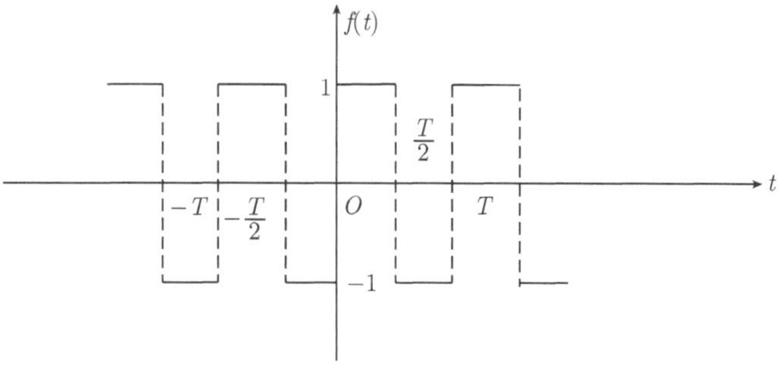

图 7.1

解 由 (7.1) 式

$$
\begin{aligned}
C_n =&\frac{1}{T}\int_{-\frac{T}{2}}^{\frac{T}{2}} f(t)\mathrm{e}^{-\mathrm{i}n\omega t}\mathrm{d}t = \frac{1}{T}\left[\int_{-\frac{T}{2}}^{0}(-\mathrm{e}^{-\mathrm{i}n\omega t})\mathrm{d}t+\int_{0}^{\frac{T}{2}}\mathrm{e}^{-\mathrm{i}n\omega t}\mathrm{d}t\right]\\
=&\frac{1}{T}\left[\frac{\mathrm{e}^{-\mathrm{i}n\omega t}\Big|_{-\frac{T}{2}}^{0}}{\mathrm{i}n\omega}-\frac{\mathrm{e}^{-\mathrm{i}n\omega t}\Big|_{0}^{\frac{T}{2}}}{\mathrm{i}n\omega}\right]=\frac{\omega}{2\pi}\frac{2-\mathrm{e}^{-\mathrm{i}n\pi}-\mathrm{e}^{-\mathrm{i}n\pi}}{\mathrm{i}n\omega}=\frac{1-\cos n\pi}{n\pi}\mathrm{e}^{-\mathrm{i}\frac{\pi}{2}}
\end{aligned}
$$

所以, $f(t)$ 展成傅氏级数的复数形式为

$$
f(t)=\sum_{n=-\infty}^{+\infty}C_n\mathrm{e}^{\mathrm{i}n\omega t}=\sum_{n=-\infty}^{+\infty}\frac{1-\cos n\pi}{n\pi}\mathrm{e}^{\mathrm{i}\left(n\omega t-\frac{\pi}{2}\right)}
$$

例 7.2 求函数 $f(t)=\begin{cases}\cos t, & |t|<\dfrac{\pi}{2}\\ 0, & |t|>\dfrac{\pi}{2}\end{cases}$ 的傅氏变换. 并证明广义积分

$$
\int_0^{+\infty}\frac{\cos\dfrac{\omega\pi}{2}\cos\omega t}{1-\omega^2}\mathrm{d}\omega=\frac{\pi}{2}\cos t,\quad |t|<\frac{\pi}{2}
$$

分析 显然 $f(t)$ 满足傅氏积分定理中的条件. 利用 (7.4) 式可求出 $f(t)$ 的傅氏变换 $F(\omega)$. 再根据 (7.5) 式求 $f(t)$ 的积分表达式时, 能够得到某些含参变量广义积分的值, 这是积分变换的一个重要应用. 也是含参变量广义积分的一种巧妙的解法.

首先求 $f(t)$ 的傅氏变换 $F(\omega)$.

解

$$\begin{aligned}
F[f(t)] &= \int_{-\infty}^{+\infty} f(t)\mathrm{e}^{-\mathrm{i}\omega t}\mathrm{d}t = \int_{-\frac{\pi}{2}}^{\frac{\pi}{2}} \cos t(\cos\omega t - \mathrm{i}\sin\omega t)\mathrm{d}t \\
&= \int_{-\frac{\pi}{2}}^{\frac{\pi}{2}} \cos t\cos\omega t\mathrm{d}t = 2\int_{0}^{\frac{\pi}{2}} \cos t\cos\omega t\mathrm{d}t \\
&= \int_{0}^{\frac{\pi}{2}} [\cos(1+\omega)t + \cos(1-\omega)t]\mathrm{d}t \\
&= \frac{\sin(1+\omega)t|_0^{\frac{\pi}{2}}}{1+\omega} + \frac{\sin(1-\omega)t|_0^{\frac{\pi}{2}}}{1-\omega} \\
&= \frac{\sin(1+\omega)\dfrac{\pi}{2}}{1+\omega} + \frac{\sin(1-\omega)\dfrac{\pi}{2}}{1-\omega} = \frac{\cos\dfrac{\omega\pi}{2}}{1+\omega} + \frac{\cos\dfrac{\omega\pi}{2}}{1-\omega} \\
&= \frac{2\cos\dfrac{\omega\pi}{2}}{1-\omega^2} = F(\omega)
\end{aligned}$$

再求 $F(\omega)$ 的傅氏逆变换.

$$\begin{aligned}
f(T) &= \frac{1}{2\pi}\int_{-\infty}^{+\infty} F(\omega)\mathrm{e}^{\mathrm{i}\omega t}\mathrm{d}\omega = \frac{1}{2\pi}\int_{-\infty}^{+\infty} \frac{2\cos\dfrac{\omega\pi}{2}}{1-\omega^2}\mathrm{e}^{\mathrm{i}\omega t}\mathrm{d}\omega \\
&= \frac{1}{\pi}\int_{-\infty}^{+\infty} \frac{\cos\dfrac{\omega\pi}{2}}{1-\omega^2}(\cos\omega t + \mathrm{i}\sin\omega t)\mathrm{d}\omega = \frac{2}{\pi}\int_{0}^{+\infty} \frac{\cos\dfrac{\omega\pi}{2}\cos\omega t}{1-\omega^2}\mathrm{d}\omega
\end{aligned}$$

由此便得到

$$\int_0^{+\infty} \frac{\dfrac{\cos\omega\pi}{2}\cos\omega t}{1-\omega^2}\mathrm{d}\omega = \begin{cases} \dfrac{\pi}{2}\cos t, & |t| < \dfrac{\pi}{2} \\ 0, & |t| > \dfrac{\pi}{2} \end{cases}$$

例 7.3 求函数 $f(t) = \sin^3 t$ 的傅氏变换.

分析 $f(t) = \sin^3 t$ 不满足傅氏积分定理的条件, 因为 $\displaystyle\int_{-\infty}^{+\infty} |\sin^3 t|\mathrm{d}t$ 不收敛. 因此先利用三倍角公式得

$$\sin^3 t = \frac{3\sin t - \sin 3t}{4}$$

再利用 δ- 函数 $\delta(t)$ 求 $f(t)$ 的广义傅氏变换.

解

$$\begin{aligned}F[f(t)]=&\int_{-\infty}^{+\infty}\sin^3 t\mathrm{e}^{-\mathrm{i}\omega t}\mathrm{d}t=\frac{1}{4}\int_{-\infty}^{+\infty}[3\sin t-\sin 3t]\mathrm{e}^{-\mathrm{i}\omega t}\mathrm{d}t\\=&\frac{3}{4}\int_{-\infty}^{+\infty}\sin t\mathrm{e}^{-\mathrm{i}\omega t}\mathrm{d}t-\frac{1}{4}\int_{-\infty}^{+\infty}\sin 3t\mathrm{e}^{-\mathrm{i}\omega t}\mathrm{d}t\\=&\frac{3}{4}\int_{-\infty}^{+\infty}\frac{\mathrm{e}^{\mathrm{i}t}-\mathrm{e}^{\mathrm{i}t}}{2\mathrm{i}}\mathrm{e}^{-\mathrm{i}\omega t}\mathrm{d}t-\frac{1}{4}\int_{-\infty}^{+\infty}\frac{\mathrm{e}^{\mathrm{i}3t}-\mathrm{e}^{-\mathrm{i}3t}}{2\mathrm{i}}\mathrm{e}^{-\mathrm{i}\omega t}\mathrm{d}t\\=&\frac{3}{8\mathrm{i}}2\pi[\delta(\omega-1)-\delta(\omega+1)]-\frac{1}{8\mathrm{i}}2\pi[\delta(\omega-3)-\delta(\omega+3)]\\=&\frac{\pi\mathrm{i}}{4}[\delta(\omega-3)-3\delta(\omega-1)+3\delta(\omega+1)-\delta(\omega+3)]\end{aligned}$$

例 7.4 求函数 $f(t)=\dfrac{\cos^2 t-\sin^2 t}{1+t^2}$ 的傅氏变换.

分析 本题若直接由傅氏变换定义来作, 计算积分很麻烦, 可利用倍角公式 $\cos^2 t-\sin^2 t=\cos 2t$. 然后利用傅氏变换的位移性质和留数理论来求.

解 令 $g(t)=\dfrac{1}{1+t^2}$, 则

$$\begin{aligned}G(\omega)=&F[g(t)]=\int_{-\infty}^{+\infty}\frac{\mathrm{e}^{-\mathrm{i}\omega t}}{1+t^2}\mathrm{d}t=-\int_{-\infty}^{+\infty}\frac{\mathrm{e}^{-\mathrm{i}\omega(-t)}}{1+t^2}\mathrm{d}(-t)\\=&\int_{-\infty}^{+\infty}\frac{\mathrm{e}^{\mathrm{i}\omega t}}{1+t^2}\mathrm{d}t=2\pi\mathrm{i}\mathrm{Res}\left[\frac{\mathrm{e}^{\mathrm{i}|\omega|z}}{1+z^2},\mathrm{i}\right]=2\pi\mathrm{i}\left.\frac{\mathrm{e}^{\mathrm{i}|\omega|z}}{2z}\right|_{\mathrm{i}}=\pi\mathrm{e}^{-|\omega|}\end{aligned}$$

所以

$$\begin{aligned}F(\omega)=&F[f(t)]=F[g(t)\cos 2t]\\=&\frac{1}{2}[G(\omega+2)+G(\omega-2)]=\frac{\pi}{2}(\mathrm{e}^{-|\omega+2|}+\mathrm{e}^{-|\omega-2|})\end{aligned}$$

例 7.5 求积分 $\displaystyle\int_{-2\pi}^{2\pi}(1+t)\delta(\cos t)\mathrm{d}t$.

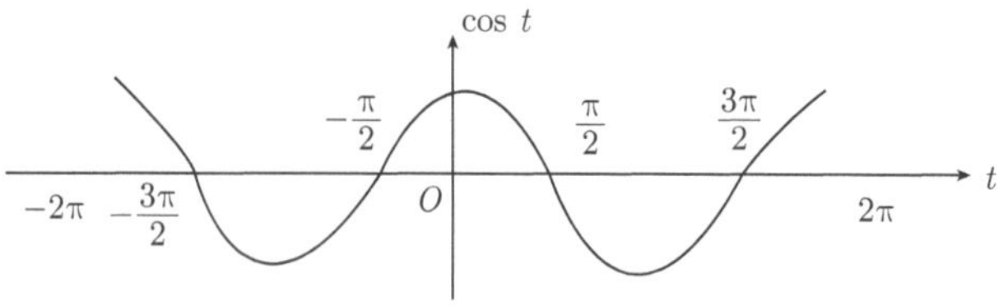

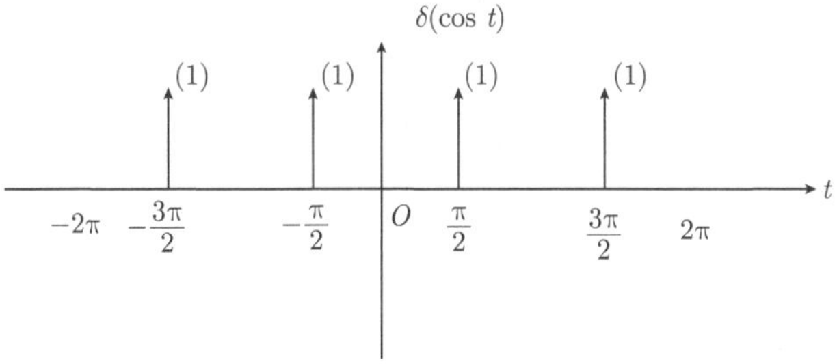

图 7.2

分析 这是含单位脉冲函数的广义积分. 我们先在 $[-2\pi, 2\pi]$ 上画出 $\cos t$ 的图形. 对照 $\cos t$ 的图形得到 $\delta(\cos t)$ 的图形. 由此得出在区间 $[-2\pi, 2\pi]$ 上,

$$\delta(\cos t) = \delta\left(t+\frac{3\pi}{2}\right)+\delta\left(t+\frac{\pi}{2}\right)+\delta\left(t-\frac{\pi}{2}\right)+\delta\left(t-\frac{3\pi}{2}\right)$$

然后再利用 $\delta(t)$ 的性质来计算.

解

$$\begin{aligned}
&\int_{-2\pi}^{2\pi}(1+t)\delta(\cos t)\mathrm{d}t\\
=&\int_{-2\pi}^{2\pi}(1+t)\left[\delta\left(t+\frac{3\pi}{2}\right)+\delta\left(t+\frac{\pi}{2}\right)+\delta\left(t-\frac{\pi}{2}\right)+\delta\left(t-\frac{3\pi}{2}\right)\right]\mathrm{d}t\\
=&\int_{-\infty}^{+\infty}(1+t)\delta\left(t+\frac{3\pi}{2}\right)\mathrm{d}t+\int_{-\infty}^{+\infty}(1+t)\delta\left(t+\frac{\pi}{2}\right)\mathrm{d}t\\
&+\int_{-\infty}^{+\infty}(1+t)\delta\left(t-\frac{\pi}{2}\right)\mathrm{d}t\int_{-\infty}^{+\infty}(1+t)\delta\left(t-\frac{3\pi}{2}\right)\mathrm{d}t\\
=&\left(1-\frac{3\pi}{2}\right)+\left(1-\frac{\pi}{2}\right)+\left(1+\frac{\pi}{2}\right)+\left(1+\frac{3\pi}{2}\right)=4
\end{aligned}$$

例 7.6 设 $F[f(t)]=F(\omega), a\neq 0$, 证明:

(1) $F[f(at-t_0)]=\dfrac{1}{|a|}F\left(\dfrac{\omega}{a}\right)\mathrm{e}^{-\mathrm{i}\frac{\omega}{a}t_0}$;

(2) $F[f(t_0-at)]=\dfrac{1}{|a|}F\left(\dfrac{-\omega}{a}\right)\mathrm{e}^{-\mathrm{i}\frac{\omega}{a}t_0}$.

分析 本题可以考虑直接应用傅氏变换的定义来证明; 也可以利用傅氏变换的位移性质和坐标缩放性质来证明.

证 (1) 我们用傅氏变换的定义来证明

$$F[f(at-t_0)]=\int_{-\infty}^{+\infty}f(at-t_0)\mathrm{e}^{-\mathrm{i}\omega t}\mathrm{d}t$$

令 $at-t_0=x$, 于是

$$
\begin{aligned}
F[f(at-t_0)]=&\int_{-\infty}^{+\infty}f(x)\mathrm{e}^{-\mathrm{i}\omega\left(\frac{x+t_0}{a}\right)}\frac{1}{|a|}\mathrm{d}x\\
=&\frac{1}{|a|}\mathrm{e}^{-\mathrm{i}\frac{\omega t_0}{a}}\int_{-\infty}^{+\infty}f(x)\mathrm{e}^{-\mathrm{i}\frac{\omega}{a}x}\mathrm{d}x\\
=&\frac{1}{|a|}F\left(\frac{\omega}{a}\right)\mathrm{e}^{-\mathrm{i}\frac{\omega}{a}t_0}
\end{aligned}
$$

用同样的方法可证 (2), 下面我们用傅氏变换的性质来证明 (2).

(2) 设 $g(t)=f(-at)$, 利用位移性质得

$$
F[f(t_0-at)]=F\left[g\left(t-\frac{t_0}{a}\right)\right]=G(\omega)\mathrm{e}^{-\mathrm{i}\frac{\omega}{a}t_0}
$$

这里 $G(\omega)=F[g(t)]$. 再利用坐标缩放性质

$$
G(w)=F[g(t)]=F[f(-at)]=\frac{1}{|a|}F\left(-\frac{\omega}{A}\right)
$$

从而得出

$$
F[f(t_0-at)]=G(\omega)\mathrm{e}^{-\mathrm{i}\frac{\omega}{a}t_0}=\frac{1}{|a|}F\left(-\frac{\omega}{a}\right)\mathrm{e}^{-\mathrm{i}\frac{\omega}{a}t_0}
$$

注 上题两个结论也表示傅氏变换的性质, 是坐标缩放 (相似) 性质和位移性质的缩合. 前者也称尺度变换或时间展缩性及频率展缩性, 反映出当时间扩展时, 频率尺度缩小, 但是频率里的垂直幅度却增大, 以使曲线下的面积保持不变. 反之, 当频率尺度扩展时导致时间尺度压缩. 后者表示当函数 (信号) 在时间上延迟了 t_0, 其傅氏变换 (频谱) 要乘以因子 $\mathrm{e}^{\mathrm{i}\omega t_0}$.

例 7.7 求单位斜坡函数 $r(t)=\begin{cases}t, & t>0\\ 0, & t<0\end{cases}$ 的傅氏变换.

分析 函数 $r(t)$ 不满足傅氏积分定理的条件. 考虑 $r(t)=tu(t)$. 因此可以利用单位阶跃函数 $u(t)$ 的傅氏变换及傅氏变换的微分性质得出结果.

解 因为 $F[u(t)]=\dfrac{1}{\mathrm{i}\omega}+\pi\delta(\omega)$ 由微分性质 (7.38) 式

$$
\begin{aligned}
F[r(t)]=&F[tu(t)]=\mathrm{i}\frac{\mathrm{d}}{\mathrm{d}\omega}\left[\frac{1}{\mathrm{i}\omega}+\pi\delta(\omega)\right]\\
=&-\frac{1}{\omega^2}+\mathrm{i}\pi\delta'(\omega)
\end{aligned}
$$

例 7.8 解积分方程

$$
\int_{-\infty}^{+\infty}\frac{y(\tau)}{(t-\tau)^2+a^2}\mathrm{d}\tau=\frac{1}{t^2+b^2},\quad 0<a<b
$$

分析 方程中积分是未知函数 $y(t)$ 与函数 $\dfrac{1}{t^2+a^2}$ 的卷积, 即 $y(t)*\dfrac{1}{t^2+a^2}$. 对方程两边作傅氏变换, 应用卷积定理, 得到关于解 $y(t)$ 的像函数 $Y(\omega)$ 的代数方程, 解出 $Y(\omega)$ 之后再取傅氏逆变换得到真解 $y(t)$.

解 对方程两边取傅氏变换得

$$Y(\omega)\cdot F\left[\frac{1}{t^2+a^2}\right]=F\left[\frac{1}{t^2+b^2}\right]$$

即

$$Y(\omega)=F\left[\frac{1}{t^2+b^2}\right]\Big/F\left[\frac{1}{t^2+a^2}\right]$$

其中

$$F\left[\frac{1}{t^2+a^2}\right]=\int_{-\infty}^{+\infty}\frac{1}{t^2+a^2}\mathrm{e}^{-\mathrm{i}\omega t}\mathrm{d}t$$

利用留数定理来求右边的积分.

当 $\omega>0$ 时,

$$\begin{aligned}&\int_{-\infty}^{+\infty}\frac{1}{t^2+a^2}\mathrm{e}^{-\mathrm{i}\omega t}\mathrm{d}t\xlongequal{x=-t}\int_{-\infty}^{+\infty}\frac{1}{x^2+a^2}\mathrm{e}^{\mathrm{i}\omega x}\mathrm{d}x\\=&2\pi\mathrm{i}\mathrm{Res}\left[\frac{1}{z^2+a^2}\mathrm{e}^{\mathrm{i}\omega z},a\mathrm{i}\right]=\frac{\pi}{a}\mathrm{e}^{-a\omega}\end{aligned}$$

当 $\omega<0$ 时,

$$\begin{aligned}\int_{-\infty}^{+\infty}\frac{1}{t^2+a^2}\mathrm{e}^{-\mathrm{i}\omega t}\mathrm{d}t=&\int_{-\infty}^{+\infty}\frac{1}{t^2+a^2}\mathrm{e}^{\mathrm{i}(-\omega)t}\mathrm{d}t\\=&2\pi\mathrm{i}\mathrm{Res}\left[\frac{1}{z^2+a^2}\mathrm{e}^{\mathrm{i}(-\omega)z},a\mathrm{i}\right]=\frac{\pi}{a}\mathrm{e}^{a\omega}\end{aligned}$$

综合上述得

$$F\left[\frac{1}{t^2+a^2}\right]=\frac{\pi}{a}\mathrm{e}^{-a|\omega|}$$

同理

$$F\left[\frac{1}{t^2+b^2}\right]=\frac{\pi}{a}\mathrm{e}^{-b|\omega|}$$

所以

$$Y(\omega)=\frac{\dfrac{\pi}{b}\mathrm{e}^{-b|\omega|}}{\dfrac{\pi}{a}\mathrm{e}^{-a|\omega|}}=\frac{a}{b}\mathrm{e}^{-(b-a)|\omega|}$$

再取傅氏逆变换得方程的解为

$$\begin{aligned}y(t)=&F^{-1}[Y(\omega)]=\frac{1}{2\pi}\int_{-\infty}^{+\infty}\frac{a}{b}\mathrm{e}^{-(b-a)|\omega|}\mathrm{e}^{\mathrm{i}\omega t}\mathrm{d}\omega\\=&\frac{a}{2\pi b}\left[\int_{-\infty}^{0}\mathrm{e}^{[(b-a)+\mathrm{i}t]\omega}\mathrm{d}\omega+\int_{0}^{+\infty}\mathrm{e}^{[-(b-a)+\mathrm{i}t]\omega}\mathrm{d}\omega\right]\\=&\frac{a}{2\pi b}\left[\frac{\mathrm{e}^{[(b-a)+\mathrm{i}t]\omega}\Big|_{-\infty}^{0}}{(b-a)+\mathrm{i}t}+\frac{\mathrm{e}^{[-(b-a)+\mathrm{i}t]\omega}\Big|_{0}^{+\infty}}{-(b-a)+\mathrm{i}t}\right]\\=&\frac{a}{2\pi b}\left[\frac{1}{(b-a)+\mathrm{i}t}-\frac{1}{-(b-a)+\mathrm{i}t}\right]\\=&\frac{a}{2\pi b}\frac{-(b-a)+\mathrm{i}t-(b-a)-\mathrm{i}t}{(\mathrm{i}t)^2-(b-a)^2}\\=&\frac{a}{\pi b}\cdot\frac{b-a}{t^2+(b-a)^2}=\frac{a(b-a)}{\pi b[t^2+(b-a)^2]}\end{aligned}$$

例 7.9 一根无限长棒的初始温度 $f(x)$ 为已知, 求其温度 $u(x,t)$, 即解定解问题

$$\begin{cases}\dfrac{\partial u}{\partial t}=a^2\dfrac{\partial^2 u}{\partial x^2} & (-\infty<x<+\infty,t>0)\\ u(x,0)=f(x)\end{cases}$$

分析 这是一个偏微分方程的问题. 首先设 t 为参数, 然后对方程两端作关于 x 的傅氏变换. 将方程左边交换积分微分次序, 方程右边利用傅氏变换的性质将原方程化为关于解的像函数的常微分方程. 再利用初始条件的傅氏变换, 得到常微分方程满足初始条件的定解问题. 求出解函数的傅氏变换像, 再利用傅氏逆变换求出真解.

解 设 $v(\omega,t)=F[u(x,t)]=\int_{-\infty}^{+\infty}u(x,t)\mathrm{e}^{-\mathrm{i}\omega x}\mathrm{d}x$, 将方程两边取傅氏变换,

$$\int_{-\infty}^{+\infty}\frac{\partial u}{\partial t}\mathrm{e}^{-\mathrm{i}\omega x}\mathrm{d}x=\int_{-\infty}^{+\infty}a^2\frac{\partial^2 u}{\partial x^2}\mathrm{e}^{-\mathrm{i}\omega x}\mathrm{d}x \tag{7.58}$$

将方程 (7.58) 左边交换积分, 微分次序

$$\frac{\partial}{\partial t}\int_{-\infty}^{+\infty}u(x,t)\mathrm{e}^{-\mathrm{i}\omega x}\mathrm{d}x=a^2\int_{-\infty}^{+\infty}\frac{\partial^2 u}{\partial x^2}\mathrm{e}^{-\mathrm{i}\omega x}\mathrm{d}x \tag{7.59}$$

将方程 (7.59) 右边利用傅氏变换的微分性质得

$$\frac{\mathrm{d}v(\omega,t)}{\mathrm{d}t}=a^2(\mathrm{i}\omega)^2v(\omega,t)$$

再将初始条件 $u(x,0)=f(x)$ 两边取傅氏变换得

$$v(\omega, 0) = F(\omega)$$

原方程化为关于 $v(\omega,t)$ 的常微分方程定解问题

$$\begin{cases} \dfrac{\mathrm{d}v}{\mathrm{d}t} + a^2\omega^2 v = 0 \\ v|_{t=0} = F(\omega) \end{cases}$$

解得

$$\begin{aligned} v(\omega,t) =& F(\omega)\mathrm{e}^{-a^2\omega^2 t} \\ u(x,t) =& F^{-1}[v(\omega,t)] = F^{-1}[F(\omega)\cdot \mathrm{e}^{-a^2\omega^2 t}] \\ =& f(\omega) * F^{-1}[\mathrm{e}^{-a^2\omega^2 t}] = \frac{1}{2a\sqrt{\pi t}} f(x) * \mathrm{e}^{-x^2/4a^2 t} \\ =& \frac{1}{2a\sqrt{\pi t}} \int_{-\infty}^{+\infty} f(\tau)\mathrm{e}^{-(x-\tau)^2/4a^2 t}\mathrm{d}\tau \end{aligned}$$

其中

$$\begin{aligned} F^{-1}[\mathrm{e}^{-a^2 t\omega^2}] =& \frac{1}{2\pi}\int_{-\infty}^{+\infty} \mathrm{e}^{-a^2 t\omega^2}\mathrm{e}^{\mathrm{i}\omega x}\mathrm{d}\omega \\ =& \frac{1}{2\pi}\mathrm{e}^{-\frac{a^2 t x^2}{4a^4 t^2}} \int_{-\infty}^{+\infty} \mathrm{e}^{-a^2 t\left[\omega^2 - \frac{\mathrm{i}n\omega}{a^2 t}\left(\frac{\mathrm{i}x}{2a^2 t}\right)^2\right]}\mathrm{d}\omega \\ =& \frac{1}{2\pi}\mathrm{e}^{-\frac{x^2}{4a^2 t}} \int_{-\infty}^{+\infty} \mathrm{e}^{-a^2 t\left(\omega - \frac{\mathrm{i}x}{2a^2 t}\right)^2}\mathrm{d}\omega \\ =& \frac{1}{2a\sqrt{\pi t}}\mathrm{e}^{-\frac{x^2}{4a^2 t}} \end{aligned}$$

7.3 测 试 题

1. 单项选择题.

(1) 设 $f(t) = \mathrm{e}^{-\beta|t|}(\beta > 0)$, 则 $F[f(t)] =($ $)$.

A. $\dfrac{2\omega}{\beta^2+\omega^2}$; B. $\dfrac{2\beta}{\beta^2+\omega^2}$; C. $\dfrac{2\omega}{\beta^2-\omega^2}$; D. $\dfrac{2\beta}{\beta^2-\omega^2}$.

(2) 设 $F(\omega) = 2\pi\delta(\omega-\omega_0)$ 则 $F^{-1}[F(\omega)] =($ $)$

A. 1; B. $\delta(t-t_0)$; C. $\mathrm{e}^{\mathrm{i}\omega_0 t}$; D. $\mathrm{e}^{-\mathrm{i}\omega_0 t}$.

(3) 设 $F[f(t)] = F(\omega)$, 则 $F[f(t)\sin\omega_0 t] =($ $)$.

A. $\dfrac{\mathrm{i}}{2}[F(\omega+\omega_0) - F(\omega-\omega_0)]$; B. $\dfrac{\mathrm{i}}{2}[F(\omega+\omega_0) + F(\omega-\omega_0)]$;

C. $\dfrac{1}{2}[F(\omega+\omega_0) - F(\omega-\omega_0)]$; D. $\dfrac{1}{2}[F(\omega+\omega_0) + F(\omega-\omega_0)]$.

(4) $F[f(t)]=F(\omega)$, 则 $F[(t-1)f(t)]=($　　$)$

A. $F'(\omega)-F(\omega)$;　　B. $-F'(\omega)-F(\omega)$;

C. $\mathrm{i}F'(\omega)-F(\omega)$;　　D. $-\mathrm{i}F'(\omega)-F(\omega)$.

(5) 设 $F[f(t)]=F(\omega)$, 则 $F[f(1-t)]=($　　$)$

A. $F(\omega)\mathrm{e}^{-\mathrm{i}\omega}$;　　B. $F(-\omega)\mathrm{e}^{-\mathrm{i}\omega}$;

C. $F(\omega)\mathrm{e}^{\mathrm{i}\omega}$;　　D. $F(-\omega)\mathrm{e}^{\mathrm{i}\omega}$.

(6) 设 $f(t)=t\mathrm{e}^{\mathrm{i}\omega_0 t}$, 则 $F[f(t)]=($　　$)$.

A. $2\pi\delta'(\omega-\omega_0)$;　　B. $2\pi\delta'(\omega+\omega_0)$;

C. $2\pi\mathrm{i}\delta'(\omega+\omega_0)$;　　D. $2\pi\mathrm{i}\delta'(\omega-\omega_0)$.

(7) 积分 $\int_{-\infty}^{+\infty}2(t^3+4)\delta(1-t)\mathrm{d}t$ 的值为 (　　).

A. $2(t^3+4)$;　　B. 8;　　C. -10;　　D. 10.

(8) 积分 $\int_{-\infty}^{+\infty}\delta(t^2-4)\mathrm{d}t$ 的值为 (　　)

A. 0;　　B. 1;　　C. 2;　　D. 4.

(9) 已知 $F[f(t)]=F(\omega)$, 则函数 $tf(2t)$ 的傅氏变换为 (　　).

A. $\dfrac{\mathrm{d}}{\mathrm{d}\omega}\left[\dfrac{\mathrm{i}}{2}F\left(\dfrac{\omega}{2}\right)\right]$;　　B. $\dfrac{\mathrm{d}}{\mathrm{d}\omega}\left[\dfrac{\mathrm{i}}{2}F(2\omega)\right]$;

C. $\int_{-\infty}^{\omega}f\left(\dfrac{u}{2}\right)\mathrm{d}u$;　　D. $\int_{-\infty}^{\omega}\dfrac{F(u)}{2u}\mathrm{d}u$.

(10) 积分 $\int_{-1}^{1}\delta(t^2-4)\mathrm{d}t$ 的值为 (　　).

A. 0;　　B. 1;　　C. 2;　　D. 4.

(11) 设 $F[f(t)]=F(\omega)$, 则下列公式中, 不正确的是 (　　).

A. $F[f(t)*f(t)]=[F(\omega)]^2$;　　B. $F\{[f(t)]^2\}=\dfrac{1}{2\pi}F(\omega)*F(\omega)$;

C. $F[f(t)\mathrm{e}^{\pm\mathrm{i}\omega_0 t}]=F(\omega\pm\omega_0)$;　　D. $\int_{-\infty}^{+\infty}[f(t)]^2\mathrm{d}t=\dfrac{1}{2\pi}\int_{-\infty}^{+\infty}|F(\omega)|^2\mathrm{d}\omega$.

(12) 函数 $f(t)=\mathrm{e}^{\mathrm{i}2t}\delta'(t)$ 的傅氏变换 $F(\omega)$ 为 (　　).

A. -2;　　B. $\mathrm{i}(\omega-2)$;　　C. $\mathrm{i}(\omega+2)$　　D. $2+\mathrm{i}\omega$.

2. 填空题.

(1) $F(\omega)=2\cos 3\omega$ 的傅氏逆变换 $f(t)=$____.

(2) 已知 $F[f(t)]=F(\omega)$, 设 $g_1(t)=f(t)*f'(t), g_2(t)=f(t)*f(t+t_0)$, 则 $G_1(\omega)=F[g_1(t)]=$____, $G_2(\omega)=F[g_2(t)]=$____.

(3) 设 $a>0$, 积分 $\int_{-\infty}^{+\infty}\delta(at-t_0)f(t)\mathrm{d}t=$____.

(4) 已知 $F[\cos\omega_0 t\cdot f(t)]=\dfrac{\sqrt{\pi}}{2}\left(\mathrm{e}^{\frac{-(\omega+\omega_0)^2}{4}}+\mathrm{e}^{\frac{-(\omega-\omega_0)^2}{4}}\right)$, 则 $F(\omega)=F[f(t)]=$ ____. $G(\omega)=F[\sin\omega_0 t\cdot f(t)]=$ ____.

(5) 积分 $\int_{-4}^{2}\mathrm{e}^t\delta(t+3)\mathrm{d}t=$ ____.

(6) $\int_{-\infty}^{t}4\sin\tau\cdot\delta\left(\tau-\dfrac{\pi}{6}\right)\mathrm{d}\tau=$ ____, $\int_{-\infty}^{+\infty}4\sin t\cdot\delta\left(t-\dfrac{\pi}{6}\right)\mathrm{d}t=$

(7) $\int_{-\infty}^{+\infty}\cos\omega t\mathrm{d}t=$ ____, $\int_{-\infty}^{+\infty}\mathrm{e}^{\mathrm{i}\omega t}\mathrm{d}\omega=$ ____.

(8) 已知 $f(t)=\cos\omega_0 t+\mathrm{i}\dfrac{1}{\pi t}*\cos\omega_0 t(\omega_0>0)$ 则 $F(\omega)=F[f(t)]=$ ____.

3. 求函数 $f(t)=t\mathrm{e}^{-t^2}$ 的傅氏变换, 并推证

$$\int_0^{+\infty}\omega\mathrm{e}^{-\frac{\omega^2}{4}}\sin\omega t\mathrm{d}\omega=2\sqrt{\pi}t\mathrm{e}^{-t^2}$$

4. 求下列函数的傅氏变换.

(1) $f(t)=\dfrac{1}{\pi t}$;　　(2) $f(t)=-\dfrac{1}{\pi t^2}$.

5. 已知 $F(\omega)=F[f(t)]$, 求下列函数的傅氏变换.

(1) $\int_{-\infty}^{t}\tau f(\tau)\mathrm{d}\tau$;　　(2) $(t+2)f(t)$;

(3) $f(t)*\dfrac{1}{\pi t}$;　　(4) $f(3t-2)\mathrm{e}^{-\mathrm{i}t}$.

6. 利用乘积定理, 计算积分 $\int_{-\infty}^{+\infty}\dfrac{1}{(x^2+1)(x^2+4)}\mathrm{d}x$.

7. 设 $f_1(t)=\begin{cases}\dfrac{1}{2}t, & 0<t<2,\\ 0, & t>2,t<0,\end{cases}$ $f_2(t)=\begin{cases}1, & -1<t<1,\\ 0, & t<-1,t>1,\end{cases}$ 求 $f_1(t)*f_2(t)$.

8. 求解方程

$$y(t)=f(t)-\int_{-\infty}^{+\infty}y(\tau)g(t-\tau)\mathrm{d}\tau$$

其中 $f(t),g(t)$ 为已知函数.

9. 两端无界弦振动已知初始位移为 $u=f(x)$, 初始速率为 0, 试求弦在任一时刻 t 的纵向位移 $u(x,t)$, 即解定解问题

$$\begin{cases}\dfrac{\partial^2 u}{\partial t^2}=a^2\dfrac{\partial^2 u}{\partial x^2}, & -\infty<x<+\infty,t>0\\ u(x,0)=f(x), & -\infty<x<+\infty\\ \left.\dfrac{\partial u}{\partial t}\right|_{t=0}=0, & -\infty<x<+\infty\end{cases}$$

7.4 测试题解答

1. 单项选择题.

(1) B. $F(\omega)=F[f(t)]=\int_{-\infty}^{+\infty}f(t)\mathrm{e}^{-\mathrm{i}\omega t}\mathrm{d}t$

$$=\int_{-\infty}^{+\infty}\mathrm{e}^{-\beta|t|}\mathrm{e}^{-\mathrm{i}\omega t}\mathrm{d}t=\int_{-\infty}^{0}\mathrm{e}^{(\beta-\mathrm{i}\omega)t}\mathrm{d}t+\int_{0}^{+\infty}\mathrm{e}^{-(\beta+\mathrm{i}\omega)t}\mathrm{d}t$$

$$=\frac{1}{\beta-\mathrm{i}\omega}+\frac{1}{\beta+\mathrm{i}\omega}=\frac{2\beta}{\beta^2+\omega^2}$$

(2) C. $F^{-1}[F(\omega)]=\frac{1}{2\pi}\int_{-\infty}^{+\infty}F(\omega)\mathrm{e}^{\mathrm{i}\omega t}\mathrm{d}\omega=\frac{1}{2\pi}\int_{-\infty}^{+\infty}2\pi\delta(\omega-\omega_0)\mathrm{e}^{\mathrm{i}\omega t}\mathrm{d}\omega$

$$=\int_{-\infty}^{+\infty}\delta(\omega-\omega_0)\mathrm{e}^{\mathrm{i}\omega t}\mathrm{d}\omega=\mathrm{e}^{\mathrm{i}\omega_0 t}$$

(3) A. $F[f(t)\sin\omega_0 t]=\int_{-\infty}^{+\infty}f(t)\sin\omega_0 t\mathrm{e}^{-\mathrm{i}\omega t}\mathrm{d}t=\int_{-\infty}^{+\infty}f(t)\frac{\mathrm{e}^{\mathrm{i}\omega_0 t}-\mathrm{e}^{-\mathrm{i}\omega_0 t}}{2\mathrm{i}}\mathrm{e}^{-\mathrm{i}\omega t}\mathrm{d}t$

$$=\frac{1}{2\mathrm{i}}\int_{-\infty}^{+\infty}f(t)\left(\mathrm{e}^{-\mathrm{i}(\omega-\omega_0)t}-\mathrm{e}^{-\mathrm{i}(\omega+\omega_0)t}\right)\mathrm{d}t$$

$$=\frac{1}{2\mathrm{i}}\left(\int_{-\infty}^{+\infty}f(t)\mathrm{e}^{-\mathrm{i}(\omega-\omega_0)t}\mathrm{d}t-\int_{-\infty}^{+\infty}f(t)\mathrm{e}^{-\mathrm{i}(\omega+\omega_0)t}\mathrm{d}t\right)$$

$$=\frac{1}{2\mathrm{i}}[F(\omega-\omega_0)-F(\omega+\omega_0)]$$

$$=\frac{\mathrm{i}}{2}[F(\omega+\omega_0)-F(\omega-\omega_0)]$$

(4) C. $F[(t-1)f(t)]=F[tf(t)]-F[f(t)]=-\frac{1}{\mathrm{i}}F'(\omega)-F(\omega)$

$$=\mathrm{i}F'(\omega)-F(\omega)$$

(5) B. $F[f(1-t)]=\int_{-\infty}^{+\infty}f(1-t)\mathrm{e}^{-\mathrm{i}\omega t}\mathrm{d}t\overset{u=1-t}{=\!=\!=}\int_{-\infty}^{+\infty}f(u)\mathrm{e}^{-\mathrm{i}\omega(1-u)}\mathrm{d}u$

$$=\mathrm{e}^{-\mathrm{i}\omega}\int_{-\infty}^{+\infty}f(u)\mathrm{e}^{-\mathrm{i}(-\omega)u}\mathrm{d}u=\mathrm{e}^{-\mathrm{i}\omega}F(-\omega)$$

(6) D. $F[f(t)]=F[t\mathrm{e}^{\mathrm{i}\omega_0 t}]=-\frac{1}{\mathrm{i}}\frac{\mathrm{d}[\mathrm{e}^{\mathrm{i}\omega_0 t}]}{\mathrm{d}\omega}=2\pi\mathrm{i}\delta'(\omega-\omega_0)$

(7) D. $\int_{-\infty}^{+\infty}2(t^3+4)\delta(1-t)\mathrm{d}t\overset{u=1-t}{=\!=\!=}-\int_{-\infty}^{+\infty}2[(1-u)^3+4]\delta(u)\mathrm{d}u$

$$=\int_{-\infty}^{+\infty}(10-3u+3u^2-u^3)\delta(u)\mathrm{d}u$$

$$= (10 - 3u + 3u^2 - u^3)|_{u=0} = 10$$

(8) C. $\int_{-\infty}^{+\infty} \delta(t^2 - 4)\mathrm{d}t = \int_{-\infty}^{+\infty} \delta[(t+2)(t-2)]\mathrm{d}t$

$$= \int_{-\infty}^{+\infty} [\delta(t+2) + \delta(t-2)]\mathrm{d}t = 1 + 1 = 2$$

(9) A. $F[tf(2t)] = -\dfrac{1}{\mathrm{i}}\dfrac{\mathrm{d}F[f(2t)]}{\mathrm{d}\omega} = \mathrm{i}\dfrac{\mathrm{d}\dfrac{1}{2}f\left(\dfrac{\omega}{2}\right)}{\mathrm{d}\omega}$

$$= \frac{\mathrm{d}}{\mathrm{d}\omega}\left[\frac{\mathrm{i}}{2}F\left(\frac{\omega}{2}\right)\right]$$

(10) A. $\int_{-1}^{1} \delta(t^2 - 4)\mathrm{d}t = \int_{-1}^{1} \delta(t+2)\mathrm{d}t + \int_{-1}^{1} \delta(t-2)\mathrm{d}t = 0 + 0 = 0$

(11) C. $F[f(t)\mathrm{e}^{\pm \mathrm{i}\omega_0 t}] = F(\omega \mp \omega_0)$.

(12) B. $F[\delta'(t)] = \mathrm{i}\omega F[\delta(t)] = \mathrm{i}\omega, F[\mathrm{e}^{\mathrm{i}2t}\delta'(t)] = \mathrm{i}(\omega - 2)$.

2. 填空题.

(1) $\delta(t+3) + \delta(t-3)$.

$$f(t) = F^{-1}[F(\omega)] = \frac{1}{2\pi}\int_{-\infty}^{+\infty} 2\cos 3\omega \mathrm{e}^{\mathrm{i}\omega t}\mathrm{d}\omega$$

$$= \frac{1}{2\pi}\int_{-\infty}^{+\infty} [\mathrm{e}^{(t+3)\omega \mathrm{i}} + \mathrm{e}^{(t-3)\omega \mathrm{i}}]\mathrm{d}\omega$$

$$= \delta(t+3) + \delta(t-3)$$

(2) $G_1(\omega) = \mathrm{i}\omega F^2(\omega), G_2(\omega) = \mathrm{e}^{-\mathrm{i}\omega t_0}F^2(\omega)$. 由卷积定理

$$G_1(\omega) = F[f(t)] \cdot F[f'(t)] = F(\omega) \cdot \mathrm{i}\omega F(\omega) = \mathrm{i}\omega F^2(\omega)$$

$$G_2(\omega) = F[f(t)] \cdot F[f(t+t_0)] = F(\omega) \cdot \mathrm{e}^{-\mathrm{i}\omega t_0}F(\omega) = \mathrm{e}^{-\mathrm{i}\omega t_0}F^2(\omega)$$

(3) $\dfrac{1}{a}f\left(\dfrac{t_0}{a}\right)$.

$$\int_{-\infty}^{+\infty} \delta(at - t_0)f(t)\mathrm{d}t \xlongequal{u=at-t_0} \frac{1}{a}\int_{-\infty}^{+\infty} \delta(u)f\left(\frac{u+t_0}{a}\right)\mathrm{d}u = \frac{1}{a}f\left(\frac{t_0}{a}\right)$$

(4) $F[f(t)] = \sqrt{\pi}\mathrm{e}^{\frac{-\omega^2}{4}}$.

$$F[\sin\omega_0 t f(t)] = \frac{\sqrt{\pi}\mathrm{i}}{2}\left(\mathrm{e}^{\frac{-(\omega+\omega_0)^2}{4}} - \mathrm{e}^{\frac{-(\omega-\omega_0)^2}{4}}\right)$$

因为若 $F(\omega) = F[f(t)]$, 则有

$$F[\cos\omega_0 t f(t)] = \frac{1}{2}[F(\omega+\omega_0) + F(\omega-\omega_0)]$$

$$F[\sin\omega_0 t f(t)] = \frac{\mathrm{i}}{2}[F(\omega+\omega_0) - F(\omega-\omega_0)]$$

(5) e^{-3}. $\int_{-4}^{2}\mathrm{e}^t\delta(t+3)\mathrm{d}t=\int_{-\infty}^{+\infty}\mathrm{e}^t\delta(t+3)\mathrm{d}t=\mathrm{e}^{-3}$.

(6) $2u\left(t-\frac{\pi}{6}\right)$, 2.

$$\begin{aligned}\int_{-\infty}^{t}4\sin\tau\cdot\delta\left(\tau-\frac{\pi}{6}\right)\mathrm{d}\tau&=\int_{-\infty}^{t}4\sin\frac{\pi}{6}\cdot\delta\left(\tau-\frac{\pi}{6}\right)\mathrm{d}\tau\\&=\int_{-\infty}^{t}4\times\frac{1}{2}\delta\left(\tau-\frac{\pi}{6}\right)\mathrm{d}t=2\int_{-\infty}^{t}\delta\left(\tau-\frac{\pi}{6}\right)\mathrm{d}\tau\\&=2u\left(t-\frac{\pi}{6}\right)\end{aligned}$$

$$\int_{-\infty}^{+\infty}4\sin\tau\delta\left(\tau-\frac{\pi}{6}\right)\mathrm{d}\tau=4\sin\frac{\pi}{6}=2$$

(7) $2\pi\delta(\omega)$; $2\pi\delta(t)$.

$$\begin{aligned}\int_{-\infty}^{+\infty}\cos\omega t\mathrm{d}t&=\frac{1}{2}\left[\int_{-\infty}^{+\infty}(\mathrm{e}^{\mathrm{i}\omega t}+\mathrm{e}^{-\mathrm{i}\omega t})\mathrm{d}t\right]=\frac{1}{2}\left[\int_{-\infty}^{+\infty}\mathrm{e}^{-\mathrm{i}(-\omega)t}\mathrm{d}t+\int_{-\infty}^{+\infty}\mathrm{e}^{-\mathrm{i}\omega t}\mathrm{d}t\right]\\&=\frac{1}{2}[2\pi\delta(-\omega)+2\pi\delta(\omega)]=2\pi\delta(\omega)\end{aligned}$$

$$\int_{-\infty}^{+\infty}\mathrm{e}^{\mathrm{i}\omega t}\mathrm{d}\omega=2\pi\left[\frac{1}{2\pi}\int_{-\infty}^{+\infty}\mathrm{e}^{\mathrm{i}\omega t}\mathrm{d}\omega\right]=2\pi\delta(t)$$

(8) $2\pi\delta(\omega-\omega_0)$. 因为 $F[\mathrm{sgn}t]=\frac{2}{\mathrm{i}\omega}$ 利用对称性质 (7.28) 得 $\mathrm{sgn}(-\omega)=-F\left[\frac{\mathrm{i}}{\pi t}\right]$, 即

$$F\left[\frac{\mathrm{i}}{\pi t}\right]=\mathrm{sgn}\omega$$

由卷积定理 (7.46) 式

$$\begin{aligned}F[f(t)]&=F[\cos\omega_0t]+F\left[\frac{\mathrm{i}}{\pi t}\right]\cdot F[\cos\omega_0t]\\&=F[\cos\omega_0t]\left(1+F\left[\frac{\mathrm{i}}{\pi t}\right]\right)\\&=\pi[\delta(\omega+\omega_0)+\delta(\omega-\omega_0)](1+\mathrm{sgn}\omega)\\&=\pi[\delta(\omega+\omega_0)+\delta(\omega-\omega_0)]+\pi[\mathrm{sgn}\omega\delta(\omega+\omega_0)+\mathrm{sgn}\omega\delta(\omega-\omega_0)]\\&=\pi[\delta(\omega+\omega_0)+\delta(\omega-\omega_0)]+\pi[\mathrm{sgn}(-\omega_0)\delta(\omega+\omega_0)+\mathrm{sgn}\omega_0\delta(\omega-\omega_0)]\\&=\pi[\delta(\omega+\omega_0)+\delta(\omega-\omega_0)]+\pi[-\delta(\omega+\omega_0)+\delta(\omega-\omega_0)]\\&=2\pi\delta(\omega-\omega_0)\end{aligned}$$

3. **解** 利用教科书例 7.2.3, 钟形脉冲函数 $E\mathrm{e}^{-\beta t^2}$ 的傅氏变换为 $E\sqrt{\dfrac{\pi}{\beta}}\mathrm{e}^{-\frac{\omega^2}{4\beta}}$ 得

$$F[\mathrm{e}^{-t^2}]=\sqrt{\pi}\mathrm{e}^{-\frac{\omega^2}{4}}$$

再利用微分性质得

$$\begin{aligned}F(\omega)=&F[t\mathrm{e}^{-t^2}]=\mathrm{i}\frac{\mathrm{d}}{\mathrm{d}\omega}(F[\mathrm{e}^{-t^2}])\\=&\mathrm{i}\sqrt{\pi}(\mathrm{e}^{-\frac{\omega^2}{4}})'=-\frac{\mathrm{i}\sqrt{\pi}\omega}{2}\mathrm{e}^{-\frac{\omega^2}{4}}\\f(t)=&\frac{1}{2\pi}\int_{-\infty}^{+\infty}F(\omega)\mathrm{e}^{\mathrm{i}\omega t}\mathrm{d}\omega=\frac{1}{2\pi}\int_{-\infty}^{+\infty}-\frac{\mathrm{i}\sqrt{\pi}}{2}\omega\mathrm{e}^{-\frac{\omega^2}{4}}\mathrm{e}^{\mathrm{i}\omega t}\mathrm{d}\omega\\=&\frac{-\mathrm{i}}{4\sqrt{\pi}}\int_{-\infty}^{+\infty}\omega\mathrm{e}^{-\frac{\omega^2}{4}}(\cos\omega t+\mathrm{i}\sin\omega t)\mathrm{d}\omega=\frac{1}{2\sqrt{\pi}}\int_{0}^{+\infty}\omega\mathrm{e}^{-\frac{\omega^2}{4}}\sin\omega t\mathrm{d}\omega\end{aligned}$$

因此有

$$\int_0^{+\infty}\omega\mathrm{e}^{-\frac{\omega^2}{4}}\sin\omega t\mathrm{d}\omega=2\sqrt{\pi}t\mathrm{e}^{-t^2}$$

4. **解** 已知 $F[\mathrm{sgn}t]=\dfrac{2}{\mathrm{i}\omega}$, 利用对称性 (7.28) 式

$$2\pi f(-\omega)=F[F(t)]$$

$$F\left[\frac{1}{\pi t}\right]=\mathrm{isgn}(-\omega)=-\mathrm{isgn}\omega$$

$$-\frac{1}{\pi t^2}=\left(\frac{1}{\pi t}\right)'$$

由微分性质 (7.37) 式

$$F\left[-\frac{1}{\pi t^2}\right]=-\mathrm{i}\omega\left[\frac{1}{\pi t}\right]=\omega\mathrm{sgn}\omega$$

5. **解** (1) 由积分性质 (7.39) 式及微分性质 (7.37) 式,

$$\begin{aligned}F\left[\int_{-\infty}^{t}\tau f(\tau)\mathrm{d}\tau\right]=&\frac{F[tf(t)]}{\mathrm{i}\omega}+\pi F[tf(t)]\delta(\omega)\\=&\left[\pi\delta(\omega)+\frac{1}{\mathrm{i}\omega}\right]\mathrm{i}F'(\omega)\end{aligned}$$

(2) 由线性性质 (7.26) 式及微分性质 (7.38) 式,

$$F[(t+2)f(t)]=F[tf(t)]+2F[f(t)]=\mathrm{i}F'(\omega)+2F(\omega)$$

(3) 由卷积定理 (7.46) 式

$$F\left[f(t)*\frac{1}{\pi t}\right]=F[f(t)]\cdot F\left[\frac{1}{\pi t}\right]=F(\omega)\cdot -\mathrm{isgn}\omega=-\mathrm{isgn}\omega F(\omega)$$

(4) 由例 7.6(1) 得

$$F[f(3t-2)]=\frac{1}{3}F\left(\frac{\omega}{3}\right)\mathrm{e}^{-\mathrm{i}\frac{2}{3}\omega}$$

由位移性质 (7.31) 式

$$F[f(3t-2)\mathrm{e}^{-\mathrm{i}t}]=\frac{1}{3}F\left(\frac{\omega+1}{3}\right)\mathrm{e}^{-\mathrm{i}\frac{2}{3}(\omega+1)}$$

6. **解** 因为

$$F[\mathrm{e}^{-|t|}]=\frac{2}{1+\omega^2},\quad F[\mathrm{e}^{-2|t|}]=\frac{4}{4+\omega^2}$$

由乘积定理

$$\int_{-\infty}^{+\infty}\frac{2}{1+\omega^2}\cdot\frac{4}{4+\omega^2}\mathrm{d}\omega=2\pi\int_{-\infty}^{+\infty}\mathrm{e}^{-|t|}\mathrm{e}^{-2|t|}\mathrm{d}t$$

故

$$\begin{aligned}\int_{-\infty}^{+\infty}\frac{1}{(x^2+1)(x^2+4)}\mathrm{d}x &=\frac{\pi}{4}\int_{-\infty}^{+\infty}\mathrm{e}^{-|t|}\mathrm{e}^{-2|t|}\mathrm{d}t\\ &=\frac{\pi}{4}\left(\int_{-\infty}^{0}\mathrm{e}^{3t}\mathrm{d}t+\int_{0}^{+\infty}\mathrm{e}^{-3t}\mathrm{d}t\right)\\ &=\frac{\pi}{4}\left(\frac{1}{3}+\frac{1}{3}\right)=\frac{\pi}{6}\end{aligned}$$

7. **解**

$$f_1(t)*f_2(t)=\int_{-\infty}^{+\infty}f_1(\tau)f(t-\tau)\mathrm{d}\tau$$

$$f_1(\tau)=\begin{cases}\frac{1}{2}\tau, & 0<\tau<2\\ 0, & \tau>2,\tau<0\end{cases}$$

$$f_2(t-\tau)=\begin{cases}1, & -1<t-\tau<1\\ 0, & t-\tau<-1,t-\tau>1\end{cases}$$

因此当 $0<\tau<2,\tau-1<t<\tau+1$,

$$f_1(\tau)f_2(t-\tau)\neq 0$$

当 $t \leqslant -1$ 时,

$$f_1(t) * f_2(t) = \int_{-\infty}^{+\infty} f_1(\tau) f_2(t-\tau) \mathrm{d}\tau = 0$$

当 $-1 < t \leqslant 1$ 时,

$$f_1(t) * f_2(t) = \int_0^{t+1} \frac{1}{2}\tau \mathrm{d}\tau = \frac{1}{4}(t+1)^2$$

当 $1 < t \leqslant 3$ 时,

$$f_1(t) * f_2(t) = \int_{t-1}^{2} \frac{1}{2}\tau \mathrm{d}\tau = 1 - \frac{1}{4}(t-1)^2$$

当 $t > 3$ 时,

$$f_1(t) * f_2(t) = \int_{-\infty}^{+\infty} f_1(\tau) f_2(t-\tau) \mathrm{d}\tau = 0$$

总之

$$f_1(t) * f_2(t) = \begin{cases} 0, & t \leqslant -1 \\ \frac{1}{4}(t+1)^2, & -1 < t \leqslant 1 \\ -\frac{1}{4}t^2 + \frac{1}{2}t + \frac{3}{4}, & 1 < t \leqslant 3 \\ 0, & t > 3 \end{cases}$$

8. **解** 设 $F[y(t)] = Y(\omega), F[f(t)] = F(\omega), F[g(t)] = G(\omega)$, 将方程两边取傅氏变换得

$$Y(\omega) = F(\omega) - Y(\omega) \cdot G(\omega)$$

解此方程得

$$Y(\omega) = \frac{F(\omega)}{1 + G(\omega)}$$

再取傅氏逆变换得

$$y(t) = \frac{1}{2\pi} \int_{-\infty}^{+\infty} \frac{F(\omega)}{1 + G(\omega)} \mathrm{e}^{\mathrm{i}\omega t} \mathrm{d}\omega$$

9. **解** 设 $F[u(x,t)] = v(\omega, t)$, 则有

$$F\left[\frac{\partial u}{\partial t}\right] = \int_{-\infty}^{+\infty} \frac{\partial u}{\partial t} \mathrm{e}^{-\mathrm{i}\omega x} \mathrm{d}x = \frac{\partial}{\partial t} \int_{-\infty}^{+\infty} u(x,t) \mathrm{e}^{-\mathrm{i}\omega x} \mathrm{d}x$$

$$= \frac{\partial}{\partial t} F[u(x,t)] = \frac{\partial}{\partial t} v(\omega, t)$$

$$F\left[\frac{\partial^2 u}{\partial t^2}\right] = \frac{\partial^2}{\partial t^2} v(\omega, t)$$

由物理意义知 $\lim\limits_{x \to \pm\infty} u(x,t) = 0, \lim\limits_{x \to \pm\infty} \frac{\partial}{\partial x} u(x,t) = 0$, 得

$$F\left[\frac{\partial^2 u}{\partial x^2}\right] = (\mathrm{i}\omega)^2 v(\omega, t) = -\omega^2 v(\omega, t)$$

原定解问题变为

$$\begin{cases} \dfrac{\partial^2}{\partial t^2} v = -a^2\omega^2 v \\ v(\omega, 0) = F(\omega) \\ \dfrac{\partial}{\partial t} v(\omega, t)\Big|_{t=0} = 0 \end{cases}$$

视 ω 为常数, 上述方程变为常微分方程求特解的问题

$$\frac{\mathrm{d}^2}{\mathrm{d}t} v = -a^2\omega^2 v, \quad v|_{t=0} = F(\omega), \quad \frac{\mathrm{d}}{\mathrm{d}t} v\Big|_{t=0} = 0$$

解得

$$v(\omega, t) = F(\omega)\cos a\omega t$$

再取傅氏逆变换

$$\begin{aligned} u(x,t) =& F^{-1}[v(\omega,t)] = \frac{1}{2\pi}\int_{-\infty}^{+\infty} F(\omega)\cos a\omega t \mathrm{e}^{\mathrm{i}\omega x}\mathrm{d}\omega \\ =& \frac{1}{4\pi}\int_{-\infty}^{+\infty} F(\omega)\mathrm{e}^{\mathrm{i}(x+at)\omega}\mathrm{d}\omega + \frac{1}{4\pi}\int_{-\infty}^{+\infty} F(\omega)\mathrm{e}^{\mathrm{i}(x-at)\omega}\mathrm{d}\omega \\ =& \frac{1}{2}[f(x+at) + f(x-at)] \end{aligned}$$

7.5 教材习题 7 解答

1. 求下列函数的傅氏积分公式.

(1) $f(t) = \begin{cases} 1 - t^2, & |t| < 1, \\ 0, & |t| > 1; \end{cases}$

(2) $f(t) = \begin{cases} 0, & t < 0, \\ \mathrm{e}^{-t}\sin 2t, & t \geqslant 0; \end{cases}$

(3) $f(t) = \begin{cases} -1, & -1 < t < 0, \\ 1, & 0 < t < 1, \\ 0, & \text{其他}. \end{cases}$

解 (1) 函数 $f(t) = \begin{cases} 1 - t^2, & |t| < 1 \\ 0, & |t| > 1 \end{cases}$ 满足傅氏积分定理的条件, 傅氏积分

公式为

$$
\begin{aligned}
f(t) &= \frac{1}{2\pi}\int_{-\infty}^{+\infty}\int_{-\infty}^{+\infty} f(t)\mathrm{e}^{-\mathrm{i}\omega t}\mathrm{d}t\mathrm{e}^{\mathrm{i}\omega t}\mathrm{d}\omega \\
&= \frac{1}{2\pi}\int_{-\infty}^{+\infty}\int_{-1}^{1}(1-t^2)\mathrm{e}^{-\mathrm{i}\omega t}\mathrm{d}t\mathrm{e}^{\mathrm{i}\omega t}\mathrm{d}\omega \\
&= \frac{1}{\pi}\int_{-\infty}^{+\infty}\int_{0}^{1}(1-t^2)\cos\omega t\mathrm{d}t\mathrm{e}^{\mathrm{i}\omega t}\mathrm{d}\omega \\
&= \frac{1}{\pi}\int_{-\infty}^{+\infty}\left[\frac{\sin\omega t}{\omega}-\left(\frac{2t\cos\omega t}{\omega^2}-\frac{2\sin\omega t}{\omega^3}+\frac{t^2\sin\omega t}{\omega}\right)\right]_0^1 \mathrm{e}^{\mathrm{i}\omega t}\mathrm{d}\omega \\
&= \frac{1}{\pi}\int_{-\infty}^{+\infty}\frac{2(\sin\omega-\omega\cos\omega)}{\omega^3}\mathrm{e}^{\mathrm{i}\omega t}\mathrm{d}\omega \\
&= \frac{4}{\pi}\int_{0}^{+\infty}\frac{\sin\omega-\omega\cos\omega}{\omega^3}\cos\omega t\mathrm{d}\omega
\end{aligned}
$$

(2) $f(t)=\begin{cases}0, & t<0\\ \mathrm{e}^{-t}\sin 2t, & t\geqslant 0\end{cases}$ 满足傅氏积分定理的条件, 其傅氏积分公式为

$$
f(t)=\frac{1}{2\pi}\int_{-\infty}^{+\infty}\int_{-\infty}^{+\infty} f(t)\mathrm{e}^{-\mathrm{i}\omega t}\mathrm{d}t\mathrm{e}^{\mathrm{i}\omega t}\mathrm{d}\omega=\frac{1}{2\pi}\int_{-\infty}^{+\infty}\int_{0}^{+\infty}\mathrm{e}^{-t}\sin 2t\mathrm{e}^{-\mathrm{i}\omega t}\mathrm{d}t\mathrm{e}^{\mathrm{i}\omega t}\mathrm{d}\omega
$$

$$
\begin{aligned}
&= \frac{1}{2\pi}\int_{-\infty}^{+\infty}\int_{0}^{+\infty}\mathrm{e}^{-t}\frac{\mathrm{e}^{\mathrm{i}2t}-\mathrm{e}^{-\mathrm{i}2t}}{2\mathrm{i}}\mathrm{e}^{-\mathrm{i}\omega t}\mathrm{d}t\mathrm{e}^{\mathrm{i}\omega t}\mathrm{d}\omega \\
&= \frac{1}{4\pi\mathrm{i}}\int_{-\infty}^{+\infty}\int_{0}^{+\infty}(\mathrm{e}^{-t+\mathrm{i}(2-\omega)t}-\mathrm{e}^{-t-\mathrm{i}(2+\omega)t})\mathrm{d}t\mathrm{e}^{\mathrm{i}\omega t}\mathrm{d}\omega \\
&= \frac{1}{4\pi\mathrm{i}}\int_{-\infty}^{+\infty}\left[\frac{\mathrm{e}^{[-1+\mathrm{i}(2-\omega)]t}}{-1+\mathrm{i}(2-\omega)}-\frac{\mathrm{e}^{[-1-\mathrm{i}(2+\omega)]t}}{-1-\mathrm{i}(2+\omega)}\right]_0^{+\infty}\mathrm{e}^{\mathrm{i}\omega t}\mathrm{d}\omega \\
&= \frac{1}{4\pi\mathrm{i}}\int_{-\infty}^{+\infty}\left(\frac{-1}{-1+\mathrm{i}(2-\omega)}-\frac{-1}{-1-\mathrm{i}(2+\omega)}\right)\mathrm{e}^{\mathrm{i}\omega t}\mathrm{d}\omega \\
&= \frac{1}{\pi}\int_{-\infty}^{+\infty}\frac{(5-\omega^2)-2\omega\mathrm{i}}{25-6\omega^2+\omega^4}(\cos\omega t+\mathrm{i}\sin\omega t)\mathrm{d}\omega \\
&= \frac{1}{\pi}\int_{-\infty}^{+\infty}\frac{(5-\omega^2)\cos\omega t+2\omega\sin\omega t}{25-6\omega^2+\omega^4}\mathrm{d}\omega+\frac{\mathrm{i}}{\pi}\int_{-\infty}^{+\infty}\frac{(5-\omega^2)\sin\omega t-2\omega\cos\omega t}{25-6\omega^2+\omega^4}\mathrm{d}\omega \\
&= \frac{2}{\pi}\int_{0}^{+\infty}\frac{(5-\omega^2)\cos\omega t+2\omega\sin\omega t}{25-6\omega^2+\omega^4}\mathrm{d}\omega
\end{aligned}
$$

(3) 函数 $f(t)=\begin{cases}-1, & -1<t<0\\ 1, & 0<t<1\\ 0, & \text{其他}\end{cases}$ 是奇函数, 满足傅氏积分定理的条件, 其

傅氏积分公式为

$$
\begin{aligned}
f(t) =&\frac{1}{2\pi}\int_{-\infty}^{+\infty}\int_{-\infty}^{+\infty} f(t)\mathrm{e}^{-\mathrm{i}\omega t}\mathrm{d}t\mathrm{e}^{\mathrm{i}\omega t}\mathrm{d}\omega = \frac{1}{\pi\mathrm{i}}\int_{-\infty}^{+\infty}\int_{0}^{+\infty} f(t)\sin\omega t\mathrm{d}t\mathrm{e}^{\mathrm{i}\omega t}\mathrm{d}\omega\\
=&\frac{1}{\pi\mathrm{i}}\int_{-\infty}^{+\infty}\int_{0}^{1} 1\cdot\sin\omega t\mathrm{d}t\mathrm{e}^{\mathrm{i}\omega t}\mathrm{d}\omega = \frac{1}{\pi\mathrm{i}}\int_{-\infty}^{+\infty}\frac{1-\cos\omega}{\omega}\mathrm{e}^{\mathrm{i}\omega t}\mathrm{d}\omega\\
=&\frac{2}{\pi}\int_{0}^{+\infty}\frac{1-\cos\omega}{\omega}\sin\omega t\mathrm{d}\omega
\end{aligned}
$$

在 $f(t)$ 的间断点 $t_0=-1,0,1$ 处以 $\dfrac{f(t_0+0)+f(t_0-0)}{2}$ 代替.

2. 求证如果 $f(t)$ 满足傅氏积分定理条件, 当 $f(t)$ 为奇函数时, 则有

$$
f(t)=\int_0^{+\infty} b(\omega)\sin(\omega t)\mathrm{d}\omega
$$

其中

$$
b(\omega)=\frac{2}{\pi}\int_0^{+\infty} f(t)\sin(\omega t)\mathrm{d}t
$$

当 $f(t)$ 为偶函数时, 则有

$$
f(t)=\int_0^{+\infty} a(\omega)\cos(\omega t)\mathrm{d}\omega
$$

其中

$$
a(\omega)=\frac{2}{\pi}\int_0^{+\infty} f(t)\cos(\omega t)\mathrm{d}t
$$

证 设 $f(t)$ 是奇函数,

$$
\begin{aligned}
f(t) =&\frac{1}{2\pi}\int_{-\infty}^{+\infty}\int_{-\infty}^{+\infty} f(\tau)\mathrm{e}^{-\mathrm{i}\omega\tau}\mathrm{d}\tau\mathrm{e}^{\mathrm{i}\omega t}\mathrm{d}\omega\\
=&\frac{1}{2\pi}\int_{-\infty}^{+\infty}\int_{-\infty}^{+\infty} f(\tau)(\cos\omega\tau-\mathrm{i}\sin\omega\tau)\mathrm{d}\tau\mathrm{e}^{\mathrm{i}\omega t}\mathrm{d}\omega\\
=&\frac{1}{\pi\mathrm{i}}\int_{-\infty}^{+\infty}\int_{0}^{+\infty} f(\tau)\sin\omega\tau\mathrm{d}\tau\mathrm{e}^{\mathrm{i}\omega t}\mathrm{d}\omega\\
=&\frac{1}{2\mathrm{i}}\int_{-\infty}^{+\infty} b(\omega)\mathrm{e}^{\mathrm{i}\omega t}\mathrm{d}\omega\\
=&\frac{1}{2\mathrm{i}}\int_{-\infty}^{+\infty} b(\omega)(\cos\omega t+\mathrm{i}\sin\omega t)\mathrm{d}\omega=\int_0^{+\infty} b(\omega)\sin\omega t\mathrm{d}\omega
\end{aligned}
$$

($b(\omega)$ 是 ω 的奇函数) 设 $f(t)$ 是偶函数,

$$\begin{aligned}
f(t) =&\frac{1}{2\pi}\int_{-\infty}^{+\infty}\int_{-\infty}^{+\infty} f(\tau)\mathrm{e}^{-\mathrm{i}\omega\tau}\mathrm{d}\tau\mathrm{e}^{\mathrm{i}\omega t}\mathrm{d}\omega\\
=&\frac{1}{2\pi}\int_{-\infty}^{+\infty}\int_{-\infty}^{+\infty} f(\tau)(\cos\omega\tau-\mathrm{i}\sin\omega\tau)\mathrm{d}\tau\mathrm{e}^{\mathrm{i}\omega t}\mathrm{d}\omega\\
=&\frac{1}{\pi}\int_{-\infty}^{+\infty}\int_{0}^{+\infty} f(\tau)\cos\omega\tau\mathrm{d}\tau\mathrm{e}^{\mathrm{i}\omega t}\mathrm{d}\omega\\
=&\frac{1}{2}\int_{-\infty}^{+\infty} a(\omega)\mathrm{e}^{\mathrm{i}\omega t}\mathrm{d}\omega=\int_{0}^{+\infty} a(\omega)\cos\omega t\mathrm{d}\omega
\end{aligned}$$

($a(\omega)$ 是 ω 的偶函数)

3. 利用习题 2 的结论, 设 $f(t)=\begin{cases}1, & |t|<1\\ 0, & |t|>1\end{cases}$, 试算出 $a(\omega)$, 并推证

$$\int_{0}^{+\infty}\frac{\sin\omega\cos(\omega t)}{\omega}\mathrm{d}\omega=\begin{cases}\pi/2, & |t|<1\\ \pi/4, & |t|=1\\ 0, & |t|>1\end{cases}$$

证 $f(t)$ 是偶函数,

$$\begin{aligned}
a(\omega) =&\frac{2}{\pi}\int_{0}^{+\infty} f(t)\cos\omega t\mathrm{d}t=\frac{2}{\pi}\left.\frac{\sin\omega t}{\omega}\right|_0^1=\frac{2}{\pi}\frac{\sin\omega}{\omega}\\
f(t) =&\int_{0}^{+\infty} a(\omega)\cos\omega t\mathrm{d}\omega=\frac{2}{\pi}\int_{0}^{+\infty}\frac{\sin\omega\cos\omega t}{\omega}\mathrm{d}\omega
\end{aligned}$$

所以

$$\int_{0}^{+\infty}\frac{\sin\omega\cos\omega t}{\omega}\mathrm{d}\omega=\frac{\pi}{2}f(t)=\begin{cases}\dfrac{\pi}{2}, & |t|<1\\ \dfrac{\pi}{2}\dfrac{0+1}{2}=\dfrac{\pi}{4}, & |t|=1\\ 0, & |t|>1\end{cases}$$

4. 求下列函数的傅里叶变换.

(1) $f(t)=\begin{cases}1-|t|, & |t|\leqslant 1,\\ 0, & |t|>1;\end{cases}$

(2) $f(t)=\begin{cases}E, & 0\leqslant t\leqslant\tau\\ 0, & \text{其他}\end{cases}\quad(E,\tau>0);$

(3) $f(t)=\begin{cases}\mathrm{e}^{-|t|}, & |t|<1/2,\\ 0, & |t|>1/2;\end{cases}$

(4) $f(t)=\dfrac{1}{\sqrt{2\pi}\sigma}\mathrm{e}^{-\frac{t^2}{2\sigma^2}}$ (高斯 (Gauss) 分布函数).

(5) $f(t)=\begin{cases}0, & t<0,\\ \mathrm{e}^{-t}\sin t, & t\geqslant 0;\end{cases}$

(6) $f(t)=\begin{cases}0, & -\infty<t<-1,\\ -1, & -1\leqslant t<0,\\ 1, & 0\leqslant t<1,\\ 0, & 1\leqslant t<+\infty.\end{cases}$

解 (1) $f(t)=\begin{cases}1-|t|, & |t|\leqslant 1\\ 0, & |t|>1\end{cases}$

$$\begin{aligned}F(\omega)=&F[f(t)]=\int_{-\infty}^{+\infty}f(t)\mathrm{e}^{-\mathrm{i}\omega t}\mathrm{d}t=\int_{-1}^{1}(1-|t|)\mathrm{e}^{-\mathrm{i}\omega t}\mathrm{d}t\\
=&\int_{-1}^{0}(1+t)\mathrm{e}^{-\mathrm{i}\omega t}\mathrm{d}t+\int_{0}^{1}(1-t)\mathrm{e}^{-\mathrm{i}\omega t}\mathrm{d}t\\
=&\int_{-1}^{1}\mathrm{e}^{-\mathrm{i}\omega t}\mathrm{d}t+\int_{-1}^{0}t\mathrm{e}^{-\mathrm{i}\omega t}\mathrm{d}t-\int_{0}^{1}t\mathrm{e}^{-\mathrm{i}\omega t}\mathrm{d}t\\
=&\frac{\mathrm{e}^{-\mathrm{i}\omega t}\big|_{-1}^{1}}{-\mathrm{i}\omega}+t\frac{\mathrm{e}^{-\mathrm{i}\omega t}\big|_{-1}^{0}}{-\mathrm{i}\omega}-\int_{-1}^{0}\frac{\mathrm{e}^{-\mathrm{i}\omega t}}{-\mathrm{i}\omega}\mathrm{d}t-t\frac{\mathrm{e}^{-\mathrm{i}\omega t}\big|_{0}^{1}}{-\mathrm{i}\omega}+\int_{0}^{1}\frac{\mathrm{e}^{-\mathrm{i}\omega t}}{-\mathrm{i}\omega}\mathrm{d}t\\
=&\frac{\mathrm{e}^{\mathrm{i}\omega}-\mathrm{e}^{-\mathrm{i}\omega}}{\mathrm{i}\omega}-\frac{\mathrm{e}^{\mathrm{i}\omega}}{\mathrm{i}\omega}-\frac{\mathrm{e}^{-\mathrm{i}\omega t}\big|_{-1}^{0}}{(-\mathrm{i}\omega)^2}+\frac{\mathrm{e}^{-\mathrm{i}\omega}}{\mathrm{i}\omega}+\frac{\mathrm{e}^{-\mathrm{i}\omega t}\big|_{0}^{1}}{(-\mathrm{i}\omega)^2}\\
=&\frac{1-\mathrm{e}^{\mathrm{i}\omega}}{\omega^2}-\frac{\mathrm{e}^{-\mathrm{i}\omega}-1}{\omega^2}=\frac{2-\mathrm{e}^{\mathrm{i}\omega}-\mathrm{e}^{-\mathrm{i}\omega}}{\omega^2}\\
=&-\frac{\left(\mathrm{e}^{\mathrm{i}\frac{\omega}{2}}-\mathrm{e}^{-\mathrm{i}\frac{\omega}{2}}\right)^2}{\omega^2}=4\frac{\left(\dfrac{\mathrm{e}^{\mathrm{i}\frac{\omega}{2}}-\mathrm{e}^{-\mathrm{i}\frac{\omega}{2}}}{2\mathrm{i}}\right)^2}{\omega^2}=\frac{4}{\omega^2}\sin^2\frac{\omega}{2}\end{aligned}$$

(2)

$$f(t)=\begin{cases}E, & 0\leqslant t\leqslant\tau\\ 0, & \text{其他}\end{cases}\quad(E,\tau>0)$$

$$\begin{aligned}F(\omega)=&F[f(t)]=\int_{-\infty}^{+\infty}f(t)\mathrm{e}^{-\mathrm{i}\omega t}\mathrm{d}t=\int_{0}^{\tau}E\mathrm{e}^{-\mathrm{i}\omega t}\mathrm{d}t\\
=&E\frac{\mathrm{e}^{-\mathrm{i}\omega t}\big|_{0}^{\tau}}{-\mathrm{i}\omega}=E\frac{\mathrm{e}^{-\mathrm{i}\omega\tau}-1}{-\mathrm{i}\omega}=E\frac{1-\mathrm{e}^{-\mathrm{i}\omega\tau}}{\mathrm{i}\omega}\end{aligned}$$

(3)

$$f(t)=\begin{cases}\mathrm{e}^{-|t|}, & |t|<\dfrac{1}{2}\\ 0, & |t|>\dfrac{1}{2}\end{cases}$$

$$\begin{aligned}
F(\omega) =& F[f(t)] = \int_{-\infty}^{+\infty} f(t)\mathrm{e}^{-\mathrm{i}\omega t}\mathrm{d}t \\
=& \int_{-\frac{1}{2}}^{0} \mathrm{e}^{(1-\mathrm{i}\omega)t}\mathrm{d}t + \int_{0}^{\frac{1}{2}} \mathrm{e}^{-(1+\mathrm{i}\omega)t}\mathrm{d}t \\
=& \int_{-\frac{1}{2}}^{0} \mathrm{e}^{(1-\mathrm{i}\omega)t}\mathrm{d}t + \int_{0}^{\frac{1}{2}} \mathrm{e}^{-(1+\mathrm{i}\omega)t}\mathrm{d}t \\
=& \frac{\mathrm{e}^{(1-\mathrm{i}\omega)t}\big|_{-\frac{1}{2}}^{0}}{1-\mathrm{i}\omega} + \frac{\mathrm{e}^{-(1+\mathrm{i}\omega)t}\big|_{0}^{\frac{1}{2}}}{-(1+\mathrm{i}\omega)} \\
=& \frac{1-\mathrm{e}^{-\frac{1-\mathrm{i}\omega}{2}}}{1-\mathrm{i}\omega} + \frac{1-\mathrm{e}^{-\frac{1+\mathrm{i}\omega}{2}}}{1+\mathrm{i}\omega} \\
=& \frac{\left(1-\mathrm{e}^{-\frac{1-\mathrm{i}\omega}{2}}\right)(1+\mathrm{i}\omega) + \left(1-\mathrm{e}^{-\frac{1+\mathrm{i}\omega}{2}}\right)(1-\mathrm{i}\omega)}{1+\omega^2} \\
=& \frac{1}{1+\omega^2}\left[2-\mathrm{e}^{-\frac{1}{2}}\left(\mathrm{e}^{\frac{\mathrm{i}\omega}{2}} + \mathrm{i}\omega\mathrm{e}^{\frac{\mathrm{i}\omega}{2}} + \mathrm{e}^{-\frac{\mathrm{i}\omega}{2}} - \mathrm{i}\omega\mathrm{e}^{-\frac{\mathrm{i}\omega}{2}}\right)\right] \\
=& \frac{2}{1+\omega^2}\left[1-\mathrm{e}^{-\frac{1}{2}}\left(\cos\frac{\omega}{2} - \omega\sin\frac{\omega}{2}\right)\right]
\end{aligned}$$

(4) $f(t) = \dfrac{1}{\sqrt{2\pi}}\mathrm{e}^{-\frac{t^2}{2\sigma^2}}$.

(5) $F(\omega)=F[f(t)] = \displaystyle\int_{-\infty}^{+\infty} f(t)\mathrm{e}^{-\mathrm{i}\omega t}\mathrm{d}t = \int_{0}^{+\infty} \mathrm{e}^{-t}\sin t\,\mathrm{e}^{-\mathrm{i}\omega t}\mathrm{d}t$

$$\begin{aligned}
&= \frac{1}{2\mathrm{i}}\int_{0}^{+\infty} (\mathrm{e}^{-t+\mathrm{i}t-\mathrm{i}\omega t} - \mathrm{e}^{-t-\mathrm{i}t-\mathrm{i}\omega t})\mathrm{d}t \\
&= \frac{1}{2\mathrm{i}}\left(\frac{\mathrm{e}^{-(1-\mathrm{i}+\mathrm{i}\omega)t}\big|_{0}^{+\infty}}{-1+\mathrm{i}-\mathrm{i}\omega} - \frac{\mathrm{e}^{-(1+\mathrm{i}+\mathrm{i}\omega)t}\big|_{0}^{+\infty}}{-1-\mathrm{i}-\mathrm{i}\omega}\right) \\
&= \frac{1}{2\mathrm{i}}\left(\frac{1}{1-\mathrm{i}+\mathrm{i}\omega} - \frac{1}{1+\mathrm{i}+\mathrm{i}\omega}\right) = \frac{1}{2\mathrm{i}}\frac{2\mathrm{i}}{(1+\mathrm{i}\omega)^2+1} \\
&= \frac{1}{2-\omega^2+2\mathrm{i}\omega} = \frac{2-\omega^2-2\mathrm{i}\omega}{4+\omega^4}
\end{aligned}$$

(6) $F(\omega)=F[f(t)] = \displaystyle\int_{-\infty}^{+\infty} f(t)\mathrm{e}^{-\mathrm{i}\omega t}\mathrm{d}t = \int_{-1}^{0} -1\cdot\mathrm{e}^{-\mathrm{i}\omega t}\mathrm{d}t + \int_{0}^{1} 1\cdot\mathrm{e}^{-\mathrm{i}\omega t}\mathrm{d}t$

$$= \frac{\mathrm{e}^{-\mathrm{i}\omega t}\big|_{-1}^{0}}{\mathrm{i}\omega} + \frac{\mathrm{e}^{-\mathrm{i}\omega t}\big|_{0}^{1}}{-\mathrm{i}\omega} = \frac{1-\mathrm{e}^{\mathrm{i}\omega}-\mathrm{e}^{-\mathrm{i}\omega}+1}{\mathrm{i}\omega} = \frac{2\mathrm{i}}{\omega}(1-\cos\omega)$$

教科书中的例 7.2.3 已解得钟形脉冲函数 $E\mathrm{e}^{-\beta t^2}$ 的傅氏变换为 $E\sqrt{\dfrac{\pi}{\beta}}\mathrm{e}^{-\omega^2/4\beta}$. 本题中 $E = \dfrac{1}{\sqrt{2\pi}}, \beta = \dfrac{1}{2\sigma^2}$, 所以

$$F(\omega)=F[f(t)]=\int_{-\infty}^{+\infty}\frac{1}{\sqrt{2\pi}}\mathrm{e}^{-\frac{t^2}{2\sigma^2}}\mathrm{e}^{-\mathrm{i}\omega t}\mathrm{d}t=\sigma\mathrm{e}^{-\frac{\omega^2\sigma^2}{2}}$$

5. 求下列函数的傅里叶变换, 并推证下列积分结果.

(1) $f(t)=\mathrm{e}^{-|t|}\cos t$, 证明:

$$\int_0^{+\infty}\frac{\omega^2+2}{\omega^4+4}\cos(\omega t)\mathrm{d}\omega=\frac{\pi}{2}\mathrm{e}^{-|t|}\cos t$$

(2) $f(t)=\begin{cases}\sin t, & |t|\leqslant\pi,\\ 0, & |t|>\pi,\end{cases}$ 证明:

$$\int_0^{+\infty}\frac{\sin(\omega\pi)\sin(\omega t)}{1-\omega^2}\mathrm{d}\omega=\begin{cases}\dfrac{\pi}{2}\sin t, & |t|\leqslant\pi\\ 0, & |t|>\pi\end{cases}$$

(3) $f(t)=\begin{cases}1-t^2, & |t|<1\\ 0, & |t|>1\end{cases}$, 证明:

$$\int_0^{+\infty}\frac{t\cos t-\sin t}{t^3}\cos\frac{t}{2}\mathrm{d}t=-\frac{3}{16}\pi$$

(4) $f(t)=\mathrm{e}^{-a|t|}(a>0)$, 证明:

$$\int_0^{+\infty}\frac{\cos\omega t}{a^2+\omega^2}\mathrm{d}\omega=\frac{\pi}{2a}\mathrm{e}^{-a|t|}$$

解 (1)

$$f(t)=\mathrm{e}^{-|t|}\cos t$$

$$\begin{aligned}F(\omega)=&F[f(t)]=\int_{-\infty}^{+\infty}\mathrm{e}^{-|t|}\cos t\mathrm{e}^{-\mathrm{i}\omega t}\mathrm{d}t=\int_{-\infty}^{+\infty}\mathrm{e}^{-|t|}\frac{\mathrm{e}^{\mathrm{i}t}+\mathrm{e}^{-\mathrm{i}t}}{2}\mathrm{e}^{-\mathrm{i}\omega t}\mathrm{d}t\\
=&\frac{1}{2}\left\{\int_{-\infty}^{+\infty}\mathrm{e}^{[-1+\mathrm{i}(1-\omega)]t}\mathrm{d}t+\int_{-\infty}^{0}\mathrm{e}^{[1-\mathrm{i}(1+\omega)]t}\mathrm{d}t\right.\\
&\left.+\int_0^{+\infty}\mathrm{e}^{[-1+\mathrm{i}(1-\omega)]t}\mathrm{d}t+\int_0^{+\infty}\mathrm{e}^{[-1-\mathrm{i}(1+\omega)]t}\mathrm{d}t\right\}\\
=&\frac{1}{2}\left\{\frac{\mathrm{e}^{[1+\mathrm{i}(1-\omega)]t}\big|_{-\infty}^{0}}{1+\mathrm{i}(1-\omega)}+\frac{\mathrm{e}^{[1-\mathrm{i}(1+\omega)]t}\big|_{-\infty}^{0}}{-1-\mathrm{i}(1+\omega)}\right.\\
&\left.+\frac{\mathrm{e}^{[-1+\mathrm{i}(1-\omega)]t}\big|_0^{+\infty}}{-1+\mathrm{i}(1-\omega)}+\frac{\mathrm{e}^{[-1-\mathrm{i}(1+\omega)]t}\big|_0^{+\infty}}{-1-\mathrm{i}(1+\omega)}\right\}\\
=&\frac{1}{2}\left[\frac{1}{1+\mathrm{i}(1-\omega)}+\frac{1}{1-\mathrm{i}(1+\omega)}+\frac{1}{1-\mathrm{i}(1-\omega)}+\frac{1}{1+\mathrm{i}(1+\omega)}\right]\\
=&\frac{2\omega^2+4}{\omega^4+4}\end{aligned}$$

$f(t)$ 的积分表达式为

$$\begin{aligned}f(t)=&\frac{1}{2\pi}\int_{-\infty}^{+\infty}F(\omega)e^{i\omega t}d\omega=\frac{1}{2\pi}\int_{-\infty}^{+\infty}\frac{2\omega^2+4}{\omega^4+4}e^{i\omega t}d\omega\\=&\frac{1}{\pi}\int_0^{+\infty}\frac{2\omega^2+4}{\omega^4+4}\cos\omega t d\omega\end{aligned}$$

因此有

$$\int_0^{+\infty}\frac{\omega^2+2}{\omega^4+4}\cos\omega t d\omega=\frac{\pi}{2}f(t)=\frac{\pi}{2}e^{-|t|}\cos t$$

(2)
$$f(t)=\begin{cases}\sin t, & |t|\leqslant\pi\\ 0, & |t|>\pi\end{cases}$$

$$\begin{aligned}F(\omega)=&F[f(t)]=\int_{-\infty}^{+\infty}f(t)e^{-i\omega t}dt=\int_{-\pi}^{\pi}\sin t e^{-i\omega t}dt\\=&\int_{-\pi}^{\pi}\sin t(\cos\omega t-i\sin\omega t)dt=-2i\int_0^{\pi}\sin t\sin\omega t dt\\=&i\int_0^{\pi}[\cos(1+\omega)t-\cos(1-\omega)t]dt\\=&i\left[\frac{\sin(1+\omega)t|_0^{\pi}}{1+\omega}-\frac{\sin(1-\omega)t|_0^{\pi}}{1-\omega}\right]\\=&i\frac{\sin(1+\omega)\pi-\omega\sin(1+\omega)\pi-\sin(1-\omega)\pi-\omega\sin(1-\omega)\pi}{1-\omega^2}\\=&-2i\frac{\sin\omega\pi}{1-\omega^2}\end{aligned}$$

$f(t)$ 的积分表达式为

$$\begin{aligned}f(t)=&\frac{1}{2\pi}\int_{-\infty}^{+\infty}F(\omega)e^{i\omega t}d\omega=\frac{1}{2\pi}\int_{-\infty}^{+\infty}\left(-2i\frac{\sin\omega\pi}{1-\omega^2}\right)e^{i\omega t}d\omega\\=&\frac{-i}{\pi}\int_{-\infty}^{+\infty}\frac{\sin\omega\pi}{1-\omega^2}(\cos\omega t+i\sin\omega t)d\omega=\frac{2}{\pi}\int_0^{+\infty}\frac{\sin\omega\pi\sin\omega t}{1-\omega^2}d\omega\end{aligned}$$

因此有

$$\int_0^{+\infty}\frac{\sin\omega\pi\sin\omega t}{1-\omega^2}d\omega=\frac{\pi}{2}f(t)=\begin{cases}\frac{\pi}{2}\sin t, & |t|\leqslant\pi\\ 0, & |t|>\pi\end{cases}$$

(3) $F(\omega)=F[f(t)]=\int_{-\infty}^{+\infty}f(t)e^{-i\omega t}dt=\int_{-1}^{1}(1-t^2)e^{-i\omega t}dt$

$$=2\int_0^1(1-t^2)\cos\omega t dt=2\left[\int_0^1\cos\omega t dt-\int_0^1 t^2\cos\omega t dt\right]$$

$$= 2\left[\left.\frac{\sin\omega t}{\omega}\right|_0^1 - \left(\left.\frac{t^2\sin\omega t}{\omega}\right|_0^1 - \int_0^1 2t\frac{\sin\omega t}{\omega}\mathrm{d}t\right)\right]$$

$$= 2\left[\frac{\sin\omega t}{\omega} - \left(\frac{t^2\sin\omega t}{\omega} + \frac{2t\cos\omega t}{\omega^2} - \frac{2\sin\omega t}{\omega^3}\right)\right]_0^1$$

$$= \frac{4(\sin\omega - \omega\cos\omega)}{\omega^3}$$

$f(t)$ 的积分表达式为

$$\begin{aligned} f(t) =& \frac{1}{2\pi}\int_{-\infty}^{+\infty} F(\omega)\mathrm{e}^{\mathrm{i}\omega t}\mathrm{d}\omega \\ =& \frac{1}{2\pi}\int_{-\infty}^{+\infty} \frac{4(\sin\omega - \omega\cos\omega)}{\omega^3}(\cos\omega t + \mathrm{i}\sin\omega t)\mathrm{d}\omega \\ =& \frac{4}{\pi}\int_0^{+\infty} \frac{(\sin\omega - \omega\cos\omega)}{\omega^3}\cos\omega t\mathrm{d}\omega \end{aligned}$$

当 $t = \frac{1}{2}$ 时, 令 $\omega = t$ 得

$$\int_0^{+\infty} \frac{t\cos t - \sin t}{t^3}\cos\frac{t}{2}\mathrm{d}t = -\frac{\pi}{4}\left(1 - \frac{1}{2^2}\right) = -\frac{3\pi}{16}$$

(4) $F(\omega)=F[f(t)] = \int_{-\infty}^{+\infty} \mathrm{e}^{-a|t|}\mathrm{e}^{-\mathrm{i}\omega t}\mathrm{d}t$

$$= 2\int_0^{+\infty} \mathrm{e}^{-at}\cos\omega t\mathrm{d}t = 2\int_0^{+\infty} \mathrm{e}^{-at}\frac{\mathrm{e}^{\mathrm{i}\omega t} + \mathrm{e}^{-\mathrm{i}\omega t}}{2}\mathrm{d}t$$

$$= \int_0^{+\infty} [\mathrm{e}^{-(a-\mathrm{i}\omega)t} + \mathrm{e}^{-(a+\mathrm{i}\omega)t}]\mathrm{d}t = \frac{\mathrm{e}^{-(a-\mathrm{i}\omega)t}|_0^{+\infty}}{-(a-\mathrm{i}\omega)} + \frac{\mathrm{e}^{-(a+\mathrm{i}\omega)t}|_0^{+\infty}}{-(a+\mathrm{i}\omega)}$$

$$= \frac{1}{a-\mathrm{i}\omega} + \frac{1}{a+\mathrm{i}\omega} = \frac{2a}{a^2+\omega^2},$$

$f(t)$ 的积分表达式为

$$\begin{aligned} f(t) =& \frac{1}{2\pi}\int_{-\infty}^{+\infty} F(\omega)\mathrm{e}^{-\mathrm{i}\omega t}\mathrm{d}\omega \\ =& \frac{1}{2\pi}\int_{-\infty}^{+\infty} \frac{2a}{a^2+\omega^2}(\cos\omega t + \mathrm{i}\sin\omega t)\mathrm{d}\omega \\ =& \frac{2}{\pi}\int_0^{+\infty} \frac{a}{a^2+\omega^2}\cos\omega t\mathrm{d}\omega \end{aligned}$$

即

$$\int_0^{+\infty} \frac{\cos\omega t}{a^2+\omega^2}\mathrm{d}\omega = \frac{\pi}{2a}\mathrm{e}^{-a|t|}$$

6. 设 $f(t)$ 在 $(-\infty,\infty)$ 上连续可微, 求证

$$f(t)\delta'(t-t_0)=f(t_0)\delta'(t-t_0)-f'(t_0)\delta(t-t_0)\quad(-\infty<t<\infty)$$

证 由 $\delta(t)$ 导数的定义 (7.10) 式, $\forall\varphi(t)\in C'(-\infty,+\infty)$(即在 $(-\infty,+\infty)$ 上连续可微).

$$\begin{aligned}
&\int_{-\infty}^{+\infty}f(t)\delta'(t-t_0)\varphi(t)\mathrm{d}t\\
=&-\int_{-\infty}^{+\infty}\delta(t-t_0)(f(t)\varphi(t))'\mathrm{d}t\\
=&-\int_{-\infty}^{+\infty}\delta(t-t_0)f'(t)\varphi(t)\mathrm{d}t-\int_{-\infty}^{+\infty}\delta(t-t_0)f(t)\varphi'(t)\mathrm{d}t\\
=&-f'(t_0)\varphi(t_0)-f(t_0)\varphi'(t_0)\\
=&-f'(t_0)\int_{-\infty}^{+\infty}\varphi(t)\delta(t-t_0)\mathrm{d}t+f(t_0)\int_{-\infty}^{+\infty}\varphi(t)\delta'(t-t_0)\mathrm{d}t\\
=&\int_{-\infty}^{+\infty}\varphi(t)[f(t_0)\delta'(t-t_0)-f'(t_0)\delta(t-t_0)]\mathrm{d}t
\end{aligned}$$

于是

$$f(t)\delta'(t-t_0)=f(t_0)\delta'(t-t_0)-f'(t_0)\delta(t-t_0)$$

7. 对于实常数 $a(\neq 0)$, 求证:

$$\delta^{(n)}(at)=a^{-n}|a|^{-1}\delta^{(n)}(t)$$

证 $\forall f(t)$ 在 $(-\infty,+\infty)$ 上 n 次连续可微.

$$\begin{aligned}
\int_{-\infty}^{+\infty}\delta^{(n)}(at)f(t)\mathrm{d}t&\overset{x=at}{=\!=\!=}\int_{-\infty}^{+\infty}\delta^{(n)}(x)f\left(\frac{x}{a}\right)\frac{\mathrm{d}x}{a}(a>0)\\
&=(-1)^n\frac{1}{a}\int_{-\infty}^{+\infty}\delta(x)\left[f\left(\frac{x}{a}\right)\right]^{(n)}\mathrm{d}x\\
&=(-1)^n\frac{1}{a}\frac{1}{a^n}\int_{-\infty}^{+\infty}\delta(x)f^{(n)}\left(\frac{x}{a}\right)\mathrm{d}x\\
&=(-1)^n\frac{1}{a}\cdot\frac{1}{a^n}f^{(n)}(0)=\frac{1}{a}\frac{1}{a^n}\int_{-\infty}^{+\infty}\delta^{(n)}(t)f(t)\mathrm{d}t
\end{aligned}$$

因此得, 当 $a>0$ 时,

$$\delta^{(n)}(at)=a^{-n}a^{-1}\delta^{(n)}(t)$$

当 $a<0$ 时,

$$\int_{-\infty}^{+\infty}\delta^{(n)}(at)f(t)\mathrm{d}t \xlongequal{x=at} -\int_{-\infty}^{+\infty}\delta^{(n)}(x)f\left(\frac{x}{a}\right)\frac{\mathrm{d}x}{a}$$

$$=-(-1)^n\frac{1}{a}\frac{1}{a^n}f^n(0)=-\frac{1}{a}\frac{1}{a^n}\int_{-\infty}^{+\infty}\delta^{(n)}(t)f(t)\mathrm{d}t$$

总这当 $a\neq 0$ 时,

$$\delta^{(n)}(at)=a^{-n}|a|^{-1}\delta^{(n)}(t)$$

8. 求证

$$\int_{-\infty}^{+\infty}\delta^{(n)}(t)\mathrm{d}t=0\quad(n=1,2,3,\cdots)$$

证 由定义 7.12 对任意在 $(-\infty,+\infty)$ 上 n 次连续可逆的函数 $f(t)$,

$$\int_{-\infty}^{+\infty}\delta^{(n)}(t)f(t)\mathrm{d}t=(-1)^n f^{(n)}(0)$$

特别取 $f(t)\equiv 1$, 即得

$$\int_{-\infty}^{+\infty}\delta^{(n)}(t)\mathrm{d}t=0$$

9. 计算下列积分.

(1) $\displaystyle\int_{-\infty}^{+\infty}\delta(t)\sin(\omega_0 t)f(t)\mathrm{d}t$; (2) $\displaystyle\int_{-\infty}^{+\infty}\delta(t)\cos(\omega_0 t)f(t)\mathrm{d}t$;

(3) $\displaystyle\int_{-\infty}^{+\infty}\delta(t-3)(t^2+1)\mathrm{d}t$; (4) $\displaystyle\int_{-\infty}^{+\infty}\delta''\left(t-\frac{\pi}{4}\right)\sin t\mathrm{d}t$.

解 (1) $\displaystyle\int_{-\infty}^{+\infty}\delta(t)\sin(\omega_0 t)f(t)\mathrm{d}t=\sin 0 f(0)=0$.

(2) $\displaystyle\int_{-\infty}^{+\infty}\delta(t)\cos(\omega_0 t)f(t)\mathrm{d}t=\cos 0 f(0)=f(0)$.

(3) $\displaystyle\int_{-\infty}^{+\infty}\delta(t-3)\cdot(t^2+1)\mathrm{d}t=(t^2+1)|_{t=3}=10$.

(4) $$\int_{-\infty}^{+\infty}\delta''\left(t-\frac{\pi}{4}\right)\sin t\mathrm{d}t=-\int_{-\infty}^{+\infty}\delta'\left(t-\frac{\pi}{4}\right)\sin' t\mathrm{d}t=\int_{-\infty}^{+\infty}\delta\left(t-\frac{\pi}{4}\right)\cos' t\mathrm{d}t$$

$$=-\int_{-\infty}^{+\infty}\delta\left(t-\frac{\pi}{4}\right)\sin t\mathrm{d}t=-\sin\frac{\pi}{4}=-\frac{1}{\sqrt{2}}$$

10. 求下列函数的傅氏变换.

(1) $f(t)=u(t)\sin(\omega_0 t)$;

(2) $f(t)=u(t)\cos(\omega_0 t)$;

(3) $f(t)=u(t-\tau)$;

(4) $f(t)=\dfrac{1}{2}\left[\delta(t+t_0)+\delta(t-t_0)+\delta\left(t+\dfrac{t_0}{2}\right)+\delta\left(t-\dfrac{t_0}{2}\right)\right]$;

(5) $f(t)=\cos t\sin t$;

(6) $f(t)=\mathrm{e}^{-a|t|}\quad(a>0)$.

解 (1) $F(\omega)=F[f(t)]=\displaystyle\int_{-\infty}^{+\infty}u(t)\sin(\omega_0 t)\mathrm{e}^{-\mathrm{i}\omega t}\mathrm{d}t$

$$=\int_{-\infty}^{+\infty}u(t)\frac{\mathrm{e}^{\mathrm{i}\omega_0 t}-\mathrm{e}^{-\mathrm{i}\omega_0 t}}{2\mathrm{i}}\mathrm{e}^{-\mathrm{i}\omega t}\mathrm{d}t$$

$$=\frac{1}{2\mathrm{i}}\left[\int_{-\infty}^{+\infty}u(t)\mathrm{e}^{-\mathrm{i}(\omega-\omega_0)t}\mathrm{d}t-\int_{-\infty}^{+\infty}u(t)\mathrm{e}^{-\mathrm{i}(\omega+\omega_0)}\mathrm{d}t\right]$$

$$=\frac{1}{2\mathrm{i}}\left[\frac{1}{\mathrm{i}(\omega-\omega_0)}+\pi\delta(\omega-\omega_0)-\frac{1}{\mathrm{i}(\omega+\omega_0)}-\pi\delta(\omega+\omega_0)\right]$$

$$=-\frac{\omega_0}{\omega^2-\omega_0^2}-\frac{\pi\mathrm{i}}{2}[\delta(\omega-\omega_0)-\delta(\omega+\omega_0)]$$

$$=\frac{\omega_0}{\omega_0^2-\omega^2}+\frac{\pi\mathrm{i}}{2}[\delta(\omega+\omega_0)-\delta(\omega-\omega_0)]$$

(2) $F(\omega)=\displaystyle\int_{-\infty}^{+\infty}f(t)\mathrm{e}^{-\mathrm{i}\omega t}\mathrm{d}t=\int_{-\infty}^{+\infty}u(t)\cos(\omega_0 t)\mathrm{e}^{-\mathrm{i}\omega t}\mathrm{d}t$

$$=\int_{-\infty}^{+\infty}u(t)\frac{\mathrm{e}^{\mathrm{i}\omega_0 t}+\mathrm{e}^{-\mathrm{i}\omega_0 t}}{2}\mathrm{e}^{-\mathrm{i}\omega t}\mathrm{d}t$$

$$=\frac{1}{2}\left[\int_{-\infty}^{+\infty}u(t)\mathrm{e}^{-\mathrm{i}(\omega-\omega_0)t}\mathrm{d}t+\int_{-\infty}^{+\infty}u(t)\mathrm{e}^{-\mathrm{i}(\omega+\omega_0)t}\mathrm{d}t\right]$$

$$=\frac{1}{2}\left[\frac{1}{\mathrm{i}(\omega-\omega_0)}+\pi\delta(\omega-\omega_0)+\frac{1}{\mathrm{i}(\omega+\omega_0)}+\pi\delta(\omega+\omega_0)\right]$$

$$=\frac{\mathrm{i}\omega}{\omega_0^2-\omega^2}+\frac{\pi}{2}[\delta(\omega+\omega_0)+\delta(\omega-\omega_0)]$$

(3)$F(\omega)=\displaystyle\int_{-\infty}^{+\infty}f(t)\mathrm{e}^{-\mathrm{i}\omega t}\mathrm{d}t=\int_{-\infty}^{+\infty}u(t-\tau)\mathrm{e}^{-\mathrm{i}\omega t}\mathrm{d}t$

$$=\mathrm{e}^{-\mathrm{i}\omega\tau}\int_{-\infty}^{+\infty}u(t-\tau)\mathrm{e}^{-\mathrm{i}\omega(t-\tau)}\mathrm{d}t=\mathrm{e}^{-\mathrm{i}\omega\tau}\left[\frac{1}{\mathrm{i}\omega}+\pi\delta(\omega)\right]$$

$$=\frac{\mathrm{e}^{-\mathrm{i}\omega\tau}}{\mathrm{i}\omega}+\pi\mathrm{e}^{-\mathrm{i}\omega\tau}\delta(\omega)=\frac{\mathrm{e}^{-\mathrm{i}\omega\tau}}{\mathrm{i}\omega}+\pi\mathrm{e}^{-\mathrm{i}\omega\tau}\Big|_{\omega=0}\delta(\omega)$$

$$=\frac{\mathrm{e}^{-\mathrm{i}\omega\tau}}{\mathrm{i}\omega}+\pi\delta(\omega)$$

(4)$F(\omega)=F[f(t)]$

$$= \frac{1}{2}\left[\int_{-\infty}^{+\infty}\delta(t+t_0)\mathrm{e}^{-\mathrm{i}\omega t}\mathrm{d}t + \int_{-\infty}^{+\infty}\delta(t-t_0)\mathrm{e}^{-\mathrm{i}\omega t}\mathrm{d}t\right.$$

$$\left. + \int_{-\infty}^{+\infty}\delta\left(t+\frac{t_0}{2}\right)\mathrm{e}^{-\mathrm{i}\omega t}\mathrm{d}t + \int_{-\infty}^{+\infty}\delta\left(t-\frac{t_0}{2}\right)\mathrm{e}^{-\mathrm{i}\omega t}\mathrm{d}t\right]$$

$$= \frac{1}{2}\left(\mathrm{e}^{\mathrm{i}\omega t_0} + \mathrm{e}^{-\mathrm{i}\omega t_0} + \mathrm{e}^{\mathrm{i}\omega\frac{t_0}{2}} + \mathrm{e}^{-\mathrm{i}\omega\frac{t_0}{2}}\right)$$

$$= \cos\omega t_0 + \cos\frac{\omega t_0}{2}$$

(5) $F(\omega) = F[f(t)] = \int_{-\infty}^{+\infty}\cos t\sin t\mathrm{e}^{-\mathrm{i}\omega t}\mathrm{d}t$

$$= \frac{1}{2}\int_{-\infty}^{+\infty}\sin 2t\mathrm{e}^{-\mathrm{i}\omega t}\mathrm{d}t = \frac{1}{2}\int_{-\infty}^{+\infty}\frac{\mathrm{e}^{\mathrm{i}2t}-\mathrm{e}^{-\mathrm{i}2t}}{2\mathrm{i}}\mathrm{e}^{-\mathrm{i}\omega t}\mathrm{d}t$$

$$= \frac{1}{4\mathrm{i}}\left[\int_{-\infty}^{+\infty}\mathrm{e}^{-\mathrm{i}(\omega-2)t}\mathrm{d}t - \int_{-\infty}^{+\infty}\mathrm{e}^{-\mathrm{i}(\omega+2)t}\mathrm{d}t\right]$$

$$= \frac{1}{4\mathrm{i}}[2\pi\delta(\omega+2) - 2\pi\delta(\omega-2)]$$

$$= \frac{\pi\mathrm{i}}{2}[\delta(\omega+2) - \delta(\omega-2)]$$

(6) $$f(t) = \begin{cases}\mathrm{e}^{at}, & t<0 \\ \mathrm{e}^{-at}, & t>0\end{cases} \quad (a>0)$$

$$F(\omega) = F[f(t)] = \int_{-\infty}^{+\infty}f(t)\mathrm{e}^{-\mathrm{i}\omega t}\mathrm{d}t = \int_{-\infty}^{0}\mathrm{e}^{at}\mathrm{e}^{-\mathrm{i}\omega t}\mathrm{d}t + \int_{0}^{+\infty}\mathrm{e}^{-at}\mathrm{e}^{-\mathrm{i}\omega t}\mathrm{d}t$$

$$= \int_{-\infty}^{0}\mathrm{e}^{(a-\mathrm{i}\omega)t}\mathrm{d}t + \int_{0}^{+\infty}\mathrm{e}^{-(a+\mathrm{i}\omega)t}\mathrm{d}t$$

$$= \frac{\mathrm{e}^{(a-\mathrm{i}\omega)t}|_{-\infty}^{0}}{a-\mathrm{i}\omega} - \frac{\mathrm{e}^{-(a+\mathrm{i}\omega)t}|_{0}^{+\infty}}{a+\mathrm{i}\omega}$$

$$= \frac{1}{a-\mathrm{i}\omega} + \frac{1}{a+\mathrm{i}\omega} = \frac{a+\mathrm{i}\omega+a-\mathrm{i}\omega}{a^2+\omega^2} = \frac{2a}{a^2+\omega^2}$$

11. 试利用傅氏变换的性质求下列函数的傅氏变换.

(1) $f_1(t) = \begin{cases}E, & |t|<2, \\ 0, & |t|\geqslant 2,\end{cases} \quad f_2(t) = \begin{cases}-E, & |t|<1, \\ 0, & |t|\geqslant 1,\end{cases} \quad E>0,$

$f(t) = 3f_1(t) + 4f_2(t)$;

(2) $f(t) = \dfrac{\alpha^2}{\alpha^2+4(\pi t)^2}$;

(3) $f(t) = \mathrm{e}^{-\frac{(\pi t)^2}{\alpha}}$;

(4) $f(t) = E\delta(t-t_0)$;

(5) $(t-2)f(-2t)$;

(6) $f(2t-5)$.

解 (1) $F_1(\omega)=F[f_1(t)]=\int_{-\infty}^{+\infty}f_1(t)\mathrm{e}^{-\mathrm{i}\omega t}\mathrm{d}t$

$$=\int_{-2}^{2}E\mathrm{e}^{-\mathrm{i}\omega t}\mathrm{d}t=E\frac{\mathrm{e}^{-\mathrm{i}\omega t}|_{-2}^{2}}{-\mathrm{i}\omega}=2E\frac{\sin 2\omega}{\omega}$$

$$F_2(\omega)=F[f_2(t)]=\int_{-\infty}^{+\infty}f_2(t)\mathrm{e}^{-\mathrm{i}\omega t}\mathrm{d}t$$

$$=-\int_{-1}^{1}E\mathrm{e}^{-\mathrm{i}\omega t}\mathrm{d}t=-2E\frac{\sin\omega}{\omega}$$

$$F(\omega)=3F_1(\omega)+4F_2(\omega)=\frac{2E}{\omega}(3\sin 2\omega-4\sin\omega)$$

(2)
$$f(t)=\frac{\alpha^2}{\alpha^2+4(\pi t)^2}$$

$$F(\omega)=F[f(t)]=\int_{-\infty}^{+\infty}f(t)\mathrm{e}^{-\mathrm{i}\omega t}\mathrm{d}t$$

$$=\int_{-\infty}^{+\infty}\frac{\alpha^2}{\alpha^2+4\pi^2t^2}\mathrm{e}^{-\mathrm{i}\omega t}\mathrm{d}t$$

利用留数理论计算上面积分.

设被积函数 $g(t)=\frac{\alpha^2}{\alpha^2+4\pi^2t^2}\mathrm{e}^{-\mathrm{i}\omega t}$, 将 $g(t)$ 扩充到复平面得

$$g(z)=\frac{\alpha^2}{\alpha^2+4\pi^2z^2}\mathrm{e}^{-\mathrm{i}\omega z}=\frac{\alpha^2}{4\pi^2}\frac{1}{z^2+\frac{\alpha^2}{4\pi^2}}\mathrm{e}^{-\mathrm{i}\omega z}$$

$z=\pm\frac{\alpha}{2\pi}\mathrm{i}$ 为 $g(z)$ 的一阶极点. 不妨设 $\alpha>0$, 可知 $z=\frac{\alpha}{2\pi}\mathrm{i}$ 在上半平面. 于是

$$F(\omega)=\int_{-\infty}^{+\infty}g(t)\mathrm{d}t=2\pi\mathrm{i}\mathrm{Res}\left[g(z),\frac{\alpha}{2\pi}\mathrm{i}\right]$$

$$=2\pi\mathrm{i}\lim_{z\to\frac{\alpha}{2\pi}\mathrm{i}}\frac{\alpha^2}{4\pi^2}\left(z-\frac{\alpha}{2\pi}\mathrm{i}\right)\frac{1}{z^2+\frac{\alpha^2}{4\pi^2}}\mathrm{e}^{-\mathrm{i}\omega z}$$

$$=2\pi\mathrm{i}\lim_{z\to\frac{\alpha}{2\pi}\mathrm{i}}\frac{\alpha^2}{4\pi^2}\frac{1}{z+\frac{\alpha}{2\pi}\mathrm{i}}\mathrm{e}^{-\mathrm{i}\omega z}$$

$$=2\pi\mathrm{i}\frac{\alpha^2}{4\pi^2}\frac{\mathrm{e}^{-\mathrm{i}\omega\frac{\alpha}{2\pi}\mathrm{i}}}{\frac{\alpha}{\pi}\mathrm{i}}=\frac{\alpha}{2}\mathrm{e}^{\frac{\alpha\omega}{2\pi}}.$$

(3) $f(t)=\mathrm{e}^{-\frac{(\pi t)^2}{\alpha}}, F(\omega)=F[f(t)]$. 令 $\beta=\dfrac{\pi^2}{\alpha}$. 同教科书例 7.2.3 解法得

$$F(\omega)=\mathrm{e}^{-\omega^2\Big/\frac{4\pi^2}{\alpha}}\sqrt{\frac{\pi}{\frac{\pi^2}{\alpha}}}=\sqrt{\frac{\alpha}{\pi}}\mathrm{e}^{-\frac{\alpha\omega^2}{4\pi^2}}\quad(\alpha>0)$$

(4) $f(t)=E\delta(t-t_0)\cdot F(\omega)=\displaystyle\int_{-\infty}^{+\infty}E\delta(t-t_0)\mathrm{e}^{-\mathrm{i}\omega t}\mathrm{d}t=E\mathrm{e}^{-\mathrm{i}\omega t_0}$.

(5) $(t-2)f(-2t)=tf(-2t)-2f(-2t)$. 令 $g(t)=f(-2t), G(\omega)=F[g(t)]$, 则 $G(\omega)=\dfrac{1}{2}F\left(-\dfrac{\omega}{2}\right)$,

$$\mathrm{i}(-\mathrm{i}t)g(t)=\mathrm{i}(-\mathrm{i}t)f(-2t)=tf(-2t)$$

而

$$tf(-2t)=\mathrm{i}(-\mathrm{i}t)f(-2t)=\mathrm{i}(-\mathrm{i}t)g(t)$$

所以

$$F[tf(-2t)]=\mathrm{i}F(-\mathrm{i}t)g(t)=\mathrm{i}G'(\omega)=\frac{\mathrm{i}}{2}\frac{\mathrm{d}F\left(-\frac{\omega}{2}\right)}{\mathrm{d}\omega}$$

故有

$$\begin{aligned}F[(t-2)f(-2t)]=&F[tf(-2t)]-2F[f(-2t)]\\=&\frac{\mathrm{i}}{2}\frac{\mathrm{d}F\left(-\frac{\omega}{2}\right)}{\mathrm{d}\omega}-F\left(-\frac{\omega}{2}\right)\end{aligned}$$

12. 利用能量积分公式, 求下列积分的值.

(1) $\displaystyle\int_{-\infty}^{+\infty}\frac{1-\cos t}{t^2}\mathrm{d}t$; (2) $\displaystyle\int_{-\infty}^{+\infty}\left(\frac{1-\cos t}{t}\right)^2\mathrm{d}t$;

(3) $\displaystyle\int_{-\infty}^{+\infty}\frac{t^2}{(1+t^2)^2}\mathrm{d}t$; (4) $\displaystyle\int_{-\infty}^{+\infty}\frac{\sin^4 t}{t^2}\mathrm{d}t$.

解 能量积分公式为

$$\int_{-\infty}^{+\infty}[f(t)]^2\mathrm{d}t=\frac{1}{2\pi}\int_{-\infty}^{+\infty}|F(\omega)|^2\mathrm{d}\omega$$

(1)

$$\int_{-\infty}^{+\infty}\frac{1-\cos t}{t^2}\mathrm{d}t = 2\int_{-\infty}^{+\infty}\frac{\sin^2\dfrac{t}{2}}{t^2}\mathrm{d}t=\int_{-\infty}^{+\infty}\left(\frac{\sin x}{x}\right)^2\mathrm{d}x$$
$$=\frac{1}{2\pi}\int_{-\infty}^{+\infty}\left|F\left[\frac{\sin x}{x}\right]\right|^2\mathrm{d}\omega \tag{7.60}$$

$$F\left[\frac{\sin x}{x}\right]=\int_{-\infty}^{+\infty}\frac{\sin x}{x}\mathrm{e}^{-\mathrm{i}\omega x}\mathrm{d}x=2\int_0^{+\infty}\frac{\sin x\cos\omega x}{x}\mathrm{d}x$$
$$=\int_0^{+\infty}\frac{\sin(1+\omega)x+\sin(1-\omega)x}{x}\mathrm{d}x \tag{7.61}$$

再根据教科书第 162 页中例 5.3.8 的结果,

$$\int_0^{+\infty}\frac{\sin x}{x}\mathrm{d}x=\frac{\pi}{2}$$

得

$$\int_0^{+\infty}\frac{\sin(1+\omega)x}{x}\mathrm{d}x=\begin{cases}-\dfrac{\pi}{2}, & \omega<-1\\ 0, & \omega=-1\\ \dfrac{\pi}{2}, & \omega>-1\end{cases}$$

$$\int_0^{+\infty}\frac{\sin(1-\omega)x}{x}\mathrm{d}x=\begin{cases}-\dfrac{\pi}{2}, & \omega>1\\ 0, & \omega=1\\ \dfrac{\pi}{2}, & \omega<1\end{cases}$$

所以由 (7.61) 式得

$$F\left[\frac{\sin x}{x}\right]=\begin{cases}\pi, & -1<\omega<1\\ 0, & \text{其他}\end{cases}$$

因此由 (7.60) 式得

$$\int_{-\infty}^{+\infty}\frac{1-\cos t}{t^2}\mathrm{d}t=\frac{1}{2\pi}\int_{-1}^{+1}\pi^2\mathrm{d}\omega=\pi$$

(2) $$\int_{-\infty}^{+\infty}\left(\frac{1-\cos t}{t}\right)^2\mathrm{d}t=\int_{-\infty}^{+\infty}\frac{4\sin^4\dfrac{t}{2}}{t^2}\mathrm{d}t=2\int_{-\infty}^{+\infty}\frac{\sin^4 x}{x^2}\mathrm{d}x$$
$$=2\int_{-\infty}^{+\infty}\frac{\sin^2 x(1-\cos^2 x)}{x^2}\mathrm{d}x$$
$$=2\int_{-\infty}^{+\infty}\frac{\sin^2 x-\left(\dfrac{1}{2}\sin 2x\right)^2}{x^2}\mathrm{d}x$$

$$= 2\left[\int_{-\infty}^{+\infty}\frac{\sin^2 x}{x^2}\mathrm{d}x - \frac{1}{2}\int_{-\infty}^{+\infty}\frac{\sin^2 2x}{x^2}\mathrm{d}x\right]$$

$$= 2\int_{-\infty}^{+\infty}\frac{\sin^2 x}{x^2}\mathrm{d}x - \int_{-\infty}^{+\infty}\frac{\sin^2 t}{t^2}\mathrm{d}t = \int_{-\infty}^{+\infty}\frac{\sin^2 x}{x^2}\mathrm{d}x$$

$$= \frac{1}{2\pi}\int_{-\infty}^{+\infty}\left|F\left[\frac{\sin x}{x}\right]\right|^2\mathrm{d}\omega = \frac{1}{2\pi}\int_{-1}^{+1}\pi^2\mathrm{d}\omega = \pi$$

(3)

$$\int_{-\infty}^{+\infty}\frac{t^2}{(1+t^2)^2}\mathrm{d}t = \int_{-\infty}^{+\infty}\frac{t^2+1-1}{(1+t^2)^2}\mathrm{d}t = \int_{-\infty}^{+\infty}\frac{1}{1+t^2}\mathrm{d}t - \int_{-\infty}^{+\infty}\frac{1}{(1+t^2)^2}\mathrm{d}t,$$

$$\int_{-\infty}^{+\infty}\frac{1}{1+t^2}\mathrm{d}t = \arctan t\Big|_{-\infty}^{+\infty} = \frac{\pi}{2} - \left(-\frac{\pi}{2}\right) = \pi$$

$$\int_{-\infty}^{+\infty}\frac{1}{(1+t^2)^2}\mathrm{d}t = \frac{1}{2\pi}\int_{-\infty}^{+\infty}\left|F\left[\frac{1}{1+t^2}\right]\right|^2\mathrm{d}\omega$$

$$F\left[\frac{1}{1+t^2}\right] = \int_{-\infty}^{+\infty}\frac{1}{1+t^2}\mathrm{e}^{-\mathrm{i}\omega t}\mathrm{d}t = \int_{-\infty}^{+\infty}\frac{\cos\omega t}{1+t^2}\mathrm{d}t \quad (\text{利用留数理论计算})$$

$$=\mathrm{Re}\left\{\int_{-\infty}^{+\infty}\frac{\mathrm{e}^{\mathrm{i}|\omega|t}}{1+t^2}\mathrm{d}t\right\} = Re\left\{2\pi\mathrm{i}\mathrm{Res}\left[\frac{\mathrm{e}^{\mathrm{i}|\omega|z}}{1+z^2},\mathrm{i}\right]\right\}$$

$$=\mathrm{Re}\left\{2\pi\mathrm{i}\frac{\mathrm{e}^{-|\omega|}}{1+\mathrm{i}}\right\} = \mathrm{Re}\{(\pi\mathrm{i}+\pi)\mathrm{e}^{-|\omega|}\} = \pi\mathrm{e}^{-|\omega|}$$

故

$$\int_{-\infty}^{+\infty}\frac{1}{(1+t^2)^2}\mathrm{d}t = \frac{1}{2\pi}\int_{-\infty}^{+\infty}\pi^2\mathrm{e}^{-2|\omega|}\mathrm{d}\omega = \pi\int_0^{+\infty}\mathrm{e}^{-2\omega}\mathrm{d}\omega$$

$$=\pi\frac{\mathrm{e}^{-2\omega}\big|_0^{+\infty}}{-2} = \frac{\pi}{2}$$

于是

$$\int_{-\infty}^{+\infty}\frac{t^2}{(1+t^2)^2}\mathrm{d}t = \pi - \frac{\pi}{2} = \frac{\pi}{2}$$

(4) $$\int_{-\infty}^{+\infty}\frac{\sin^4 t}{t^2}\mathrm{d}t = \int_{-\infty}^{+\infty}\frac{\sin^2 t - \frac{1}{4}\sin^2 2t}{t^2}\mathrm{d}t$$

$$= \int_{-\infty}^{+\infty}\left(\frac{\sin t}{t}\right)^2\mathrm{d}t - \frac{1}{2}\int_{-\infty}^{+\infty}\left(\frac{\sin x}{x}\right)^2\mathrm{d}x$$

$$= \frac{1}{2}\int_{-\infty}^{+\infty}\left(\frac{\sin t}{t}\right)^2\mathrm{d}t = \frac{1}{2}\cdot\frac{1}{2\pi}\int_{-\infty}^{+\infty}\left|F\left[\frac{\sin t}{t}\right]\right|^2\mathrm{d}\omega$$

$$= \frac{1}{4\pi}\int_{-1}^{1}\pi^2\mathrm{d}\omega = \frac{\pi}{2}$$

13. 求下列函数的傅氏变换.

(1) $f(t)=\mathrm{e}^{-at}u(t)\cdot\sin\omega_0 t \quad (a>0)$;

(2) $f(t)=\mathrm{e}^{-at}u(t)\cos\omega_0 t \quad (a>0)$;

(3) $f(t)=\mathrm{e}^{\mathrm{i}\omega_0 t}u(t-t_0)$.

解 (1) $F(\omega)=F[f(t)]=\int_{-\infty}^{+\infty}\mathrm{e}^{-at}u(t)\sin\omega_0 t\mathrm{e}^{-\mathrm{i}\omega t}\mathrm{d}t$

$$
\begin{aligned}
&=\int_0^{+\infty}\mathrm{e}^{-at}\frac{\mathrm{e}^{\mathrm{i}\omega_0 t}-\mathrm{e}^{-\mathrm{i}\omega_0 t}}{2\mathrm{i}}\mathrm{e}^{-\mathrm{i}\omega t}\mathrm{d}t\\
&=\frac{1}{2\mathrm{i}}\int_0^{+\infty}(\mathrm{e}^{-[a+\mathrm{i}(\omega-\omega_0)]t}-\mathrm{e}^{-[a+\mathrm{i}(\omega+\omega_0)]t})\mathrm{d}t\\
&=\frac{1}{2\mathrm{i}}\left(\frac{\mathrm{e}^{-[a+\mathrm{i}(\omega-\omega_0)]t}\big|_0^{+\infty}}{-[a+\mathrm{i}(\omega-\omega_0)]}-\frac{\mathrm{e}^{-[a+\mathrm{i}(\omega+\omega_0)]t}\big|_0^{+\infty}}{-[a+\mathrm{i}(\omega+\omega_0)]}\right)\\
&=\frac{1}{2\mathrm{i}}\left(\frac{1}{a+\mathrm{i}(\omega-\omega_0)}-\frac{1}{a+\mathrm{i}(\omega+\omega_0)}\right)\\
&=\frac{1}{2\mathrm{i}}\frac{2\mathrm{i}\omega_0}{(a+\mathrm{i}\omega)^2+\omega_0^2}=\frac{\omega_0}{(a+\mathrm{i}\omega)^2+\omega_0^2}
\end{aligned}
$$

(2) $F(\omega)=F[f(t)]=\int_{-\infty}^{+\infty}\mathrm{e}^{-at}u(t)\cos\omega_0 t\mathrm{e}^{-\mathrm{i}\omega t}\mathrm{d}t$

$$
\begin{aligned}
&=\int_0^{+\infty}\mathrm{e}^{-at}\frac{\mathrm{e}^{\mathrm{i}\omega_0 t}+\mathrm{e}^{-\mathrm{i}\omega_0 t}}{2}\mathrm{e}^{-\mathrm{i}\omega t}\mathrm{d}t\\
&=\frac{1}{2}\int_0^{+\infty}\left(\mathrm{e}^{-[a+\mathrm{i}(\omega-\omega_0)]t}+\mathrm{e}^{-[a+\mathrm{i}(\omega+\omega_0)]t}\right)\mathrm{d}t\\
&=\frac{1}{2}\left(\frac{1}{a+\mathrm{i}(\omega-\omega_0)}+\frac{1}{a+\mathrm{i}(\omega+\omega_0)}\right)\\
&=\frac{a+\mathrm{i}\omega}{(a+\mathrm{i}\omega)^2+\omega_0^2}
\end{aligned}
$$

(3) 根据位移性质,

$$
F[u(t-t_0)]=\mathrm{e}^{-\mathrm{i}\omega t_0}F[u(t)]=\mathrm{e}^{-\mathrm{i}\omega t_0}\left[\frac{1}{\mathrm{i}\omega}+\pi\delta(\omega)\right]
$$

再根据像函数的位移性质

$$
\begin{aligned}
F[\mathrm{e}^{\mathrm{i}\omega_0 t}u(t-t_0)]&=\mathrm{e}^{-\mathrm{i}(\omega-\omega_0)t_0}\left[\frac{1}{\mathrm{i}(\omega-\omega_0)}+\pi\delta(\omega-\omega_0)\right]\\
&=\frac{\mathrm{e}^{-\mathrm{i}(\omega-\omega_0)t_0}}{\mathrm{i}(\omega-\omega_0)}+\pi\delta(\omega-\omega_0)
\end{aligned}
$$

14. 求下列函数 $f_1(t)$ 与 $f_2(t)$ 的卷积.

(1) $f_1(t)=u(t), f_2(t)=\mathrm{e}^{-at}u(t)$;

(2) $f_1(t)=\mathrm{e}^{-at}u(t), f_2(t)=\sin t\cdot u(t)$;

(3) $f_1(t)=\mathrm{e}^{-t}u(t), f_2(t)=\begin{cases}\sin t, & 0<t<\dfrac{\pi}{2}.\\ 0, & 其他.\end{cases}$

解

$$f_1(t)*f_2(t)=\int_{-\infty}^{+\infty}f_1(\tau)f_2(t-\tau)\mathrm{d}\tau$$

$$\begin{aligned}(1)\ f_1(t)*f_2(t)&=\int_{-\infty}^{+\infty}u(\tau)\mathrm{e}^{-a(t-\tau)}u(t-\tau)\mathrm{d}\tau=\int_0^t \mathrm{e}^{-a(t-\tau)}\mathrm{d}\tau\\&=\mathrm{e}^{-at}\int_0^t\mathrm{e}^{a\tau}\mathrm{d}\tau=\mathrm{e}^{-at}\frac{\mathrm{e}^{at}-1}{a}=\frac{1}{a}(1-\mathrm{e}^{-at})\end{aligned}$$

$$\begin{aligned}(2)\ f_1(t)*f_2(t)&=\int_{-\infty}^{+\infty}\mathrm{e}^{-a\tau}u(\tau)\sin(t-\tau)u(t-\tau)\mathrm{d}\tau\\&=\int_0^t\mathrm{e}^{-a\tau}\sin(t-\tau)\mathrm{d}\tau=\int_0^t\mathrm{e}^{-a\tau}\frac{\mathrm{e}^{\mathrm{i}(t-\tau)}-\mathrm{e}^{-\mathrm{i}(t-\tau)}}{2\mathrm{i}}\mathrm{d}\tau\\&=\frac{1}{2\mathrm{i}}\int_0^t[\mathrm{e}^{-(a+\mathrm{i})\tau}\mathrm{e}^{\mathrm{i}t}-\mathrm{e}^{-(a-\mathrm{i})\tau}\mathrm{e}^{-\mathrm{i}t}]\mathrm{d}\tau\\&=\frac{1}{2\mathrm{i}}\left[\mathrm{e}^{\mathrm{i}t}\frac{\mathrm{e}^{-(a+\mathrm{i})\tau}|_0^t}{-(a+\mathrm{i})}-\mathrm{e}^{-\mathrm{i}t}\frac{\mathrm{e}^{-(a-\mathrm{i})\tau}|_0^t}{-(a-\mathrm{i})}\right]\\&=\frac{1}{2\mathrm{i}}\left(\frac{\mathrm{e}^{\mathrm{i}t}-\mathrm{e}^{-at}}{a+\mathrm{i}}-\frac{\mathrm{e}^{-\mathrm{i}t}-\mathrm{e}^{-at}}{a-\mathrm{i}}\right)\\&=\frac{1}{2\mathrm{i}}\frac{(\mathrm{e}^{\mathrm{i}t}-\mathrm{e}^{-at})(a-\mathrm{i})-(\mathrm{e}^{-\mathrm{i}t}-\mathrm{e}^{-at})(a+\mathrm{i})}{a^2+1}\\&=\frac{1}{2\mathrm{i}}\frac{a\mathrm{e}^{\mathrm{i}t}-a\mathrm{e}^{-at}-\mathrm{i}\mathrm{e}^{\mathrm{i}t}+\mathrm{i}\mathrm{e}^{-at}-a\mathrm{e}^{-t}+a\mathrm{e}^{-at}-\mathrm{i}\mathrm{e}^{-\mathrm{i}t}+\mathrm{i}\mathrm{e}^{-at}}{a^2+1}\\&=\frac{\mathrm{e}^{-at}+\dfrac{a(\mathrm{e}^{\mathrm{i}t}-\mathrm{e}^{-\mathrm{i}t})}{2\mathrm{i}}-\dfrac{\mathrm{i}(\mathrm{e}^{\mathrm{i}t}+\mathrm{e}^{-\mathrm{i}t})}{2\mathrm{i}}}{a^2+1}\\&=\frac{a\sin t-\cos t+\mathrm{e}^{-at}}{a^2+1}\end{aligned}$$

$$\begin{aligned}(3)\ f_1(t)*f_2(t)&=\int_{-\infty}^{+\infty}f_1(\tau)f_2(t-\tau)\mathrm{d}\tau=\int_{-\infty}^{+\infty}\mathrm{e}^{-\tau}u(\tau)\sin(t-\tau)\mathrm{d}\tau\\&=\int_0^{+\infty}\mathrm{e}^{-\tau}\sin(t-\tau)\mathrm{d}\tau\end{aligned}\tag{7.62}$$

当 $0<t<\dfrac{\pi}{2}$ 时, (7.62) 式为

$$
\begin{aligned}
f_1(t)*f_2(t)&=\int_0^t \mathrm{e}^{-\tau}\sin(t-\tau)\mathrm{d}\tau=\int_0^t \mathrm{e}^{-\tau}\frac{\mathrm{e}^{\mathrm{i}(t-\tau)}-\mathrm{e}^{-\mathrm{i}(t-\tau)}}{2\mathrm{i}}\mathrm{d}\tau\\
&=\frac{1}{2\mathrm{i}}\left[\mathrm{e}^{\mathrm{i}t}\int_0^t \mathrm{e}^{-(1+\mathrm{i})\tau}\mathrm{d}\tau-\mathrm{e}^{-\mathrm{i}t}\int_0^t \mathrm{e}^{-(1-\mathrm{i})\tau}\mathrm{d}\tau\right]\\
&=\frac{1}{2\mathrm{i}}\left[\mathrm{e}^{\mathrm{i}t}\frac{\mathrm{e}^{-(1+\mathrm{i})\tau}\big|_0^t}{-(1+\mathrm{i})}-\mathrm{e}^{-\mathrm{i}t}\frac{\mathrm{e}^{-(1-\mathrm{i})\tau}\big|_0^t}{-(1-\mathrm{i})}\right]\\
&=\frac{1}{2\mathrm{i}}\left[\mathrm{e}^{\mathrm{i}t}\frac{\mathrm{e}^{-(1+\mathrm{i})t}-1}{-(1+\mathrm{i})}-\mathrm{e}^{-\mathrm{i}t}\frac{\mathrm{e}^{-(1-\mathrm{i})t}-1}{-(1-\mathrm{i})}\right]\\
&=\frac{1}{2\mathrm{i}}\left(\frac{\mathrm{e}^{\mathrm{i}t}-\mathrm{e}^{-t}}{1+\mathrm{i}}+\frac{\mathrm{e}^{-t}-\mathrm{e}^{\mathrm{i}t}}{1-\mathrm{i}}\right)\\
&=\frac{1}{2\mathrm{i}}\cdot\frac{\mathrm{e}^{\mathrm{i}t}-\mathrm{e}^{-t}-\mathrm{i}\mathrm{e}^{\mathrm{i}t}+\mathrm{i}\mathrm{e}^{-t}+\mathrm{e}^{-t}-\mathrm{e}^{-t}+\mathrm{i}\mathrm{e}^{-t}-\mathrm{i}\mathrm{e}^{-\mathrm{i}t}}{2}\\
&=\frac{1}{2}\left(\frac{\mathrm{e}^{\mathrm{i}t}-\mathrm{e}^{-\mathrm{i}t}}{2\mathrm{i}}-\frac{\mathrm{i}(\mathrm{e}^{\mathrm{i}t}+\mathrm{e}^{-\mathrm{i}t})}{2\mathrm{i}}+\frac{2\mathrm{i}\mathrm{e}^{-t}}{2\mathrm{i}}\right)\\
&=\frac{1}{2}(\sin t-\cos t+\mathrm{e}^{-t})
\end{aligned}
$$

当 $t>\dfrac{\pi}{2}$ 时, (7.62) 式为

$$
\begin{aligned}
f_1(t)*f_2(t)&=\int_{t-\frac{\pi}{2}}^t \mathrm{e}^{-\tau}\sin(t-\tau)\mathrm{d}\tau\\
&=\frac{1}{2\mathrm{i}}\left[\mathrm{e}^{\mathrm{i}t}\frac{\mathrm{e}^{-(1+\mathrm{i})\tau}\Big|_{t-\frac{\pi}{2}}^t}{-(1+\mathrm{i})}-\mathrm{e}^{\mathrm{i}t}\frac{\mathrm{e}^{-(1-\mathrm{i})\tau}\Big|_{t-\frac{\pi}{2}}^t}{-(1-\mathrm{i})}\right]\\
&=\frac{1}{2\mathrm{i}}\left[\mathrm{e}^{\mathrm{i}t}\frac{\mathrm{e}^{-(1+\mathrm{i})\left(t-\frac{\pi}{2}\right)}-\mathrm{e}^{-(1+\mathrm{i})t}}{1+\mathrm{i}}+\mathrm{e}^{-\mathrm{i}t}\frac{\mathrm{e}^{-(1-\mathrm{i})t}-\mathrm{e}^{-(1-\mathrm{i})\left(t-\frac{\pi}{2}\right)}}{1-\mathrm{i}}\right]\\
&=\frac{1}{2\mathrm{i}}\mathrm{e}^{-t}\left(\frac{\mathrm{i}\mathrm{e}^{\frac{\pi}{2}}-1}{1+\mathrm{i}}+\frac{1+\mathrm{i}\mathrm{e}^{\frac{\pi}{2}}}{1-\mathrm{i}}\right)\\
&=\frac{\mathrm{e}^{-t}}{2\mathrm{i}}\cdot\frac{\mathrm{i}\mathrm{e}^{\frac{\pi}{2}}-1+\mathrm{e}^{\frac{\pi}{2}}+\mathrm{i}+1+\mathrm{i}\mathrm{e}^{\frac{\pi}{2}}+\mathrm{i}-\mathrm{e}^{\frac{\pi}{2}}}{2}\\
&=\frac{\mathrm{e}^{-t}}{2}\left(1+\mathrm{e}^{\frac{\pi}{2}}\right)
\end{aligned}
$$

当 $t<0$ 时, (7.62) 式为 0.

故有

$$
f_1(t)*f_2(t)=\begin{cases}0, & t<0\\ \dfrac{1}{2}(\sin t-\cos t+\mathrm{e}^{-t}), & 0<t<\dfrac{\pi}{2}\\ \dfrac{\mathrm{e}^{-t}}{2}\left(1+\mathrm{e}^{\frac{\pi}{2}}\right), & t>\dfrac{\pi}{2}\end{cases}
$$

15. 求出 $f(t)=E\dfrac{\sin\omega_0 t}{t}$ 的频谱函数, 并画出它的频谱图.

解 信号 $f(t)$ 的频谱函数即为 $f(t)$ 的傅氏变换, 所以

$$\begin{aligned}F(\omega)&=\int_{-\infty}^{+\infty}f(t)\mathrm{e}^{-\mathrm{i}\omega t}\mathrm{d}t\\&=\int_{-\infty}^{+\infty}E\frac{\sin\omega_0 t}{t}\mathrm{e}^{-\mathrm{i}\omega t}\mathrm{d}t\quad(\text{不妨设}\omega_0>0)\\&=E\int_{-\infty}^{+\infty}\frac{\sin\omega_0 t}{t}(\cos\omega t-\mathrm{i}\sin\omega t)\mathrm{d}t\\&=2E\int_{0}^{+\infty}\frac{\sin\omega_0 t\cos\omega t}{t}\mathrm{d}t\\&=E\int_{0}^{+\infty}\frac{\sin(\omega+\omega_0)t-\sin(\omega-\omega_0)t}{\mathrm{t}}\mathrm{d}t\end{aligned}\tag{7.63}$$

从而

$$F(w)=\begin{cases}E\pi, & |\omega|<\omega_0\\ 0, & \text{其他}\end{cases}$$

其频谱图如图所示 $|F(\omega)|$ 的图形

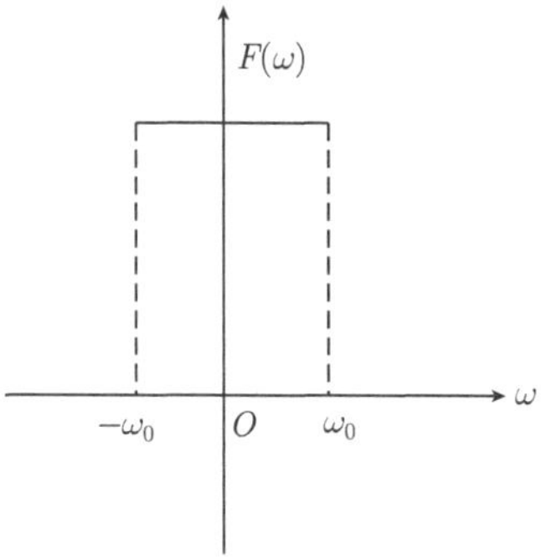

16. 求如图所示的锯齿形波的频谱函数, 并画出它的频谱图.

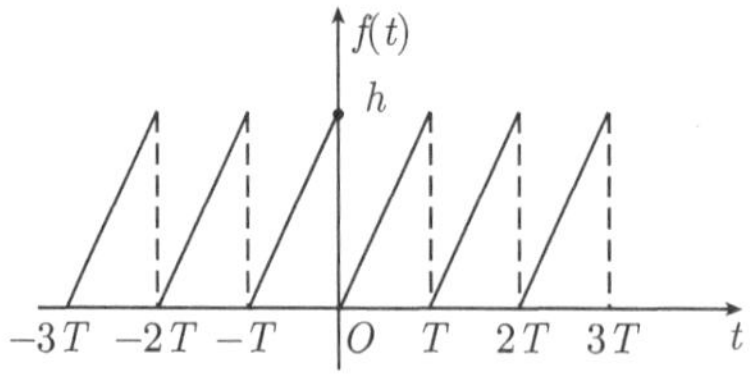

解 如图可知, 在一个周期 T 内的表达式为 $f(t)=\dfrac{h}{T}t(0\leqslant t<T)$, 它的傅氏

级数的复指数形式为

$$f(t)=\sum_{n=-\infty}^{+\infty} Cne^{in\omega t}$$

可见 $f(t)$ 的傅氏系数为

$$\begin{aligned}
C_0 =&\frac{1}{T}\int_0^T f(t)\mathrm{d}t=\frac{1}{T}\int_0^T \frac{h}{T}t\mathrm{d}t=\frac{h}{T^2}\frac{t^2}{2}\bigg|_0^T=\frac{h}{2}\\
C_n =&\frac{1}{T}\int_0^T f(t)\mathrm{e}^{-in\omega t}\mathrm{d}t\\
=&\frac{1}{T}\int_0^T \frac{h}{T}t\cdot \mathrm{e}^{-in\omega t}\mathrm{d}t=\frac{h}{T^2}\int_0^T t\mathrm{e}^{-in\omega t}\mathrm{d}t\\
=&\frac{h}{T^2}\left[t\frac{\mathrm{e}^{-in\omega t}}{-\mathrm{i}n\omega}\bigg|_0^T+\frac{1}{\mathrm{i}n\omega}\int_0^T \mathrm{e}^{-in\omega t}\mathrm{d}t\right]\\
=&\frac{h}{T^2}\left[\frac{T\mathrm{e}^{-in\omega T}}{-\mathrm{i}n\omega}+\frac{\mathrm{e}^{-in\omega T}-1}{n^2\omega^2}\right]\\
=&\frac{h\mathrm{i}}{n\omega T}\quad (n=\pm 1,\pm 2,\cdots)
\end{aligned}$$

它的频谱为

$$A_0=2|C_0|=h,\quad A_na=2|C_n|=\frac{2h}{n\omega T}=\frac{h}{n\pi},$$

其中

$$\omega_n=n\omega=\frac{2n\pi}{T}\quad (n=1,2,\cdots)$$

这样对应于不同的频率得出各次谐波的振幅, 因此频谱图如图所示

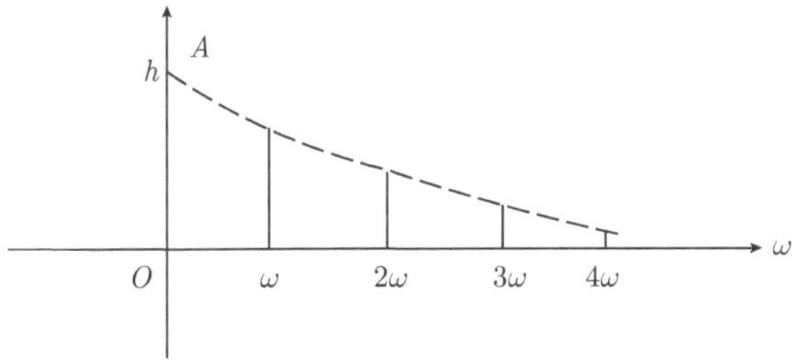

17. 利用傅氏变换, 证明弦振动方程问题

$$\begin{cases}
\dfrac{\partial^2 u}{\partial t^2}=a^2\dfrac{\partial^2 u}{\partial x^2}, & -\infty<x<+\infty, t>0\\
u(x,0)=\varphi(x),\ \dfrac{\partial u}{\partial t}\bigg|_{(x,0)}=\psi(x), & -\infty<x<+\infty
\end{cases}$$

的解, 由达朗贝尔 (d'Alembert) 公式给出

$$u(x,t)=\frac{1}{2}[\varphi(x+at)+\varphi(x-at)]+\frac{1}{2a}\int_{x-at}^{x+at}\psi(\tau)\mathrm{d}\tau$$

解 将 t 看作参数, 记

$$v(\omega,t)=F[u(x,t)]=\int_{-\infty}^{+\infty}u(x,t)\mathrm{e}^{-\mathrm{i}\omega x}\mathrm{d}x$$

对方程两边取傅氏变换

$$\int_{-\infty}^{+\infty}\frac{\partial^2 u}{\partial t^2}\mathrm{e}^{-\mathrm{i}\omega x}\mathrm{d}x=\int_{-\infty}^{+\infty}a^2\frac{\partial^2 u}{\partial x^2}\mathrm{e}^{-\mathrm{i}\omega x}\mathrm{d}x \tag{7.64}$$

交换方程 (7.64) 左边的求导与积分次序得

$$\int_{-\infty}^{+\infty}\frac{\partial^2 u}{\partial t^2}\mathrm{e}^{-\mathrm{i}\omega x}\mathrm{d}x=\frac{\partial^2}{\partial t^2}\int_{-\infty}^{+\infty}u(x,t)\mathrm{e}^{-\mathrm{i}\omega x}\mathrm{d}x=\frac{\partial^2}{\partial t^2}(\omega,t)$$

利用傅氏变换微分性质, 方程 (7.64) 右边为

$$\int_{-\infty}^{+\infty}a^2\frac{\partial^2 u}{\partial x^2}\mathrm{e}^{-\mathrm{i}\omega x}\mathrm{d}x=a^2(\mathrm{i}\omega)^2v(\omega,t)=-a^2\omega^2v(\omega,t)$$

因此方程 (7.64) 变为

$$\frac{\partial^2}{\partial t^2}v(\omega,t)+a^2\omega^2v(\omega,t)=0$$

将初始条件两边分别取傅氏变换由条件 $u(x,0)=\varphi(x)$, 得

$$\begin{aligned}v(\omega,t)|_{t=0}=&F[u(x,0)]=\int_{-\infty}^{+\infty}u(x,0)\mathrm{e}^{-\mathrm{i}\omega x}\mathrm{d}x\\=&F[\varphi(x)]=\varPhi(\omega)\end{aligned}$$

由条件 $\left.\dfrac{\partial u}{\partial t}\right|_{(x,0)}=\psi(x)$ 得

$$\left.\frac{\partial v(\omega,t)}{\partial t}\right|_{t=0}=\int_{-\infty}^{+\infty}\left.\frac{\partial u}{\partial t}\right|_{(x,0)}\mathrm{e}^{-\mathrm{i}\omega x}\mathrm{d}x=\int_{-\infty}^{+\infty}\psi(x)\mathrm{e}^{-\mathrm{i}\omega x}\mathrm{d}x=\varPsi(\omega)$$

若将 ω 看作参数, 原定解问题变为下面的二阶常系数线性常微分方程的满足初始要件的定解问题:

$$\begin{cases}\dfrac{\mathrm{d}^2v}{\mathrm{d}t^2}+a^2\omega^2v=0\\ v|_{t=0}=\varPhi(\omega)\\ \left.\dfrac{\mathrm{d}v}{\mathrm{d}t}\right|_{t=0}=\varPsi(\omega)\end{cases}$$

方程的特征方程为

$$\lambda^2 + a^2\omega^2 = 0$$

两根分别为 $\lambda_1 = a\omega\mathrm{i}, \lambda_2 = -a\omega\mathrm{i}$, 通解为

$$v(\omega,t) = C_1\mathrm{e}^{\mathrm{i}a\omega t} + C_2\mathrm{e}^{-\mathrm{i}a\omega t}$$

由初始条件得

$$\begin{cases} C_1 + C_2 = \Phi(\omega) \\ C_1 + C_2 = \dfrac{\Psi(\omega)}{\mathrm{i}a\omega} \end{cases}$$

解得

$$\begin{aligned} C_1 =& \frac{1}{2}\left[\Phi(\omega) + \frac{\Psi(\omega)}{\mathrm{i}a\omega}\right] \\ C_2 =& \frac{1}{2}\left[\Phi(\omega) - \frac{\Psi(\omega)}{\mathrm{i}a\omega}\right] \end{aligned}$$

代入通解得

$$v(\omega,t) = \frac{1}{2}\left[\Phi(\omega) + \frac{\Psi(\omega)}{\mathrm{i}a\omega}\right]\mathrm{e}^{\mathrm{i}a\omega t} + \frac{1}{2}\left[\Phi(\omega) - \frac{\Psi(\omega)}{\mathrm{i}a\omega}\right]\mathrm{e}^{-\mathrm{i}a\omega t}$$

最后通过傅氏逆变换求原解:

$$\begin{aligned} u(x,t) =& F^{-1}[v(\omega,t)] = \frac{1}{2\pi}\int_{-\infty}^{+\infty} v(\omega,t)\mathrm{e}^{\mathrm{i}\omega x}\mathrm{d}x\omega \\ =& \frac{1}{2\pi}\int_{-\infty}^{+\infty}\frac{1}{2}\Phi(\omega)[\mathrm{e}^{\mathrm{i}(x+at)\omega} + \mathrm{e}^{\mathrm{i}(x-at)\omega}]\mathrm{d}\omega \\ &+ \frac{1}{2\pi}\int_{-\infty}^{+\infty}\frac{1}{2}\frac{\Psi(\omega)}{\mathrm{i}a\omega}[\mathrm{e}^{\mathrm{i}(x+at)\omega} - \mathrm{e}^{\mathrm{i}(x-at)\omega}]\mathrm{d}\omega \\ =& \frac{1}{2}\left(\frac{1}{2\pi}\int_{-\infty}^{+\infty}\Phi(\omega)\mathrm{e}^{\mathrm{i}(x+at)\omega}\mathrm{d}\omega + \frac{1}{2\pi}\int_{-\infty}^{+\infty}\Phi(\omega)\mathrm{e}^{\mathrm{i}(x-at)\omega}\mathrm{d}\omega\right) \\ &+ \frac{1}{2a}\left(\frac{1}{2\pi}\int_{-\infty}^{+\infty}\frac{\Psi(\omega)}{\mathrm{i}\omega}\mathrm{e}^{\mathrm{i}(x+at)\omega}\mathrm{d}\omega - \frac{1}{2\pi}\int_{-\infty}^{+\infty}\frac{\Psi(\omega)}{\mathrm{i}\omega}\mathrm{e}^{\mathrm{i}(x-at)\omega}\mathrm{d}\omega\right) \\ =& \frac{1}{2}[\varphi(x+at) + \varphi(x-at)] + \frac{1}{2a}\left[\int_{-\infty}^{x+at}\Psi(\tau)\mathrm{d}\tau - \int_{-\infty}^{x-at}\Psi(\tau)\mathrm{d}\tau\right] \\ =& \frac{1}{2}[\varphi(x+at) + \varphi(x-at)] + \frac{1}{2a}\int_{x-at}^{x+at}\Psi(\tau)\mathrm{d}\tau \end{aligned}$$

第8章 拉普拉斯变换

8.1 内容提要

8.1.1 拉氏变换的概念

1. 拉氏变换的定义

设 $f(t)$ 在 $t \geqslant 0$ 上有定义, 且积分 $F(s)=\int_{0}^{+\infty} f(t)\mathrm{e}^{-st}\mathrm{d}t$($s$ 是复参变量) 对复平面上某一范围 s 收敛, 则由这个积分确定的函数

$$F(s)=\int_{0}^{+\infty} f(t)\mathrm{e}^{-st}\mathrm{d}t \tag{8.1}$$

称为函数 $f(t)$ 的**拉普拉斯变换**, 简称为 $f(t)$ 的拉氏变换, 记为 $L[f(t)]$. $F(s)$ 称为 $f(t)$ 的**像函数**, $f(t)$ 称为 $F(s)$ 的**像原函数**.

事实上, $f(t)(t \geqslant 0)$ 的拉氏变换就是 $f(t)u(t)\mathrm{e}^{-\beta t}$ $(\beta>0, s=\beta+\mathrm{i}\omega)$ 的傅氏变换.

2. 拉氏变换存在定理

设函数 $f(t)$ 在 $t \geqslant 0$ 的任何有限区间内按段连续, 当 $t \to +\infty$ 时 $f(t)$ 的增长速度不超过某一指数函数, 即存在常数 $M>0$ 和 $c_0>0$, 使得在 $[0,+\infty)$ 上

$$|f(t)| \leqslant M\mathrm{e}^{c_0 t}$$

则在半平面 $\mathrm{Re}s > c_0$ 上 $L[f(t)]$ 存在, 且 $F(s)=L[f(t)]$ 是 s 的解析函数, 其中 c_0 称为 $f(t)$ 的**增长指数**. 积分 $\int_{0}^{+\infty} f(t)\mathrm{e}^{-st}\mathrm{d}t$ 在 $\mathrm{Re}s > c_0$ 上绝对收敛, 在 $\mathrm{Re}s \geqslant c_1 > c_0$ 上一致收敛.

3. 一些常见函数的拉氏变换

$L[\delta(t)] = 1;$ (8.2)

$L[u(t)] = \frac{1}{s}(\mathrm{Re}s > 0);$ (8.3)

$L[\mathrm{e}^{kt}] = \frac{1}{s-k}(\mathrm{Re}s > k);$ (8.4)

$L[\sin kt] = \frac{k}{s^2+k^2}(\mathrm{Re}s > 0);$ (8.5)

$L[\cos kt] = \frac{s}{s^2+k^2}(\mathrm{Re}s > 0);$ (8.6)

$L[t^\alpha] = \frac{\Gamma(\alpha+1)}{s^{\alpha+1}}(\mathrm{Re}s > 0, \alpha > -1).$ (8.7)

4. 周期函数的拉氏变换

设 $f(t)$ 为周期为 T 的周期函数, 则

$$L[f(t)] = \frac{1}{1-\mathrm{e}^{-sT}}\int_0^T f(t)\mathrm{e}^{-st}\mathrm{d}t \quad (\mathrm{Re}s > 0) \tag{8.8}$$

8.1.2 拉氏变换的性质

1. 线性性质

设 α, β 是常数 $F_1(s) = L[f_1(t)], F_2(s) = L[f_2(t)]$, 则

$$L[\alpha f_1(t) + \beta f_2(t)] = \alpha L[f_1(t)] + \beta L[f_2(t)] \tag{8.9}$$

$$L^{-1}[\alpha F_1(s) + \beta F_2(s)] = \alpha f_1(t) + \beta f_2(t) \tag{8.10}$$

2. 微分性质

设 $L[f(t)] = F(s)$. 并假设 $f^{(n)}(t)$ 存在且连续, n 为自然数, 则

$$L[f^{(n)}(t)] = s^n F(s) - s^{n-1}f(0) - \cdots - f^{(n-1)}(0) \tag{8.11}$$

$$F^{(n)}(s) = (-1)^n L[t^n f(t)] \tag{8.12}$$

3. 积分性质

设 $F(s) = L[f(t)]$, 则

$$L\left[\int_0^t f(\tau)\mathrm{d}\tau\right] = \frac{1}{s}F(s) \tag{8.13}$$

设 $\lim\limits_{t\to 0^+}\dfrac{f(t)}{t}$ 存在且积分 $\displaystyle\int_s^{\infty}F(u)\mathrm{d}u$ 收敛, 则

$$L\left[\frac{f(t)}{t}\right]=\int_s^{\infty}F(u)\mathrm{d}u \tag{8.14}$$

如果积分 $\displaystyle\int_0^{+\infty}\frac{f(t)}{t}\mathrm{d}t$ 收敛, 则有

$$\int_0^{+\infty}\frac{f(t)}{t}\mathrm{d}t=\int_0^{\infty}F(s)\mathrm{d}s \tag{8.15}$$

4. 位移性质

$$L[\mathrm{e}^{at}f(t)]=F(s-a),\quad \mathrm{Re}(s-a)>c_0 \tag{8.16}$$

5. 延迟性质

若 $L[f(t)]=F(s)$, 当 $t<0$ 时 $f(t)=0$, 则对于任一非负实数 τ, 有

$$L[f(t-\tau)]=\mathrm{e}^{-s\tau}F(s) \tag{8.17}$$

6. 相似性质

$$L[f(at)]=\frac{1}{a}F\left(\frac{s}{a}\right)\ \ (a>0,\mathrm{Re}s>ac_0) \tag{8.18}$$

7. 初值与终值定理

初值定理: 若 $L[f(t)]=F(s)$, 且 $\lim\limits_{s\to\infty}sF(s)$ 存在, 则有

$$\lim_{t\to 0^+}f(t)=\lim_{s\to\infty}sF(s) \tag{8.19}$$

即

$$f(0^+)=\lim_{s\to\infty}sF(s) \tag{8.20}$$

终值定理: 若 $L[f(t)]=F(s)$, 且 $sF(s)$ 的所有奇点都在 s 平面上的左半部, 则

$$\lim_{t\to+\infty}f(t)=\lim_{s\to 0}sF(s)$$

即

$$f(+\infty)=\lim_{s\to 0}sF(s). \tag{8.21}$$

8. 卷积

(1) 卷积的概念. 当 $t<0$ 时, $f_1(t)=f_2(t)=0$, 因此

$$f_1(t)*f_2(t)=\int_0^t f_1(\tau)f_2(t-\tau)\mathrm{d}\tau \tag{8.22}$$

(2) 卷积定理. 若 $L[f_1(t)]=F_1(s), L[f_2(t)]=F_2(s)$, 则

$$L[f_1(t)*f_2(t)]=F_1(s)F_2(s) \tag{8.23}$$

或

$$L^{-1}[F_1(s)F_2(s)]=f_1(t)*f_2(t).$$

8.1.3 拉氏逆变换

(1) 若 $s_1,s_2,\cdots,s_n$ 是函数 $F(s)$ 的所有孤立奇点 (有限个) 除这些点外, $F(s)$ 处处解析. 适当选取 β, 使这些奇点全在 $\mathrm{Re}s<\beta$ 的范围内, 且当 $s\to\infty$ 时, $F(s)\to 0$, 则有

$$\frac{1}{2\pi\mathrm{i}}\int_{\beta-\mathrm{i}\infty}^{\beta+\mathrm{i}\infty}F(s)\mathrm{e}^{st}\mathrm{d}s=\sum_{k=1}^{n}\underset{s=s_k}{\mathrm{Res}}[F(s)\mathrm{e}^{st}]$$

即在 $f(t)$ 的连续点处成立

$$f(t)=\sum_{k=1}^{n}\underset{s=s_k}{\mathrm{Res}}[F(s)\mathrm{e}^{st}]\quad(t>0) \tag{8.24}$$

在 $f(t)$ 的间断点 $t_0>0$ 处, 左方应代之为 $\frac{1}{2}[f(t_0^+)+f(t_0^-)]$.

(2) 若函数 $F(s)$ 是有理函数 $F(s)=\dfrac{A(s)}{B(s)}$, 其中 $A(s),B(s)$ 是互质多项式, $A(s)$ 的次数为 $n,B(s)$ 的次数为 m, 并且 $n<m$. 又假设 $B(s)$ 的零点为 $s_1,s_2,\cdots,s_k$, 其阶数分别为 $p_1,p_2,\cdots,p_k$ $\left(\sum\limits_{j=1}^{k}p_j=m\right)$, 那么在 $f(t)$ 的连续点处成立

$$f(t)=\sum_{j=1}^{k}\frac{1}{(p_j-1)!}\lim_{s\to s_j}\frac{\mathrm{d}^{p_j-1}}{\mathrm{d}s^{p_j-1}}\left[(s-s_j)^{p_j}\frac{A(s)}{B(s)}\mathrm{e}^{st}\right]\quad(t>0) \tag{8.25}$$

特别地, 如果 $B(s)$ 有 m 个单零点 $s_1,s_2,\cdots,s_m$, 那么在 $f(t)$ 的连续点处成立

$$f(t)=\sum_{j=1}^{m}\frac{A(s_j)}{B'(s_j)}\mathrm{e}^{s_jt},\quad t>0$$

在 $f(t)$ 的间断点 $t_0>0$ 处, $f(t)$ 以 $\frac{1}{2}[f(t_0^+)+f(t_0^-)]$ 代替.

8.1.4 拉氏变换的应用

1. 微分方程的拉氏变换的解法

对所给方程的两端进行拉氏变换, 然后根据拉氏变换的微分性质, 得出有关像函数的代数方程, 从而求出未知函数的像函数, 最后通过求其逆变换的方法得出所给方程的解.

2. 线性定常系统的复频域分析方法

(1) 系统的概念. 通常所指的系统是由一组相互关联的任意种类的元素构成的整体, 当外界有一作用, 称为输入或激励, 施加于该系统时, 系统对外界就有一个反作用, 称为输出或响应. 系统理论中最基本的一个问题是, 已知系统的输入 (激励), 求出系统的输出 (响应).

(2) 传递函数. 当输入 (激励). 输出 (响应) 函数的初始条件为零的前提下, 输出的拉氏变换 $Y(s)$ 与输入的拉氏变换 $X(s)$ 的比

$$H(s)=\frac{Y(s)}{X(s)}$$

称为该系统的传递函数. 它表达了系统本身的特点, 若 $h(t)=L^{-1}[H(s)]$, 则当输入 $x(t)$ 已知时, 在初始条件为零的情况下

$$y(t)=h(t)*x(t)=\int_0^t h(\tau)x(t-\tau)\mathrm{d}\tau$$

即系统的响应等于其激励与 $h(t)=L^{-1}[H(s)]$ 的卷积.

8.1.5 双边拉氏变换的概念

1. 双边拉氏变换的定义

设 $f(t)$ 是定义在 $(-\infty,+\infty)$ 上的实值函数, 如果积分 $F_b(s)=\int_{-\infty}^{+\infty} f(t)\mathrm{e}^{-st}\mathrm{d}t$($s$ 是复参变量) 对复平面上某一范围内 s 收敛, 则由这个积分确定的函数

$$F_b(s)=\int_{-\infty}^{+\infty} f(t)\mathrm{e}^{-st}\mathrm{d}t$$

称为函数 $f(t)$ 的双边拉普拉斯变换或像函数, 简称为 $f(t)$ 的双边拉氏变换, 并记为 $L_b[f(t)]$, 即

$$F_b(s)=L_b[f(t)]=\int_{-\infty}^{+\infty} f(t)\mathrm{e}^{-st}\mathrm{d}t$$

称 $f(t)$ 为 $F_b(s)$ 的双边拉普拉斯逆变换或像原函数, 简称为双边拉氏逆变换, 并记为

$$f(t)=L_b^{-1}[F(t)]$$

2. 双边拉氏变换存在定理

设 $f(t)$ 是定义在 $(-\infty,+\infty)$ 上的实值函数, 且 $f(t)=f_1(t)u(-t)+f_2(t)u(t)$, 那么:

(1) 双边拉氏变换 $L_b[f(t)]$ 存在的充分必要条件是单边拉氏变换, $L[f_1(t)]$ 和 $L[f_2(t)]$ 都存在, 并且 $\sigma_1<\sigma_2$, 其中 σ_1,σ_2 分别为 $L[f_1(-1)],L[f_2(t)]$ 的收敛坐标.

(2) 积分 $\int_{-\infty}^{+\infty}f(t)\mathrm{e}^{-st}\mathrm{d}t$ 是带形区域 $\sigma_1<\mathrm{Re}s<\sigma_2$ 上的解析函数.

3. 双边拉氏逆变换

设 $F_b(s)=L_b[f(t)]$ 的收敛坐标为 σ_1 和 $\sigma_2,\sigma_1<\sigma_2$, 那么在 $f(t)$ 的连续点处下式成立

$$f(t)=\frac{1}{2\pi\mathrm{i}}\int_{\beta-\mathrm{i}\infty}^{\beta+\mathrm{i}\infty}F_b(s)\mathrm{e}^{st}\mathrm{d}s$$

在 $f(t)$ 的间断点 t_0 处, 左方应代之为 $\frac{1}{2}[f(t_0^+)+f(t_0^-)]$ 其中 β 是满足 $\sigma_1<\beta<\sigma_2$ 的任意实数.

8.2 典型例题剖析

例 8.1 求下列函数的拉氏变换.

(1) $t^2\mathrm{e}^{3t}$; (2) $\mathrm{e}^{-2t}\sin 4t$; (3) $\mathrm{e}^{-2t}(3\cos 6t-5\sin 6t)$; (4) $t^2\cos 2t$.

分析 求函数的拉氏变换的方法, 可以直接用定义来求. 有时, 在实际应用中常常不去作这一积分运算而是利用拉氏变换的性质得出它们的变换式子. 如函数若能写 $t^nf(t)$ 或 $\mathrm{e}^{at}f(t)$ 的形式, 往往考虑用微分性质 $F^{(n)}(s)=L[(-t)^nf(t)]$ 或位移性质 $L[\mathrm{e}^{at}f(t)]=F(s-a)$.

解 (1) 由 $L[t^a]=\dfrac{\Gamma(a+1)}{s^{a+1}}$ 知 $L[t^2]=\dfrac{2}{s^3}$, 再利用位移性质得

$$L[t^2\mathrm{e}^{3t}]=\frac{2}{(s-3)^3}$$

也可以通过微分性质来作

$$L[\mathrm{e}^{3t}]=\frac{1}{s-3}$$

$$L[t^2\mathrm{e}^{3t}]=\left(\frac{1}{s-3}\right)''=\frac{2}{(s-3)^3}$$

(2) $$L[\sin 4t]=\frac{4}{s^2+16}$$

再利用位移性质得

$$L[\mathrm{e}^{-2t}\sin 4t]=\frac{4}{(s+2)^2+16}=\frac{4}{s^2+4s+20}$$

(3)

$$L[3\cos 6t-s\sin 6t]=3L[\cos 6t]-5L[\sin 6t]$$

$$=3\frac{s}{s^2+36}-5\frac{6}{s^2+36}=\frac{3s-30}{s^2+36}$$

故

$$L[\mathrm{e}^{-2t}(3\cos 6t-5\sin 6t)]=\frac{3(s+2)-30}{(s+2)^2+36}=\frac{3s-24}{s^2+4s+40}$$

(4)

$$L[\cos 2t]=\frac{s}{s^2+4}$$

$$L[t^2\cos 2t]=\left(\frac{s}{s^2+4}\right)''=\frac{2s^3-24s}{(s^2+4)^3}$$

例 8.2 计算下列积分

(1) $\displaystyle\int_0^{+\infty} t\mathrm{e}^{-3t}\sin t\mathrm{d}t$; (2) $\displaystyle\int_0^{+\infty}\frac{\mathrm{e}^{-3t}-\mathrm{e}^{-6t}}{t}\mathrm{d}t$.

分析 表面看这是实的广义积分问题, 但是利用拉氏变换的定义及性质来做就不必积分可以得出结果.

解 (1) 已知

$$L[\sin t]=\frac{1}{s^2+1}$$

由微分性质 (8.12) 式

$$L[t\sin t]=-\left(\frac{1}{s^2+1}\right)'=\frac{2s}{(s^2+1)^2}$$

但是另一方面

$$L[t\sin t]=\int_0^{+\infty} t\sin t\cdot\mathrm{e}^{-st}\mathrm{d}t$$

当 $s=3$ 时, 即

$$\int_0^{+\infty} t\mathrm{e}^{3t}\sin t\mathrm{d}t=\left.\frac{2s}{(s^2+1)^2}\right|_3=\frac{3}{50}$$

(2) 由公式 $\displaystyle\int_0^{+\infty}\frac{f(t)}{t}\mathrm{d}t=\int_0^{\infty}L[f(t)]\mathrm{d}s$ 得

$$\int_0^{+\infty}\frac{\mathrm{e}^{-3t}-\mathrm{e}^{-6t}}{t}\mathrm{d}t=\int_0^{\infty}L[\mathrm{e}^{-3t}-\mathrm{e}^{-6t}]\mathrm{d}s$$

$$=\int_0^{\infty}\left[\frac{1}{s+3}-\frac{1}{s+6}\right]\mathrm{d}s=\left.\ln\frac{s+3}{s+6}\right|_0^{\infty}=\ln 2$$

例 8.3 求下列函数的拉氏变换

(1) $F(s)=\dfrac{4}{s-2}-\dfrac{3s}{s^2+16}+\dfrac{5}{s^2+4}$;

(2) $F(s)=\dfrac{3s+1}{(s-1)(s^2+1)}$;

(3) $F(s)=\dfrac{3s+7}{s^2-2s-3}$;

(4) $F(s)=\dfrac{1}{s(s^2+4)}$;

(5) $F(s)=\dfrac{1}{s^3(s+1)}$;

(6) $F(s)=\dfrac{s+1}{(s^2+2s+2)^2}$.

分析 求函数的拉氏变换, 可以由反演公式来直接求, 也可以根据拉氏变换的性质来求, 还可以部分公式, 将函数分解为若干个常见拉氏逆变换的和来求像原函数. 总之, 首先要分析下用哪种方法简单.

解 (1)
$$\begin{aligned}f(t)&=L^{-1}[F(s)]=L^{-1}\left[\frac{4}{s-2}-\frac{3s}{s^2+16}+\frac{5}{s^2+4}\right]\\&=4L^{-1}\left[\frac{1}{s-2}\right]-3L^{-1}\left[\frac{s}{s^2+16}\right]+5L^{-1}\left[\frac{1}{s^2+4}\right]\\&=4\mathrm{e}^{2t}-3\cos 4t+\frac{5}{2}\sin 2t\end{aligned}$$

(2) 用公式 (8.23) 式

$$\begin{aligned}f(t)&=L^{-1}[F(s)]=L^{-1}\left[\frac{3s+1}{(s-1)(s^2+1)}\right]\\&=\mathrm{Res}\left[\frac{(3s+1)\mathrm{e}^{st}}{(s-1)(s^2+1)},1\right]+\mathrm{Res}\left[\frac{(3s+1)\mathrm{e}^{st}}{(s-1)(s^2+1)},\mathrm{i}\right]\\&\quad+\mathrm{Res}\left[\frac{(3s+1)\mathrm{e}^{st}}{(s-1)(s^2+1)},-\mathrm{i}\right]\\&=\lim_{s\to 1}\frac{(3s+1)\mathrm{e}^{st}}{s^2+1}+\lim_{s\to \mathrm{i}}\frac{(3s+1)\mathrm{e}^{st}}{(s-1)(s+\mathrm{i})}+\lim_{s\to -\mathrm{i}}\frac{(3s+1)\mathrm{e}^{st}}{(s-1)(s-\mathrm{i})}\\&=\frac{4}{2}\mathrm{e}^{t}+\frac{3\mathrm{i}+1}{-2-2\mathrm{i}}\mathrm{e}^{\mathrm{i}t}+\frac{-3\mathrm{i}+1}{-2+2\mathrm{i}}\mathrm{e}^{-\mathrm{i}t}\\&=2\mathrm{e}^{t}+\left(-1-\frac{1}{2}\mathrm{i}\right)(\cos t+\mathrm{i}\sin t)+\left(-1+\frac{1}{2}\mathrm{i}\right)(\cos t-\mathrm{i}\sin t)\\&=2\mathrm{e}^{t}-\cos t+\frac{1}{2}\sin t-\cos t+\frac{1}{2}\sin t\\&=2\mathrm{e}^{t}-2\cos t+\sin t\end{aligned}$$

(3) $F(s)$ 部分分式:

$$\frac{3s+7}{s^2-2s-3}=\frac{3s+7}{(s-3)(s+1)}=\frac{4}{s-3}-\frac{1}{s+1}$$

$$\begin{aligned}f(t)&=L^{-1}[F(s)]=L^{-1}\left[\frac{3s+7}{s^2-2s-3}\right]\\&=L^{-1}\left[\frac{4}{s-3}\right]-L^{-1}\left[\frac{1}{s+1}\right]=4\mathrm{e}^{3t}-\mathrm{e}^{-t}\end{aligned}$$

(4) 利用积分性质 (8.13) 式

$$L^{-1}\left(\frac{1}{s^2+4}\right)=\frac{1}{2}\sin 2t$$

$$f(t)=L^{-1}[F(s)]=L^{-1}\left[\frac{1}{s}\cdot\frac{1}{s^2+4}\right]=\frac{1}{2}\int_0^t\sin 2\tau\mathrm{d}\tau=\frac{1}{4}(1-\cos 2t)$$

(5) 设 $F_1(s)=\dfrac{1}{s^3}, F_2(s)=\dfrac{1}{s+1}$, 则 $f_1(t)=L^{-1}\left[\dfrac{1}{s^3}\right]=\dfrac{1}{2}t^2, f_2(t)=L^{-1}\left[\dfrac{1}{s+1}\right]=\mathrm{e}^{-t}$, 利用卷积定理 (8.22) 式,

$$\begin{aligned}f(t)&=L^{-1}[F(s)]=L^{-1}[F_1(s)\cdot F_2(s)]=L^{-1}[F_1(s)]*L^{-1}[F_2(s)]\\&=f_1(t)*f_2(t)=\frac{1}{2}t^2*\mathrm{e}^{-t}=\frac{1}{2}\int_0^t\tau^2\mathrm{e}^{-(t-\tau)}\mathrm{d}\tau\\&=\frac{1}{2}\mathrm{e}^{-t}\int_0^t\tau^2\mathrm{e}^{\tau}\mathrm{d}\tau=\frac{1}{2}\mathrm{e}^{-t}\left(\tau^2\mathrm{e}^{\tau}|_0^t-\int_0^t 2\tau\mathrm{e}^{\tau}\mathrm{d}\tau\right)\\&=\frac{1}{2}\mathrm{e}^{-t}\left(t^2\mathrm{e}^t-2\tau\mathrm{e}^{\tau}|_0^t+2\int_0^t\mathrm{e}^{\tau}\mathrm{d}\tau\right)=\frac{1}{2}\mathrm{e}^{-t}(t^2\mathrm{e}^t-2t\mathrm{e}^t+2\mathrm{e}^t-2)\\&=\frac{1}{2}t^2-t+1-\mathrm{e}^{-t}\end{aligned}$$

(6) 因为 $L^{-1}\left[\dfrac{1}{s^2+1}\right]=\sin t$, 由微分性质 (8.12) 式, $L^{-1}\left[\left(\dfrac{1}{s^2+1}\right)'\right]=-t\sin t$, 但

$$L^{-1}\left[\left(\frac{1}{s^2+1}\right)'\right]=L^{-1}\left[\frac{-2s}{(s^2+1)^2}\right]$$

所以

$$L^{-1}\left[\frac{s}{(s^2+1)^2}\right]=\frac{1}{2}t\sin t$$

再由位移性质 (8.16) 式, 得

$$L^{-1}\left[\frac{s+1}{[(s+1)^2+1]^2}\right]=\frac{1}{2}\mathrm{e}^{-t}t\sin t$$

即

$$L^{-1}\left[\frac{s+1}{(s^2+2s+2)^2}\right]=\frac{1}{2}\mathrm{e}^{-t}t\sin t$$

例 8.4 求积分 $I=\int_0^{+\infty}\frac{\sin x}{x(1+x^2)}\mathrm{d}x.$

分析 这是一个实变量的广义积分, 可以引进能变量 t 使其成为 t 的函数, 取拉氏变换再通过拉氏变换当 $t=1$ 时确定出积分 I 的值.

解 设 $f(t)=\int_0^{+\infty}\frac{\sin tx}{x(1+x^2)}\mathrm{d}x$, 取拉氏变换并交换积分次序得

$$\begin{aligned}F(s)=L[f(t)]&=\int_0^{+\infty}\int_0^{+\infty}\frac{\sin tx}{x(1+x^2)}\mathrm{d}x\mathrm{e}^{-st}\mathrm{d}t\\&=\int_0^{+\infty}\frac{1}{x(1+x^2)}\int_0^{+\infty}\sin tx\mathrm{e}^{-st}\mathrm{d}t\mathrm{d}x=\int_0^{+\infty}\frac{1}{x(1+x^2)}\cdot\frac{x}{s^2+x^2}\mathrm{d}x\\&=\int_0^{+\infty}\frac{1}{(1+x^2)(s^2+x^2)}\mathrm{d}x=\frac{1}{s^2-1}\int_0^{+\infty}\left(\frac{1}{1+x^2}-\frac{1}{s^2+x^2}\right)\mathrm{d}x\\&=\frac{1}{s^2-1}\frac{\pi}{2}\left(1-\frac{1}{s}\right)=\frac{\pi}{2}\frac{1}{s(s+1)}=\frac{\pi}{2}\left(\frac{1}{s}-\frac{1}{s+1}\right)\end{aligned}$$

再取拉氏逆变换

$$f(t)=L^{-1}[F(s)]=\frac{\pi}{2}\left(L^{-1}\left[\frac{1}{s}\right]-L^{-1}\left[\frac{1}{s+1}\right]\right)=\frac{\pi}{2}(1-\mathrm{e}^{-t})$$

因而 $I=f(1)$, 所以

$$I=\int_0^{+\infty}\frac{\sin x}{x(1+x^2)}\mathrm{d}x=\frac{\pi}{2}(1-\mathrm{e}^{-1})$$

例 8.5 求积分方程 $y(t)=t^2+\int_0^t y(\tau)\sin(t-\tau)\mathrm{d}\tau$ 的解.

分析 注意方程右边的积分是方程解与 $\sin t$ 的卷积, 因此对方程两边取拉氏变换, 利用卷积定理, 得出 $y(t)$ 像函数 $Y(s)$ 的代数方程, 求出 $Y(s)$ 再取拉氏逆变换得出原方程的解.

解 原方程可写成

$$y(t)=t^2+\sin t*y(t)$$

设 $Y(s)=L[y(t)]$, 将方程两边取拉氏变换并应用卷积定理 (8.22) 式, 得

$$Y(s)=\frac{2}{s^3}+\frac{1}{s^2+1}Y(s)$$

解得

$$Y(s)=\frac{2(s^2+1)}{s^5}=\frac{2}{s^3}+\frac{2}{s^5}$$

再取拉氏逆变换, 得

$$y(t)=t^2+\frac{1}{12}t^4$$

例 8.6 求解微分方程

(1) $y''(t)-y'(t)-6y(t)=2, y(0)=1, y'(0)=0$;

(2) $y''(t)+ty'(t)-y(t)=0, y(0)=0, y'(0)=1$.

分析 对方程两边取拉氏变换利用微分性质, 同时将初始条件代入, 得到关于 $y(t)$ 的拉氏变换 $Y(s)$ 的代数方程. 解出 $Y(s)$ 后, 再取拉氏逆变换得到原方程的解.

解 (1) 对方程两边取拉氏变换并代入初始条件, 得

$$s^2Y(s)-s-sY(s)+1-6Y(s)=\frac{2}{3}$$

整理后解出 $Y(s)$

$$Y(s)=\frac{s^2-s+2}{s(s-3)(s+2)}$$

再取拉氏逆变换得

$$\begin{aligned}y(t)&=L^{-1}[Y(s)]=L^{-1}\left[\frac{s^2-s+2}{s(s-3)(s+2)}\right]\\&=\mathrm{Res}\left[\frac{(s^2-s+2)\mathrm{e}^{st}}{s(s-3)(s+2)},0\right]+\mathrm{Res}\left[\frac{(s^2-s+2)\mathrm{e}^{st}}{s(s-3)(s+2)},3\right]+\mathrm{Res}\left[\frac{(s^2-s+2)\mathrm{e}^{st}}{s(s-3)(s+2)},-2\right]\\&=\lim_{s\to 0}\frac{(s^2-s+2)\mathrm{e}^{st}}{(s-3)(s+2)}+\lim_{s\to 3}\frac{(s^2-s+2)\mathrm{e}^{st}}{s(s+2)}+\lim_{s\to -2}\frac{(s^2-s+2)\mathrm{e}^{st}}{s(s-3)}\\&=-\frac{1}{3}+\frac{8}{15}\mathrm{e}^{3t}+\frac{4}{5}\mathrm{e}^{-2t}\end{aligned}$$

(2) 这是一个变系数二阶微分方程, 两边取拉氏变换, 注意

$$L[ty'(t)]=\frac{\mathrm{d}L[y'(t)]}{\mathrm{d}s}=\frac{\mathrm{d}sY(s)}{\mathrm{d}s}$$

将方程两边取拉氏变换并代入初始条件

$$s^2Y(s)-1-\frac{\mathrm{d}}{\mathrm{d}s}[sY(s)]-Y(s)=0$$

这是一个 $Y(s)$ 的一阶方程, 很容易求出它的解

$$Y(s)=\frac{1}{s^2}+\frac{c}{s^2}\mathrm{e}^{\frac{1}{2}s^2}$$

c 为积分常数, 由初值定理

$$\lim_{s\to\infty} sY(s) = y(0^+)$$

得

$$\lim_{s\to\infty} Y(s) = 0$$

因此 $c=0, Y(s)=\dfrac{1}{s}, y(t)=L^{-1}\left[\dfrac{1}{s}\right]=t$.

8.3 测 试 题

1. 单项选择题.

(1) 设 $f(t)=\mathrm{e}^{-t}\sin 5t$, 则 $F(s)=L[f(t)]=($ $)$.

A. $\dfrac{5}{(s+1)^2+25}$; B. $\dfrac{s+1}{(s+1)^2+25}$;

C. $\dfrac{5}{(s-1)^2+25}$; D. $\dfrac{s-1}{(s-1)^2+25}$.

(2) 已知 $L[\mathrm{erf}\sqrt{t}]=\dfrac{1}{s\sqrt{s+1}}$, 则 $L[\mathrm{e}^t\mathrm{erf}\sqrt{t}]=($ $)$.

A. $\dfrac{\mathrm{e}^s}{s\sqrt{s+1}}$; B. $\dfrac{\mathrm{e}^{-s}}{s\sqrt{s+1}}$;

C. $\dfrac{1}{\sqrt{s}(s-1)}$; D. $\dfrac{1}{(s+1)\sqrt{s+2}}$.

(3) 已知 $L[tf(t)]=\dfrac{2s}{(s^2+1)^2}$, 则 $L[\mathrm{e}^{-t}f(2t)]=($ $)$.

A. $\dfrac{2}{s^2+4}$; B. $\dfrac{2}{(s+1)^2+4}$

C. $\dfrac{2}{(s-1)^2+4}$; D. $\dfrac{\mathrm{e}^{-s}}{s^2+4}$.

(4) 设 $f(t)=(t-a)u(t-a)$, 则 $F(s)=L[f(t)]=($ $)$.

A. $\dfrac{\mathrm{e}^{as}}{s^2}$; B. $\dfrac{1}{(s+a)^2}$;

C. $\dfrac{1}{(s-a)^2}$; D. $\dfrac{\mathrm{e}^{-as}}{s^2}$.

(5) 设 $F(s)=\dfrac{\mathrm{e}^{-5s}}{(s-2)^4}$, 则 $f(t)=L^{-1}[F(s)]=($ $)$.

A. $\dfrac{1}{6}(t-5)^3\mathrm{e}^{2(t-5)}u(t-5)$; B. $\dfrac{1}{6}t^3\mathrm{e}^{2t}u(t)$;

C. $\dfrac{1}{6}(t-2)^3\mathrm{e}^{5(t-2)}u(t-2)$; D. $\dfrac{1}{6}(t+5)^3\mathrm{e}^{2(t+5)}u(t+5)$.

(6) 设 $F(s)=\dfrac{2s^2-4}{(s+1)(s-2)(s-3)}$, 则 $f(t)=L^{-1}[F(s)]=($ $)$.

A. $-\dfrac{1}{6}te^{-t}+\dfrac{4}{3}e^{2t}+\dfrac{7}{2}te^{3t}$; B. $-\dfrac{1}{2}e^{-t}-\dfrac{4}{3}e^{2t}+\dfrac{7}{2}e^{3t}$;

C. $-\dfrac{1}{6}t^2e^{-t}+\dfrac{4}{3}te^{2t}+\dfrac{7}{2}e^{3t}$; D. $-\dfrac{1}{6}e^{-t}-\dfrac{4}{3}e^{2t}+\dfrac{7}{2}e^{3t}$.

(7) 设 $F(s)=\dfrac{-5}{(s+1)^2+25}$, 则 $f(t)=L^{-1}[F(s)]=($ $)$.

A. $e^{-t}\cos 5t$; B. $e^{-t}\sin(-5t)$;

C. $e^{t}\cos(-5t)$; D. $e^{t}\sin 5t$.

(8) 已知 $F(s)=\dfrac{1-e^{sT}}{s+1}$, 则 $f(t)=L^{-1}[F(s)]=($ $)$.

A. $tu(t)-(t-T)u(t-T)$; B. $e^{t}u(t)-e^{t-T}u(t-T)$;

C. $e^{-t}u(t)-e^{-(t-T)}u(t-T)$; D. $-tu(t)+(t-T)u(t-T)$.

(9) 已知 $F(s)=\dfrac{s^2}{s^2+1}$, 则 $f(t)=L^{-1}[F(s)]=($ $)$.

A. $\delta(t)+\cos t$; B. $\delta(t)-\cos t$;

C. $\delta(t)+\sin t$; D. $\delta(t)-\sin t$.

(10) 已知 $F(s)=\dfrac{e^{-(s-2)}}{s+2}$, 则 $f(t)=L^{-1}[F(s)]=($ $)$.

A. $e^{-2t}u(t-1)$; B. $e^{-2(t-1)}u(t-1)$;

C. $e^{-2(t-2)}u(t-1)$; D. $e^{-2t}u(t-2)$.

(11) 已知 $f(t)=t^n e^{-at}u(t)$, 则 $F(s)=L[f(t)]$ 的收敛域为 ( ).

A. $\mathrm{Re}s>a$; B. $\mathrm{Re}s>-a$;

C. $\mathrm{Re}s>0$; D. $\mathrm{Re}s<-a$.

(12) 设 $f(t)=L^{-1}[F(s)]$, 则 $L^{-1}[sF'(s)]=($ $)$.

A. $-tf'(t)-f(t)$; B. $tf(t)-f'(t)$;

C. $tf'(t)+f(t)$; D. $-tf(t)+f'(t)$

2. 填空题.

(1) $f(t)$ 的拉氏变换 $F(s)=\dfrac{1}{s^2+s-1}$, 则函数 $y(t)=e^{-2t}f(3t)$ 的拉氏变换 $Y(s)=$____.

(2) 设 $f(t)=\begin{cases} t, & 0<t<1, \\ 0, & 1<t<2, \end{cases}$ 且对于所有 $t>0$ 满足 $f(t+2)=f(t)$. 则 $F(s)=L[f(t)]=$____.

(3) 已知 $f(t)=\begin{cases} t^2, & 0<t\leqslant 1, \\ 0, & t>1, \end{cases}$ 则 $L[f''(t)]=$____.

(4) 设 $f(t)=\begin{cases} (t-1)^2, & t>1, \\ 0, & 0<t<1, \end{cases}$ 则 $F(s)=L[f(t)]=$____.

(5) 若 $L[f(t)]=\dfrac{\mathrm{e}^{-\frac{1}{s}}}{s}$, 则 $L[\mathrm{e}^{-t}f(3t)]=$____.

(6) 若 $L[f''(t)]=\operatorname{arccot}s$, 且 $f(0)=2, f'(0)=-1$, 则 $L[f(t)]=$____.

(7) 已知 $F(s)=\dfrac{1}{s^2-2s+5}$, 则 $f(t)=L^{-1}[F(s)]=$____.

(8) 已知 $F(s)=\dfrac{\mathrm{e}^{-\frac{\pi s}{3}}}{s^2+1}$, 则 $f(t)=L^{-1}[F(s)]=$____.

(9) 已知 $F(s)=\dfrac{2s}{4s^2+16}$, 则 $f(t)=L^{-1}[F(s)]=$____.

(10) 若 $F(s)=\ln\left(1+\dfrac{1}{s^2}\right)$, 那么 $f(t)=L^{-1}[F(s)]=$____, $L^{-1}\left[\dfrac{1}{s}\ln\left(1+\dfrac{1}{s^2}\right)\right]$ $=$____.

(11) 设 $F(s)=\dfrac{1}{s(s^2+1)}$, 则 $f(t)=L^{-1}[F(s)]=$____.

3. 计算积分：(1) $\displaystyle\int_0^{+\infty} t\mathrm{e}^{-2t}\cos t\mathrm{d}t$; (2) $\displaystyle\int_0^{+\infty}\frac{\mathrm{e}^{-t}-\mathrm{e}^{-3t}}{t}\mathrm{d}t$.

4. 求下列函数的拉氏变换.

(1) $3\sqrt[3]{t}+4\mathrm{e}^{2t}$; (2) $2u(t-1)+3u(t-2)$.

5. 求下列函数的拉氏逆变换.

(1) $\dfrac{s+1}{s(s^2+s-6)}$; (2) $\dfrac{2\mathrm{e}^{-s}\mathrm{e}^{-2s}}{s}$.

6. 求解微分方程 $y''-3y'+2y=2^{-t}, y(0)=2, y'(0)=-1$.

7. 若 $f(t)=L^{-1}[F(s)]$, 证明：

(1) $L^{-1}[sF'(s)]=-tf'(t)-f(t)$;

(2) $L^{-1}[s^2F''(s)]=t^2f''(t)+4tf'(t)+2f(t)$.

8. 解积分方程 $y(t)=a\sin t+\displaystyle\int_0^t\sin(t-\tau)y(\tau)\mathrm{d}\tau$.

9. 解变系数常微分方程

$$ty''+(1-2t)y'-2y=0,\quad y(0)=1, y'(0)=2.$$

8.4 测试题解答

1. 单项选择题.

(1) A. 因为 $L[\sin 5t]=\dfrac{5}{s^2+25}$, 再由位移性质 (8.16) 式 $L[\mathrm{e}^{-t}\sin 5t]=\dfrac{5}{(s+1)^2+25}$.

(2) C. $\mathrm{erf}\sqrt{t}=\dfrac{2}{\sqrt{\pi}}\displaystyle\int_0^{\sqrt{t}}\mathrm{e}^{-x^2}\mathrm{d}x$ 称为误差函数, 由位移性质, $L[\mathrm{e}^t\mathrm{erf}\sqrt{t}]=\dfrac{1}{\sqrt{s}(s-1)}$.

(3) B. 由像函数的微分性质 (8.12) 式 $L[-tf(t)]=F'(s)$ 得到 $F(s)=L[f(t)]=\displaystyle\int\frac{-2s}{(s^2+1)^2}\mathrm{d}s=\frac{1}{s^2+1}+c$, 由初值定理 (8.19) 可确定 $c=0$, 由相似性质 (8.18)$L[f(2t)]=\dfrac{1}{2}\cdot\dfrac{1}{\left(\dfrac{s}{2}\right)^2+1}=\dfrac{2}{s^2+4}$. 再由位移性质得 (8.16) 式 $L[\mathrm{e}^{-t}f(2t)]=\dfrac{2}{(s+1)^2+4}$.

(4) D. 因为 $L[t]=\dfrac{1}{s^2}$ 由延迟性质 (8.17) 式, $L[t-a]=\dfrac{\mathrm{e}^{-as}}{s^2}$.

(5) A. 因为由位移性质 (8.16) 式 $L^{-1}\left[\dfrac{1}{(s-2)^4}\right]=\mathrm{e}^{2t}L^{-1}\left[\dfrac{1}{s^4}\right]=\dfrac{t^3\mathrm{e}^{2t}}{3!}$, 再由延迟性质 (8.17) 式 $L^{-1}\left[\dfrac{\mathrm{e}^{-5s}}{(s-2)^4}\right]=\dfrac{1}{6}(t-5)^3\mathrm{e}^{2(t-5)}u(t-5)$.

(6) D. 由 (8.23) 式 $f(t)=\mathrm{Res}[F(s)\mathrm{e}^{st},-1]+\mathrm{Res}[F(s)\mathrm{e}^{st},2]+\mathrm{Res}[F(s)\mathrm{e}^{st},3]=\lim\limits_{s\to-1}\dfrac{(2s^2-4)\mathrm{e}^{st}}{(s-2)(s-3)}+\lim\limits_{s\to2}\dfrac{(2s^2-4)\mathrm{e}^{st}}{(s+1)(s-3)}+\lim\limits_{s\to3}\dfrac{(2s^2-4)\mathrm{e}^{st}}{(s+1)(s-2)}=-\dfrac{1}{6}\mathrm{e}^{-t}-\dfrac{4}{3}\mathrm{e}^{2t}+\dfrac{7}{2}\mathrm{e}^{3t}$.

(7) B. $L^{-1}\left[\dfrac{-5}{s^2+(-5)^2}\right]=\sin(-5t)$ 由位移性质 (8.16) 式 $L^{-1}\left[\dfrac{-5}{(s+1)^2+(-5)^2}\right]=\mathrm{e}^{-t}\sin(-5t)$.

(8) C. $F(s)=\dfrac{1-\mathrm{e}^{sT}}{s+1}=\dfrac{1}{s+1}-\dfrac{\mathrm{e}^{sT}}{s+1}$, $L^{-1}\left[\dfrac{1}{s+1}\right]=\mathrm{e}^{-tu(t)}$, 由延迟性质 (8.17) 式, $L^{-1}\left[\dfrac{\mathrm{e}^{tT}}{s+1}\right]=\mathrm{e}^{-(t-T)}u(t-T)$.

(9) D. $F(s)=\dfrac{s^2+1-1}{s^2+1}=1-\dfrac{1}{s^2+1}$, $f(t)=L^{-1}[F(s)]=L^{-1}[1]-L^{-1}\left[\dfrac{1}{s^2+1}\right]=\delta(t)-\sin t$.

(10) C. 因为 $L^{-1}\left[\dfrac{1}{s+2}\right]=\mathrm{e}^{-2t}$, 由延迟性质 (8.17) 式, $L^{-1}\left[\dfrac{\mathrm{e}^{-(s-2)}}{s+2}\right]=$

$L^{-1}\left[\dfrac{e^2}{s+2}e^{-s}\right]=e^2e^{-2(t-1)}u(t-1)=e^{-2(t-2)}u(t-1).$

(11) B. $\mathrm{Re}s>-a$.

(12) A. 由像函数的微分性质 (8.12) 式 $L^{-1}[F'(s)]=-tf(t)$, 再由微分性质 (8.11) 式得 $L^{-1}[sF'(s)]=(-tf(t))'=-tf'(t)-f(t)$.

2. 填空题.

(1) $\dfrac{3}{s^2+7s+1}, F(s)=L[f(t)]=\dfrac{1}{s^2+s-1}$ 由相似性质 (8.18) 式,

$$L[f(3t)]=\frac{1}{3}\frac{1}{\left(\dfrac{s}{3}\right)^2+\dfrac{s}{3}-1}=\frac{3}{s^2+3s-9}$$

再由位移性质 (8.16) 式

$$L[e^{-2t}f(3t)]=\frac{3}{(s+2)^2+3(s+2)-9}=\frac{3}{s^2+7s+1}$$

(2) $\dfrac{1-e^{-s}(s+1)}{s^2(1-e^{-2s})}$. 这是一个周期为 2 的周期函数, 由 (8.8) 式,

$$\begin{aligned}L[f(t)]&=\frac{1}{1-e^{-2s}}\int_0^2 f(t)e^{-st}dt=\frac{1}{1-e^{-2s}}\int_0^1 te^{-st}dt\\&=\frac{1}{1-e^{-2s}}\left[-\frac{e^{-s}}{s}-\frac{1}{s^2}(e^{-s}-1)\right]=\frac{1-e^{-s}(s+1)}{s^2(1-e^{-2s})}\end{aligned}$$

(3) $\dfrac{2(1-e^{-s})}{s}$. $f''(t)=\begin{cases}2, & 0<t\leqslant 1,\\ 0, & 1<t<2,\end{cases}$ $L[f''(t)]=\displaystyle\int_0^1 2e^{-st}dt=\frac{2(1-e^{-s})}{s}$.
这里 $f(t)$ 在 $t=1$ 处间断, 因此不能用公式 $L[f''(t)]=s^2F(s)-sf(0)-f'(0)$.

(4) $\dfrac{2e^{-s}}{s^3}$. 设 $f_1(t)=t^2, L[f_1(t)]=\dfrac{2}{s^3}$ 利用位移性质 (8.16) 式, $L[f(t)]=L[f_1(t-1)u(t-1)]=\dfrac{2e^{-s}}{s^3}$.

(5) $\dfrac{e^{-\frac{3}{s+1}}}{s+1}$. 利用相似性质 (8.18) 式

$$L[f(3t)]=\frac{1}{3}\cdot\frac{e^{-\frac{1}{\frac{s}{3}}}}{\dfrac{s}{3}}=\frac{e^{-\frac{3}{s}}}{s}$$

再利用位移性质 (8.16) 式,

$$L[e^{-t}f(3t)]=\frac{e^{-\frac{3}{s+1}}}{s+1}$$

(6) $\dfrac{2s-1+\operatorname{arccot}s}{s^2}$. 利用微分性质 (8.11) 式,

$$L[f''(t)]=s^2L[f(t)]-sf(0)-f'(0)$$

(7) $\dfrac{1}{2}\mathrm{e}^t\sin 2t$. 因为 $L^{-1}\left[\dfrac{1}{s^2+4}\right]=\dfrac{1}{2}\sin 2t$ 故

$$L^{-1}\left[\frac{1}{s^2-2s+5}\right]=L^{-1}\left[\frac{1}{(s-1)^2+4}\right]=\frac{1}{2}\mathrm{e}^t\sin 2t$$

(8) $\begin{cases}\sin\left(t-\dfrac{\pi}{3}\right), & t>\dfrac{\pi}{3}\\ 0, & t<\dfrac{\pi}{3}\end{cases}$. 因为 $L^{-1}\left[\dfrac{1}{s^2+1}\right]=\sin t$ 利用位移性质 (8.16) 式, $L^{-1}\left[\dfrac{\mathrm{e}^{-\frac{\pi s}{3}}}{s^2+1}\right]=u\left(t-\dfrac{\pi}{3}\right)\sin\left(t-\dfrac{\pi}{3}\right)$.

(9) $\dfrac{1}{2}\cos 2t$. 已知 $L^{-1}\left[\dfrac{s}{s^2+16}\right]=\cos 4t$, 故利用相似性质 (8.16) 式,

$$L^{-1}\left[\frac{2s}{(2s)^2+16}\right]=\frac{1}{2}\cos\frac{4t}{2}=\frac{1}{2}\cos 2t$$

(10) $\dfrac{2(1-\cos t)}{t}$, $2\displaystyle\int_0^t\frac{1-\cos u}{u}\mathrm{d}u$, $F'(s)=\dfrac{-2}{s(s^2+1)}=-2\left(\dfrac{1}{s}-\dfrac{s}{s^2+1}\right)$. $L^{-1}[F'(s)]=-2(1-\cos t)=-tf(t)$, 故 $f(t)=\dfrac{2(1-\cos t)}{t}$,

$$L^{-1}\left[\frac{1}{s}\ln\left(1+\frac{1}{s^2}\right)\right]=\int_0^t\frac{2(1-\cos u)}{u}\mathrm{d}u=2\int_0^{2t}\frac{1-\cos u}{u}\mathrm{d}u$$

(11) $1-\cos t$. 因 $L^{-1}\left[\dfrac{1}{s^2+1}\right]=\sin t$, 利用积分性质 (8.13) 式 $L^{-1}\left[\dfrac{1}{s(s^2+1)}\right]=\displaystyle\int_0^t\sin u\mathrm{d}u=1-\cos t$.

3. **解** (1) $L[t\cos t]=\displaystyle\int_0^{+\infty}t\mathrm{e}^{-st}\cos t\mathrm{d}t$

$$=-\frac{\mathrm{d}}{\mathrm{d}s}L[\cos t]=-\frac{d}{\mathrm{d}s}\left(\frac{s}{s^2+1}\right)=\frac{s^2-1}{(s^2+1)^2}$$

令 $s=2$, 得 $\displaystyle\int_0^{+\infty}t\mathrm{e}^{-2t}\cos t\mathrm{d}t=\frac{3}{25}$.

(2) 设 $f(t)=\mathrm{e}^{-t}-\mathrm{e}^{-3t}$, 则 $F(s)=L[f(t)]=\dfrac{1}{s+1}-\dfrac{1}{s+3}$, 由积分性质 (8.14) 式,

$$L\left[\frac{\mathrm{e}^{-t}-\mathrm{e}^{-3t}}{t}\right]=\int_s^{\infty}\left(\frac{1}{u+1}-\frac{1}{u+3}\right)\mathrm{d}u$$

或

$$\int_0^{+\infty} \mathrm{e}^{-st}\left(\frac{\mathrm{e}^{-t}-\mathrm{e}^{-3t}}{t}\right)\mathrm{d}t=\ln\left(\frac{s+3}{s+1}\right)$$

取 $s\to 0^+$, 可得 $\displaystyle\int_0^{+\infty}\frac{\mathrm{e}^{-t}-\mathrm{e}^{-3t}}{t}\mathrm{d}t=\ln 3.$

4. **解** (1) $L[3\sqrt[3]{t}+4\mathrm{e}^{2t}]=3L[\sqrt[3]{t}]+4L[\mathrm{e}^{2t}]=\dfrac{\Gamma\left(\dfrac{1}{3}\right)}{s^{\frac{4}{3}}}+\dfrac{4}{s-2}$

(2) $$L[2u(t-1)+3u(t-2)]=2L[u(t-1)]+3[u(t-2)]$$
$$=\frac{2}{s}\mathrm{e}^{-s}+\frac{3}{s}\mathrm{e}^{-2s}$$

5. **解** (1) $$\frac{s+1}{s(s^2+s-6)}=\frac{s+1}{s(s+3)(s-2)}$$

$$\begin{aligned}
f(t)&=L^{-1}\left[\frac{s+1}{s(s^2+s-6)}\right]\\
&=\mathrm{Res}\left[\frac{(s+1)\mathrm{e}^{st}}{s(s+3)(s-2)},0\right]+\mathrm{Res}\left[\frac{(s+1)\mathrm{e}^{st}}{s(s+3)(s-2)},-3\right]\\
&\quad+\mathrm{Res}\left[\frac{(s+1)\mathrm{e}^{st}}{s(s+3)(s-2)},2\right]\\
&=\lim_{s\to 0}\frac{(s+1)\mathrm{e}^{st}}{(s+3)(s-2)}+\lim_{s\to -3}\frac{(s+1)\mathrm{e}^{st}}{s(s-2)}+\lim_{s\to 2}\frac{(s+1)\mathrm{e}^{st}}{s(s+3)}\\
&=-\frac{1}{6}+\frac{3}{10}\mathrm{e}^{2t}-\frac{2}{15}\mathrm{e}^{-3t}
\end{aligned}$$

(2) $$\begin{aligned}
f(t)&=L^{-1}\left[\frac{2\mathrm{e}^{-s}-\mathrm{e}^{-2s}}{s}\right]=2L^{-1}\left[\frac{\mathrm{e}^{-s}}{s}\right]-L^{-1}\left[\frac{\mathrm{e}^{-2s}}{s}\right]\\
&=2u(t-1)-u(t-2)
\end{aligned}$$

6. **解** 方程两边取拉氏变换并代入初始条件,

$$s^2Y(s)-2s+1-3(sY(s)-2)+2Y(s)=2\frac{1}{s+1}$$

整理得

$$(s^2-3s+2)Y(s)=\frac{2s^2-5s-5}{s+1}$$

$$Y(s)=\frac{2s^2-5s-5}{(s+1)(s-1)(s-2)}$$

取拉氏逆变换

$$
\begin{aligned}
y(t) &= L^{-1}\left[\frac{2s^2-5s-5}{(s+1)(s-1)(s-2)}\right]\\
&= \mathrm{Res}\left[\frac{(2s^2-5s-5)\mathrm{e}^{st}}{(s+1)(s-1)(s-2)},-1\right]+\mathrm{Res}\left[\frac{(2s^2-5s-5)\mathrm{e}^{st}}{(s+1)(s-1)(s-2)},1\right]\\
&\quad+\mathrm{Res}\left[\frac{(2s^2-5s-5)\mathrm{e}^{st}}{(s+1)(s-1)(s-2)},2\right]\\
&= \lim_{s\to-1}\frac{(2s^2-5s-5)\mathrm{e}^{st}}{(s-1)(s-2)}+\lim_{s\to1}\frac{(2s^2-5s-5)\mathrm{e}^{st}}{(s+1)(s-2)}+\lim_{s\to2}\frac{(2s^2-5s-5)\mathrm{e}^{st}}{(s+1)(s-1)}\\
&= \frac{1}{3}\mathrm{e}^{-t}+4\mathrm{e}^{t}-\frac{7}{3}\mathrm{e}^{2t}.
\end{aligned}
$$

为原方程的解.

7. **证** 利用微分性质.

(1)
$$
\begin{aligned}
L[-tf'(t)-f(t)] &= -L[tf'(t)]-L[f(t)]\\
&= \frac{\mathrm{d}}{\mathrm{d}s}(L[f'(t)])-F(s)\\
&= \frac{\mathrm{d}}{\mathrm{d}s}[sF'(s)-f(0)]-F(s)\\
&= F(s)+sF'(s)-F(s)=sF'(s)
\end{aligned}
$$

(2)
$$
\begin{aligned}
&L[t^2f''(t)+4tf'(t)+2f(t)]\\
&= L[t^2f''(t)]+4L[tf'(t)]+2L[f(t)]\\
&= \frac{\mathrm{d}^2}{\mathrm{d}s^2}(L[f''(t)])-4\frac{\mathrm{d}}{\mathrm{d}s}(L[f'(t)])+2F(s)\\
&= \frac{\mathrm{d}^2}{\mathrm{d}s^2}(s^2F(s)-sf(0)-f'(0))-4\frac{\mathrm{d}}{\mathrm{d}s}(sF(s)-f(0))\\
&= 2F(s)+2sF'(s)+2sF'(s)+s^2F''(s)-4F(s)-4sF'(s)+2F(s)\\
&= s^2F''(s)
\end{aligned}
$$

8. **解** 方程两边取拉氏变换, 并利用卷积定理, 得

$$
Y(s)=\frac{a}{s^2+1}+\frac{1}{s^2+1}\cdot Y(s)
$$

整理得

$$
Y(s)=\frac{a}{s^2+1}\cdot\frac{s^2+1}{s^2}=\frac{a}{s^2}
$$

再取拉氏变换得

$$
y(t)=L^{-1}\left[\frac{a}{s^2}\right]=at
$$

9. **解** 方程两边取拉氏变换, 并代入初始条件及利用微分性质得

$$-\frac{\mathrm{d}}{\mathrm{d}s}L[y'']+L[y']+2\frac{\mathrm{d}}{\mathrm{d}s}L[y']-2L[y]=0$$

$$-\frac{\mathrm{d}}{\mathrm{d}s}[s^2Y(s)-s-2]+sY(s)-1+2\frac{\mathrm{d}}{\mathrm{d}s}[sY(s)-1]-2Y(s)=0$$

$$-2sY(s)-s^2Y'(s)+1+sY(s)-1+2Y(s)+2sY'(s)-2Y(s)=0$$

整理得

$$(2s-s^2)Y'(s)-sY(s)=0$$

这是一阶齐线性方程

$$Y(s)=c\mathrm{e}^{\int\frac{1}{2-s}\mathrm{d}s}=-c\frac{1}{s-2}$$

再取拉氏逆变换得

$$y(t)=-c\mathrm{e}^{2t}$$

由初始条件 $y(0)=1$ 得 $c=-1$.

故原方程的解为

$$y(t)=\mathrm{e}^{2t}.$$

8.5 教材习题 8 解答

1. 用定义求下列函数的拉氏变换, 并用查表的方法来验证结果.

(1) $f(t)=\sin\frac{t}{3}$; (2) $f(t)=\mathrm{e}^{-2t}$;

(3) $f(t)=t^2$; (4) $f(t)=\sin t\cos t$;

(5) $f(t)=\mathrm{sh}kt$; (6) $f(t)=\cos^2 t$.

解 (1) $L[f(t)]=\int_0^{+\infty}\sin\frac{t}{3}\mathrm{e}^{-st}\mathrm{d}t=\int_0^{+\infty}\frac{(\mathrm{e}^{\frac{\mathrm{i}t}{3}}-\mathrm{e}^{-\frac{\mathrm{i}t}{3}})\mathrm{e}^{-st}}{2\mathrm{i}}\,\mathrm{d}t$

$$=\frac{1}{2\mathrm{i}}\int_0^{+\infty}(\mathrm{e}^{-\left(s-\frac{\mathrm{i}}{3}\right)t}-\mathrm{e}^{-\left(s+\frac{\mathrm{i}}{3}\right)t})\,\mathrm{d}t$$

$$=\frac{1}{2\mathrm{i}}\left[\frac{\mathrm{e}^{-\left(s-\frac{\mathrm{i}}{3}\right)t}\Big|_0^{+\infty}}{-s+\frac{\mathrm{i}}{3}}-\frac{\mathrm{e}^{-\left(s+\frac{\mathrm{i}}{3}\right)t}\Big|_0^{+\infty}}{-s-\frac{\mathrm{i}}{3}}\right]$$

$$=\frac{1}{2\mathrm{i}}\left[\frac{1}{s-\frac{\mathrm{i}}{3}}-\frac{1}{s+\frac{\mathrm{i}}{3}}\right]=\frac{1}{2\mathrm{i}}\frac{s+\frac{\mathrm{i}}{3}-s+\frac{\mathrm{i}}{3}}{\left(s-\frac{\mathrm{i}}{3}\right)\left(s+\frac{\mathrm{i}}{3}\right)}$$

$$=\frac{\frac{1}{3}}{s^2+\frac{1}{9}}=\frac{9}{9s^2+1}\quad(\mathrm{Re}s>0)$$

(2)
$$L[f(t)]=\int_0^{+\infty}\mathrm{e}^{-2t}\mathrm{e}^{-st}\mathrm{d}t=\int_0^{+\infty}\mathrm{e}^{-(s+2)t}\mathrm{d}t$$
$$=\frac{\mathrm{e}^{-(s+2)t}\big|_0^{+\infty}}{-(s+2)}=\frac{1}{s+2}\quad(\mathrm{Re}s>-2)$$

(3)
$$L[f(t)]=\int_0^{+\infty}t^2\mathrm{e}^{-st}\mathrm{d}t=-\frac{\mathrm{e}^{-st}}{s}t^2\bigg|_0^{+\infty}+\frac{1}{s}\int_0^{+\infty}2t\mathrm{e}^{-st}\mathrm{d}t$$
$$=-\frac{2}{s^2}t\mathrm{e}^{-st}\bigg|_0^{+\infty}+\frac{2}{s^2}\int_0^{+\infty}\mathrm{e}^{-st}\mathrm{d}t$$
$$=-\frac{2}{s^3}\mathrm{e}^{-st}\bigg|_{t=0}^{+\infty}=\frac{2}{s^2}\quad(\mathrm{Re}s>0)$$

(4)
$$L[f(t)]=\int_0^{+\infty}\sin t\cos t\mathrm{e}^{-st}\mathrm{d}t=\frac{1}{2}\int_0^{+\infty}\sin 2t\mathrm{e}^{-st}\mathrm{d}t$$
$$=\frac{1}{4\mathrm{i}}\int_0^{+\infty}[\mathrm{e}^{-(s-2\mathrm{i})t}-\mathrm{e}^{-(s+2\mathrm{i})t}]\mathrm{d}t$$
$$=\frac{1}{4\mathrm{i}}\left[\frac{\mathrm{e}^{-(s-2\mathrm{i})t}\big|_0^{+\infty}}{-(s-2\mathrm{i})}-\frac{\mathrm{e}^{-(s+2\mathrm{i})t}\big|_0^{+\infty}}{-(s+2\mathrm{i})}\right]$$
$$=\frac{1}{4\mathrm{i}}\left(\frac{1}{s-2\mathrm{i}}-\frac{1}{s+2\mathrm{i}}\right)=\frac{1}{s^2+4}\quad(\mathrm{Re}s>0)$$

(5)
$$L[f(t)]=\int_0^{+\infty}\mathrm{sh}kt\mathrm{e}^{-st}\mathrm{d}t=\int_0^{+\infty}\frac{\mathrm{e}^{kt}-\mathrm{e}^{-kt}}{2}\mathrm{e}^{-st}\mathrm{d}t$$
$$=\frac{1}{2}\left(\int_0^{+\infty}\mathrm{e}^{-(s-k)t}\mathrm{d}t-\int_0^{+\infty}\mathrm{e}^{-(s+k)t}\mathrm{d}t\right)$$
$$=\frac{1}{2}\left[\frac{\mathrm{e}^{-(s-k)t}\big|_0^{+\infty}}{-(s-k)}-\frac{\mathrm{e}^{-(s+k)t}\big|_0^{+\infty}}{-(s+k)}\right]$$
$$=\frac{1}{2}\left(\frac{1}{s-k}-\frac{1}{s+k}\right)=\frac{k}{s^2-k^2}\quad(\mathrm{Re}s>\max\{k,-k\})$$

(6)
$$L[f(t)]=\int_0^{+\infty}\cos^2 t\mathrm{e}^{-st}\mathrm{d}t=\frac{1}{2}\int_0^{+\infty}(1+\cos 2t)\mathrm{e}^{-st}\mathrm{d}t$$
$$=\frac{1}{2}\left(\int_0^{+\infty}\mathrm{e}^{-st}\mathrm{d}t+\int_0^{+\infty}\cos 2t\mathrm{e}^{-st}\mathrm{d}t\right)$$
$$=\frac{1}{2}\left(\frac{1}{s}+\frac{s}{s^2+4}\right)=\frac{s^2+2}{s(s^2+4)}\quad(\mathrm{Re}s>0)$$

2. 求下列函数的拉氏变换

(1) $f(t)=\begin{cases}3, & 0\leqslant t<2,\\ -1, & 2\leqslant t<4,\\ 0, & t\geqslant 4;\end{cases}$　　(2) $f(t)=\begin{cases}t+1, & 0<t<3,\\ 0, & t\geqslant 3;\end{cases}$

(3) $f(t)=\begin{cases}3, & t<\dfrac{\pi}{2},\\ \cos t, & t>\dfrac{\pi}{2};\end{cases}$　　(4) $f(t)=\mathrm{e}^{2t}+5\delta(t)$;

(5) $f(t)=\delta(t)\cos t-u(t)\sin t$.

解 (1)

$$L[f(t)]=\int_0^{+\infty}f(t)\mathrm{e}^{-st}\mathrm{d}t=\int_0^2 3\mathrm{e}^{-st}\mathrm{d}t-\int_2^4\mathrm{e}^{-st}\mathrm{d}t$$
$$=\frac{3\mathrm{e}^{-st}|_0^2}{-s}+\frac{\mathrm{e}^{-st}|_2^4}{s}=\frac{1}{s}(3-4\mathrm{e}^{-2s}+\mathrm{e}^{-4s})$$

(2)

$$L[f(t)]=\int_0^{+\infty}f(t)\mathrm{e}^{-st}\mathrm{d}t=\int_0^3(t+1)\mathrm{e}^{-st}\mathrm{d}t$$
$$=(t+1)\frac{\mathrm{e}^{-st}}{-s}\bigg|_{t=0}^{3}+\frac{1}{s}\int_0^3\mathrm{e}^{-st}\mathrm{d}t=\frac{1}{s}-\frac{4\mathrm{e}^{-3s}}{s}-\frac{1}{s^2}\mathrm{e}^{-st}\bigg|_{t=0}^{3}$$
$$=\frac{1}{s}-\frac{4\mathrm{e}^{-3s}}{s}-\frac{\mathrm{e}^{-3s}}{s^2}+\frac{1}{s^2}$$

(3)

$$L[f(t)]=\int_0^{+\infty}f(t)\mathrm{e}^{-st}\mathrm{d}t=\int_0^{\frac{\pi}{2}}3\mathrm{e}^{-st}\mathrm{d}t+\int_{\frac{\pi}{2}}^{+\infty}\cos t\mathrm{e}^{-st}\mathrm{d}t$$
$$=\frac{3}{-s}\mathrm{e}^{-st}\bigg|_{t=0}^{\frac{\pi}{2}}+\int_{\frac{\pi}{2}}^{+\infty}\frac{\mathrm{e}^{\mathrm{i}t}+\mathrm{e}^{-\mathrm{i}t}}{2}\mathrm{e}^{-st}\mathrm{d}t$$
$$=\frac{3}{s}-\frac{3}{s}\mathrm{e}^{-\frac{\pi s}{2}}+\frac{1}{2}\int_{\frac{\pi}{2}}^{+\infty}(\mathrm{e}^{-(s-\mathrm{i})t}+\mathrm{e}^{-(s+\mathrm{i})t})\mathrm{d}t$$
$$=\frac{3}{s}-\frac{3}{s}\mathrm{e}^{-\frac{\pi s}{2}}+\frac{1}{2}\left[\frac{\mathrm{e}^{-(s-\mathrm{i})t}|_{t=\frac{\pi}{2}}^{+\infty}}{-(s-\mathrm{i})}+\frac{\mathrm{e}^{-(s+\mathrm{i})t}|_{t=\frac{\pi}{2}}^{+\infty}}{-(s+\mathrm{i})}\right]$$
$$=\frac{3}{s}-\frac{3}{s}\mathrm{e}^{-\frac{\pi s}{2}}+\frac{1}{2}\left(\frac{\mathrm{e}^{-(s-\mathrm{i})\frac{\pi}{2}}}{s-\mathrm{i}}+\frac{\mathrm{e}^{-(s+\mathrm{i})\frac{\pi}{2}}}{s+\mathrm{i}}\right)$$
$$=\frac{3}{s}-\frac{3}{s}\mathrm{e}^{-\frac{\pi s}{2}}-\frac{1}{s^2+1}\mathrm{e}^{-\frac{\pi s}{2}}$$

(4)

$$L[f(t)]=\int_0^{+\infty}[\mathrm{e}^{2t}+5\delta(t)]\mathrm{e}^{-st}\mathrm{d}t=\int_0^{+\infty}\mathrm{e}^{2t}\mathrm{e}^{-st}\mathrm{d}t+5\int_{-\infty}^{+\infty}\delta(t)\mathrm{e}^{-st}\mathrm{d}t$$
$$=\frac{1}{s-2}+5\int_{-\infty}^{+\infty}\delta(t)\mathrm{e}^{-st}\mathrm{d}t=\frac{1}{s-2}+5\mathrm{e}^{-st}\Big|_{t=0}=\frac{5s-9}{s-2}$$

(5) $$\begin{aligned}L[f(t)]&=\int_0^{+\infty}[\delta(t)\cos t-u(t)\sin t]\mathrm{e}^{-st}\mathrm{d}t\\&=\int_{-\infty}^{+\infty}\delta(t)\cdot\cos t\cdot\mathrm{e}^{-st}\mathrm{d}t-\int_0^{+\infty}\sin t\mathrm{e}^{-st}\mathrm{d}t\\&=\cos t\cdot\mathrm{e}^{-st}|_{t=0}-\frac{1}{s^2+1}=1-\frac{1}{s^2+1}=\frac{s^2}{s^2+1}\end{aligned}$$

3. 设 $f(t)$ 是以 2π 为周期的函数, 且在一个周期内的表达式为

$$f(t)=\begin{cases}\sin t, & 0<t\leqslant\pi\\ 0, & \pi<t\leqslant 2\pi\end{cases}$$

求 $L[f(t)]$.

解 周期为 T 的函数 $f(t)$ 的拉氏变换为

$$L[f(t)]=\frac{1}{1+\mathrm{e}^{-sT}}\int_0^T f(t)\mathrm{e}^{-st}\mathrm{d}t\quad(\mathrm{Re}s>0)$$

因此有

$$\begin{aligned}L[f(t)]&=\frac{1}{1-\mathrm{e}^{-2\pi s}}\int_0^{2\pi}f(t)\mathrm{e}^{-st}\mathrm{d}t=\frac{1}{1-\mathrm{e}^{-2\pi s}}\int_0^{\pi}\sin t\mathrm{e}^{-st}\mathrm{d}t\\&=\frac{1}{1-\mathrm{e}^{-2\pi s}}\int_0^{\pi}\frac{\mathrm{e}^{\mathrm{i}t}-\mathrm{e}^{-\mathrm{i}t}}{2\mathrm{i}}\mathrm{e}^{-st}\mathrm{d}t\\&=\frac{1}{1-\mathrm{e}^{-2\pi s}}\cdot\frac{1}{2\mathrm{i}}\left(\frac{\mathrm{e}^{-(s-\mathrm{i})t}|_{t=0}^{\pi}}{-(s-\mathrm{i})}-\frac{\mathrm{e}^{-(s+\mathrm{i})t}|_{t=0}^{\pi}}{-(s+\mathrm{i})}\right)\\&=\frac{1}{1-\mathrm{e}^{-2\pi s}}\cdot\frac{1}{2\mathrm{i}}\left(\frac{1-\mathrm{e}^{-(s-\mathrm{i})\pi}}{s-\mathrm{i}}-\frac{1-\mathrm{e}^{-(s+\mathrm{i})\pi}}{s+\mathrm{i}}\right)\\&=\frac{1}{1-\mathrm{e}^{-2\pi s}}\frac{1+\mathrm{e}^{-\pi s}}{s^2+1}=\frac{1}{(1-\mathrm{e}^{-\pi s})(s^2+1)}\end{aligned}$$

4. 求下列函数的拉氏变换式.

(1) $f(t)=3t^4-2t^{3/2}+6$;　(2) $f(t)=1-t\mathrm{e}^t$;

(3) $f(t)=3\sqrt[3]{t}+4\mathrm{e}^{2t}$;　(4) $f(t)=\dfrac{t}{2a}\sin at$;

(5) $f(t)=\dfrac{\sin at}{t}$;　(6) $f(t)=5\sin 2t-3\cos 2t$;

(7) $f(t)=\mathrm{e}^{-3t}\cos 4t$;　(8) $f(t)=\mathrm{e}^{-2t}\sin 6t$;

(9) $f(t)=t^n\mathrm{e}^{at}$(n 为整数);　(10) $f(t)=u(3t-5)$;

(11) $f(t)=\dfrac{\mathrm{e}^{3t}}{\sqrt{t}}$;　(12) $f(t)=u(1-\mathrm{e}^{-t})$.

解 (1) 利用 $L[t^a]=\dfrac{\Gamma(a+1)}{s^{a+1}}$, $\quad \mathrm{Re}s>0,\alpha>-1$,

$$L[f(t)]=L[3t^4-2t^{\frac{3}{2}}+6]=3L[t^4]-2L[t^{\frac{3}{2}}]+6L[1]$$
$$=\frac{3\times 4!}{s^5}-\frac{2\Gamma\left(\dfrac{3}{2}+1\right)}{s^{\frac{5}{2}}}+\frac{6}{s}=\frac{72}{s^5}-\frac{3\sqrt{\pi}}{2s^{\frac{5}{2}}}+\frac{6}{s}(\mathrm{Re}s>0)$$

(2)
$$L[f(t)]=L[1-te^t]=L[1]-L[te^t]$$
$$=\frac{1}{s}+\frac{\mathrm{d}}{\mathrm{d}s}L[e^t]=\frac{1}{s}+\left(\frac{1}{s-1}\right)'=\frac{1}{s}-\frac{1}{(s-1)^2}(\mathrm{Re}s>1)$$

(3)
$$L[f(t)]=L[3\sqrt[3]{t}+4e^{2t}]=2L[\sqrt[3]{t}]+4L[e^{2t}]$$
$$=\frac{\Gamma\left(\dfrac{1}{3}\right)}{s^{\frac{4}{3}}}+\frac{4}{s-2}$$

(4)
$$L[f(t)]=L\left[\frac{t}{2a}\sin at\right]=\frac{1}{2a}L[t\sin at]$$
$$=-\frac{1}{2a}\cdot\frac{\mathrm{d}}{\mathrm{d}s}L[\sin at]=-\frac{1}{2a}\left(\frac{a}{s^2+a^2}\right)'=\frac{s}{s^2+a^2}(\mathrm{Re}s>0)$$

(5)
$$L[f(t)]=L\left[\frac{\sin at}{t}\right]=\int_s^{\infty}L[\sin at]\mathrm{d}u$$
$$=\int_s^{\infty}\frac{a}{u^2+a^2}\mathrm{d}u=\arctan\frac{u}{a}\bigg|_{u=s}^{\infty}$$
$$=\frac{\pi}{2}-\arctan\frac{s}{a}=\arctan\frac{a}{s}$$

(6)
$$L[f(t)]=L[5\sin 2t-3\cos 2t]=5L[\sin 2t]-3L[\cos 2t]$$
$$=\frac{10}{s^2+4}-\frac{3s}{s^2+4}=\frac{10-3s}{s^2+4}$$

(7)
$$L[f(t)]=L[e^{-3t}\cos 4t]=\frac{s+3}{(s+3)^2+16}(\mathrm{Re}s>-3)$$

这里有

$$L[\cos 4t]=\frac{s}{s^2+16}$$

再利用位移性质得到

(8) 同 (7) 利用 $L[\sin 6t]=\dfrac{6}{s^2+36}$ 及位移性质

$$L[f(t)]=L[e^{-2t}\sin 6t]=\frac{6}{(s+2)^2+36}(\mathrm{Re}s>-2)$$

(9) 利用 $L[t^n]=\dfrac{n!}{s^{n+1}}$ 及位移性质得

$$L[f(t)]=L[t^n\mathrm{e}^{at}]=\frac{n!}{(s-a)^{n+1}}(\mathrm{Re}(s-a)>0)$$

(10) **解法 1** 由 $u(3t-5)=\begin{cases}1, & t>\dfrac{5}{3},\\ 0, & t<\dfrac{5}{3},\end{cases}$

$$L[f(t)]=L[u(3t-5)]=\int_0^{+\infty}u(3t-5)\mathrm{e}^{-st}\mathrm{d}t$$

$$=\int_{\frac{5}{3}}^{+\infty}\mathrm{e}^{-st}\mathrm{d}t=\frac{\mathrm{e}^{-st}\big|_{t=\frac{5}{3}}^{+\infty}}{-s}=\frac{\mathrm{e}^{-\frac{5}{3}s}}{s}(\mathrm{Re}s>0)$$

解法 2 由相似性质

$$L[u(3t)]=\frac{1}{3}\cdot\frac{1}{\frac{s}{3}}=\frac{1}{s}$$

由位移性质

$$L[u(3t-5)]=L\left\{u\left[3\left(t-\frac{5}{3}\right)\right]\right\}$$

$$=\mathrm{e}^{-\frac{5}{3}s}L[u(3t)]=\frac{\mathrm{e}^{-\frac{5}{3}s}}{s}(\mathrm{Re}s>0)$$

(11) 利用 $L[t^{-\frac{1}{2}}]=\dfrac{\Gamma\left(\frac{1}{2}\right)}{s^{\frac{1}{2}}}=\dfrac{\sqrt{\pi}}{s^{\frac{1}{2}}}$ 及位移性质 $L[f(t)]=L\left[\dfrac{\mathrm{e}^{3t}}{\sqrt{t}}\right]=\sqrt{\dfrac{\pi}{s-3}}(\mathrm{Re}s>3)$.

(12) 因为 $u(1-\mathrm{e}^{-t})=\begin{cases}1, & 1-\mathrm{e}^{-t}>0, & t>0\\ 0, & 1-\mathrm{e}^{-t}<0, & t>0\end{cases}$

$$L[f(t)]=\int_0^{+\infty}f(t)\mathrm{e}^{-st}\mathrm{d}t=\int_0^{+\infty}\mathrm{e}^{-st}\mathrm{d}t=\frac{1}{s}(\mathrm{Re}s>0)$$

5. 利用像函数的导数公式计算下列各式.

(1) $f(t)=t\mathrm{e}^{-3t}\sin 2t$, 求 $F(s)$;

(2) $f(t)=t\displaystyle\int_0^t \mathrm{e}^{-3\tau}\sin 2\tau\mathrm{d}\tau$, 求 $F(s)$;

(3) $f(t)=\displaystyle\int_0^t \tau\mathrm{e}^{-3\tau}\sin 2\tau\mathrm{d}\tau$, 求 $F(s)$.

解 (1) 利用公式 $L[tf(t)]=-F'(s)$,

$$L[f(t)]=L[t\mathrm{e}^{-3t}\sin 2t]=-\frac{\mathrm{d}L[\mathrm{e}^{-3t}\sin 2t]}{\mathrm{d}s}$$

$$=-\left(\frac{2}{(s+3)^2+2^2}\right)'=\frac{4(s+3)}{[(s+3)^2+4]^2}(\mathrm{Re}s>3)$$

(2) 由积分性质

$$L\left[\int_0^t \mathrm{e}^{-3\tau}\sin 2\tau \mathrm{d}\tau\right]=\frac{1}{s}L[\mathrm{e}^{-3t}\sin 2t]=\frac{1}{s}\cdot\frac{2}{(s+3)^2+4}$$

再由像函数的微分公式

$$\begin{aligned}L[f(t)]&=L\left[t\int_0^t \mathrm{e}^{-3\tau}\sin 2\tau \mathrm{d}\tau\right]=-\frac{\mathrm{d}}{\mathrm{d}s}\left\{\frac{2}{s[(s+3)^2+4]}\right\}\\&=\frac{2(3s^2+12s+13)}{s^2[(s+3)^2+4]^2}\end{aligned}$$

(3) $$\begin{aligned}L[f(t)]&=L\left[\int_0^t \tau\mathrm{e}^{-3\tau}\sin 2\tau \mathrm{d}\tau\right]=\frac{1}{s}L[t\mathrm{e}^{-3t}\sin 2t]\\&=\frac{4(s+3)}{s[(s+3)^2+4]^2}\end{aligned}$$

6. 利用像函数的积分公式计算下列各式.

(1) $\dfrac{1-\mathrm{e}^{-t}}{t}$, 求 $F(s)$;

(2) $\dfrac{\mathrm{e}^{-3t}\sin 2t}{t}$, 求 $F(s)$;

(3) $\displaystyle\int_0^t \frac{\mathrm{e}^{-3\tau}\sin 2\tau}{\tau}\mathrm{d}\tau$, 求 $F(s)$;

(4) $\dfrac{s}{(s^2-1)^2}$, 求 $f(t)$.

解 利用公式 $L\left[\dfrac{f(t)}{t}\right]=\displaystyle\int_s^{+\infty}F(u)\mathrm{d}u$, 这里 $F(s)=L[f(t)]$, 因此

$$f(t)=tL^{-1}\left[\int_s^{\infty}F(u)\mathrm{d}u\right]$$

(1) $$\begin{aligned}F(s)&=L[f(t)]=L\left[\frac{1-\mathrm{e}^{-t}}{t}\right]=\int_s^{\infty}L[1-\mathrm{e}^{-t}]\mathrm{d}u\\&=\int_s^{\infty}\left(\frac{1}{u}-\frac{1}{u+1}\right)\mathrm{d}u=\ln\frac{u}{u+1}\bigg|_s^{\infty}=\ln\frac{s+1}{s}\end{aligned}$$

(2) $$\begin{aligned}F(s)&=L\left[\frac{\mathrm{e}^{-3t}\sin 2t}{t}\right]=\int_s^{\infty}L[\mathrm{e}^{-3t}\sin 2t]\mathrm{d}u\\&=\int_s^{\infty}\frac{2}{(u+3)^2+4}\mathrm{d}u=\arctan\frac{u+3}{2}\bigg|_s^{\infty}\\&=\frac{\pi}{2}-\arctan\frac{s+3}{2}=\operatorname{arccot}\frac{s+3}{2}\end{aligned}$$

(3) $F(s)=L\left[\int_0^t \frac{e^{-3\tau}\sin 2\tau}{\tau}d\tau\right]-\frac{1}{s}L\left[\frac{e^{-3t}\sin 2t}{t}\right]$

$=\frac{1}{s}\cdot\int_s^{\infty}L[e^{-3t}\sin 2t]du=\frac{1}{s}\cdot\int_s^{\infty}\frac{2}{(u+3)^2+4}du$

$=\frac{1}{s}\arctan\frac{u+3}{2}\bigg|_{u=s}^{\infty}-\frac{1}{s}\text{arccot}\frac{s+3}{2}$

(4) $f(t)=tL^{-1}\left[\int_s^{\infty}\frac{u}{(u^2-1)^2}du\right]=tL^{-1}\left[\frac{-1}{2}\cdot\frac{1}{u^2-1}\bigg|_s^{\infty}\right]$

$=tL^{-1}\left[\frac{1}{4}\cdot\frac{1}{s-1}-\frac{1}{4}\cdot\frac{1}{s+1}\right]=\frac{1}{4}t(e^t-e^{-t})$

$=\frac{t}{2}\text{sh}t$

7. 利用拉氏变换的性质求下列函数的拉氏变换.

(1) $f(t)=\frac{e^{bt}-e^{at}}{t}$; (2) $f(t)=t^2\sin 2t$;

(3) $f(t)=\sin\omega t-\omega t\cos\omega t$; (4) $f(t)=t\text{sh}\omega t$.

解 (1) $L[f(t)]=L\left[\frac{e^{bt}-e^{at}}{t}\right]=\int_s^{\infty}L[e^{bt}-e^{at}]du$

$=\int_s^{\infty}\left(\frac{1}{u-b}-\frac{1}{u-a}\right)du=\ln\frac{u-b}{u-a}\bigg|_s^{\infty}=\ln\frac{s-a}{s-b}$

(2) $L[f(t)]=L[t^2\sin 2t]=(-1)^2\frac{d^2}{ds^2}L[\sin 2t]$

$=\frac{d^2}{ds^2}\left(\frac{2}{s^2+4}\right)=\frac{12s^2-16}{(s^2+4)^3}$

(3) $L[f(t)]=L[\sin\omega t-\omega t\cos\omega t]=L[\sin\omega t]-\omega L[t\cos\omega t]$

$=\frac{\omega}{s^2+\omega^2}+\omega\frac{d}{ds}L[\cos\omega t]=\frac{\omega}{s^2+\omega^2}+\omega\left(\frac{s}{s^2+\omega^2}\right)'$

$=\frac{2\omega^3}{(s^2+\omega^2)^2}$

(4) $L[f(t)]=L[t\text{sh}\omega t]=-\frac{d}{ds}L[\text{sh}\omega t]$

$=-\frac{1}{2}\left(\frac{1}{s-\omega}-\frac{1}{s+\omega}\right)'=\frac{2\omega s}{(s^2-\omega^2)^2}$

8. 求下列函数的拉氏变换.

(1) $F(s)=\dfrac{1}{s^2+4}$;　　(2) $F(s)=\dfrac{1}{s^4}$;

(3) $F(s)=\dfrac{1}{(s+1)^4}$;　　(4)$F(s)=\dfrac{1}{s+3}$;

(5) $F(s)=\dfrac{2s+9}{s^2+9}$;　　(6)$F(s)=\dfrac{s+3}{(s+1)(s-3)}$;

(7) $F(s)=\dfrac{s+1}{s^2+s-6}$;　　(8)$F(s)=\dfrac{2s+5}{s^2+4s+13}$.

解　(1) $f(t)=L^{-1}[F(s)]=\dfrac{1}{2}L^{-1}\left[\dfrac{2}{s^2+4}\right]=\dfrac{1}{2}\sin 2t$;

(2) $f(t)=L^{-1}\left[\dfrac{1}{s^4}\right]=\dfrac{1}{3!}L^{-1}\left[\dfrac{3!}{s^{3+1}}\right]=\dfrac{1}{6}t^3$;

(3) 由 $L^{-1}\left[\dfrac{1}{s^4}\right]=\dfrac{1}{6}t^3$ 及位移性质 $L^{-1}[F(s-a)]=\mathrm{e}^{at}f(t)$ 得

$$f(t)=L^{-1}[F(s)]=L^{-1}\left[\frac{1}{(s+1)^4}\right]=\frac{1}{6}t^3\mathrm{e}^{-t};$$

(4) $f(t)=L^{-1}[F(s)]=L^{-1}\left[\dfrac{1}{s+3}\right]=\mathrm{e}^{-3t}$;

(5) $f(t)=L^{-1}[F(s)]=2L^{-1}\left[\dfrac{s}{s^2+9}\right]+L^{-1}\left[\dfrac{3}{s^2+9}\right]=2\cos 3t+\sin 3t$;

(6)
$$\begin{aligned}f(t)&=L^{-1}[F(s)]=L^{-1}\left[\frac{s+3}{(s+1)(s-3)}\right]\\&=L^{-1}\left[\frac{1}{2}\left(\frac{3}{s-3}-\frac{1}{s+1}\right)\right]=\frac{3}{2}L^{-1}\left[\frac{1}{s-3}\right]-\frac{1}{2}L^{-1}\left[\frac{1}{s+1}\right]\\&=\frac{3}{2}\mathrm{e}^{3t}-\frac{1}{2}\mathrm{e}^{-t}\end{aligned}$$

(7)
$$\begin{aligned}f(t)&=L^{-1}[F(s)]=L^{-1}\left[\frac{s+1}{s^2+s-6}\right]=L^{-1}\left[\frac{1}{5}\left(\frac{3}{s-2}+\frac{2}{s+3}\right)\right]\\&=\frac{3}{5}L^{-1}\left[\frac{1}{s-2}\right]+\frac{2}{5}L^{-1}\left[\frac{1}{s+3}\right]=\frac{3}{5}\mathrm{e}^{2t}+\frac{2}{5}\mathrm{e}^{-3t}\end{aligned}$$

(8)
$$\begin{aligned}f(t)&=L^{-1}[F(s)]=L^{-1}\left[\frac{2s+5}{s^2+4s+13}\right]=L^{-1}\left[\frac{2(s+2)+1}{(s+2)^2+3^2}\right]\\&=2L^{-1}\left[\frac{s+2}{(s+2)^2+3^2}\right]+\frac{1}{3}L^{-1}\left[\frac{3}{(s+2)^2+3^2}\right]\\&=2\mathrm{e}^{-2t}\cos 3t+\frac{1}{3}\mathrm{e}^{-2t}\sin 3t=\frac{1}{3}\mathrm{e}^{-2t}(6\cos 3t+\sin 3t)\end{aligned}$$

9. 设 $f_1(t),f_2(t)$ 均满足拉氏变换存在定理的条件 (若它们的增长指数均为 c_0),

且 $L[f_1(t)]=F_1(s), L[f_2(t)]=F_2(s)$, 则乘积 $f_1(t)f_2(t)$ 的拉氏变换一定存在, 且

$$L[f_1(t)f_2(t)]=\frac{1}{2\pi \mathrm{i}}\int_{\beta-\mathrm{i}\infty}^{\beta+\mathrm{i}\infty}F_1(q)F_2(s-q)\mathrm{d}q$$

其中 $\beta>0, \mathrm{Re}s>\beta+c_0$.

证 由于 $f_1(t), f_2(t)$ 均满足拉氏变换存在定理的条件以及增长指数均为 c_0, 知乘积 $f_1(t)f_2(t)$ 也一定满足拉氏变换存在定理的条件且增长指数为 $2c_0$. 根据拉氏存在定理的证明, 当 $\beta>c_0$ 时, $L[f_1(t)f_2(t)]=\int_0^{+\infty}f_1(t)f_2(t)\,\mathrm{e}^{-st}\mathrm{d}t$ 在 $\mathrm{Re}s\geqslant\beta+c_0$ 上存在且一致收敛. 由于

$$f_1(t)=\frac{1}{2\pi \mathrm{i}}\int_{\beta-\mathrm{i}\infty}^{\beta+\mathrm{i}\infty}F_1(q)\mathrm{e}^{qt}\mathrm{d}t$$

而

$$\begin{aligned}L[f_1(t)f_2(t)]&=\int_0^{+\infty}f_1(t)f_2(t)\mathrm{e}^{-st}\mathrm{d}t\\&=\int_0^{+\infty}\left(\frac{1}{2\pi \mathrm{i}}\int_{\beta-\mathrm{i}\infty}^{\beta+\mathrm{i}\infty}F_1(q)\mathrm{e}^{qt}\mathrm{d}q\right)f_2(t)\mathrm{e}^{-st}\mathrm{d}t\\&=\frac{1}{2\pi \mathrm{i}}\int_{\beta-\mathrm{i}\infty}^{\beta+\mathrm{i}\infty}F_1(q)\int_0^{+\infty}f_2(t)\mathrm{e}^{-(s-q)}\mathrm{d}t\mathrm{d}q\\&=\frac{1}{2\pi \mathrm{i}}\int_{\beta-\mathrm{i}\infty}^{\beta+\mathrm{i}\infty}F_1(q)F_2(s-q)\mathrm{d}q\end{aligned}$$

10. 求下列函数的拉氏逆变换 (像原函数), 并用另一种方法加以验证.

(1) $F(s)=\dfrac{1}{s^2+a^2}$; (2) $F(s)=\dfrac{s}{(s-a)(s-b)}$;

(3) $F(s)=\dfrac{s+c}{(s+a)(s+b)^2}$; (4) $F(s)=\dfrac{s^2+3a^2}{(s^2+a^2)^2}$;

(5) $F(s)=\dfrac{1}{(s^2+a^2)s^3}$; (6) $F(s)=\dfrac{1}{s(s+a)(s+b)}$;

(7) $F(s)=\dfrac{1}{s^4-a^4}$; (8) $F(s)=\dfrac{s^2+2s-1}{s(s-1)^2}$;

(9) $F(s)=\dfrac{1}{s^2(s^2-1)}$; (10) $F(s)=\dfrac{s}{(s^2+1)(s^2+4)}$.

(1) **解法 1**
$$\begin{aligned}f(t)&=L^{-1}[F(s)]=L^{-1}\left[\frac{1}{a}\cdot\frac{a}{s^2+a^2}\right]\\&=\frac{1}{a}L^{-1}\left[\frac{a}{s^2+a^2}\right]=\frac{\sin at}{a}\end{aligned}$$

解法 2 $f(t) = \text{Res}\left[\dfrac{e^{st}}{s^2+a^2}, ai\right] + \text{Res}\left[\dfrac{e^{st}}{s^2+a^2}, -ai\right]$

$$= \frac{e^{iat}}{2ai} - \frac{e^{-iat}}{2ai} = \frac{\sin at}{a}$$

解法 3 $f(t) = L^{-1}\left[\dfrac{1}{s^2+a^2}\right] = L^{-1}\left[\dfrac{1}{2ai}\left(\dfrac{1}{s-ai} - \dfrac{1}{s+ai}\right)\right]$

$$= \frac{1}{2ai}\left(L^{-1}\left[\frac{1}{s-ai}\right] - L^{-1}\left[\frac{1}{s+ai}\right]\right)$$

$$= \frac{1}{2ai}(e^{iat} - e^{-iat}) = \frac{\sin at}{a}$$

(2) **解法 1** $f(t) = L^{-1}[F(s)] = L^{-1}\left[\dfrac{s}{(s-a)(s-b)}\right]$

$$= \text{Res}\left[\frac{se^{st}}{(s-a)(s-b)}, a\right] + \text{Res}\left[\frac{se^{st}}{(s-a)(s-b)}, b\right]$$

$$= \frac{ae^{at}}{a-b} + \frac{be^{bt}}{b-a} = \frac{1}{a-b}(ae^{at} - be^{bt})$$

解法 2 $f(t) = L^{-1}[F(s)] = L^{-1}\left[\dfrac{s}{(s-a)(s-b)}\right]$

$$= L^{-1}\left[\frac{1}{a-b}\left(\frac{a}{s-a} - \frac{b}{s-b}\right)\right]$$

$$= \frac{1}{a-b}\left(aL^{-1}\left[\frac{1}{s-a}\right] - bL^{-1}\left[\frac{1}{s-b}\right]\right)$$

$$= \frac{1}{a-b}(ae^{at} - be^{bt})$$

(3) **解法 1** $f(t) = L^{-1}[F(s)]$

$$= \text{Res}\left[\frac{(s+c)e^{st}}{(s+a)(s+b)^2}, -a\right] + \text{Res}\left[\frac{(s+c)e^{st}}{(s+a)(s+b)^2}, -b\right]$$

$$= \frac{(c-a)e^{-at}}{(b-a)^2} + \frac{d}{ds}\left(\frac{s+c}{s+a}e^{st}\right)\bigg|_{s=-b}$$

$$= \frac{c-a}{(a-b)^2}e^{-at} + \frac{c-b}{a-b}te^{-bt} + \frac{a-c}{(a-b)^2}e^{-bt}$$

解法 2 $f(t) = L^{-1}[F(s)] = L^{-1}\left[\dfrac{s+c}{(s+a)(s+b)^2}\right]$

$$= L^{-1}\left[\frac{c-a}{(a-b)^2}\cdot\frac{1}{s+a} + \frac{a-c}{(a-b)^2}\cdot\frac{1}{s+b} + \frac{c-b}{a-b}\cdot\frac{1}{(s+b)^2}\right]$$

$$= \frac{c-a}{(a-b)^2}L^{-1}\left[\frac{1}{s+a}\right] - \frac{a-c}{(a-b)^2}L^{-1}\left[\frac{1}{s+b}\right]$$
$$+\frac{c-b}{a-b}L^{-1}\left[\frac{1}{(s+b)^2}\right]$$
$$= \frac{c+a}{(a-b)^2}\mathrm{e}^{-at} + \frac{a-c}{(a-b)^2}\mathrm{e}^{-bt} + \frac{c-b}{a-b}t\mathrm{e}^{-bt}$$

(4) **解法 1** $f(t) = L^{-1}[F(s)] = L^{-1}\left[\frac{s^2+3a^2}{(s^2+a^2)^2}\right]$

$$= L^{-1}\left[\frac{2}{a}\cdot\frac{a}{s^2+a^2} + \left(\frac{s}{s^2+a^2}\right)'\right]$$
$$= \frac{2}{a}L^{-1}\left[\frac{a}{s^2+a^2}\right] + L^{-1}\left[\left(\frac{s}{s^2+a^2}\right)'\right]$$
$$= \frac{2}{a}\sin at - t\cos at$$

解法 2 $f(t) = L^{-1}[F(s)]$

$$= \mathrm{Res}\left[\frac{s^2+3a^2}{(s^2+a^2)^2}\mathrm{e}^{st}, a\mathrm{i}\right] + \mathrm{Res}\left[\frac{s^2+3a^2}{(s^2+a^2)^2}\mathrm{e}^{st}, -a\mathrm{i}\right]$$
$$= \frac{\mathrm{d}}{\mathrm{d}s}\frac{s^2+3a^2}{(s+a\mathrm{i})^2}\mathrm{e}^{st}\bigg|_{t=a\mathrm{i}} + \frac{\mathrm{d}}{\mathrm{d}s}\frac{s^2+3a^2}{(s-a\mathrm{i})^2}\mathrm{e}^{st}\bigg|_{s=-a\mathrm{i}}$$
$$= \frac{1}{a\mathrm{i}}\mathrm{e}^{a\mathrm{i}t} - \frac{1}{2}t\mathrm{e}^{a\mathrm{i}t} - \frac{1}{a\mathrm{i}}\mathrm{e}^{-a\mathrm{i}t} - \frac{1}{2}t\mathrm{e}^{-a\mathrm{i}t}$$
$$= \frac{2}{a}\sin at - t\cos at$$

(5) **解法 1** $f(t) = L^{-1}\left[\frac{1}{(s^2+a^2)s^3}\right] = \frac{1}{a^2}L^{-1}\left[\frac{1}{s^3} - \frac{1}{s(s^2+a^2)}\right]$

$$= \frac{1}{a^2}\left(L^{-1}\left[\frac{1}{s^3}\right] - L^{-1}\left[\frac{1}{s(s^2+a^2)}\right]\right)$$
$$= \frac{1}{a^2}\left(\frac{1}{2}t^2 - \int_0^t L^{-1}\left[\frac{1}{s^2+a^2}\right]\mathrm{d}t\right)$$
$$= \frac{1}{a^2}\left(\frac{1}{2}t^2 - \frac{1}{a}\int_0^t \sin at\mathrm{d}t\right)$$
$$= \frac{1}{2a^2}t^2 - \frac{1}{a^4}(1-\cos at)$$

解法 2 $f(t) = L^{-1}\left[\frac{1}{(s^2+a^2)s^3}\right]$

$$= \mathrm{Res}\left[\frac{\mathrm{e}^{st}}{(s^2+a^2)s^3}, 0\right] + \mathrm{Res}\left[\frac{\mathrm{e}^{st}}{(s^2+a^2)s^3}, a\mathrm{i}\right]$$

$$+\text{Res}\left[\frac{\mathrm{e}^{st}}{(s^2+a^2)s^3},-a\mathrm{i}\right]$$

$$=\frac{1}{2}\frac{\mathrm{d}^2}{\mathrm{d}s^2}\left(\frac{\mathrm{e}^{st}}{s^2+a^2}\right)\bigg|_{s=0}+\frac{\mathrm{e}^{a\mathrm{i}t}}{2a\mathrm{i}(a\mathrm{i})^3}-\frac{\mathrm{e}^{-a\mathrm{i}t}}{2a\mathrm{i}(-a\mathrm{i})^3}$$

$$=\frac{1}{2a^2}t^2-\frac{1}{a^4}(1-\cos at)$$

(6) **解法 1** $f(t)=L^{-1}\left[\dfrac{1}{s(s+a)(s+b)}\right]$

$$=L^{-1}\left[\frac{1}{ab}\cdot\frac{1}{s}+\frac{1}{a(a-b)}\cdot\frac{1}{s+a}-\frac{1}{b(a-b)}\cdot\frac{1}{s+b}\right]$$

$$=\frac{1}{ab}L^{-1}\left[\frac{1}{s}\right]+\frac{1}{a(a-b)}L^{-1}\left[\frac{1}{s+a}\right]-\frac{1}{b(a-b)}L^{-1}\left[\frac{1}{s+b}\right]$$

$$=\frac{1}{ab}+\frac{1}{a(a-b)}\mathrm{e}^{-at}-\frac{1}{b(a-b)}\mathrm{e}^{-bt}$$

解法 2 $f(t)=L^{-1}\left[\dfrac{1}{s(s+a)(s+b)}\right]$

$$=\text{Res}\left[\frac{\mathrm{e}^{st}}{s(s+a)(s+b)},0\right]+\text{Res}\left[\frac{\mathrm{e}^{st}}{s(s+a)(s+b)},-a\right]$$

$$+\text{Res}\left[\frac{\mathrm{e}^{st}}{s(s+a)(s+b)},-b\right]$$

$$=\frac{1}{ab}+\frac{1}{a(a-b)}\mathrm{e}^{-at}-\frac{1}{b(a-b)}\mathrm{e}^{-bt}$$

(7) **解法 1** $f(t)=L^{-1}\left[\dfrac{1}{s^4-a^4}\right]$

$$=L^{-1}\left[\frac{1}{4a^3}\left(\frac{1}{s-a}-\frac{1}{s+a}\right)-\frac{1}{2a^3}\frac{a}{s^2+a^2}\right]$$

$$=\frac{1}{4a^3}(\mathrm{e}^{at}-\mathrm{e}^{-at})-\frac{1}{2a^3}\sin at$$

$$=\frac{1}{2a^3}(\mathrm{sh}at-\sin at)$$

解法 2 $f(t)=L^{-1}\left[\dfrac{1}{s^4-a^4}\right]$

$$=\text{Res}\left[\frac{\mathrm{e}^{st}}{s^4-a^4},a\right]+\text{Res}\left[\frac{\mathrm{e}^{st}}{s^4-a^4},-a\right]$$

$$+\text{Res}\left[\frac{\mathrm{e}^{st}}{s^4-a^4},a\mathrm{i}\right]+\text{Res}\left[\frac{\mathrm{e}^{st}}{s^4-a^4},-a\mathrm{i}\right]$$

$$=\frac{\mathrm{e}^{at}}{4a^3}-\frac{\mathrm{e}^{-at}}{4a^3}+\frac{\mathrm{e}^{a\mathrm{i}t}}{4(a\mathrm{i})^3}+\frac{\mathrm{e}^{-a\mathrm{i}t}}{4(-a\mathrm{i})^3}$$

$$=\frac{1}{2a^3}(\mathrm{sh}at-\sin at)$$

(8) **解法 1** $f(t)=L^{-1}\left[\dfrac{s^2+2s-1}{s(s-1)^2}\right]=L^{-1}\left[-\dfrac{1}{s}+\dfrac{2}{s-1}+\dfrac{2}{(s-1)^2}\right]$

$$=L^{-1}\left[-\frac{1}{s}\right]+L^{-1}\left[\frac{2}{s-1}\right]+L^{-1}\left[\frac{2}{(s-1)^2}\right]$$

$$=-1+2\mathrm{e}^t+2t\mathrm{e}^t$$

解法 2 $f(t)=L^{-1}\left[\dfrac{s^2+2s-1}{s(s-1)^2}\right]$

$$=\mathrm{Res}\left[\frac{s^2+2s-1}{s(s-1)^2}\mathrm{e}^{st},0\right]+\mathrm{Res}\left[\frac{s^2+2s-1}{s(s-1)^2}\mathrm{e}^{st},1\right]$$

$$=-1+\frac{\mathrm{d}}{\mathrm{d}s}\left(\frac{s^2+2s-1}{s}\mathrm{e}^{st}\right)\bigg|_{s=1}$$

$$=-1+2\mathrm{e}^t+2t\mathrm{e}^t$$

(9) **解法 1** $f(t)=L^{-1}[F(s)]=L^{-1}\left[\dfrac{1}{s^2(s^2-1)}\right]$

$$=L^{-1}\left[\frac{1}{2}\left(\frac{1}{s-1}-\frac{1}{s+1}\right)-\frac{1}{s^2}\right]=\frac{1}{2}(\mathrm{e}^t-\mathrm{e}^{-t})-t$$

$$=\mathrm{sh}t-t$$

解法 2 $f(t)=\mathrm{Res}\left[\dfrac{\mathrm{e}^{st}}{s^2(s^2-1)},0\right]+\mathrm{Res}\left[\dfrac{\mathrm{e}^{st}}{s^2(s^2-1)},1\right]$

$$+\mathrm{Res}\left[\frac{\mathrm{e}^{st}}{s^2(s^2-1)},-1\right]$$

$$=\frac{\mathrm{d}}{\mathrm{d}s}\left(\frac{\mathrm{e}^{st}}{s^2-1}\right)\bigg|_{s=0}+\frac{\mathrm{e}^t}{2}-\frac{\mathrm{e}^{-t}}{2}=\mathrm{sh}t-t$$

(10) **解法 1** $f(t)=L^{-1}\left[\dfrac{s}{(s^2+1)(s^2+4)}\right]=L^{-1}\left[\dfrac{1}{3}\left(\dfrac{s}{s^2+1}-\dfrac{s}{s^2+4}\right)\right]$

$$=\frac{1}{3}\left(L^{-1}\left[\frac{s}{s^2+1}\right]-L^{-1}\left[\frac{s}{s^2+4}\right]\right)=\frac{1}{3}(\cos t-\cos 2t)$$

解法 2 $f(t)=L^{-1}\left[\dfrac{s}{(s^2+1)(s^2+4)}\right]$

$$=\mathrm{Res}\left[\frac{s\mathrm{e}^{st}}{(s^2+1)(s^2+4)},\mathrm{i}\right]+\mathrm{Res}\left[\frac{s\mathrm{e}^{st}}{(s^2+1)(s^2+4)},-\mathrm{i}\right]$$

$$+\mathrm{Res}\left[\frac{s\mathrm{e}^{st}}{(s^2+1)(s^2+4)},2\mathrm{i}\right]+\mathrm{Res}\left[\frac{s\mathrm{e}^{st}}{(s^2+1)(s^2+4)},-2\mathrm{i}\right]$$

$$=\frac{\mathrm{i}\mathrm{e}^{\mathrm{i}t}}{2\mathrm{i}(\mathrm{i}^2+4)}+\frac{-\mathrm{i}\mathrm{e}^{-\mathrm{i}t}}{-2\mathrm{i}(\mathrm{i}^2+4)}+\frac{2\mathrm{i}\mathrm{e}^{2\mathrm{i}t}}{(4\mathrm{i}^2+1)4\mathrm{i}}+\frac{-2\mathrm{i}\mathrm{e}^{-2\mathrm{i}t}}{(4\mathrm{i}^2+1)(-4\mathrm{i})}$$

$$=\frac{e^{it}}{6}+\frac{e^{-it}}{6}+\frac{e^{2it}}{6}+\frac{e^{-2it}}{6}$$

$$=\frac{1}{3}(\cos t-\cos 2t)$$

11. 求下列函数的拉氏逆变换.

(1) $F(s)=\dfrac{1}{(s^2+4)^2}$;

(2) $F(s)=\dfrac{s}{s+2}$;

(3) $F(s)=\dfrac{2s+1}{s(s+1)(s+2)}$;

(4) $F(s)=\dfrac{1}{s^4+5s^2+4}$;

(5) $F(s)=\dfrac{s+1}{9s^2+6s+5}$;

(6) $F(s)=\ln\dfrac{s^2-1}{s^2}$;

(7) $F(s)=\dfrac{s+2}{(s^2+4s+5)^2}$;

(8) $F(s)=\dfrac{1}{(s^2+2s+2)^2}$;

(9) $F(s)=\dfrac{s^2+4s+4}{(s^2+4s+13)^2}$;

(10) $F(s)=\dfrac{2s^2+s+5}{s^3+6s^2+11s+6}$;

(11) $F(s)=\dfrac{s+3}{s^3+3s^2+6s+4}$;

(12) $F(s)=\dfrac{2s^2+3s+3}{(s+1)(s+3)^3}$;

(13) $F(s)=\dfrac{1+e^{-2s}}{s^2}$;

(14) $F(s)=\dfrac{2s^3+10s^2+8s+40}{s^2(s^2+9)}$;

(15) $F(s)=\dfrac{s^2-3}{(s+2)(s-3)(s^2+2s+5)}$;

(16) $F(s)=\dfrac{2s^3-s^2-1}{(s+1)^2(s^2+1)^2}$.

解 (1) $$L^{-1}\left[\frac{1}{(s^2+4)^2}\right]=L^{-1}\left[\frac{1}{16}\frac{2}{s^2+4}+\frac{1}{8}\left(\frac{s}{s^2+4}\right)'\right]$$

$$=\frac{1}{16}L^{-1}\left[\frac{2}{s^2+4}\right]+\frac{1}{8}L^{-1}\left[\left(\frac{s}{s^2+4}\right)'\right]$$

$$=\frac{1}{16}\sin 2t-\frac{1}{8}t\cos 2t$$

(2) $$f(t)=L^{-1}\left[\frac{s}{s+2}\right]=L^{-1}\left[1-\frac{2}{s+2}\right]$$

$$=L^{-1}[1]-L^{-1}\left[\frac{2}{s+2}\right]=\delta(t)-2e^{-2t}$$

(3) $$f(t)=L^{-1}\left[\frac{2s+1}{s(s+1)(s+2)}\right]$$

$$=\text{Res}\left[\frac{(2s+1)e^{st}}{s(s+1)(s+2)},0\right]+\text{Res}\left[\frac{(2s+1)e^{st}}{s(s+1)(s+2)},-1\right]$$

$$+\text{Res}\left[\frac{(2s+1)e^{st}}{s(s+1)(s+2)},-2\right]$$

$$= \lim_{s\to 0}\frac{(2s+1)\mathrm{e}^{st}}{(s+1)(s+2)} + \lim_{s\to -1}\frac{(2s+1)\mathrm{e}^{st}}{s(s+2)} + \lim_{s\to -2}\frac{(2s+1)\mathrm{e}^{st}}{s(s+1)}$$

$$= \frac{1}{2} + \mathrm{e}^{-t} - \frac{3}{2}\mathrm{e}^{-2t}$$

(4) $f(t) = L^{-1}\left[\frac{1}{s^4+5s^2+4}\right] = L^{-1}\left[\frac{1}{(s^2+1)(s^2+4)}\right]$

$$= L^{-1}\left[\frac{1}{3}\cdot\frac{1}{s^2+1} - \frac{1}{6}\frac{2}{s^2+4}\right]$$

$$= \frac{1}{3}L^{-1}\left[\frac{1}{s^2+1}\right] - \frac{1}{6}L^{-1}\left[\frac{2}{s^2+4}\right]$$

$$= \frac{1}{3}\sin t - \frac{1}{6}\sin 2t$$

(5) $f(t) = L^{-1}\left[\frac{s+1}{9s^2+6s+5}\right] - L^{-1}\left[\frac{s+1}{9\left(s+\frac{1}{3}\right)^2+4}\right]$

$$= \frac{1}{9}L^{-1}\left(\frac{s+\frac{1}{3}}{\left(s+\frac{1}{3}\right)^2+\left(\frac{2}{3}\right)^2} + \frac{\frac{2}{3}}{\left(s+\frac{1}{3}\right)^2+\left(\frac{2}{3}\right)^2}\right)$$

$$= \frac{1}{9}\left(\cos\frac{2}{3}t\cdot\mathrm{e}^{\frac{1}{3}t} + \sin\frac{2}{3}t\cdot\mathrm{e}^{-\frac{1}{3}t}\right)$$

$$= \frac{1}{9}\left(\sin\frac{2}{3}t + \cos\frac{2}{3}t\right)\mathrm{e}^{-\frac{1}{3}t}$$

(6) $f(t) = L^{-1}\left[\ln\frac{s^2-1}{s^2}\right] = -\frac{1}{t}L^{-1}\left[\left(\ln\frac{s^2-1}{s^2}\right)'\right]$

$$= -\frac{1}{t}L^{-1}\left[\frac{2s}{s^2-1} - \frac{2}{s}\right] = -\frac{1}{t}L^{-1}\left[\frac{1}{s-1} + \frac{1}{s+1} - \frac{2}{s}\right]$$

$$= -\frac{1}{t}(\mathrm{e}^{t} + \mathrm{e}^{-t} - 2) = \frac{2}{t}(1 - \mathrm{ch}t)$$

(7) $f(t) = L^{-1}\left[\frac{s+2}{(s^2+4s+5)^2}\right] = L^{-1}\left[\frac{s+2}{[(s+2)^2+1]^2}\right]$

$$= L^{-1}\left[-\frac{1}{2}\left(\frac{1}{(s+2)^2+1}\right)'\right] = -\frac{1}{2}L^{-1}\left[\left(\frac{1}{(s+2)^2+1}\right)'\right]$$

$$= -\frac{1}{2}\cdot(-t)L^{-1}\left[\frac{1}{(s+2)^2+1}\right] = \frac{t}{2}\sin t\cdot\mathrm{e}^{-2t} = \frac{1}{2}t\mathrm{e}^{-2t}\sin t$$

$$(8)\ f(t)=L^{-1}\left[\frac{1}{(s^2+2s+2)^2}\right]=L^{-1}\left[\frac{1}{[(s+1)^2+1]^2}\right]$$
$$=\frac{1}{2}L^{-1}\left\{\frac{1}{(s+1)^2+1}+\left[\frac{s+1}{(s+1)^2+1}\right]'\right\}$$
$$=\frac{1}{2}\left(L^{-1}\left[\frac{1}{(s+1)^2+1}\right]+L^{-1}\left[\left(\frac{s+1}{(s+1)^2+1}\right)'\right]\right)$$
$$=\frac{1}{2}\left(\mathrm{e}^{-t}\sin t-tL^{-1}\left[\frac{s+1}{(s+1)^2+1}\right]\right)$$
$$=\frac{1}{2}(\mathrm{e}^{-t}\sin t-t\mathrm{e}^{-t}\cos t)$$
$$=\frac{1}{2}\mathrm{e}^{-t}(\sin t-t\cos t)$$

$$(9)\ f(t)=L^{-1}\left[\frac{s^2+4s+4}{(s^2+4s+13)^2}\right]=L^{-1}\left[\frac{(s+2)^2}{[(s+2)^2+9]^2}\right]$$
$$=L^{-1}\left[\frac{1}{(s+2)^2+9}-\frac{9}{[(s+2)^2+9]^2}\right]$$
$$=L^{-1}\left[\frac{1}{6}\cdot\frac{3}{(s+2)^2+3^2}-\frac{1}{2}\left(\frac{s+2}{(s+2)^2+3^2}\right)'\right]$$
$$=\frac{1}{6}\mathrm{e}^{-2t}\sin 3t+\frac{1}{2}tL^{-1}\left[\frac{s+2}{(s+2)^2+3^2}\right]$$
$$=\frac{1}{6}\mathrm{e}^{-2t}\sin 3t+\tfrac{1}{2}t\mathrm{e}^{-2t}\cos 3t$$
$$=\frac{1}{6}\mathrm{e}^{-2t}(\sin 3t+3t\cos 3t)$$

$$(10)\ f(t)=L^{-1}\left[\frac{2s^2+s+5}{s^3+6s^2+11s+6}\right]=L^{-1}\left[\frac{2s^2+s+5}{(s+1)(s+2)(s+3)}\right]$$
$$=\mathrm{Res}\left[\frac{(2s^2+s+5)\mathrm{e}^{st}}{(s+1)(s+2)(s+3)},-1\right]+\mathrm{Res}\left[\frac{(2s^2+s+5)\mathrm{e}^{st}}{(s+1)(s+2)(s+3)},-2\right]$$
$$+\mathrm{Res}\left[\frac{(2s^2+s+5)\mathrm{e}^{st}}{(s+1)(s+2)(s+3)},-3\right]$$
$$=\lim_{s\to-1}\frac{2s^2+s+5}{(s+2)(s+3)}\mathrm{e}^{st}+\lim_{s\to-2}\frac{2s^2+s+5}{(s+1)(s+3)}+\lim_{s\to-3}\frac{2s^2+s+5}{(s+1)(s+2)}\mathrm{e}^{st}$$
$$=3\mathrm{e}^{-t}-11\mathrm{e}^{-2t}+10\mathrm{e}^{-3t}$$

$$(11)\ f(t)=L^{-1}\left[\frac{s+3}{s^3+3s^2+6s+4}\right]=L^{-1}\left[\frac{s+3}{[(s+1)^2+3](s+1)}\right]$$
$$=L^{-1}\left[\frac{1}{(s+1)^2+3}+\frac{2}{[(s+1)^2+3](s+1)}\right]$$

$$= L^{-1}\left[\frac{1}{(s+1)^2+3}+\frac{2}{3}\cdot\frac{1}{s+1}-\frac{2}{3}\frac{s+1}{(s+1)^2+3}\right]$$

$$= \frac{1}{\sqrt{3}}L^{-1}\left[\frac{\sqrt{3}}{(s+1)^2+(\sqrt{3})^2}\right]+\frac{2}{3}L^{-1}\left[\frac{1}{s+1}\right]$$

$$-\frac{2}{3}L^{-1}\left[\frac{s+1}{(s+1)^2+(\sqrt{3})^2}\right]$$

$$= \frac{\sqrt{3}}{3}\mathrm{e}^{-t}\sin\sqrt{3}t+\frac{2}{3}\mathrm{e}^{-t}-\frac{2}{3}\mathrm{e}^{-t}\cos\sqrt{3}t$$

$$= \frac{1}{3}\mathrm{e}^{-t}(2-2\cos\sqrt{3}t+\sqrt{3}\sin\sqrt{3}t)$$

(12) $$f(t)= L^{-1}\left[\frac{2s^2+3s+3}{(s+1)(s+3)^3}\right]$$

$$= L^{-1}\left[\frac{1}{4}\cdot\frac{1}{s+1}-\frac{1}{4}\frac{1}{s+3}+\frac{3}{2}\frac{1}{(s+3)^2}-6\cdot\frac{1}{(s+3)^3}\right]$$

$$= \frac{1}{4}L^{-1}\left[\frac{1}{s+1}\right]-\frac{1}{4}L^{-1}\left[\frac{1}{s+3}\right]+\frac{3}{2}L^{-1}\left[\frac{1}{(s+3)^2}\right]-6L^{-1}\left[\frac{1}{(s+3)^3}\right]$$

$$= \frac{1}{4}\mathrm{e}^{-t}-\frac{1}{4}\mathrm{e}^{-3t}+\frac{3}{2}t\mathrm{e}^{-3t}-3t^2\mathrm{e}^{-3t}$$

(13) $$f(t)= L^{-1}\left[\frac{1+\mathrm{e}^{-2s}}{s^2}\right]= L^{-1}\left[\frac{1}{s^2}\right]+L^{-1}\left[\frac{\mathrm{e}^{-2s}}{s^2}\right]$$

$$= t+(t-2)u(t-2)=\begin{cases} t, & 0\leqslant t<2 \\ 2(t-1), & t\geqslant 2\end{cases}$$

(14) $$f(t)= L^{-1}\left[\frac{2s^3+10s^2+8s+40}{s^2(s^2+9)}\right]$$

$$= \frac{1}{9}L^{-1}\left[\frac{2s^3+10s^2+8s+40}{s^2}-\frac{2s^3+10s^2+8s+40}{s^2+9}\right]$$

$$= \frac{1}{9}L^{-1}\left[\left(2s+10+\frac{8}{s}+\frac{40}{s^2}\right)-\left(2s+10-\frac{10s+50}{s^2+9}\right)\right]$$

$$= \frac{1}{9}L^{-1}\left[\frac{8}{s}+\frac{40}{s^2}+10\cdot\frac{s}{s^2+9}+50\cdot\frac{1}{s^2+9}\right]$$

$$= \frac{1}{9}\left(8+40t+10\cos 3t+\frac{50}{3}\sin 3t\right)$$

$$= \frac{1}{27}(24+120t+30\cos 3t+50\sin 3t)$$

(15) $$F(s)= \frac{s^2-3}{(s+2)(s-3)(s^2+2s+5)}$$

$$= \frac{A}{s+2}+\frac{B}{s-3}+\frac{Cs+D}{s^2+2s+5}$$

待定系数 $A=-\dfrac{1}{25}, B=\dfrac{3}{50}, C=-\dfrac{1}{50}, D=\dfrac{7}{10}$,

$$\begin{aligned}f(t)&=L^{-1}[F(s)]\\&=-\frac{1}{25}L^{-1}\left[\frac{1}{s+2}\right]+\frac{3}{50}L^{-1}\left[\frac{1}{s-3}\right]\\&\quad-\frac{1}{50}L^{-1}\left[\frac{s+1}{(s+1)^2+4}-\frac{18\times 2}{(s+1)^2+4}\right]\\&=\frac{3}{50}L^{-1}\left[\frac{1}{s-3}\right]-\frac{1}{25}L^{-1}\left[\frac{1}{s+2}\right]\\&\quad-\frac{1}{50}L^{-1}\left[\frac{s+1}{(s+1)^2+4}\right]+\frac{9}{25}L^{-1}\left[\frac{2}{(s+1)^2+4}\right]\\&=\frac{3}{50}e^{3t}-\frac{1}{25}e^{-2t}-\frac{1}{50}e^{-t}\cos 2t+\frac{9}{25}e^{-t}\sin 2t\end{aligned}$$

(16) $F(s)=\dfrac{2s^3-s^2-1}{(s+1)^2(s^2+1)^2}=\dfrac{1}{2}\dfrac{1}{s^2+1}-\dfrac{1}{2}\dfrac{1-s^2}{(s^2+1)^2}-\dfrac{1}{(s+1)^2}$

$$\begin{aligned}f(t)&=L^{-1}[F(s)]\\&=\frac{1}{2}L^{-1}\left[\frac{1}{s^2+1}\right]-\frac{1}{2}L^{-1}\left[\frac{1-s^2}{(s^2+1)^2}\right]-L^{-1}\left[\frac{1}{(s+1)^2}\right]\\&=\frac{1}{2}L^{-1}\left[\frac{1}{s^2+1}\right]-\frac{1}{2}L^{-1}\left[\left(\frac{s}{s^2+1}\right)'\right]+L^{-1}\left[\left(\frac{1}{s+1}\right)'\right]\\&=\frac{1}{2}\sin t+\frac{1}{2}t\cos t-te^{-t}\end{aligned}$$

12. 试求下列微分方程或微分方程组初值问题的解.

(1) $x''+k^2x=0, x(0)=A, x'(0)=B$;

(2) $x''+4x'+3x=e^{-t}, x(0)=x'(0)=1$;

(3) $x''+k^2x=a[u(t)-u(t-b)], x(0)=x'(0)=0$;

(4) $x''-x=4\sin t+5\cos 2t, x(0)=-1, x'(0)=-2$;

(5) $x^{(4)}+2x'''-2x'-x=\delta(t), x(0)=x'(0)=x''(0)=x'''(0)=0$;

(6) $x''+4x'+5x=f(x), x(0)=c_1, x'(0)=c_2$;

(7) $x'''+x'=e^{2t}+\delta(t)+\delta(t-1), x(0)=x'(0)=x''(0)=0$;

(8) $x''+4x'+5x=\delta(t)+\delta'(t), x(0)=0, x'(0)=2$;

(9) $\begin{cases}x'+y'=1+\delta(t),\\x'-y'=t+\delta(t-1),\end{cases}\quad x(0)=a, y(0)=b$;

(10) $\begin{cases}x'+x-y=e^t,\\3x+y'-2y=2e^t,\end{cases}\quad x(0)=y(0)=1$;

(11) $\begin{cases} y' - 2z' = f(t), \\ y'' - z'' + z = 0, \end{cases}$ $y(0) = y'(0) = z(0) = z'(0) = 0$;

(12) $\begin{cases} x'' - x + y + z = 0, \\ x + y'' - y + z = 0, \\ x + y + z'' - z = 0, \end{cases}$ $x(0)=1, y(0)=z(0)=x'(0)=y'(0)=z'(0)=0$.

解 (1) 设 $X(s) = L[x(t)]$ 将方程两边取拉氏变换得

$$s^2X(s) - As - B + k^2X(s) = 0$$

解得

$$X(s) = \frac{As + B}{s^2 + k^2}$$

取拉氏逆变换得

$$\begin{aligned} x(t) &= L^{-1}[X(s)] = L^{-1}\left[\frac{As+B}{s^2+k^2}\right] \\ &= L^{-1}\left[\frac{As}{s^2+k^2}\right] + L^{-1}\left[\frac{B}{s^2+k^2}\right] \\ &= A\cos kt + \tfrac{B}{k}\sin kt \end{aligned}$$

(2) 对方程两边取拉氏变换, 并考虑到初始条件, 得

$$s^2X(s) - s - 1 + 4sX(s) - 4 + 3X(s) = \frac{1}{s+1}$$

整理后解出 $X(s)$ 得

$$\begin{aligned} X(s) &= \frac{1}{(s+3)(s+1)^2} + \frac{s+5}{(s+1)(s+3)} \\ &= \frac{1}{2}\cdot\frac{1}{(s+1)^2} - \frac{3}{4}\cdot\frac{1}{s+3} + \frac{7}{4}\cdot\frac{1}{s+1} \end{aligned}$$

再取拉氏逆变换得其解为

$$\begin{aligned} x(t) &= L^{-1}[X(s)] \\ &= \frac{1}{2}L^{-1}\left[\frac{1}{(s+1)^2}\right] - \frac{3}{4}L^{-1}\left[\frac{1}{s+3}\right] + \frac{7}{4}L^{-1}\left[\frac{1}{s+1}\right] \\ &= \frac{1}{2}te^{-t} - \frac{3}{4}e^{-3t} + \frac{7}{4}e^{-t} \\ &= \frac{1}{4}[(2t+7)e^{-t} - 3e^{-3t}] \end{aligned}$$

(3) 对方程两边取拉氏变换, 并代入初始条件, 得

$$s^2X(s) + k^2X(s) = a\left(\frac{1}{s} - \frac{e^{-bs}}{s}\right)$$

解出 $X(s)$, 得

$$X(s)=a\frac{1-\mathrm{e}^{-bs}}{s(s^2+k^2)}=\frac{a}{k^2}\left(\frac{1}{s}-\frac{s}{s^2+k^2}\right)(1-\mathrm{e}^{-bs})$$

取拉氏逆变换, 得 $x(t)$,

$$\begin{aligned}x(t)&=L^{-1}[X(s)]\\&=\frac{a}{k^2}\left(L^{-1}\left[\frac{1}{s}-\frac{s}{s^2+k^2}\right]-L^{-1}\left[\left(\frac{1}{s}-\frac{s}{s^2+k^2}\right)\mathrm{e}^{-bs}\right]\right)\\&=\frac{a}{k^2}\{(1-\cos kt)-[1-\cos k(t-b)]u(t-b)\}\\&=\frac{2a}{k^2}\sin^2\frac{kt}{2}-\frac{a}{k^2}[1-\cos k(t-b)]u(t-b)\end{aligned}$$

(4) 方程两边取拉氏变换, 并代入初始条件, 得

$$s^2X(s)+s+2-X(s)=\frac{4}{s^2+1}+\frac{5s}{s^2+4}$$

整理后, 得

$$\begin{aligned}X(s)&=\frac{4}{(s^2-1)(s^2+1)}+\frac{5s}{(s^2-1)(s^2+4)}-\frac{s+2}{s^2-1}\\&=-\frac{2}{s^2+1}-\frac{s}{s^2+4}\end{aligned}$$

取拉氏逆变换得

$$\begin{aligned}x(t)&=L^{-1}[X(s)]=-2L^{-1}\left[\frac{1}{s^2+1}\right]-L^{-1}\left[\frac{s}{s^2+4}\right]\\&=-2\sin t-\cos 2t\end{aligned}$$

(5) 对方程两边取拉氏变换, 且代入初始条件得

$$s^4X(s)+2s^3X(s)-2sX(s)-X(s)=1$$

解出 $X(s)$:

$$\begin{aligned}X(s)&=\frac{1}{s^4+2s^3-2s-1}=\frac{1}{(s+1)^3(s-1)}\\&=\frac{A}{s+1}+\frac{B}{(s+1)^2}+\frac{C}{(s+1)^3}+\frac{D}{s-1}\end{aligned}$$

用待定系数法确定系数 A,B,C,D.

$$A(s+1)^2(s-1)+B(s+1)(s-1)+C(s-1)+D(s+1)^3=1$$

令 $s=1$ 得 $D=\frac{1}{8}$. 令 $s=-1$, 得 $C=-\frac{1}{2}$, 代入上面方程得

$$A(s+1)^2(s-1)+B(s+1)(s-1)=1+\frac{1}{2}(s-1)-\frac{1}{8}(s+1)^3$$

再令 $s=0$, 得 $A+B=-\frac{3}{8}$. 令 $s=2$ 得 $3A+B=-\frac{5}{8}$, 解得 $A=-\frac{1}{8}, B=-\frac{1}{4}$. 于是

$$X(s)=-\frac{1}{8}\cdot\frac{1}{s+1}-\frac{1}{4}\frac{1}{(s+1)^2}-\frac{1}{2}\frac{1}{(s+1)^3}+\frac{1}{8}\cdot\frac{1}{s-1}$$

取拉氏逆变换得到原方程解

$$\begin{aligned}
x(t)&=L^{-1}[X(s)]\\
&=\frac{1}{8}L^{-1}\left[\frac{1}{s-1}\right]-\frac{1}{8}L^{-1}\left[\frac{1}{s+1}\right]-\frac{1}{4}L^{-1}\left[\frac{1}{(s+1)^2}\right]-\frac{1}{2}L^{-1}\left[\frac{1}{(s+1)^3}\right]\\
&=\frac{1}{8}L^{-1}\left[\frac{1}{s-1}\right]-\frac{1}{8}L^{-1}\left[\frac{1}{s+1}\right]+\frac{1}{4}L^{-1}\left[\left(\frac{1}{s+1}\right)'\right]-\frac{1}{4}L^{-1}\left[\left(\frac{1}{s+1}\right)''\right]\\
&=\frac{1}{8}\mathrm{e}^t-\frac{1}{8}\mathrm{e}^{-t}-\frac{1}{4}t\mathrm{e}^{-t}-\frac{1}{4}t^2\mathrm{e}^{-t}\\
&=\frac{1}{8}\mathrm{e}^t-\frac{1}{8}(2t^2+2t+1)\mathrm{e}^{-t}
\end{aligned}$$

(6) 对方程两边取拉氏变换得

$$s^2X(s)-c_1s-c_2+4sX(s)-4c_1+5X(s)=F(s)$$

整理得

$$\begin{aligned}
X(s)&=\frac{F(s)}{s^2+4s+5}+\frac{c_1s+c_2+4c_1}{s^2+4s+5}\\
&=\frac{F(s)}{(s+2)^2+1}+c_1\frac{s+2}{(s+2)^2+1}+\frac{c_2+2c_1}{(s+2)^2+1}
\end{aligned}$$

取拉氏逆变换并利用卷积定理得

$$\begin{aligned}
x(t)=&L^{-1}\left[F(s)\cdot\frac{1}{(s+2)^2+1}\right]\\
&+c_1L^{-1}\left[\frac{s+2}{(s+2)^2+1}\right]+(c_2+2c_1)L^{-1}\left[\frac{1}{(s+2)^2+1}\right]\\
=&f(t)*\mathrm{e}^{-2t}\sin t+c_1\mathrm{e}^{-2t}\cos t+(c_2+2c_1)\mathrm{e}^{-2t}\sin t\\
=&f(t)*\mathrm{e}^{-2t}\sin t+\mathrm{e}^{-2t}[c_1\cos t+(c_2+2c_1)\sin t]
\end{aligned}$$

(7) 对方程两边取拉氏变换得

$$\begin{aligned} s^3X(s)+sX(s)&=\frac{1}{s-2}+1+\mathrm{e}^{-s}\\ (s^3+s)X(s)&=\frac{s-1}{s-2}+\mathrm{e}^{-s}\\ X(s)&=\frac{s-1}{(s-2)s(s^2+1)}+\frac{\mathrm{e}^{-s}}{s(s^2+1)} \end{aligned}$$

部分分式

$$\frac{s-1}{(s-2)s(s^2+1)}=\frac{A}{s-2}+\frac{B}{s}+\frac{Cs+D}{s^2+1}$$

用待定系数法得

$$A=\frac{1}{10},\quad B=\frac{1}{2},\quad C=-\frac{3}{5},\quad D=-\frac{1}{5}$$

因此

$$\begin{aligned} L^{-1}\left[\frac{s-1}{(s-2)s(s^2+1)}\right]&=\frac{1}{10}L^{-1}\left[\frac{1}{s-2}\right]+\frac{1}{2}L^{-1}\left[\frac{1}{s}\right]\\ &\quad-\frac{3}{5}L^{-1}\left[\frac{s}{s^2+1}\right]-\frac{1}{5}L^{-1}\left[\frac{1}{s^2+1}\right]\\ &=\frac{1}{10}\mathrm{e}^{2t}+\frac{1}{2}-\frac{3}{5}\cos t-\frac{1}{5}\sin t \end{aligned}$$

而利用卷积定理

$$\begin{aligned} L^{-1}\left[\frac{\mathrm{e}^{-s}}{s(s^2+1)}\right]&=L^{-1}\left[\frac{\mathrm{e}^{-s}}{s}\cdot\frac{1}{s^2+1}\right]=L^{-1}\left[\frac{\mathrm{e}^{-s}}{s}\right]*L^{-1}\left[\frac{1}{s^2+1}\right]\\ &=u(t-1)*\sin t=u(t-1)(1-\cos t) \end{aligned}$$

所以

$$\begin{aligned} x(t)&=L^{-1}[X(s)]\\ &=L^{-1}\left[\frac{s-1}{(s-2)s(s^2+1)}\right]+L^{-1}\left[\frac{\mathrm{e}^{-s}}{s(s^2+1)}\right]\\ &=\frac{1}{2}+\frac{1}{10}\mathrm{e}^{2t}-\frac{3}{5}\cos t-\frac{1}{5}\sin t+u(t-1)(1-\cos t) \end{aligned}$$

(8) 对方程两边取拉氏变换, 并代入初始条件注意这里

$$\begin{aligned} L^{-1}[\delta'(t)]&=\int_0^{+\infty}\delta'(t)\mathrm{e}^{-st}\mathrm{d}t=\int_{-\infty}^{+\infty}\delta'(t)\mathrm{e}^{-st}\mathrm{d}t\\ &=-(-s)\int_{-\infty}^{+\infty}\delta(t)\mathrm{e}^{-st}\mathrm{d}t=s \end{aligned}$$

$$
\begin{aligned}
s^2X(s)-2+4sX(s)+5X(s)&=1+s\\
(s^2+4s+5)X(s)&=s+3\\
X(s)=\frac{s+3}{(s^2+4s+5)}&=\frac{s+2+1}{(s+2)^2+1}\\
&=\frac{s+2}{(s+2)^2+1}-\frac{1}{(s+2)^2+1}
\end{aligned}
$$

所以原方程的解为

$$
\begin{aligned}
x(t)&=L^{-1}[X(s)]=L^{-1}\left[\frac{s+2}{(s+2)^2+1}\right]+L^{-1}\left[\frac{1}{(s+2)^2+1}\right]\\
&=\mathrm{e}^{-2t}(\cos t+\sin t)
\end{aligned}
$$

(9) 设 $X(s)=L[x(t)]$, $Y(s)=L[y(t)]$. 对方程组两边取拉氏变换且代入初始条件, 得

$$
\begin{cases}
sX(s)-a+sY(s)-b=\dfrac{1}{s}+1\\
sX(s)-a-sY(s)+b=\dfrac{1}{s^2}+\mathrm{e}^{-s}
\end{cases}
$$

整理后, 得

$$
\begin{cases}
X(s)+Y(s)=\dfrac{1+s}{s^2}+\dfrac{a+b}{s}\\
X(s)-Y(s)=\dfrac{1}{s^3}+\dfrac{\mathrm{e}^{-s}}{s}+\dfrac{a-b}{s}
\end{cases}
$$

解得

$$
\begin{cases}
X(s)=\dfrac{1}{2}\left(\dfrac{1}{s^3}+\dfrac{1+s}{s^2}+\dfrac{\mathrm{e}^{-s}}{s}+\dfrac{2a}{s}\right)\\
Y(s)=\dfrac{1}{2}\left(-\dfrac{1}{s^3}+\dfrac{1+s}{s^2}-\dfrac{\mathrm{e}^{-s}}{s}+\dfrac{2b}{s}\right)
\end{cases}
$$

对上述方程组两边取拉氏逆变换, 得

$$
\begin{aligned}
x&=(t)L^{-1}[X(s)]\\
&=\frac{1}{2}\left(L^{-1}\left[\frac{1}{s^3}\right]+L^{-1}\left[\frac{1+s}{s^2}\right]+L^{-1}\left[\frac{2a}{s}\right]+L^{-1}\left[\frac{\mathrm{e}^{-s}}{s}\right]\right)\\
&=\frac{1}{2}\left[\frac{1}{2}t^2+t+1+2a+u(t-1)\right]\\
y(t)&=L^{-1}[Y(s)]\\
&=\frac{1}{2}\left(L^{-1}\left[-\frac{1}{s^3}\right]+L^{-1}\left[\frac{1+s}{s^2}\right]-L^{-1}\left[\frac{\mathrm{e}^{-s}}{s}\right]+L^{-1}\left[\frac{2b}{s}\right]\right)\\
&=\frac{1}{2}\left[-\frac{1}{2}t^2+t+2b+1-u(t-1)\right]
\end{aligned}
$$

因此原方程组的解为

$$\begin{cases} x(t) = \dfrac{1}{4}t^2 + \dfrac{1}{2}t + \dfrac{1}{2} + a + \dfrac{1}{2}u(t-1) \\ y(t) = -\dfrac{1}{4}t^2 + \dfrac{1}{2}t + \dfrac{1}{2} + b - \dfrac{1}{2}u(t-1) \end{cases}$$

(10) 对方程组两边取拉氏变换并代入初始条件, 得

$$\begin{cases} sX(s) - 1 + X(s) - Y(s) = \dfrac{1}{s-1} \\ 3X(s) + sY(s) - 1 - 2Y(s) = 2\dfrac{1}{s-1} \end{cases}$$

整理后, 得

$$\begin{cases} (s+1)X(s) - Y(s) = \dfrac{s}{s-1} \\ 3X(s) + (s-2)Y(s) = \dfrac{s+1}{s-1} \end{cases}$$

解得

$$\begin{cases} X(s) = \dfrac{1}{s-1} \\ Y(s) = \dfrac{1}{s-1} \end{cases}$$

取拉氏逆变换得到原方程组的解为

$$\begin{cases} x(t) = L^{-1}[X(s)] = L^{-1}\left[\dfrac{1}{s-1}\right] = \mathrm{e}^t \\ y(t) = \mathrm{e}^t \end{cases}$$

(11) 对方程组两边取拉氏变换并代入初始条件, 设 $Y(s) = L[y(t)], Z(s) = L[z(t)], F(s) = L[f(t)]$, 得

$$\begin{cases} sY(s) - 2sZ(s) = F(s) \\ s^2Y(s) - s^2Z(s) + Z(s) = 0 \end{cases}$$

整理后, 解得

$$\begin{cases} Y(s) = \dfrac{F(s)}{s} - 2\dfrac{sF(s)}{s^2+1} \\ Z(s) = -\dfrac{sF(s)}{s^2+1} \end{cases}$$

取拉氏逆变换得到原方程组的解为

$$\begin{aligned} y(t) &= L^{-1}[Y(s)] \\ &= L^{-1}\left[\frac{1}{s}\cdot F(s)\right] - 2L^{-1}\left[\frac{s}{s^2+1}\cdot F(s)\right] \\ &= 1 * f(t) - 2\cos t * f(t) = (1-2\cos t) * f(t) \\ z(t) &= L^{-1}[Z(t)] = -L^{-1}\left[\frac{s}{s^2+1}\cdot F(s)\right] \\ &= -\cos t * f(t) \end{aligned}$$

即解为

$$\begin{cases} y(t) = (1-2\cos t) * f(t) \\ z(t) = -\cos t * f(t) \end{cases}$$

(12) 对方程组中各方程两边取拉氏变换, 得

$$\begin{cases} (s^2-1)X(s) + Y(s) + Z(s) = s \\ X(s) + (s^2-1)Y(s) + Z(s) = 0 \\ X(s) + Y(s) + (s^2-1)Z(s) = 0 \end{cases}$$

由后两个方程得 $Y(s) = Z(s), X(s) = -s^2Y(s)$ 代入第一个方程解得

$$\begin{cases} X(s) = \dfrac{s^3}{(s^2+1)(s^2-2)} = \dfrac{2}{3}\dfrac{s}{s^2-2} + \dfrac{1}{3}\dfrac{s}{s^2+1} \\ Y(s) = Z(s) = -\dfrac{1}{3}\dfrac{s}{s^2-2} + \dfrac{1}{3}\dfrac{s}{s^2+1} \end{cases}$$

取拉氏逆变换得其解为

$$\begin{cases} x(t) = L^{-1}[X(s)] = \dfrac{2}{3}\mathrm{ch}\sqrt{2}t + \dfrac{1}{3}\cos t \\ y(t) = z(t) = L^{-1}[Y(s)] = -\dfrac{1}{3}\mathrm{ch}\sqrt{2}t + \dfrac{1}{3}\cos t \end{cases}$$